KB080285

베싸
육아

BABY SCIENCE

베싸 육아

박정은 지음

래디시

차례

PART I.

올바른 육아 방향으로 행복하게: 0~4세 차이를 만드는 육아 대원칙

PART 2.

근거 있는 지식으로 자신 있게: 베싸육아 실전편

Chapter 1.
건강한 아기로 키우는 초기 수유 지식

Chapter 2.
잘 먹는 아기로 키우는 이유식&유아식 로드맵

Chapter 3.
잘 자는 아기를 위한 올바른 수면 육아

Chapter 4.
똑똑한 아기 발달을 위한 놀이&책육아 가이드

Chapter 5.
행복한 육아를 위한 발달과 훈육의 핵심

Chapter 6.
불확실한 육아 정보를 선별하는 베싸의 팩트 체크

프롤로그

이런 생각을 한번 해볼까요? 여러분은 커피라는 게 존재하지 않는 나라에서 왔습니다. 커피를 마시는 사람을 본 적은 있지만 만드는 법에 대한 지식이 전무합니다. 이런 상황에서 어쩌다 카페에서 일하게 되었어요. 선임이 아메리카노 만드는 법을 가르쳐주는데, 커피 샷을 80퍼센트 넣고 물을 20퍼센트 넣으라고 알려줍니다. 심지어 소금도 좀 치라고 하네요. 기억하세요, 여러분은 커피 만들기에 대해 아무것도 모릅니다. '원래 소금이 들어가나?' '이렇게 샷이 많이 들어가는구나?' 하며 믿을 가능성이 높겠지요?

반면, 여러분이 이미 카페에서 일해본 적이 있거나 커피에 대해 알고 있었다고 가정해볼게요. 선임이 똑같이 커피 샷은 80퍼센트, 물 20퍼센트에 소금을 치라고 알려줍니다. 이번엔 어떨까요? '어, 좀 이상한데?' '소금을 왜 넣어?' '물이 너무 적은 거 아니야?'라는 생각이 들겠지요. 커피에 대한 기본 지식을 갖추고 있기 때문이에요. 좀 더 확실한 정보를 얻기 위해 온라인에 검색도 해보고, 다른 사람에게 물어보기도 할 것입니다.

이것이 지식의 힘입니다. 지식이 부족할 때는 새로운 지식 앞에서 사실인지 거짓인지 판단하기가 어려워요. 지식이 쌓일수록 다양한 정보와 주장 사이에서 순간적으로 판단할 수 있는 힘이 생겨요.

초보 부모라면 누구나 육아가 막막합니다. 지식이 부족한 상태이지요. 저도 육아를 하면서 제가 육아에 대해 몰라도 너무 모르고 시작했다는 걸 깨달았어요. 공부든, 일이든, 육아를 하기 전에는 뭐든지 늘 방법을 알고 시작했던 것 같습니다. 뭐든 제대로 하려면 방법을 알아야 하지 않겠어요? 그래서 육아라는 큰 과제를 시작할 때도 '대체 어떻게 하는 게 잘하는 거야?'라는 질문이 항상 머릿속에 있었어요. 먹이고, 재우고, 정신없이 아이를 키우다 보면 시간이 흘러가지만, 하루를 마무리하는 시점에는 늘 그 질문이 저를 괴롭혔지요. '지금 나는 잘하고 있는 건가?'

물론 대부분의 부모가 그렇듯 저도 검색을 시작했습니다. 하지만 검색할수록 머리만 아파지는 경험도 상당했어요. 왜냐하면 기본 지식이 부족했기 때문에 수많은 말 중 어떤 게 믿을 만한 말이고 어떤 게 걸러야 할 말인지 순간순간 판단하는 게 어려웠던 거예요. 육아 지식을 갖춘 지금은 인터넷의 말 중 50퍼센트 이상은 거릅니다. 사적인 경험을 지나치게 일반화한 지식이거나, 원문이 퍼지면서 왜곡되고 과장되었거나, 근거 없는 정보거나, 인터넷에서 독자를 모으기 위한 자극적인 콘텐츠거나, 마케팅 목적으로 만들어진 광고인 경우가 생각보다 많다는 걸 알고 있거든요.

유튜브 '베싸TV'를 시작하게 된 날이 생각나요. 처음 소개한 영상은 '신생아 피부 트러블'에 대한 내용이었는데요. 신생아였던 다미 얼굴에 하얀 여드름 같은 게 나서 계속 검색을 했어요. 그런데 한국 포털에서는 실컷 검색하고도 잘 모르겠더라고요. 그 당시 쇼핑몰 장바구니에는 태열키트라는 제품이 담겨 있었지요. 다시 구글에 영어로 검색을 했고, 의료진들이 내용을 검수하는 의료 정보만 전달하는 미디어 홈페이지에서 이 내용에 대해 다룬 아티클 하나를 읽고 모든 걱정이 눈 녹듯 사라졌어요. 당연히 장바구니도 비웠습니다. 며칠 지나고 그 아티클에서 봤던 대로 자연스럽게 다미의 여드름이 사라졌어요. '아, 이런 건 공유해야겠다' 하는 마음에 영상으로 만들고 유튜브를 시작했어요.

이 사건을 계기로 궁금한 것들을 구글에 영어로 검색했어요. 그러다 보니 자연스럽게 전문 지식을 접하게 되었어요. 연구 논문, 저널에 실린 리뷰, 대학에서 만든 교육자료 등 전문가들이 생산한 지식이었지요. 구글에 영어로 어떤 주제를 검색하면 근거 있는 자료가 상위 검색 결과에 뜨거든요. 이런 고급 지식을 접하면서, 저의 육아에는 신세계가 열렸습니다.

초기에는 개인 블로그에 올라온 신뢰성 없는 글과 전문가의 자료를 잘 구분하지 못했지만, 좋은 자료를 읽는 비중이 높아지다 보니 지식이 쌓였어요. 나중에는 어떤 육아 질문이든 한두 번만 검색하면 바로 답을 얻을 수 있었지요. 물론 시간이 더 지난 뒤에는 검색이 필요 없어졌고요. 믿을 만한 지식이 쌓일수록 어떤 지식이 거짓인지, 진실인지 구분하는 능력이 생겼어요. 그렇게 저는 초보 부모지만 전문가가 전해준 고급 지식으로 무장한 채 아이를 위해 훌륭한 답을 낼 수 있다는 확신을 가지고 육아를 할 수 있게 되었어요.

하지만 이 지식들은 사실 특별한 것이 아니었습니다. 놀랍고 획기적인 육아법을 제공하는 지식이란 존재하지 않았어요. 오히려 많은 학자가 말하는 육아의 본질은 지극히 상식적인 것이 많았습니다. "아이에게 관심을 가지고 주파수를 맞추자." "아이가 원하는 것을 하게 해주면서 선은 넘지 않게 도와주자." "억지로 하지 말고 강요하지 말자." "아이와 좋은 관계를 쌓자." "아이와 대화를 많이 하자."

아무리 채소가 몸에 좋다는 것을 알아도 충분히 먹지 못하는 경우가 많은 것처럼, 상식적인 조언도 실천하기 어려울 때가 많지요. 수많은 사람이 옆에서 "채소를 먹으면 몸이 이렇게 좋아진다"라는 이야기를 반복하면 어떨까요? 당장 매끼니 샐러드를 먹지 못하더라도 반찬을 먹을 때 콩나물 하나라도 더 집어 먹게 됩니다. "채소를 많이 먹는 사람은 백 살까지 살 가능성이 더 높았다"라는 설득력 있는 정보를 접한다면요? 또 노력하게 되지요. 짜장면 대신 채소비빔밥을 선택하는 일이 조금 더 많아질지도 모르고요. 조금씩 지식은 신념이 되고, 신념은 행동을 변화시킬 수 있습니다.

좋은 지식은 육아 전반에 걸쳐 도움이 됩니다. 저는 아이를 키울 때 무엇이 가장 중요하냐고 묻는다면, 주저하지 않고 좋은 지식이라고 답합니다. 부모로서 성장하는 데 도움이 되는 방향을 일러주는 지식, 그리고 수많은 정보 속에서 근거 없는 불안을 물리쳐줄 수 있는 믿을 만한 지식이요.

부모가 흔들리지 않고 상황을 잘 이끌어나갈 확신이 있다면 육아에서 느끼는 스트레스가 훨씬 줄어듭니다. 연구에 따르면, 부모의 불안은 다양한 방식으로 아이에게 전염될 뿐 아니라 불안감이 높을수록 좋은 육아를 하기가 어렵다고 하지요. 아이의 정상적인 행동에 전전긍긍하고 불안해하고 내가 뭔가 잘못하고 있나 자책하는 부모를 참 많이 봤어요. 불안한 시선으로 아이를 바라보는 부모는 그렇게 하지 않으려고 아무리 노력해도, 아이에게 부정적인 감정을 전달하게 됩니다. 아이를 지나치게 통제하기도 하고 "네가 자율성을 발휘하기에 넌 너무 부족해"라는 메시지를 은연중에 전달하지요. 그 결과 아이도 스스로에 대해 좋은 감정을 느끼지 못하며 자라요.

부모라면 육아에 좀 더 자신감을 가져야 합니다. 그러려면 잘 알아야 해요. 신뢰할 수 있는 정보를 선별하는 능력을 키우고, 아이에게 최선인 선택을 할 수 있다는 내적인 믿음이 있어야 합니다.

이 책에서는 제가 육아를 하며 큰 도움을 받은 각 분야 전문가들의 지식을 정리했습니다. 제가 공부해보니, 가장 좋은 지식은 육아와 관련된 각 주제를 깊이 있게 고민하고 평생을 연구한 전문가들이 생산한 지식이었어요. 안타깝게도 이런 전문가의 콘텐츠는 대중이 접하기 쉽지 않았지요. 저는 운 좋게 이러한 지식을 접할 수 있었고 부모로서 성장하는 데 큰 도움을 받았어요. 그래서 다른 부모에게도 도움을 주고 싶었어요. 예전의 저처럼 육아가 막막하게 느껴질 초보 부모가 수많은 논문을 밤새워 읽을 필요 없이, '초보'에서 적어도 '중수'까지 레벨업되도록 도울 수 있는 그런 책을 쓰고 싶었어요. 중수 정도 되면 인터넷이나 일상에서 마주치는 육아 조언 하나하나에 흔들리지 않고 알짜배기 지식만 골라낼 수 있어요. 그리고 내 육아에 적용해보며 성장할 수 있는 기반이 갖춰집니다.

이 책이 초보 부모의 성장에 작은 보탬이 되길 간절히 바랍니다.

- 베싸, 박정은

육아 중수에서 육아 고수가 되는 추가 팁

부모로서 성장하는 데 중요한 지침이 되었던 팁을 추가로 알려드릴게요.

첫째, 방법보다 원리를 먼저 이해한다.

지식 습득에 있어 'WHY'를 잘 이해하는 것은 매우 중요합니다. 지금 배우는 내용이 나에게 왜 필요한지 이해할 때, 더 적극적으로 받아들일 수 있거든요. 진짜 지식이 되는 겁니다. 만약 육아 지식을 아무리 익혀도 육아 현장에서 실천하지 못한다면 이유가 뭘까요? 정답, 'HOW'만 찾으려고 하기 때문이에요. HOW만 쉽게 알려주는 사람은 정말 많아요. 하지만 이런 지식은 아무리 들어도 WHY를 이해하지 않는다면 의미를 갖기 어렵습니다.

예를 들어 아이의 대근육 발달을 위해 신생아 때부터 터미 타임을 많이 시키라는 말은 많이 들어보았을 거예요. "왜 터미 타임을 해야 하나요?"라고 물어본다면 잘 아는 사람은 생각보다 적어요. 그래서 중요하다는 것은 누구나 알지만 매일매일 실천이 잘 안 됩니다. 터미 타임이 어떤 원리로 아기 발달에 도움을 주는지 이해하고 공감해야 해요. 터미 타임을 할 때 아기는 상체를 들어 올리려고 노력하는데 당연히 몸통 근육을 많이 쓰게 됩니다. 또 상체를 들어 올릴수록 시야가 달라지는 경험을 계속해요. '어, 내가 근육을 이렇게 쓰고 이렇게 움직이면, 보이는 게 달라지네?' 하는 깨달음을 하고, 더 많은 시각 정보를 얻기 위해 적극적으로 자신의 운동 능력을 실험해보고 탐색해보려는 의지가 커져요. 결과적으로 앉고, 기고, 걷는 것에 더 열정적인 아기가 되고요. 빨리 걷는 아기들은 원하는 것을 이루기 위해 적극적으로 요청하는 등 주도적인 소통의 기회가 더 많이 생기고, 사회성, 언어 발달도 조금 빠른 경향이 있습니다. 실제로 빨리 걷는 아이들이 언어적으로 빠르다는 연구 결과가 있어요.

이런 내용을 이해한 부모는 아기의 터미 타임에 더 적극적이지요. 터미 타임을 싫어하는 아기에게도 '딸랑이를 위로 올려서 시선을 따라오게 해볼까' '엎드린 채로 물그릇에 손을 담가 놀게 해줄까' 하며 다양하게 적용을 해볼 수 있고요. 또 이런 지식은 터미 타임뿐 아니라 아기의 발달 전반에 유용하게 쓰입니다. 누군가 "터미 타임을 억지로 시키면 안 좋다더라" "빨리 걸으면 오히려 안 좋다더라" 등의 근거 없는 의견이나 속설을 전할 때도 한 귀로 편하게 거를 수 있게 되고요.

둘째, 출처를 잘 따져라.

지식이 없어 판단력이 부족할 때는 출처가 전부입니다. 접하게 된 정보가 맞는지 아닌지 자체적으로 판단할 기준이 없으니 일단 외부 기준, 즉 출처에 의존해야 해요. '근거 없는 말은 틀릴 수 있다'는 가정 하에 보면 좋고요. 근거가 있으면(그 말을 뒷받침하는 연구 결과가 있다거나, 그 분야의 전문가가 책이나 논문에서 한 말을 인용했다거나, 전문 기관이나 자료를 인용했다면) 조금 더 믿어도 좋아요. 그 근거도 한번 따라가서 직접 읽어보세요. 그리고 어떤 출처든 한 번만 더 생각해보세요. 이 정보를 작성한 주체는 육아에 대해 잘못된 정보를 퍼뜨렸을 때 신뢰도에 타격을 받는 사람인가? 예를 들어 정부 기관에서 잘못된 육아 정보를 전달해서 이슈가 된다면 큰 문제가 되겠지요. 그래서 정보의 신뢰성을 충분히 검증할 겁니다. 반면 일반 블로거는 본인이 하는 말에 무거운 책임을 지지 않을 가능성이 큽니다. 참고로 뉴스 기사도 다소 근거가 부족한 정보를 전달하는 경우가 많으니 주의하세요.

셋째, 초록 창과 멀어져라.

돈을 받고 맘카페에 댓글로 제품을 홍보해주는 업체가 있다는 거 다들 아시지요? 국내 최고 포털인 N사는 블로그나 카페, 포스트 등 자사가 운영하는 플랫폼에서 생산된 지식을 상위에 노출할 수밖에 없습니다. 그리고 이런 공간은 근거 없는 속설이 가장 활발하게 오가는 공간이에요. 반면 구글 검색은 조금 낫습니다. 구글의 자회사인 유튜브 영상이 상위에 노출되기는 하지만, 대체로 외부 기관 자료나 전문 자료도 잘 노출되는 편이에요. 중요한 건 확률적으로 괜찮은 지식이 많은 곳에서 지식을 구하는 거예요. 그런 곳에서 정보를 찾다 보면 아닌 건 알아서 거를 수 있는 실력이 쌓이니까요. 반면 애초에 양질의 지식을 접할 수 없는 곳에서는 시간이 지나도 실력을 쌓을 수 없습니다.

넷째, 도서관과 친해져라.

책은 영어로 논문이나 전문 기관 자료들을 읽어보기 어려운 경우에 지식을 얻을 수 있는 가장 좋은 대안입니다. 보통은 저자가 본인의 전문 영역에 대해 쓰기 때문에 책은 대체로 믿을 만해요. 물론 제대로 살펴볼 필요는 있겠지만 확률적으로 괜찮은 지식이 많으니 너무 깐깐하게 고르지 않더라도 많이 읽을수록 도움이 됩니다. 돈도 안 들어요. 도서관에 가면 좋은 육아서가 정말 많습니다.

저는 언어, 영양, 발달, 수면, 부모 교육 등 각 분야의 전문 학위가 있는 박사나 교수, 아니면 언어치료사나 소아정신과 의사 등 전문적인 임상 활동을 하는 분들이 쓴 책을 선호해요. 해외에서 많이 팔린 베스트셀러가 대체로 내용이 좋더라고요.

다섯째, 공부하는 시간을 따로 확보하라.

"육아하면서 공부할 시간이 어딨나, 책 한 권 읽기도 힘든데." 하지만 이런 말 들어보았나요? 삶은 탄생과 죽음 사이의 선택이다Life is Choice between Birth and Death. 삶은 수많은 선택으로 이루어집니다. 삶을 주도적으로 통제하는 사람은 "공부할 시간이 어딨어!" 대신 "나는 공부할거야!" 하는 선택을 할 수 있습니다. 육아라는 여정을 어떻게 채워나갈지, 거기에 공부하는 시간을 끼워 넣을지 말지는 우리가 선택하는 거예요. 육아 중에 하루 한 시간씩 공부를 한다고 정했다면, 그건 내 선택이에요. 그리고 그 선택을 현실화할 수 있는 방법을 고민해보면 돼요.

저는 지식을 통한 부모로서의 성장이 육아에 중요한 리소스가 될 거라고 생각했기 때문에 돈을 써서라도 공부하는 시간을 확보했어요. 시터님 도움도 받았고, 아기가 조금 크면서는 어린이집도 하루 두 시간씩 보냈지요. 일과 중, 특히 낮잠 시간에 집안일을 하는 시간도 최소화했어요. 이유식도 사서 먹였고요. 공부를 위해 분명 무언가는 포기해야 했지만, 그만큼의 가치가 있는 투자였으며 공부 또한 육아의 일부였다고 생각합니다. 회사에서 직원들이 자기개발하는 시간이 자원 낭비라고 생각하지 않고 생산성을 높인다고 여기기 때문에 적극적으로 지원하잖아요. 육아 공부도 마찬가지예요. 육아 공부는 육아의 질을 분명 업그레이드 시켜줍니다. 지금은 조금 버거워도 어느 새 육아가 수월해지는 신나는 경험을 꼭 나눌 수 있기를 바랍니다.

BABY SCIENCE

PART 1.

올바른 육아 방향으로 행복하게:
0~4세 차이를 만드는 육아 대원칙

♥ ♥ ♥ ♥ ♥ ♥ ♥ ♥ ♥ ♥ ♥ ♥ ♥ ♥ ♥ ♥ ♥ ♥

쏟아지는 정보 속에서 불안해하지 않고 자신 있게 육아를 하기 위해서는 '육아의 방향성'을 제대로 잡아야 합니다. 아이를 키우며 마주하게 될 모든 순간에 '좋은 육아란 이런 거야' 하는 확신을 만들어주는 기준이 되지요. 처음부터 육아의 방향만 제대로 잡으면 남들과 비교하지 않고도 스스로를 시시때때로 인정해줄 수 있고요. "나는 오늘 아이와 열심히 상호작용했어." "우리 아이는 오늘 두뇌 발달이 잘 이루어졌을 거야." "난 좀 쉴 권리가 있어." 이렇게 스스로를 돌보는 긍정적인 생각도 잘할 수 있게 됩니다. 육아가 얼마나 가치 있는 일인지 확신이 있기 때문에 어떠한 의견에도 움츠러들지 않을 수 있고요. 의사결정을 할 때도 인터넷 검색에 시간을 낭비하지 않고 상황에 맞게 주체적인 판단을 내릴 수 있게 돼요. 큰 그림에서 볼 때 방향을 잘 잡고 있다고 믿기 때문에 아이가 가끔 의외의 모습을 보이거나 이해하기 어려운 행동을 하더라도 불안해하지 않고 침착하게 대처할 수 있습니다. 일희일비하기보다 한걸음 물러서서 아이의 성장을 종합적으로 살펴보면서 "잘 자라고 있구나" 하는 뿌듯함을 느끼며 행복한 육아를 할 수 있지요. 부모인 자신의 모습까지 사랑스럽고 자랑스러우며 멋져보입니다. 물론 아이가 훌륭하게 클 가능성 역시 높아지겠지요.

육아의 방향성을 잡는 데는 여러 가지 방법이 있습니다. 저는 다양한 주제에 관한 논문을 읽으며 천천히 퍼즐을 맞추듯 방향성을 찾아나갔어요. 바텀 업bottom-up 방식으로요. 하지만 해보고 나니 처음부터 육아의 큰 그림을 제대로 그려주는 사람이 곁에 있었다면, 그 방향을 토대로 구체적인 요소들을 세워나갔다면 참 좋았겠다는 생각이 들었습니다. 탑 다운top-down 방식으로요. 큰 프레임을 잡는 시간을 줄여주니까요. 그래서 이번 파트에서는 육아의 큰 틀이 될 몇 가지 대원칙을 소개하려고 합니다.

지금부터 소개하는 원칙은 '안 하면 아이에게 마이너스가 된다'는 의미가 아닙니다. 오히려 알아두면 아이에게 플러스가 되는 원칙이지요. 하지 못하면 선생님께 혼나는 '숙제'가 아니라, 읽으면 삶에 도움이 되는 '위인전'이라고 생각해보세요. 위인전을 읽고 위인들이 한 것처럼 오늘 행동하지 못했다고 해서 마음이 무겁지는 않잖아요. 위인전을 읽고 나면 '이렇게 사는 건 참 멋지구나'라는 깨달음과 지침이 생기고, 조금이라도 더 나은 방향으로 한 발짝 더 나아가는 힘이 생기지요. 마찬가지로 육아 원칙 또한 알기만 해도 아이의 삶에 어떤 차원에서든 플러스가 될 겁니다. 그래서 제가 소개할 육아 원칙은 '플러스 육아 원칙'입니다.

♥ ♥ ♥ ♥ ♥ ♥ ♥ ♥ ♥ ♥ ♥ ♥ ♥ ♥ ♥ ♥ ♥ ♥ ♥

플러스 육아 원칙 1: 만 3세 이전 환경의 중요성

육아의 큰 그림을 그리는 데 있어 첫 번째로 중요한 원칙이 있습니다. 만 3세 이전에 부모가 좋은 육아 환경을 만들어주는 게 아기에게 매우 중요하다는 사실입니다. 부모들 사이에서는 이미 '세 살 신화'로 잘 알려져 있고 아기를 기관에 보내는 시기의 기준이 되기도 합니다.

하지만 만 3세가 발달의 절대적인 기준점은 아닙니다. 날짜로 따지면 생후 1095일인데, 육아의 연속선상에서 1095일 이후로 갑자기 상황이 달라지지는 않으니까요. 대체로 생애 초기 3년은 좁게 잡으면 2년, 넓게 잡으면 4~5년까지로 아기의 뇌 발달에 매우 중요한 시기인 만큼 연구와 정책 반영 등을 위해 필요한 기준점으로 정해둔 경우가 많아요.

인간의 뇌는 가소성이 있어서, 어른이 되어서도 열심히 노력하면 어느 정도 바뀔 수 있어요. 3세 이전에 모든 것이 정해지기 때문에, 이 시기를 잘못 보낸 아기는 정서적으로 불안정하거나 똑똑해질 수 없다는 뜻이 아닌 거지요. 인간의 뇌는 경험을 통해서 끊임없이 바뀔 수 있습니다. 그러니 영유아 부모를 타깃으로 하는 회사에서 내놓는 광고성 문구에 지나치게 현혹되지 않는 것이 좋습니다.

생후 3년이 중요한 시기라는 말은 그 이후의 시간에 비해 자녀의 삶에 부모의 영향력이 훨씬 크게 발휘될 수 있다는 뜻이에요. 많은 학자들이 아기가 어릴 때 가정 내에서 부모와 어떻게 상호작용을 하고 어떤 경험을 했느냐에 따라 인생에서 획득할 수 있는 핵심 스킬Core Skill이 크게 달라진다고 말했습니다. 감정을 조절하는 능력, 집중하고 끈기 있게 매달리는 능력(실행 기능), 공감 능력, 언어적인 감각, 내적 동기와 성취욕, 스트레스에 대처하는 능력, 문제 해결 능력, 자신의 능력을 신뢰하는 능력 등이요.

만 3세가 지나면 기회의 창Window of Opportunity이 닫혀버리기 때문에 이런 능력을 영영 기를 수 없다는 뜻은 아닙니다. 다만 뇌가 발달하는 방식이나 특성을 어느 정도 이해하면, 왜 생애 초기에 A라는 경험을 하며 자란 아기와 B라는 경험을 하며 자란 아기가 나중에 똑같은 환경에 처하더라도 전혀 다른 경험을 하게 되고 능력에 차이를 보이는지 이해할 수 있을 거예요.

하버드대학교 발달중인아동센터Center on the Developing Child에서는 '뇌 아키텍처Brain Architecture'라는 개념을 제시했어요. 아기의 뇌 발달은 집을 짓는 과정과 비슷하다는 거예요. 바닥부터 탄탄히 다져놓지 않는다면, 그 뒤의 과정에 아무리 집중해도 튼튼한 집을 짓긴 어렵지요. 뇌 발달도 마찬가지예요. 뇌 속의 뉴런을 연결시켜 정보를 전달하는 회로를 시냅스라고 하는데요. 시냅스는 생애 초기 경험을 통해 간단한 것부터 형성되고, 이 간단한 회로들은 향후 형성될 더 복잡한 시냅스들의 기초를 제공합니다. 만 6세 아이들의 읽기 실력을 만 2세에 이미 예측할 수 있는 이유가 이것이에요. 즉, 어릴 때 뇌의 기초를 탄탄히 다져놓는 것이 중요합니다. 나이가 들수록 뇌의 기초를 바꾸려면 더 많은 노력이 필요한데 부모가 기여할 수 있는 부분은 크게 줄어들기 때문이에요.

어릴 때 부모와의 관계 속에서 만들어지는 핵심 스킬은, 향후 아이가 다양한 문제를 해결하는 과정에서 그 차이가 드러나요. 영어로 "Skill begets skill", 즉 스킬이 스킬을 낳는다는 표현이 있습니다. 하나의 스킬을 통해 그다음 스킬이 습득될 수 있다는 뜻이에요. 예를 들어 어떤 아이라도 집중할 수 있는 기본 능력이 있어야 영어든 수학이든 한글이든 배울 수 있겠지요. 감정 조절을 잘할 수 있는 기본 능력이 있어야 친구도 잘 사귀고, 다양한 인간관계 속에서 리더로서의 역할을 해보거나 갈등을 경험하고 헤쳐나가는 연습도 해볼 수 있고요. 생애 초기에 형성되는 주 양육자와의 애착을 통해 세상을 신뢰할 수 있는 기본 능력을 만들어야, 다양한 환경에 적응하고 적극적으로 세상을 탐색하고 지적 능력을 발달시킬 수 있습니다.

만 5세 이하 영유아 교육 연구로 노벨상을 수상한 제임스 헤크먼James Heckman 교수는 미국이 국가 경쟁력을 높이고 불평등을 줄이기 위해 0~5세 사이의 아이들에게 투자해야 한다고 말했습니다. 이들 중 시설보육보다 가정보육이 주를 이루는 만 3세 이전에 부모가 제공한 양육 환경의 격차가 아이가 성장할수록 크게 벌어진다고 밝혔습니다. 뇌가 폭발적으로 성장하는 이 시기야말로 아이가 독립하는 데 도움이 되는 여러 가지 잠재력을 효과적으로 키워줄 수 있는 시기라는 것이지요.

헤크먼 교수는 특히 아이들이 어릴 때에는 비인지적인 부분, 즉 정서사회적 발달이 매우 중요하다고 강조했어요. 공감 능력, 불안 요소, 주의집중력, 감정 조절력 등 인생을 살아가는 데 중요한 인적 자본들이 생애 초반에 상당 부분 형성된다는 것이지요. 부모와의 상호작용이 이 과정에서 중요한 역할을 하고요. 실제로 만 2~3세에도 정서 사회성 발달 영역에서 격차가 존재하며 일정 부분은 평생 동안 지속된다는 국내외 연구 결과들이 다수 존재해요.[1]

헤크먼 교수가 백악관에서 오바마 대통령을 비롯한 많은 정부 관료들을 대상으로 한 연설문의 일부를 인용하겠습니다.[2]

"의심의 여지없이, 가족은 아동의 성공과 사회경제적 계층 이동에 가장 크게 기여하는 요인이다. … 부모가 아이와 상호작용하는 방식, 아이와 보내는 시간, 아이에게 지적이고 사회적인 적절한 자극을 제공하는 데 필요한 자원들은 아이가 풍요로운 삶을 이끌어나가는 데 크게 영향을 준다. 우리는 부모의 역할과 그들을 위해 지식과 자원, 기회를 제공하는 것의 위력을 과소평가해서는 안 된다. 부모가 아이에게 이상적인 가정환경을 제공하도록 지식과 자원의 측면에서 돕는 것은, 아이들이 학교에서 배우게 되는 그 어떤 것만큼이나 혹은 그 이상으로 중요한 일이다."

헤크먼 교수는 경제학자입니다. 미국에서 저소득층을 지원하는 다양한 프로그램을 심층 분석한 결과 생애 초기에 부모가 적절한 방식으로 양육할 수 있도록 도와주는 프로그램이 국가적으로 투자 효과가 가장 좋다는 결론을 내린 거예요. 그리고 그 과정에서 부모의 역할이 아주 중요하기 때문에 부모에게 육아에 대한 올바른 지식을 알려주는 것은 아이의 미래를 바꿀 정도로 중요하다고 강조했습니다. 어릴 때는 아이가 스스로 선택하기 어려우므로 부모가 어떻게 하느냐에 따라 전적으로 따라가니까요.

최근에는 '육아에서 힘 빼기'와 같은 이슈에 사회적으로 관심이 많습니다. 저는 그 답을 이렇게 찾았어요. "나중에 힘을 뺄 수 있게 할 수 있을 때 집중하자." 장기적인 관점에서 볼 때, 육아기 초반에 부모가 육아에 집중하고 스스로 실력을 키워 자신감을 갖는 것이야말로 똑똑하고 편안하게 육아할 수 있는 지름길입니다. 투자 효율성이 높은 시기니까요. 그래서 저는 육아와 관련된 의사결정을 할 때 우리 가족의 앞으로 10년, 20년 중에 '지금'이 차지하는 중요성에 대해 심사숙고합니다. 지금 시기에 돈을 아껴가며 스트레스를 받는 게 맞는 걸까? 좀 더 꼼꼼하게 어린이집과 유치원을 비교하는 게 정말 유난을 떠는 것일까? 힘들지만 세 살까지는 함께 시간을 많이 보내야 할까?

제가 이렇게 고민하고 결정할 수 있는 것은, 하버드대학교뿐만 아니라 세계 수많은 학자와 기관에서 어린 시절의 중요성에 대해 같은 이야기를 반복하고 있고, 제 머릿속에 하나의 깊은 신념으로 각인되었기 때문입니다. 앞서 스킬이 스킬을 낳는다고 했지요? 지식도 지식을 낳습니다. '아, 어린 시절이 이렇게 중요하구나!' 하는 가장 기초적인 믿음이 생기면 그다음 지식을 구하기 위한 동기가 생깁니다. 이제 막 육아 공부를 시작했다면 '생애 초기의 중요성'에 대해서 기초부터 탄탄히 머릿속에 자리 잡을 수 있도록 공부해두면 흔들리지 않는 단단한 기준이 생길 거예요. 번거로운 과정 같지만 공부해서 습득한 육아의 원칙은 육아를 하며 맞이하는 다양한 선택의 상황에서 확신을 주거나 심리적 고비의 순간에 좀 더 인내하며 아기를 도와줄 수 있는 힘을 만들어냅니다.

infant brain development, importance of early years, 생애 초기 뇌 발달, 생애 초기 중요성 검색

플러스 육아 원칙 2: 반응과 상호작용

누군가 제게 육아에 있어서 가장 중요한 키워드 하나를 꼽으라고 하면 저는 '반응'이라고 답할 거예요. 아기에게 잘 반응해주는 것은 무엇보다도 중요합니다. 한국어에 '애를 보다'라는 표현이 있는데요. 아마 옛날에는 육아를 아기가 다치지 않도록 보고 있으면 되는 일로 여겼던 모양입니다. 하지만 현대 과학으로 밝혀진 육아의 본질은 단순하지 않습니다. 아기에게 집중하고, 신호를 캐치하고, 민감하고 따뜻하게 반응해주는 게 중요합니다. 아기가 자신에게 반응해주는 부모와 맺는 관계는 애착 형성을 비롯해 모든 뇌 발달의 기본 토대가 되거든요. 하버드대학교 발달중인아동센터에서는 양육자와의 반응적인 관계가 발달의 기초가 된다고 말합니다.[3]

"아기는 이 세상을 '관계'라는 환경의 형태로 경험한다. 이 관계는 사실상

아기의 모든 발달 영역에 영향을 준다. 지적, 사회적, 정서적, 신체적, 행동적, 도덕적 발달 등 생애 초기 아기의 인간관계의 질과 안정성은 정말 중요한, 넓은 범위의 발달적 결과의 토대를 제공한다."

미국의 국립 기관인 전미과학공학의학한림원National Academy of Science, Engineering and Medicine에서 만든 〈육아의 중요성Parenting Matters〉이라는 보고서에서도 같은 이야기를 하고 있어요.[4] 아동의 발달에 긍정적인 영향을 끼친다고 알려진 부모의 육아 방식을 종합 분석해 과학적으로 입증된 육아 태도를 발표했어요.

① 적절한 반응 주고받기: 아기의 행동에 즉각적으로 따라오는, 아기가 집중하는 대상과 관련 있는 어른의 행동(ex. 아기가 웃으면 부모도 웃기)
② 따뜻함과 섬세함 보여주기
③ 일상 루틴 및 집 안 환경이 너무 혼란스럽지 않게 하기
④ 그림책 읽어주기와 말 건네주기
⑤ 아기의 건강 및 안전과 관련된 일 수행하기: 신생아 케어, 모유 수유, 백신, 적절한 영양 공급, 신체활동 등
⑥ 적절한 수준의 덜 엄격한 훈육

이 자료에서도 반응과 상호작용이 첫 번째인 걸 볼 수 있어요. 아기는 부모와의 관계 속에서 가장 잘 발달한다는 거예요. 반응과 상호작용은 이 세상 모든 사람들이 관계를 맺는 방식입니다. 누군가와 관계를 맺고 싶다면 멀뚱히 바라보는 것만으로는 충분치 않아요. 상대의 이야기에 고개를 끄덕여주고 SNS에서 '소통'의 활동을 이어가며, 전화나 메시지를 열심히 주고받아야겠지요. 아기와의 상호작용도 마찬가지입니다. 누군가와 좋은 관계를 맺는다고 생각하면 돼요. 다만 아

기는 아직 관계를 맺어본 적이 없고, 잘 표현할 수 없기 때문에 어른과의 상호작용에 익숙한 초보 부모에게는 어려울 수 있습니다.

일단 아기와 '함께' 지내려면 어떻게 해야 할지 생각해보세요. 그리고 아기에게 관심을 주고, 집중해주세요. 말 못 하는 아기는 멍하니 누워 있는 것처럼 보여도, 나름대로 열심히 무엇인가 하고 있습니다. 아기의 행동이나 말을 따라 해보고, 웃음이나 감탄사, 말로 반응해주세요. 또 함께 집중하기 위해 아기가 보는 대상에 관심을 가지거나 특정 물체에 아기의 집중을 유도시켜보세요. 아기가 울면 달래주고, 웃으면 함께 웃어주고, 장난감을 툭 치고 좋아하면 더 칠 수 있게 가져다주는 등 기본적인 교감의 시간들이 앞으로 아기의 삶에 얼마나 중요한지에 대해 곱씹어보며 최대한 시행하는 거예요.

사실 대부분의 부모는 이미 아기에게 자연스럽게 반응해주고 있습니다. 하지만 어릴 때 부모와 충분히 상호작용하는 경험을 못 했거나, 현재 스트레스나 우울감이 극심하거나, 육아 일상 중에 습관적으로 휴대폰을 들여다보거나 TV를 틀어놓는 등 다양한 이유로 잘하지 못하는 부모도 분명 있습니다. 지금의 상황보다 더 잘할 수 있는 방법도 분명 있고요.

저는 학창 시절 컴퓨터 게임을 즐겨 했는데요. 레벨 1부터 특정 캐릭터를 키워나가는 RPG 게임을 많이 했어요. 이 캐릭터들은 각자 타고난 능력치가 있습니다. 어떤 게임은 초반에 이 능력치를 선택할 수가 있었어요. 물론 제한된 포인트를 나눠 써야 하는 형태이지요. 이 능력치 중에 '행운'이라는 게 있었습니다. 행운 포인트가 높을수록 게임을 하면서 좋은 아이템을 획득할 확률이 높았고, 그 결과 캐릭터를 더 빨리 성장시킬 수 있었습니다. 그래서 저는 다른 능력치는 포기하고 행운에 모든 걸 걸곤 했지요. 그러면 처음엔 좀 힘들어도 결국에는 최강의 캐릭터가 됩니다.

같은 원리로 아기에게 많은 것을 해주지 못하더라도 괜찮아요. 반응과 상호작용에만 집중해도 아기의 삶은 윤택해질 가능성이 훨씬 높아집니다. 부모의 긍정적인 반응과 상호작용을 통해 얻는 안정적인 애착과 관계는 인간의 기초 능력 중에 가장 좋은 것이거든요. 이렇게 중요한 능력을 일찍 얻게 된 아기는 가장 좋은 무기를 가지고 사회생활을 시작하게 될 거예요. 뭘 하든 잘할 겁니다. "사랑받은 아기와 사랑받지 못한 아기는 뭔가 다르다"는 이야기를 들어본 적 있지요? 저는 조금 더 구체적으로 말하고 싶어요. 반응받은 아기와 그렇지 못한 아기는 확실히 다릅니다.

애착은 특정 상황에서의 반응과 상호작용의 결과물입니다. 애착은 아기가 양육자에게 가지는 깊은 신뢰이며, 부모가 아기의 신호에 섬세하게 반응해주는 빈도가 많아질수록 안정적인 애착이 형성될 가능성이 높아집니다. 특히나 아기가 힘들어하고 부모를 필요로 하는 순간에 부모가 잘 반응하는 것이 애착 형성에 중요해요. 애착은 생존이나 안전과 관련된 영역이기 때문이지요. 발달심리학자 에릭 에릭슨Erik Erikson의 말에 따르면 사람은 특정 시기에 꼭 이루어야 할 발달 과업이 있는데, 그중 0~1세(정확히는 18개월)까지의 과업은 '신뢰'의 획득이라고 합니다. 이 과업을 달성하지 못하면 불신감이 생기고요.

'우리 부모는 내가 부르면 언제나 달려오는 존재구나.' '이렇게 든든한 보호자가 있으니 나는 위험하지 않구나.' 애착이 형성된다는 것은 확신의 씨앗이 마음속에 자리 잡는 것과 마찬가지입니다. 확신을 획득하지 못한다면 정서적으로 불안하고, 자신의 안전을 확보하고자 쓸데없는 에너지를 허비해야 하고, 자신의 능력과 세상을 믿지 못하고, 학습 성과도 내지 못하고, 인간관계를 맺는 데도 어려움을 겪을 가능성이 높습니다.

개인적으로 느꼈던 바로는 애착이라는 주제가 워낙 유명하고 부모의 불안을 조성하기 좋은 주제다 보니 자극적인 콘텐츠나 마케팅 도구로 활용되는 경우가 많았어요. 부모가 어떤 말이나 행동을 하면 애착에 방해된다거나, 특정 아기 용품이 애착 형성에 좋다거나, 애착 형성을 위해 이런 놀이가 좋다거나 하는 식이지요. 이런 근거 없는 콘텐츠에 휩쓸리지 않기 위해서는, 애착 형성의 원리와 본질이 무엇인지 이해해야 합니다. 애착에 대해 제대로 알고 있는 부모는 허무맹랑한 글을 접했을 때도 '뭐야, 말도 안 되는 소릴 하고 있어' 하고 넘길 수 있지요. 결국 아기가 부모를 필요로 하는 순간에 얼마나 섬세하고 적절하게 반응해주었느냐가 애착 형성의 열쇠라는 것을 깊게 이해하고 일상에서 적용해주는 것이 좋습니다.

serve and return, responsive parenting, attachment parenting, parental sensitivity, baby interactions, 반응 육아, 애착, 아기 상호작용 놀이 검색

플러스 육아 원칙 3: 영아기 자율성 지지

2020년 OECD에서 만든 한 리포트에서는 육아 방식에 대한 수많은 연구를 종합 분석해 크게 세 가지의 요소로 정리했어요.[5] 육아에서 이 세 가지 포인트는 놓치지 않아야 하는 일종의 큰 원칙이라고 보면 됩니다.

앞에서 다룬 반응과 상호작용의 중요성이 '따뜻함'이라는 카테고리에 들어간 걸 볼 수 있어요. 여러 기관과 리포트, 전문가들이 이렇게 반복적으로 이야기해주니 '아, 정말 중요한 거구나'라는 생각이 들지 않나요? 어떤 육아 지식이나 원칙을 믿을 만한 출처를 통해 반복적으로 접하다 보면 더욱 신념에 가까워져요. 힘든 육아 중에도 시간을 내어 공부하는 이유이기도 해요. 자연스럽게 행동에 묻어 나오게 만들기 위해서요.

요소	따뜻함Warmth	자율성 지지Autonomy Support	구조 만들기Structure
부모의 행동	사랑과 애착의 영역	허용과 인정의 영역	훈육과 학습의 영역
	– 아이와의 상호작용이 따뜻하고 애정이 있다. – 아이의 신호에 적절히 반응한다. – 우는 아이를 달랜다.	– 아이 관점에서 보고, 욕구를 인정하고 심리적인 자유를 느낄 수 있는 기회를 만든다. – 아이에게 선택지를 제공한다.	– 아이의 행동에 대해 명확한 기대치, 피드백, 칭찬으로 표현한다. – 바람직한 행동 양식을 직접 보여준다.
예시	"그래, 빨간색 블록이구나." "큰 개가 무서웠구나. 안아줄게."	"이게 만지고 싶었구나. 해봐도 돼." "이거 입을래, 이거 입을래?" "잘 준비되면 엄마한테 와줘."	"그렇게 하는 건 안 돼. 대신 이렇게 하자." "혼자서 해내다니 잘했네."
부족하면	거부Rejection	압력Pressure	혼돈Chaos
	〈차갑고 부정적인 육아〉 '(무시)' "그만 울어!'	〈엄격한/권위주의적인 육아〉 "안 돼! 이제 자!" '이거 입어!'	〈방임하거나 비일관적인 육아〉 "(아이가 엄마를 때리니) 그래그래 알았어, 젤리 줄게."

이번에는 자율성 지지에 대해 살펴볼 거예요. 생후 6~12개월 사이에는 스스로 이동할 수 있는 능력이 빠르게 증가합니다. 걸음마 시작은 그 화룡점정이지요. 아기들은 보통 생후 10~15개월 사이에 걸음마를 시작하는데요. 잘 움직일 수 있게 된 아기들은 이 세상을 탐색하려는 욕구를 더욱 적극적으로 표현합니다. 예전엔 엄마가 가져다주는 장난감을 주로 만져보고 탐색하는 형태였다면, 이제는 스스로의 의지로 저기 보이는 화분에 다가가서 손으로 탁 치면 어떻게 되는지, 이 흙에 손을 넣으면 어떻게 되는지, 이 나뭇잎을 입에 넣으면 어떤 맛과 느낌일지 너무나 궁금해지는 시기가 옵니다. 몸을 움직여 탐색하면서 아기들은 스스로를 부모와 분리된 개체로 인식하는 자아 개념도 명확해지고, 자아 개념이 형성될수록 자아를 강하게 표현하고 싶어 합니다.

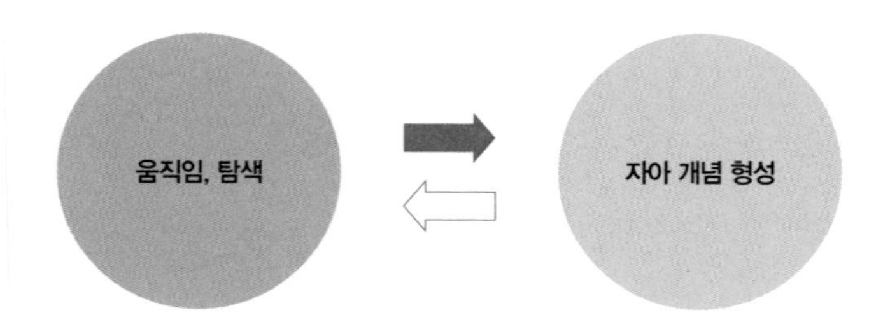

아기가 스스로 탐색하며 제멋대로 행동하기 시작하는 시기부터, 부모가 알아두어야 할 큰 원칙은 바로 자율성 지지입니다. 자율성을 지지하는 태도는 아기의 욕구를 인정해주고 아기가 자발적으로 행동할 수 있도록 최대한 장려해주는 것을 말해요. 자율성 지지는 영아기와 유아기에 따라 약간 다르게 나타나기 때문에 두 시기로 나누어 살펴볼 건데요. 영아기에 아기의 자율성을 지지해주는 육아는 아기가 충분히 탐색할 수 있도록 환경을 만들어주는 방식입니다.

아기들은 본능적으로 열심히 탐색하고 배우려고 합니다. 뭐든 만져보고 조작해보고 입에 넣어보고 싶은 강렬한 욕구가 꿈틀거리는 시기이지요. 아기의 관점에서 본능적인 배움의 욕구를 이해하고, 그렇게 할 수 있도록 합리적인 수준에서 허용해주는 것이 자율성을 지지하는 태도예요. 반면 부모가 원하는 대로 얌전하고 어지르지 않게 아기를 통제하려고 하는 것은 통제하는 태도지요. 통제하는 육아는 장기적으로 아기의 인지 발달과 정서 발달에 좋지 않다고 많은 연구 결과에서 보고하고 있습니다(물론 아기의 욕구를 무조건 허용해야 한다는 이야기는 아닙니다. 이건 뒤의 '구조 만들기'에서 더 자세히 알아볼 거예요).

자율성 지지 육아는 부모와 아기와의 '관계' 측면에서 생각해보면 좋습니다. 사람은 타인과 관계를 맺을 때, 그 사람과의 지난 경험을 기반으로 관계를 규정해나가요. 나한테 잘해주는 사람, 나한테 함부로 하는 사람, 더 알아가고 싶은 사람, 다시는 보고 싶지 않은 사람 등. 부모와 아기 관계도 마찬가지입니다. 부모와 상호작용이 쌓여가면서 아기는 부모를 어떠한 존재로 인식하게 됩니다. '아, 이 사람은 ○○한 사람이구나.' 이걸 '표상Representation'이라고 합니다. 아기의 마음 속에 자리 잡은 부모의 이미지예요.

아기가 아주 어릴 때는 대체로 어떤 부모든 아기의 요구를 다 들어주는 긍정적인 존재일 거예요. 하지만 아기가 움직이기 시작하고 적극적으로 세상을 탐색하면서 아기를 저지해야 하는 순간들이 많아져요. 입에 넣지 못하게 해야 하고, 카시트에서 꼼짝 못 하게 해야 하고, 깨지거나 위험한 물건, 더러운 것은 만지지 못하게 해야 합니다.

이 와중에도 자율성을 지지하는 부모들은 지나치게 통제하지 않으려고 하고, 가급적 아기의 욕구를 해소해주려고 하고, 애초에 아기를 저지하지 않아도 되는 환경을 만들어주려고 노력합니다. 이런 부모의 아기들은 부모에 대한 표상을 이렇게 만들어나갑니다. "엄마는 내가 원하는 건 대체로 들어주려고 해. 우리의 목표는 같아. 우리는 한 목표를 가진 파트너야." 그래서 협조적이고 긍정적인 관계가 만들어져요. 장기적으로는 이런 부모일수록 아기에게 훈육을 하거나 안 된다고 단호하게 말하는 순간에는 아기도 잘 순응합니다. "엄마는 원래 그런 사람이 아닌데 안 된다고 하는 걸 보니 정말 그런가 봐" 하고 받아들이는 것이지요. 나아가 부모가 지속적으로 알려주는 사회 규칙을 거부감 없이 내재화하게 되고, 감정을 잘 조절하거나 사회적으로 바람직한 방식으로 행동하게 될 가능성이 더 높아집니다. 그럴 나이가 되면요. 실제로 자율성을 지지하는 육아와 아기의 협조성, 자기조절력, 규칙 내재화 간에 긍정적인 관계를 나타내는 연구 결과들이 상당합니다.[6]

반면 아기의 행동을 통제하려고 하는 부모의 아기들은 점차 부모에 대한 표상을 이렇게 만들어나갑니다. "엄마는 맨날 안 된다고 해. 늘 내 목표와 반대야. 내가 원하는 것을 이루려면 투쟁해야 해." 그래서 투쟁적이고 부정적인 관계가 만들어지지요. 지속적으로 통제를 받은 아기들은 장기적으로 덜 협조적이고 반항적이거나, 심한 경우 문제 행동을 일으킬 가능성이 높아져요.[7]

어른인 우리도 누군가 우리의 욕구를 알아주고 최대한 그 욕구가 이루어질 수 있도록 노력해줄 때 그 사람과 좋은 관계를 만들어가고 싶을 거예요. 소개팅에 나갔다고 해봅시다. 내가 파스타가 먹고 싶은지, 삼겹살이 먹고 싶은지 관심을 가지고 그 바람대로 이룰 수 있게 해주려는 A와 뭘 먹고 싶은지, 뭘 하고 싶은지 물어보지도 않고 자기가 정해온 대로만 하려는 B. 누가 더 마음에 드나요? 아마도 전자겠지요.

부모는 어리고 약한 아기들의 보호자로서 지내온 경험이 습관이 되어, 자율성을 존중해주기보다는 주도해서 아기의 삶을 이끌어가기 쉽습니다. 자율성을 존중한다는 것은 사실 쉬운 일이 아니에요. 아기의 욕구와 부모의 이해관계가 충돌하는 수많은 상황에서 현명하게 아기의 욕구를 인정하고 허용해주면서 갈등을 해결해가야 하니까요. 영아기부터 사춘기까지, 쭉. 난이도로 치면 가장 어렵지만 중요한 미션인 것 같아요.

부모와 좋은 관계를 만들어나가는 것의 중요성 외에도, 아기에게 탐색의 자유를 허락해야 하는 중요한 이유가 또 있습니다. 탐색 그 자체가 아기의 지적 발달에 미치는 영향 때문이지요. 탐색은 아기들이 주도적이고 적극적으로 뇌와 근육을 발달시키는 중요한 방식이에요. 탐색을 하며 여러 감각기관을 통해 받아들인 정보들이 연결되면서, 아기들의 뇌에서는 신경회로가 형성돼요. 전 세계적으로 영유아 심리의 고전으로 유명한 책 《마법의 시간 첫 6년》(아침이슬)을 쓴 소아정신분석학자 셀마 프레이버그Selma Fraiberg 교수는 아기들의 탐색 활동의 중요성을 강조하며 "안 돼, 안 돼"는 꼭 필요한 때를 위해서 아껴두자고 말합니다.

"만지고, 보고, 가지고 놀고 싶은 욕심은 아기 입장에서는 배고픔처럼 긴박한 것이며, 나중에 더 크면 읽을 책처럼 지적 성장을 위해 필요한 것이다."

자율성을 지지하는 육아의 중요성과 어려움 모두 영아기 때보다는 유아기 때 두드러집니다. 돌이 지난 이후 아이들은 훨씬 더 적극적으로 자기의 욕구를 표현하고자 하는 능력과 의지가 강해지기 때문이지요. 돌 전 영아들에게 탐색의 자율성을 지지해주는 것은 두 돌 지난 아이를 키우는 엄마 입장에서 되돌아보면 참 쉬운 거였구나 싶을 거예요. 그래서인지 영아를 대상으로 하는 자율성 지지의 중요성에 대한 연구는 아직 부족한 상황인데요. 몬트리올대학교의 발달심리학 교수 애니 베르니에Annie Bernier는 이를 연구한 몇 안 되는 학자 중 하나예요. 연구 결과, 영아가 탐색할 때 자율성을 지지해주는 부모의 아이들은 부모와 애착 관계가 더 탄탄했고 탐색에 더 적극적이고 끈기 있게 참여했으며,[8] 향후 스스로를 조절하고 충동을 자제하며 부모를 비롯한 타인에게 협조하는 능력이 더 뛰어났다고 합니다.[9]

autonomy support, infant autonomy, infant exploration, infant exploratory play, 영아 탐색놀이, 영아 탐색 허용 검색

플러스 육아 원칙 4: 유아기 자율성 지지

유아기 이후에 더욱 중요해지는 자율성 지지는 세 가지 영역으로 나눌 수 있습니다. 협조 얻기, 감정 코칭, 믿고 기다려주기. 지금부터 하나씩 살펴볼게요.

협조 얻기

저는 논문으로 육아를 공부했고, 책을 쓰면서는 부모들이 각 시기별로 읽으면 좋은 책을 추천하기 위해 육아서를 정말 많이 읽었습니다. 몇 달간 도서관을 드나들며 나름의 기준을 가지고 추려서, 100권 남짓 읽었는데요. 짧은 기간 동안 많은 육아서를 읽으면서 한 가지 사실을 깨달았습니다. 이 세상 육아서의 절반 정도는 아기의 협조를 갈등 없이 원만하게 얻어내기 위한 기술에 관한 책이라는 걸요. 제가 이제껏 읽어왔던 논문들은 '협조의 기술'보다 '육아에서 자율성을 지지하는 태도가 왜 중요한지'에 대해 알려주었기 때문에 제게는 신선한 깨달음이었습니다. 처음에는 도서관에 육아서가 '심리학'이나 '교육학'이 아니라 '기술과학' 아래에 분류되어 있는 걸 보고 의아했는데 이런 사실을 알고 나니 납득이 되더라고요.

협조의 기술에 대한 육아서가 많다는 것은 그만큼 아기를 키우는 부모들에게 그런 기술이 필요하다는 뜻이겠지요. 현실적으로 아기와 하루를 보내다 보면 수많은 것을 못 하게 하거나 하게 해야 합니다. 당장 외출하려 해도 아기가 열중하고 있는 장난감으로부터 눈을 돌리게 해야 하고, 옷을 입는다거나 신발을 신게 해야 하고, 엄마가 외출 준비를 하는 동안 얌전히 놀거나 기다리게 해야 하고, 차를 타면 카시트에 앉아 있게 해야 하고, 엘리베이터에서는 뛰지 못하게 해야 합니다. 매 순간 아기의 협조를 얻어내야 하지요.

이 과정에서 부모는 자율성을 지지하는 육아를 할 수도 있고 통제하는 육아를 할 수도 있습니다. 자율성을 지지하는 태도가 아기의 욕구를 인정해주고 자발적으로 행동할 수 있도록 격려하는 것이라면, 통제하는 태도는 아기의 욕구를 부모가 원하는 바에 맞추기 위해 억누르거나 바꾸려고 하는 것입니다. 예를 들어,

자율성을 지지하는 부모는 아기가 내복을 입고 외출하고 싶어 할 때 옷 결정에 대한 선택권을 주기 위해 그렇게 놔둘 수도 있습니다. 혹은 애초에 외출복만 있는 서랍을 열어주고 여기서 선택하라고 말할 수도 있겠지요. 아니면 아기가 마음을 돌려 '외출복을 입어야겠다'고 생각할 수 있도록 다양한 정보를 제공하며 설득할 수 있어요.

반면 통제하는 부모는 아기가 내복을 입고 싶다고 했을 때 강압으로 혹은 보상이나 처벌, 협박 등을 활용해서 외출복을 입히려고 할 거예요. 통제의 여부는 강압적이고 무섭게 대하느냐, 부드럽게 대하느냐의 차이가 아닙니다. 말투는 부드럽지만 아기에게 진정한 자율을 주기보다 아기의 의지를 꺾고 부모의 의지를 관철하기 위해 보상을 한다거나(이 옷 입으면 사탕 줄게), 위협을 하는(그럼 엄마 간다, 너 혼자 집에 있어) 경우 여전히 통제적인 육아의 범위에 들어가요.

자율성 지지	통제
"그만 먹고 싶구나, 이제."	"아직 남았잖아, 끝까지 먹어야지. 아~"
"이제 집에 갈 시간인데, 미끄럼틀을 한 번 더 타고 갈래, 그네를 한 번 더 타고 갈래?"	"집에 갈 시간이야. 안 가면 두고 간다."
"여름옷을 입고 싶다고? 그래, 한번 입고 나갔다 와보자, 얼마나 추운지."	"밖에 추워서 안 돼. 이거 입어야 돼."
"목욕하기 싫었구나. 하지만 몸을 깨끗이 씻지 않으면, 병균들이 몸에 들어가서 감기에 걸릴 수 있어. 눈에 물이 들어갈까 봐 그래? 머리 감을 때는 이렇게 얼굴 위에 수건을 놓고 하면 어때?"	"싫어도 목욕은 해야 돼. 울어도 어쩔 수 없어."

수많은 연구 결과를 종합 분석한 OECD 리포트에서는 자율성을 지지하는 육아는 높은 수준의 정서적 발달, 지적 발달, 학업적 성취와 직업적 성공으로 이어

진다고 보고했습니다. 최근 많은 신경과학 연구에서는 정서나 기분 등의 감정적인 부분과 집중력이나 기억력, 습득 능력 등 인지적이고 학습적인 부분 사이의 긴밀한 상관관계에 대해 새로운 발견을 내놓고 있어요. 사람은 기분이 좋을 때 집중력, 기억력, 학습 효과 모두 뛰어나다는 것이지요. 아기는 매일 부모와 상호작용하고 배우며 뇌가 발달해요. 스스로의 삶을 통제할 수 있다는 긍정적인 기분으로 살아가느냐, 부모의 통제에 부당함을 느끼거나 저항하면서 부정적인 기분으로 살아가느냐의 차이는 삶의 많은 부분에 큰 영향을 끼칠 거예요.

아기에게 자율성을 주면 아기도 더 협조적이고 긍정적으로 행동하고, 부모는 아기를 굳이 통제할 필요가 없어 육아 스트레스도 줄어듭니다. 자연스럽게 아기에게 더 많은 자율성을 주고 따뜻하고 좋은 육아를 할 수 있는 환경이 조성되는 것이지요. 반면 아기를 통제하기 시작하면 아기는 비협조적이 되고 부정적으로 행동하며 그럴수록 부모는 아기를 더 통제해야 하고 아기와 실랑이하면서 스트레스도 커지지요. 연구 결과에 따르면, 육아 스트레스가 큰 부모는 아기를 더 통제하거나 아기를 방임하는 극단적 육아 방식을 선택하게 될 가능성이 높습니다. 그러면 좋은 육아, 자율성을 주는 육아를 하기가 더욱 어려워지는 것이지요. 애초에 자율성 지지라는 쉬운 길을 택한 부모와 통제라는 어려운 길을 택한 부모의 간극은 갈수록 벌어지게 됩니다.

당장 눈앞의 하루를 생각하면 통제하는 육아가 더 쉬울 수 있습니다. 아기에게 부모가 고른 옷을 "젤리 줄게" 하고 입히거나 울더라도 강제로 입혀버리는 게 아기가 직접 골라서 입을 때까지 기다려주고 설득하는 것보다 훨씬 더 쉬운 방법이지요. 하지만 장기적으로 보면 통제하는 육아는 더 어려운 길이 됩니다.

제 딸 다미는 외투 입는 것을 참 싫어해요. 겨울에도 외투를 입지 않고 나가겠다고 고집을 부립니다. 저는 그러라고 합니다. 그건 아기의 선택으로 두지요. 하지만 외투를 들고 가요. 현관문을 열고 나가면 춥습니다. 그 순간 아기는 자신의 선택에 따른 '추위'라는 책임을 지게 되었다는 사실을 깨달아요. 그리고 제게 말해요. "잠바 입을래요." 그러면 저는 "거봐, 춥다고 했지" 등의 비난하는 말 없이 외투를 건네줍니다.

외투를 억지로 입히려고 보상과 위협, 강압에 기대봐야 아기가 "강제로 입혀줘서 고마워요"라고 느끼는 경우는 없어요. 처음에는 입기 싫다는 욕구를 억압당한 부당함과 불만의 감정만 남고, 장기적으로는 '나는 스스로 선택하면 안 되는 거구나. 부모가 결정한 대로 하면 되는구나'라고 생각하게 될 수도 있습니다. 자신의 선택에 따른 실수를 깨닫거나 시행착오를 거치며 발전할 기회도 없겠지요.

반면 아기에게 자율적으로 선택하게 하고, 그에 따른 책임을 느끼게 하면 시행착오를 겪으며 더 나은 선택을 하도록 발전해나가고, 스스로 선택하고 결정할 수 있는 자신감이 생깁니다. 예를 들어 다미는 이런 일이 반복되니 외투를 입기 전에 저한테 물어보기도 해요. "오늘 추워서 외투 입어야 돼요?" 스스로 더 나은 결정을 하기 위해 정보를 얻는 거지요. 이때 제가 "응, 엄마 생각에는 추워서 외투 입는 게 좋을 것 같아"라고 말해주고 아기가 외투를 입기로 자율적으로 결정했다면 어떨까요? 엄마가 미리 "오늘 추우니까 외투 입어야 해"라고 정해준 것과는 천지 차이입니다.

다미는 가끔 저한테 먼저 이렇게 말하기도 합니다. "외투 가지고 나가서 추우면 입을게." 지난번에 추웠던 기억을 되살려, 만일을 위해 외투를 가지고 나가면 좋겠다는 생각을 해낸 거지요. 다미가 좀 더 크면 외투를 입을 날씨인지 아닌 날씨인지 판별하는 법을 가르쳐줄 수도 있을 거예요. 휴대폰에서 오늘의 날씨를 보여주며 "자 봐, 이 숫자가 15보다 작으면 외투를 입을 정도로 춥다는 거야. 15보다 크면 외투를 안 입어도 괜찮아." 이렇게 정보를 얻을 수 있는 방법을 배우고 이를 바탕으로 스스로 판단해서 외투를 입을지 말지를 결정할 수 있는 결정권자가 되는 거예요. 어른이 보기에는 별거 아닐지 모르지만, 아기의 세상에서는 이런 것에 결정권을 가지느냐, 아니냐는 다르게 다가올 수 있습니다.

'자기결정이론Self-Determination Theory'으로 유명한 심리학자이자 세계적 석학인 에드워드 데시Edward Deci는 《마음의 작동법》에서 부모가 아기의 자율성을 존중하면 자기 주도성과 실험 정신, 책임감이 높아진다고 했습니다. 스스로 삶의 많은 것을 주도적으로 선택하고, 그 선택의 결과에 대해 책임을 지는 연습을 매일 할 수 있기 때문이에요. 《놓아주는 엄마 주도하는 아이》(쌤앤파커스)의 저자인 뇌과학자인 윌리엄 스틱스러드William Stixrud는 어린 시기부터 스스로 결정할 기회를 줘야 한다고 말했습니다. 이상한 옷이라도 아이가 직접 골라서 입을 때 아이의 전두엽 피질이 한층 활성화된다는 내용을 읽고 나면 당장 내일이라도 아이에게 어떻게 선택권을 주는 환경을 만들어줘야 할지 생각해보게 될 거예요.

아기에게 협조를 얻어낸다는 것은 아기에게 어떤 행동을 하거나 하지 않을 '동기'를 만들어주는 것과 밀접한 관련이 있어요. 동기와 자율성 지지의 관계를 깊이 있게 다룬 연구자들이 있는데요. '자기결정이론'이라고 하는 인간의 내적동기에 대해 연구한 에드워드 데시 교수와 그 동료들입니다. 자기결정이론에 따르면 사람은 크게 자율성, 유능성, 관계성이라는 세 가지 심리적인 욕구를 충족하려는 내적동기가 있다고 해요. 데시 교수의 동료인 리처드 라이언Richard Ryan과 웬디 그롤닉Wendy Grolnick은 이 이론을 아기들에게도 적용하는 연구를 진행했어요. 자율성, 유능성, 관계성 중 특히 자율성과 유능성에 주목하면, 아기들의 자율성을 지지해주는 부모의 태도가 왜 중요한지 이해할 수 있습니다. 아기들도 누군가의 통제를 받지 않고 스스로 흥미를 가지고 하는 활동, 그리고 뭔가를 성취함으로써 '나는 유능한 존재야'라는 것을 느낄 수 있는 활동에 내적인 동기를 가지고 열심히 참여한다는 거예요. 자율성과 유능성을 느낄 수 없게 부모가 지나치게 아기를 통제하고 제한하거나, 스스로 해보기 전에 다 해주려고 한다면 내적동기는 점차 줄어들고요. 아기의 자율성을 지지해주어야 아기들이 어떤 행동을 하거나 하지 않으려는 자발적인 동기를 이끌어낼 수 있고, 이는 앞서 이야기한 '협조의 기술'의 근간이 됩니다.

자기결정이론은 영유아기에도 중요하지만 아동 및 청소년기, 심지어 성인을 대할 때도 굉장히 유용한 심리학적 지식입니다. 누군가의 동기를 어떻게 이끌어낼 것이냐에 대해 좋은 관점을 제시해주기 때문이에요. 뭔가 하기 싫어하는 자녀에게 어떤 방식으로 동기를 줄 수 있을지, 교사로서 학생들을 어떻게 지도할지, 조직의 리더로서 조직원들을 어떻게 이끌지, 지인이나 배우자 등 주변 사람들과 어떻게 상호작용하며 그들의 심리적인 욕구를 채워줄지 등 다양한 영역에 활용할 수 있는 심리학 지식이니 알아둘 것을 추천합니다.

감정 코칭

만일 누군가가 바쁘고 여유가 없어 도저히 육아 공부를 할 수가 없으니 아기를 키우는 데 가장 중요한 한 가지만 말해달라고 한다면 저는 반응 육아라고 답할 거예요. 그리고 추가적으로 덧붙이고 싶어요. "하지만 아주 작은 여유가 있다면 제발 감정 코칭도 공부해주세요."

세계적으로 유명한 심리학자 존 가트맨John Gottman 교수가 이론화한 감정 코칭은 말하자면 아기의 감정 표현이라는 영역에서 자율성을 지지해주는 것입니다. OECD 리포트에서는 자율성을 지지하는 육아와 정서 발달Emotional Development and Well-being 간의 상관관계가 높다고 보고하고 있는데요. 저는 그 이면에 감정 코칭이 있다고 생각해요.

감정 코칭의 기본은 아기가 어떤 감정을 느끼고 표현할 때 부모가 어떤 기준이나 규범을 가지고 그것을 통제하지 않고 허용해주고 자율성을 주는 것입니다. 예를 들어 아기가 어떤 이유로 속상해서 울 때 "아끼던 인형에 흙이 묻어 속상했구나" 하고 인정해주고, 울 수 있도록 허용해줍니다. '속상해도 돼, 울어도 돼'라는 자세이지요. 반면 아기가 느끼는 감정이나 표현을 통제하는 부모는 아기의 감정을 있는 그대로 수용해주기보다 무시하거나 거부하거나 축소합니다. "그게 울 일이야?" "울면 안 돼, 산타 할아버지가 선물 안 주신다." "아이스크림 사줄게. 뚝 그쳐." "다 큰 언니가 그런 걸로 울면 부끄러운데." "엄마는 우는 아기 싫어해."

만 3세 미만의 아기들은 정서적인 뇌의 영역이 잘 발달해야 합니다. 육아 공부를 하다 보면 감정을 이해하고 표현하고 성숙하게 조절할 줄 아는 능력, 즉 '감성 지능'[10]이 발달하는 게 중요하다는 것을 깨닫게 돼요. 많은 부모가 겉으로 쉽게 드러나는 인지적인 능력, 집중력, 언어 구사력, 수 감각, 분류 능력 등을 보며 우리 아기의 뇌가 잘 발달하고 있는가 아닌가를 판단합니다. 반면 감정을 잘 이해하고 표현하고 다스리는 능력은 다소 가볍게 여기는 경우가 많지요. 저는 육아 관련 콘텐츠를 만들고 많은 부모와 소통하면서, 아기의 '감정의 뇌'를 잘 키워주는 것의 중요성에 대해 잘 모르는 분이 많다는 생각이 들었어요. 예를 들어 아기에게 그림책을 읽어주는 것의 효과로서 '어휘 확장'과 '다양한 감정을 이해하고 감정 이입 연습하기' 이 두 가지를 언급하면, 주로 전자에 관심을 가지더란 말이지요.

최근 몇십 년간 심리학계는 인간의 '감정Emotion'에 대해 예전과는 다른 방식으로 바라보게 하는 수많은 연구 결과를 내놓았어요. 예전에는 감정이란 예술 등 일부 분야를 제외하고는 그리 중요하지 않은 것으로 여겼어요. 사람이 감정적이 되면 이성적이고 효율적으로 행동하지 못하고, 그러므로 이성으로 감정을 눌러야 한다는 시각이 지배적이었지요. 여성이 남성에 비해 열등하다는 점 또한 '감정적인 여자'와 '이성적인 남자'라는 프레임으로 정당화되곤 했고요. 하지만 이제 심리학자들은 모든 사람의 삶에 감정이 얼마나 중요한지 잘 알고 있어요. 인간은 우리가 생각했던 것보다 훨씬 더 감정을 바탕으로 사고하고 의사결정을 내리는 존재라는 게 밝혀졌고요. 감정을 이해하고 표현하며 다스리는 사람은 학습력, 회복력이 더 높고 동기 부여도 잘하며, 비생산적인 것을 하고 싶은 충동에서도 쉽게 벗어나고, 대인 관계나 가정생활을 행복하게 영위해나가며, 리더십도 뛰어나다는 것이 밝혀졌어요.[11] 물론 좋은 육아를 하는 데도 유리하지요.

유네스코에서는 2002년 감성 및 사회성 교육SEL, Social and Emotional Learning을 적극 시행할 것을 권장하는 성명서를 140여 개국 교육부 장관에게 보냈습니다. 아이들에게 지식을 가르치는 것 이상으로 감성 지능의 개발이 중요하다는 것을 알리기 위함이었지요(그로부터 20년이 지난 오늘날, 한국 교육 시스템에서 아이들의 감성 지능을 키우기 위한 노력이 얼마나 이루어지고 있는지 잘 모르겠습니다). 감성 지능은 아기가 아주 어렸을 때부터 부모와의 상호작용 속에서 가장 효과적으로 키울 수 있습니다.[12] 바로 감정 코칭을 통해서요.

감정 코칭은 부부 관계가 좋아지는 데도 아주 효과적입니다. 감정 코칭을 이론화한 존 가트맨 박사는 아동의 감정 코칭에 대해서도 다루었지만 원래 부부 관계를 깊이 있게 연구한 학자입니다. 어찌 보면 인간관계에 있어 아주 원초적인 욕망이 아닌가 싶어요. 내 감정이 무시당하지 않고, 누군가가 공감해주고 수용해주길 바라는 욕망이요.

회식하느라 늦게 들어온 남편에게 "왜 맨날 늦게 들어와!"라고 화를 내는 아내는 "나 육아하느라 너무 힘들고 외롭고 혼자만 집에서 아기와 있어야 하는 게 너무 부당하게 느껴져"라는 마음을 표현하는 것이지요. 그 감정을 상대방이 알아주고 공감해주었으면 좋겠다는 뜻이고요. 하지만 아내는 비난하지 않고 그 감정을 상대방이 수용할 수 있는 형태로 표현하지 못하고, 남편도 그 뒤에 숨은 아내의 감정을 있는 그대로 공감하지 못하니 부부 관계는 나빠집니다. 어른들이 감정 코칭에 미숙하니 육아에도 감정 코칭이 쉽지 않을 수밖에요. 하지만 어떻게 해야 나아지는지를 아는 것과 모르는 것은 크게 다르답니다. 캄캄한 방에서 나아가야 할 곳에 불이 켜져 있는 것과 아닌 것은 천지 차이예요. 감정 코칭을 알면 아기와의 관계뿐 아니라, 부부 관계, 가족 관계, 모든 인간관계에서 새로운 차원의 성장의 문이 열릴 거예요.

믿고 기다리기

아기의 협조를 얻어내거나 아기의 감정에 대응하는 상황 말고, 아기와의 일상에서 스스로 뭔가 해낼 수 있게 기다려주는 것 또한 아기의 자율성을 지지해주는 중요한 방법입니다. 부모마다 성격이 다르기 때문에 믿고 기다리는 일이 가장 쉬울 수도 있고 오히려 가장 어려울 수도 있어요. 어떤 부모들은 아기가 다칠까 봐, 잘 해내지 못해 시무룩해질까 봐 불안하고 초조한 마음에 옆에서 적극적으로 도와줘야만 직성이 풀립니다. 반면 어떤 부모들은 아기가 조금 다치거나 시무룩해질 수 있는 상황이라도 일단은 스스로 할 수 있게 놔둬야 한다고 생각해요. 전자라면 믿고 기다려주기는 조금 힘든 과제가 될 수 있을 거예요.

아기들은 작은 '성공 경험'을 통해 자신이 유능한 존재이며 이 세상을 통제할 수 있다는 사실을 배워갑니다. 뇌 발달은 학습이나 특별한 활동을 통해 이루어지는 것이 아니에요. 부모와 함께하는 일상 속의 모든 경험을 통해 아기의 뇌는 끊임없이 특정한 방식으로 만들어지고 있어요. 자신감과 같은 성격도 포함해서요. 타인의 도움 없이 혹은 아주 약간의 도움만으로 뭔가를 성취해낸 경험을 해본 아기는 자신에 대해 긍정적인 자아상을 만들어갑니다. "나는 스스로 할 수 있어. 잘 안 돼도 계속 노력하면 해낼 수 있어." 반면 뭔가를 할 때마다 결국 부모가 해결해주는 경험을 한 아기는 자신에 대해 부정적인 자아상을 만들어가요. "나는 혼자서는 잘 못 해. 이 세상은 나 혼자 나서기에는 너무 두려운 곳이야." 아주 어릴 때부터 부모가 아기의 작은 도전에 대응하는 방식은 아기가 스스로를 유능하고 뭐든 할 수 있는 자신감 넘치는 사람으로 인식하거나, 자신 없고 소심한 사람으로 인식하게 만드는 데 영향을 줄 수 있어요.

한 가지 알아둘 것은 부모가 아이의 자신감을 결정하는 유일한 존재는 아니라는 사실이에요. 학생 때도, 사회에서도, 이런저런 다양한 사람들과 다양한 관계를 맺으면서 크게 변하기도 해요. 저도 초등학생 때까지만 해도 스스로에게 자신감이 없는 타입이었어요. 초등학생 때 전학을 세 번 다니면서 교우관계에 어려움을 겪으며 그렇게 되었지요. 그러다 중고등학생 때 교우관계가 안정되고 성적도 잘 나오기 시작하면서 성공 경험을 통해 스스로에 대해 좋은 자아상을 만들어나갔고, 자신감을 가지게 됐어요. 이런 자신감과 스스로에 대한 믿음이 없었다면 유튜브는 구독자가 100명을 넘어가지 않았던 시절에 진작 그만두었을 것이고 잘 다니던 회사를 그만두고 내 일을 해보겠다는 생각도 할 수 없었을 거예요.

하지만 자신감 없는 상태에서 시작해 계속 학업에 어려움을 겪고, 만족할 만한 성공 경험을 하지 못해 자신감 없는 상태로 살아가는 사람들이 세상에 수도 없이 많습니다. 초등학생이 된 아이가 자신감 없는 모습을 보일 때 아이에게 성공 경험을 만들어줘야겠다 싶지만 당장 어떻게 해야 할지 막막할 거예요. 애초에 자신감이 없는 아이들은 본인에게 어려워 보이는 분야는 도전하려는 의지도 적을 테니 유의미한 성공 경험을 만들어주기도 더욱 어려울 거고요.

하지만 영유아기에 성공 경험을 만들어주는 건 쉽지요. 벤치에 기어 올라가려는 아기에게, 퍼즐을 잘 못 맞추는 아기에게, 바지를 입는데 계속해서 한쪽에 다리를 모두 넣는 아기에게, 자동적으로 손이 나가기 전에 '믿고 기다려주자'라고 스스로에게 말해주는 거예요. 아기는 점차 도전을 즐기고 자신감 있는 모습으로 세상을 대하게 될 것이고, 새로운 도전을 성공하는 선순환이 만들어질 거예요. 성공 경험의 첫걸음을 이렇게 작은 영역에서 시작하면, 쉽지만 그 효과도 강력해요. 그래서 사람의 자신감을 만드는 다양한 재료들이 있지만 생애 초기 부모의 태도가 상당히 큰 부분을 차지한다고 할 수 있습니다.

발달심리학자 에릭 에릭슨의 사회화 이론에 따르면 생후 18개월까지 아기들의 발달 과업은 '신뢰감 획득'이라고 합니다. 그리고 18개월부터 만 3세까지, 2단계 발달 과업이 바로 '자율성'입니다. 에릭슨은 아기가 자율적으로 뭔가 할 수 있게 충분히 장려해주지 않으면, 자율성 획득에 실패할 수 있고 그 결과 수치심이라는 감정이 자리 잡게 된다고 봤어요. '나는 내 주변의 환경을 통제할 수 없는 사람이야'라는 인식이 자리 잡게 된다는 것이지요. 이러한 소심함, 자신감 없음은 어떤 성격 특성으로 굳혀질 수 있고요. 여기서 18개월부터 만 3세 사이라고 했다고 해서, 이 시기에만 자율성을 지지해야 한다는 뜻은 아닙니다. 이 시기가 특별히 중요하다는 뜻이며, 18개월 전이나 만 3세 이후에도 아기들의 자율성을 지속적으로 지지해주는 것이 중요하다는 연구 결과들이 상당해요.

자율성 지지 육아는 MZ세대 부모들에게는 어려운 과제일 수 있어요. 왜냐하면 우리 중 대다수가 그런 육아를 받지 못했거든요. 부모가 생각하는 '좋은 길'로 이끌려 하고, 통제하기보다 나를 믿어주고, 스스로 할 수 있게 지지하며 기다려주고, 감정을 자유롭게 표현할 수 있게 수용해주었다면 시대의 흐름을 앞서가는 멋진 부모님을 만난 겁니다. 하지만 당시의 사회 분위기 속에서는 쉽지 않았을 거예요.

경쟁에서 이겨야만 살아남는다고 믿었던 시대, 이성적인 어른이 미숙한 아기를 계몽해야 한다는 관념이 지배적이었던 시대, 윗사람은 아랫사람에게 권위가 있어야 하며 보상과 처벌, 위협이 효과적인 수단으로 사용되었던 시대, 학교에서는 교사의 권위를, 군대에서는 선임의 권위를, 회사에서는 상사의 권위를 늘상 겪으며 살았던 우리 부모님이 아기와의 관계를 통제와 권위, 보상과 처벌, 위협, 강제 없이 만들어나가기가 오히려 더 어려웠을 거예요. 우리를 사랑하고 더 좋은 방향으로 이끌고 싶은 부모와 그 시대 특유의 방식이었지요. 그런 관심조차 없었다면 통제할 필요조차 느끼지 않고, 방치하지 않았겠어요.

하지만 이제 우리에게는 지식이 있습니다. 아기의 자율성을 어릴 때부터 꽃피우는 것이 얼마나 중요한지를 수많은 심리학자가 열심히 연구해서 알려줬지요. 우리가 당연하다고 생각해온, 어른이 아기를 통제하는 교묘하면서도 겉보기에는 부드러운 방식들이 얼마나 자율성을 해치는지에 대해서도 알게 되었고요. 어릴 때의 경험에 의해 자동적으로 아기의 행동과 감정을 통제하고 싶은 마음이 불쑥불쑥 들 거예요. 하지만 공부하고 노력하면 바뀔 수 있습니다. 그리고 자율성을 기반으로 한 관계는 만 3세를 넘어 평생 지속될 아기와의 좋은 관계에 기반이 될 거예요. 이 정도면 공부할 만하지요?

toddler compliance, how to get your toddler to cooperate, toddler emotion coaching, toddler autonomy, Self Petermination theory early childhood, autonomy support parenting, positive parentind, 긍정적 훈육, 유아 감정코칭, 유아 자율성, 유아 주도성

플러스 육아 원칙 5: 구조 만들기

OECD 리포트에서 꼽은 육아의 원칙 중 마지막은 '구조 만들기Structure'입니다. 구조 혹은 체계 등으로 번역되는 'Structure'는 반대말을 보면 의미가 좀 더 명확해집니다. '혼돈Chaos'이지요.

사람의 삶에는 질서나 규칙이 필요합니다. 아주 강박적이고 과도하게 질서와 규칙을 지키게 한다면 스트레스가 되겠지만, 질서와 규칙 자체가 없으면 사람은 오히려 불안해질 수 있어요. 적당한 규칙을 내면화하며 살아가는 것은 예측가능성을 가져다주어 안정감을 느끼게 합니다. 이 세상에 대한 어떤 도식Schema이나 구조가 생기는 것이지요. 매일 아침 일어나서 내가 해야 할 일을 아무도 가르쳐주지 않고, 스스로 하루 일과를 만들어야 한다면 어떨까요? 어른에게도 자유가 아니라 오히려 행복을 느끼기 어려운 환경일 수 있어요.

아기들은 이 세상에 적응하기 위해서 어떤 행동 지침이 필요해요. '땅에 떨어진 것은 먹으면 안 된다'는 기본적인 사항부터 다양한 문제를 해결하는 방식 하나하나에 이르기까지 부모가 아기에게 적절한 가이드라인을 주지 않으면 아기는 세상에 적응하는 데 혼란과 어려움을 겪게 됩니다. 앞에서 강조한 아기의 자율성에도 적당한 한계는 있어야 한다는 것이지요. 정신과 의사이자 교육자인 마리아 몬테소리Maria Montessori는 아기에게 이상적인 환경, 즉 자율성과 구조 모두가 존재하는 환경의 핵심을 두 단어로 간단하게 표현했습니다. '제한된 자유Freedom within Limits'.

아기의 삶에 구조를 만들어주기 위해서는 부모가 먼저 적절한 기대 수준을 가지고 제대로 표현해야 합니다. 사회적인 관점에서 바람직한 기대의 메시지를 계속해서 전달하는 것이지요. 아기가 어떤 잘못된 행동을 했을 때 훈육의 메시지를 전하고, 아기가 바람직한 행동을 했을 때는 칭찬 등 긍정적 피드백으로 강화

시킵니다. 평소 부모가 어떻게 행동하는지를 직접 보여주면서 자연스럽게 메시지를 전달할 수도 있어요.

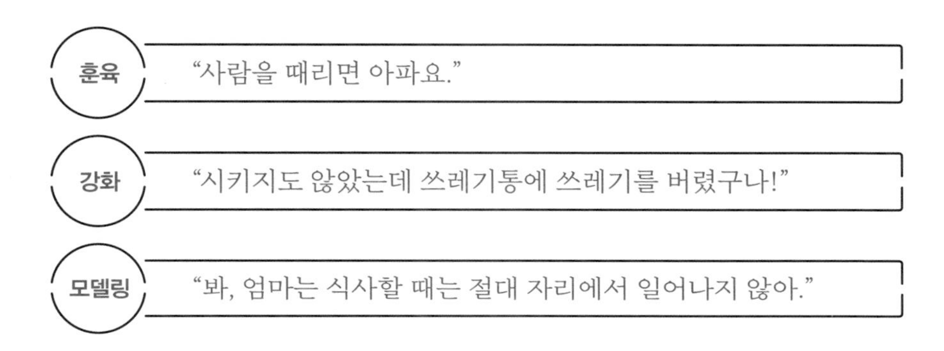

부모는 좋은 행동이나 나쁜 행동에 대해 끊임없이 아기에게 메시지를 전달하고, 그 메시지가 아기의 삶에 구조를 만들어간다는 사실을 기억해야 합니다. 무의식중에 한 행동이 잘못된 행동을 강화시킬 수도 있어요. 아기가 울고불고 떼를 쓰니 힘들어서 사탕을 줬다면, 아기는 '울고불고 떼쓴다'는 행위가 '사탕을 받는다'는 보상으로 이어지기 때문에 그 행위가 바람직하다는 메시지를 전달받게 될 거예요. 아기가 부모를 앙 무는 게 귀엽다고, 옆에서 아빠가 하하 웃으면 아기는 '문다'는 행위가 '아빠의 웃음'이라는 보상으로(아기들에게는 이런 게 강력한 보상이 된답니다!) 이어지기 때문에 역시 그 행위가 바람직하다는 메시지를 전달받게 되겠지요.

또 하나 알아두면 좋은 것은 메시지를 효과적으로 전달하는 방법입니다. 많은 부모들이 '안 되는 것'을 가르칠 때 아무리 훈육을 해도 효과적이지 않아 좌절감을 느끼곤 해요. 토론토대학교의 심리학 교수인 조안 그루섹Joan Grusec 교수는 아기의 사회화와 훈육에 대해 오랫동안 연구한 학자인데요. 한 연구 논문에서 훈육할 때 부모가 전달하는 메시지가 아기의 마음속에 내면화되기 위해서는 두 가지

조건이 충족되어야 한다고 했어요.[13] 하나씩 살펴볼게요.

조건 1. 아기가 부모의 메시지를 정확하게 '인지'한다

아기가 훈육의 메시지를 정확하게 인지하기 위해서는, 부모가 아기에게 메시지를 명확하게 전달해야 합니다. 예를 들어 아직 어린 아기에게는 단호한 목소리와 단호한 표정, '안 돼'라는 짧은 지시가 이상적이지요. 너무 부드럽고 상냥하게 말한다거나 귀여워서 웃으며 말한다면 아기는 안 된다는 메시지를 명확히 인지하기 어려워요. 부모가 채소를 남기면서 아기에게 "채소 먹어야지" 하는 것도 일관적이지 않으므로 명확하지 않은 메시지가 됩니다.

또한 안 된다고 하는 상황을 아기가 정확히 이해할 수 있는지도 고려해야겠지요. 예를 들어 아기가 어릴수록 잘못된 행동을 한 즉시 훈육을 해야 합니다. 시간이 지난 뒤 "아까 네가 이렇게 했는데…"라고 말하면 이해하지 못할 가능성이 높으니까요. 아기가 집에서 뛰어다닐 때 "뛰지 마"라고만 하면 어떨까요? 바깥에서는 뛰어다녀도 혼난 적이 없는데, 뛰는 것 자체가 나쁘다는 것은 아닐 테고 왜 안 된다고 하는 거지? 혼란스러울 수 있어요. "집에서 뛰면 안 돼"라고 바닥을 가리키며 말해주고, 매트나 트램폴린처럼 대신 뛰어도 되는 곳을 알려주면 좀 더 명확하겠지요.

조건 2. 아기가 메시지를 기꺼이 '수용'한다

아기가 부모의 말을 수용하기 위해서는, 우선 부모와 아기의 관계가 좋아야 합니다.[14] 앞서 자율성을 지지하는 육아 방식으로 자란 아기들은 부모를 투쟁의 대상이 아닌 협력의 대상으로 보게 된다고 했지요. 그 결과 '엄마의 말을 받아들이면 나에게도 이로워'라는 기본 도식을 가지고 부모의 메시지를 듣게 되고, 더 기꺼이 수용하지요.

또 아기가 감정적으로 흥분된 상태일 때는 부모가 전달하는 메시지를 수용할 수 없습니다. 아기는 아직 감정 조절 능력이 미숙하기 때문에 감정을 가라앉힐 수 있게 부모가 도와줘야 하는 경우도 있어요. 예를 들어 아기가 화가 나서 다른 아기를 밀었는데, 부모가 달려가 곧장 이렇게 말하는 경우가 있어요. "다른 아기를 밀면 안 돼. 봐, 아파서 울고 있잖아." 아기가 어려서 스스로의 감정을 잘 다스리지 못한다면, 아기는 화가 난 상태이고 부모님의 메시지를 받아들이지도, 넘어진 아기의 아픔에 공감하지도 못합니다.

아기가 화가 났거나 감정적으로 흥분된 상태에서 잘못된 행동을 했을 때는 흥분 상태를 가라앉혀줘야 합니다. 그래야 훈육의 메시지를 수용할 준비가 되거든요. "그래서 화가 났구나" "그렇게 하고 싶었구나"라며 공감해주고 아기 스스로도 알지 못하는 욕구를 해석해줍니다. 필요하다면 안아주고요. 이렇게 자신의 욕구를 알아주는 것만으로도 아기의 마음은 활짝 열립니다. 이때를 놓치지 말고 너무 늦지 않게 이야기해주는 거예요. "화가 나도 미는 건 옳지 않아." 그리고 그 행동을 책임질 수 있게 해줘야겠지요. "가서 친구한테 미안하다고 하고, 호~ 해주자."

아기가 감정적으로 흥분한 상태일 때는 메시지를 받아들이기 어렵다는 사실을 이해한다면, 훈육할 때 화를 내면 안 되는 이유도 이해가 될 거예요. 부모가 분노를 표현할수록 아기는 흥분하게 될 테니까요. 혼내는 것보다 아기가 메시지를 수용하도록 차근차근 가르치는 게 중요해요. 이때 메시지를 전달해야 한다는 목적을 위해 단호한 표정과 말투가 필요하지만, 강압적인 태도는 오히려 부당함이나 분노 등 감정적 흥분을 유발시킬 수 있고 메시지의 수용을 방해할 수도 있습니다.[15]

러시아의 심리학자 율리야 기펜레이테르Jullia Gippenreiter 교수의《내 아이와 어떻게 대화할 것인가》(써네스트)를 보면 이와 관련된 좋은 사례가 나와요. 유치원에 다니는 아이들을 대상으로 한 실험인데요. 가격이 비싼 무선조종 로봇을 보여주고, 어른들이 방에 없을 때는 로봇을 가지고 놀지 못하게 했습니다. 이때 원생을 절반으로 나누어 한쪽에는 매우 엄한 목소리로 진지하게 위협하면서 금지했고, 다른 아이들에게는 부드럽게 구체적으로 이야기했어요. 두 그룹은 모두 어른들이 없을 때는 로봇에 접근하지 말라는 지시사항을 지켰습니다. 몇 주가 지난 후 같은 놀이방에 아이들이 모였고 새로운 선생님이 아이들과 함께했습니다. 그리고 로봇에 대한 이야기를 전혀 하지 않은 채로 선생님이 놀이방에서 나가자 매우 엄하게 금지시킨 그룹 18명 중 14명이 로봇을 가지고 놀았고, 다른 그룹의 3분의 2는 여전히 로봇에 다가가지 않았다고 합니다.

강압적이고 권위적인 명령은 당장 효과가 있어 보이지만 장기적으로는 그렇지 않습니다. 아이들이 스스로의 결정으로 행동했다고 느낄 수 있도록 만들어주어야 해요. 최대한 자율성을 존중하는 어투를 유지하며 이유를 간단히 설명해주는 방식으로 훈육할 때 부모의 메시지가 아이의 내면에 자리 잡게 돼요.

이런 조건을 만족하지 않으면 아무리 훈육을 하더라도 효과가 없다고 느낄 거예요. 다만 모든 조건을 다 충족하더라도, 아기는 하루아침에 바뀌지 않는다는 것 또한 알아두어야 합니다. 부모가 아기에게 어떤 메시지를 전달하면 아무리 효과적으로 전달한다 한들, 바로 행동으로 반영될 정도의 굳은 신념으로 자리 잡는 것은 아니에요. 사실 어른들도 마찬가지이거나 아기들보다 더 못하지요. 가족들이 건강 챙겨라, 운동해라, 밖에서 사 먹지 말고 집밥 먹어라 한다고 그렇게 되던가요. 아직 뇌가 말랑말랑한 아기들이니 고맙게도 결국엔 받아들여주는 거지요.

일단 부모가 "안 돼"라고 하면, 아기는 '아, 이건 안 되는 건가?' 하고 자신의 한계를 어렴풋이 인식합니다. 이때 아기들의 마음속에는 마치 붓필로 그린 듯 한계선이 하나 그려질 거예요. 이건 금방 지워질 수도 있고 못 보고 넘어버릴 수도 있는 약한 한계선입니다. 아기들은 절대 안 된다는 말 한두 번에 행동을 바꾸지 않아요. 이건 이 상황에서만 안 되는 건가? 다른 상황에서도 안 되는 건가? 엄마 앞에서만 안 되는 건가? 동생한테만 하면 안 되는 건가? 끊임없이 시험해보며 진짜 한계선을 이해해나가요(이 과정에서 부모가 좀 더 명확하게 알려준다면 더 낫겠지요).

그래서 아기들은 끊임없이 그 선을 넘나들며 자신의 진정한 한계는 어디인지를 시험해봅니다. 이걸 한계 테스트Limit Testing라고 부르기도 해요. 이 한계 테스트가 반복되고 부모의 일관적인 피드백("안 돼!")을 받다 보면 붓필로 그린 것 같았던 희미한 한계선 위에 또 다른 선들이 계속 중첩되고, 그러다 보면 선은 어느새 뚜렷한 선으로 발전합니다. 그러고 나서야 아기는 손을 뻗다가도 멈칫하는 자제력을 보여 부모를 감동시키지요.

많은 부모가 댓글로 "아기가 아무리 말해줘도 이런 행동을 해서 고민이에요"라는 고민 상담을 합니다. 저는 이렇게 대답해요. "지금처럼 일관적으로 계속 그러면 안 된다고 이야기해주면 돼요. 그 앞에 아기의 욕구를 인정해주는 말 한마디 정도 덧붙여주면 더욱 좋고요. 사람의 행동은 절대 금방 바뀌지 않아요. 100번, 200번 이야기해준다고 마음먹으세요." 대부분의 경우 부모가 그 월령의 아기에게 지나치게 높은 기대치를 가지고 조급해하는 게 문제지, 아기가 문제는 아니거든요.

저는 훈육이 육아의 중심이 되어야 한다고 보지 않아요. 아기의 삶에 구조를 만들어주는 방법은 훈육뿐 아니라 칭찬 같은 긍정적인 강화도 있고, 모델링도 있어요. 또한 아기와 기본적으로 협력적인 관계를 만들어나가는 데 신경을 쓰면, 훈육이 크게 어렵지 않아요. 이 책을 읽는 모든 분이 그 쉬운 길을 택하면 좋겠어요.

제가 보기에 요즘의 육아 콘텐츠는 지나치게 '훈육'에 초점이 맞추어져 있어요. 부모는 '아기의 행동을 어떻게 바꿀까?'에 대한 답을 찾아다니고, 콘텐츠 생산자는 그에 맞는 지식을 생산해내지요. 훈육 뒤의 진정한 문제, 즉 부모와 아기 간 관계의 본질과 아기에게 메시지를 전달하는 과정에 대해 더 많이 고민해보기를 바랍니다.

toddler discipline, toddler limit setting, how to teach rules to toddler, positive discipline, toddler behavor problem, 긍정적 훈육, 유아 훈육 검색

플러스 육아 원칙 6: 풍부한 언어 환경 조성하기

아기의 언어 발달 원리에 대해 잘 아는 것은 매우 중요합니다. 언어는 인간에게 아주 강력한 소통의 도구이자 학습의 도구이기 때문입니다. 아기에게 일상의 규칙을 갈등 없이 가르쳐주려면 언어로 소통해야 합니다. 감정을 조절하는 능력 역시 어느 수준의 언어 능력을 갖추어야 가능합니다. 문제 해결력 같은 고급 인지 능력을 키우려면 언어가 바탕이 되어야 하지요. 자신과 타인의 감정을 이해하기 위해서도, 부모는 말로 감정에 이름을 붙여주어야 해요. 인지 발달, 사회성 발달, 정서 발달 모두 언어가 기본이에요. 언어 발달 수준이 높은 아기들이 향후 학업 성취도나 사회성 역시 높다고 알려져 있고요.

아기의 언어 발달 원리

아기의 학습 재료가 바로 부모의 언어 입력이기 때문에 부모가 언어 발달의

원리에 대해 알아두어야 합니다. 아기는 자신에게 눈을 맞추고 다정하게 말을 걸어주는 성인의 언어 입력을 통해 말을 배우는데 언어 발달은 다른 영역에 비해 개인차가 상당히 큽니다. 주요한 원인 중 하나는 부모의 언어적 입력의 양과 질이 다르기 때문이에요. 5세 이전 영유아에게 투자해야 한다고 주장했던 제임스 헤크먼 교수의 연설문에도 잠시 등장했던, 하트Hart와 리슬리Risly의 '3천만 갭'은 그 차이를 단적으로 보여주는 사례입니다. 만 4세까지 가장 좋은 언어 환경에서 자라는 아기들이 가장 나쁜 언어 환경에서 자라는 아기들보다 총 3천만 개 이상의 단어를 더 듣게 되며, 누적 어휘량은 두 배 정도 차이가 난다고 하지요.

앞서 소개했던 전미과학공학의학한림원에서 만든 '과학적으로 입증된 좋은 육아 태도'에 포함되는 것 중 하나도 바로 '그림책 읽어주기와 말 건네주기'입니다. 소근육과 대근육 발달을 위한 신체 활동에 대한 언급은 없지만 상대적으로 부모의 노력이 의미 있는 영역으로서 좋은 언어 입력을 주는 것이 포함되었음을 알 수 있지요.

부모의 언어가 아기의 언어 발달에 미치는 영향이 크다니 불안한가요? 다행히도 크게 걱정할 필요는 없어요. 우리가 경험으로 알고 있듯, 부모가 아기에게 좋은 언어 환경을 만들어주는 방법을 모르더라도 아기는 정상적으로 말을 배웁니다. 우리의 뇌는 아기의 언어 발달에 도움이 되는 방식으로 말을 걸도록 진화되어 왔거든요. 부모가 그저 직관을 따르며 아기와 정상적인 삶을 유지하기만 해도 아기는 언어를 배울 수 있습니다. 하지만 아기들의 언어 발달 속도나 수준에 개인차가 존재하는 것 또한 명백하지요. 즉, '기본'은 누구나 할 수 있지만 부모의 노력 여하에 따라 '더 플러스가 되는 언어 환경'을 만들어줄 수 있어요.

"언어 발달이 빠른 게 좋은 건가요?" 아기가 말을 시작하고, 옆집 아기와 우리 아기의 언어 속도 차이가 느껴지기 시작할 때 많은 부모들이 묻습니다. 이에 대한 제 대답은, 미시적으로는 아닐 수 있지만 거시적으로는 그럴 수 있다는 거예요. 예를 들어 옆집 아기보다 단어를 열 개 더 이해한다고 해서 아기의 향후 발달 수준이나 학업 성취도를 바로 예측할 수는 없어요. 하지만 유리한 위치에 있음은 부정할 수 없어요. 단어를 더 많이 아는 아기들은 똑같은 문장을 듣더라도 문장을 더 빨리 처리할 수 있고, 아는 단어를 바탕으로 문장구조나 문법 지식, 모르는 단어의 의미 등을 유추해낼 수 있습니다. 그래서 언어 습득 속도가 점점 더 빨라져요. 부모도 아기의 언어 수준이 성장한다고 생각하니 더 어려운 말, 세련된 말도 적극적으로 들려주게 되지요. 부모는 아기와 소통이 잘되니 육아가 즐거워지고 아기에게 더 많은 말을 해주고 싶은 마음이 절로 생깁니다.

양질의 언어를 많이 들려주기

아기의 언어 발달을 돕는 방법에 대해 많은 콘텐츠가 존재하지만, 그 본질이 무엇인지를 살펴보면 결국엔 단순합니다. 아기가 어릴 때부터 '양질의 언어'를 '많이' 들려주는 거예요. 아기에게 건네는 말이 그다지 의미 없이 느껴질 수도 있는데, 아기의 귀에 들어가는 모든 말소리는 언어 처리를 위한 프레임을 만드는 데 유용하게 활용되는 데이터들입니다. 데이터들이 뇌에 차곡차곡 쌓이고 있는 것이지요(심지어 태중에 있을 때부터요!).

돌 무렵 흔히 이루어지는 첫 발화를 위해 아기들은 많은 언어적 입력이 필요해요. 많은 양의 말소리를 들으면서 그 속에서 어떤 통계적인 경향성을 발견하고 활용해 말소리를 이해할 수 있는 단위로 나눠요. 예를 들어 신생아에게 "우리 아가 정말 귀엽네"라는 말은, 처음에는 "우리아가정말귀엽네"라고 들릴 거예요. 하지만 "우리" "아가" "정말" "귀엽네"라는 단어들이 포함된 다양한 문장을 아기에게 충분히 들려주면, 아기는 서서히 단어를 분류해 한 문장 내의 각 단위로 나누어진다는 것을 예측할 수 있게 됩니다. 이러한 능력을 '말 분절 스킬Speech

Segmentation Skill'이라고 해요.[16] 수많은 문장을 듣다 보면, "우리아가정말귀엽네"라고 말한 문장이 "우리/아가정/말귀엽네"라고 쪼개질 확률보다 "우리/아가/정말/귀엽네"라고 쪼개질 확률이 더 높다는 것을 아기의 뇌가 인지하는 것이지요. "아가정" "말귀엽네"라는 단어는 데이터베이스에 별로 없지만 "아가" "정말" "귀엽네"라는 데이터는 많거든요. 사람의 말을 인식하는 인공지능도 이런 식으로 수많은 데이터를 통해 통계적 경향성을 바탕으로 말을 쪼개고, 의미를 이해합니다. 재밌지요?

아기의 말 분절 스킬이 높을수록, 아기들은 같은 언어 입력을 받더라도 더 효율적으로 학습하게 됩니다. 듀크대학교의 심리학자인 엘리카 베르겔손Elika Bergelson 조교수는 돌 이후에 아기들의 수용 언어 발달이 비약적으로 높아지는데 그 이유는 주변에서 들리는 언어 입력을 더욱 효율적으로 활용할 수 있기 때문이라고 주장했어요.[17] 아기에게 "엄마 손에 있는 이 무화과 먹고 싶니?"라고 물어봤다고 가정해볼게요. 이 문장이 아기의 귀에 통으로 들어간다면, 아기는 이 문장을 통해 별다른 걸 이해하지도, 배우지도 못할 거예요. 하지만 "엄마" "손에" "있는" "무화과" "먹고 싶니?" 정도로 나눌 수 있다면, 엄마가 내미는 손을 보며 '이게 손이구나' 하고 예측할 수 있고 손 위에 있는 무화과를 보며 '이게 무화과구나' 하고 예측할 수 있겠지요. 이렇게 일상의 대화를 통해 눈부신 언어 발달이 가능해집니다. 실제로 7개월 때 말 분절 스킬이 높은 아기들은 만 2세 때 언어 발달 수준이 높았습니다.[18]

아기가 이해하는 문장 들려주기

양질의 언어 자극을 주기 위해서는 '의미 있는 말'을 들려주는 것이 중요합니다. 의미 있다는 말은 아기가 어느 정도 이해할 수 있다는 뜻입니다. 예를 들어볼게요. 돌 된 아기에게 건네는 말입니다.

A : (휴대폰을 보며) 날씨 앱으로 보니 오늘 날씨가 참 따뜻하다고 하네. 어제는 비가 많이 내려서 으슬으슬했는데, 그치? 우리 오늘은 공원에 가서 그네도 타고 나뭇잎도 줍자.

B : (창밖을 가리키며) 하늘이 파랗다, 그치? (외출복을 보여주며) 우리 두꺼운 옷으로 갈아입자. (현관문을 가리키며) 그러고 나서 나가는 거야. (웃으며) 신난다!

A와 B 중에 더 의미 있는 언어 자극은 무엇일까요? 돌 된 아기에게는 B일 겁니다. 아기의 눈앞에서 벌어지는 지금, 여기에 대한 말이며, 부모의 시선과 제스처, 표정 등의 사회적 신호가 풍부하고, 언어 발달 수준에 맞는 어렵지 않은 문장이기 때문에 아기가 이해하기가 더 쉽거든요. 말소리를 의미와 연결시켜줄 수 있는 '힌트'가 풍부한 거예요. 대부분의 부모는 직관적으로 아기가 어느 정도 이해할 수 있도록 배려하는 B의 형태로 말해주는 경향이 있습니다. 아기의 언어 발달을 돕는 형태의 말을 아동지향적 발화Child-directed Speech라고 해요. 반면 A와 같이 지금, 여기가 아닌 맥락 밖의 대화이거나, 사회적 신호가 부족하고 언어 발달 단계에 비추어 어려운 경우 아기가 좀 더 큰 다음에 들려주는 것이 바람직합니다.

A와 B의 차이는 쉽게 말하자면 어른용 책을 아기에게 읽어주는 것과 아기용 그림책을 읽어주는 것에 비교할 수 있어요. 그림이 없이 아기에게 책을 줄줄 읽어줄 때는 아기가 말소리를 이해할 수 없기 때문에 흥미도 떨어지고 언어적 배움이 일어나기 어렵지요. 반면 아기용 그림책을 보여줄 때는 말소리가 상징하는 이

미지가 눈앞에 있고, 부모와 함께 그림을 보거나 특정 그림에 손가락질하는 식으로 어디에 집중하라는 사회적 신호도 풍부하게 전달됩니다. 힌트가 더 풍부하기 때문에 언어 발달에 도움이 되지요.

문장의 난이도에 대해서도 한번 생각해볼게요. 앞서 언어 발달을 위해 '아기가 이해할 수 있는 문장이어야 한다'는 이야기를 했는데, 아기를 배려하다 보면 쉽고 간단한 말만 들려줘야 한다고 착각하기 쉬워요. 하지만 실력을 향상시키기 위해서는 100퍼센트 쉬운 말만 듣는 걸로는 충분하지 않겠지요? 맥락이나 상황, 이미 알고 있는 단어 등을 통해서 말의 의미를 유추할 수 있되, 모르는 단어나 아직 마스터하지 않은 문법 구조가 어느 정도 포함된 적당한 난이도의 언어 자극이 배움에 효과적입니다. 부모가 고등교육을 받았거나 전문직 등 사회경제적 지위가 높은 경우에 아기에게 더 복잡하고 긴 문장을 구사하는 경향이 있으며 이는 아기의 세련된 언어 발달로 이어진다는 연구 결과가 꽤 있어요. 반면 정말 필요한 말, 간단한 말, 반복적이고 지시적인 말 위주로 부모와 소통하는 아기들은 언어 수준이 좀 더 낮았지요.

즉, 아기에게는 너무 쉽지도 어렵지도 않게 말해줘야 한다는 거예요. '어느 정도는' 이해할 수 있게 배려하면서. 물론 아기에게 말을 건넬 때 매번 최적의 난이도를 고민하며 말하긴 어려울 수 있어요. 하지만 부모는 이미 언어 지도자로서의 직관을 가지고 있습니다. 진화를 통해 가지게 된 인류 고유의 스킬이지요. 이를 바탕으로 아기에게 좋은 언어 자극이 되는 원리를 충분히 이해하면, 아기의 언어 수준을 더 유심히 살펴보고 의식하게 되고, 이를 바탕으로 자연스럽게 적당한 수준의 언어 자극을 줄 수 있는 능력이 생깁니다. "까까 먹자" 대신 "과자 먹고 싶니?" 같은 식으로 말을 걸어볼까 고민하는 것이 시작입니다. 이렇게 스스로 고민하고 답을 내리다 보면 능숙하게 좋은 말을 건네는 수준으로 발전할 수 있습니다. 이런 고민조차 하지 않은 사람과 고민을 시작한 사람의 1년 뒤 모습은 판이하게 달라요. 육아 실력은 이렇게 성장합니다. 근육을 매일 조금씩 사용하면서 키워나가듯, 일상 속 매 순간 아기에게 좋은 방향을 고민해보고 해답을 내려가면서요. 연습의 기회는 매일매일 12시간씩이나 있어요.

저도 마찬가지로 노력합니다. 예를 들어볼게요.

12개월 다미에게

"(우유를 흔들며) 우유 먹을래, (두유를 흔들며) 두유 먹을래?"

31개월 다미에게

"아까 다미가 배고프다고 해서 편의점 가서 두유 샀던 거 기억나지? 다미가 먹다 말아서 반 정도 남았는데 지금 먹을래? 아니면 어제부터 냉장고에 있었던 우유를 먹을 수도 있어."

단순하게 물어볼 수도 있지만 일부러 문법적으로 더 복잡한 문장을 구사하려고 노력해요. 다미가 이 정도 말을 이해한다는 걸 알고, 열심히 소화하고, 자기 것으로 만든다는 것을 알기 때문이지요. 무엇보다 부모가 조금만 의식하면 풍부하고 좋은 언어 입력을 줄 수 있다는 사실을 알기 때문이에요.

의미 있는 말: 소통의 기회 주기

의미 있는 말의 두 번째 조건은 소통입니다. 언어는 기본적으로 소통의 도구입니다. 언어 발달은 사회성 발달과 함께 가는 측면이 있어요. 말문이 트이지 않는다고 걱정하는 아기들 중 실제로 언어 능력 자체가 문제가 아니라 타인과 의사소통을 원하지 않아 사회성 발달 문제로 이어지는 경우도 상당해요. 누군가의 말을 주의 깊게 듣고 싶고, 말로 누군가에게 메시지를 전달하고 싶은 소통에 대한 욕구가 있어야 언어는 발달합니다. 그래서 어릴 때부터 아기의 옹알이를 따라 해주거나 화답해주는 것과 같이 적극적으로 반응해주는 것, 아직 말을 잘 못할 때부터 제스처를 통해 자신의 의사를 전달하는 법을 알려주는 것, 모든 소통과 상호작용의 기회가 언어 발달에 유의미하다고 알려져 있어요.

신생아 때도 아기에게 의미 있는 언어 자극을 줄 수 있어요. 이 시기에는 대체로 모국어의 리듬과 패턴을 익힐 수 있도록, 말소리 자체를 많이 들려주고 눈 맞춤하고 반응해주는 등 교감하는 시간을 많이 가지면 좋습니다. 6개월 정도 지나면 더 적극적으로 좋은 언어 환경을 만들어줄 수 있는 것 같아요. 일상 속 경험이 쌓이며 기본적인 주고받기의 개념을 이해하기 시작하는 시기거든요.

옹알이 같은 시도도 더 열심히 하고, 말소리와 눈에 보이는 것을 연결할 수 있는 기본적인 인지 능력도 갖춰지지요. 아기가 기본적인 인지 능력과 사회성을 갖추고, 열심히 소통을 시도하기 시작하는 이 시기부터 아기에게 의미 있는 말을 많이 들려주세요. 일상 속에서 들려주는 부모의 말소리 속에서 아기는 단어들을 캐치하며, 아직 말은 못 해도 아기의 어휘장에 차곡차곡 쌓이고 있다는 사실을 기억하면서요.

baby language development, infant language development, how to support language development for infants, 언어 발달, 언어 자극, 영유아 언어 부모 역할 검색

영아기 책 읽어주기: 생후 0~12개월

아기의 언어 발달에 도움이 되는 추가적인 활동으로 책 읽어주기가 있습니다. 책 읽어주기가 아기의 언어 발달에 좋은 영향을 준다는 연구 결과는 이미 너무 많아요. 한국에서 책육아가 유행하고 있긴 하지만, 사실 오랫동안 전 세계적으로 전문가들이 육아에 적극적으로 활용하라고 입을 모아 추천해온 게 바로 책읽기입니다. 미국소아과학회AAP에서는 영아에게 "가능한 한 빨리 책 읽어주기를 시작하라"고 권고했어요.[19] 아기와 책을 읽는 활동이 왜 유익한지 조금 더 구체적으로 알아볼게요.

최소 6개월이 된 아기들도 부모가 책을 읽어줄 때 어휘를 학습합니다. 〈미국국립과학원회보PNAS〉에 실린 한 연구에서는 6개월 아기들이 말소리와 눈에 보이는 이미지 사이의 연관관계를 어렴풋이 이해할 수 있다는 사실을 밝혔어요.[20] 그러므로 책을 통해 단어와 그 대상을 연결지어 생각해볼 수 있는 연습을 빠르면 6개월부터 할 수 있겠지요? 그림책의 그림을 보면서 엄마가 말하는 것이 6개월 아기에게 아무런 의미가 없는 것이 아니고 실제로 어휘를 학습하는 시간이 될 수 있다는 것이지요.

부모가 책을 읽어줄 때는 일상에서 사용하지 않는 다양한 어휘를 들려주게 돼요. 다양한 어휘를 들려주면 아기의 어휘장이 풍부해지겠지요. 특히 그냥 책을 읽을 때보다 효과적으로 책을 읽어주는 방식인 '라벨링'을 더 자주 하게 됩니다. 라벨링이란 어떤 대상을 손가락으로 가리키면서 이름을 불러주는 것을 뜻하는데, 이를 많이 할수록 아기의 어휘 습득에 도움이 됩니다.[21] 아기들은 이야기하는 대상이 무엇인지 정확히 판별할 수 있는 인지 능력이 부족하고 친밀한 어른의 사회적 신호를 더 신뢰하는 경향이 있어, 주 양육자가 "이건 무엇이야"라고 알려주는 라벨링을 통해 어휘를 더 잘 습득합니다. 〈아동언어저널Journal of Child

Language〉에 실린 한 연구에서는 생후 8~18개월 사이 아기들과 부모를 대상으로 그냥 놀이할 때와 책을 읽을 때를 녹화한 후 비교해보았는데요.[22] 부모와 아기가 그냥 놀 때는 전체 발화의 7퍼센트만이, 그림책을 읽을 때는 전체 발화의 75.6퍼센트가 라벨링이었다고 해요.

책을 읽을 때는 아기가 집중해야 할 대상이 명확하고 단순해서 어휘 습득의 효율이 높아집니다.[23] 아기와 그냥 놀이를 하거나 일상생활에서 언어를 들려줄 때, 아기는 그 문장이나 단어가 지금 보고 들리고 느껴지는 모든 자극 중 어떤 것을 표현하는지를 명확히 알기 어려운 경우가 있어요. 특히 어릴수록 그런 어려움을 자주 겪습니다.

예를 들어 6개월인 다미와 놀다가 제가 손가락으로 가리킨다거나 하는 동작 없이 이렇게 말했다고 생각해볼게요. "다미야, 우리 이제 공을 가지고 놀자." 이 경우 다미는 방금 가지고 놀던 블록에 대해 이야기하는 건지, 방금 옆을 지나간 고양이에 대해 이야기하는 건지, 바깥의 사이렌 소리에 대해 이야기하는 건지 명확하게 알기 어려울 수 있습니다. 반면 영유아를 위한 그림책에서 이 문장이 나온다면 보통은 공 그림이 함께 제시되고 엄마가 공을 손가락으로 가리키며 이야기해줄 수 있어요. 라벨링을 하지 않더라도 그림책의 그림들은 아기의 언어 발달을 위해 내용을 더 직관적이고 알기 쉽게 표현하려는 배려가 녹아 있지요.

아기가 돌 정도 되면 이미 책을 읽는 것은 책의 그림에 대해 이야기하는 것이라는 것을 알게 됩니다. 엄마가 말한 문장은 이 책의 그림을 보면서 이해하면 된다는 것을 깨닫고 자연스럽게 그림에 집중하면서 문장을 이해하려고 합니다. 집중해야 할 선택지가 적고 명확하기 때문에 효과적으로 어휘를 습득하게 됩니다.

〈발달 리뷰Developmental Review〉에 실린 한 연구에서는 아기와 책을 읽을 때와 그냥 놀아줄 때 부모와 아기 사이 대화를 녹음해서 비교해보았는데요. 책을 읽을 때 부모와 아기 모두 언어활동의 양이 더 많아졌다고 보고했습니다.[24] 아주 어릴 때부터 아기들은 말소리라는 데이터를 계속 쌓고 있으므로, 아기에게 말을 많이 건네는 것은 언어 발달에 큰 영향을 주지요. 그리고 책읽기는 말을 많이 들려줄 수 있는 좋은 수단이에요.

위의 내용을 종합하면, 돌 전에도 아기에게 책을 읽어주려는 노력이 의미가 있습니다. "언제부터 책을 읽어주면 좋냐?"라고 물어본다면, 신생아 때부터도 아기에게 많은 말소리를 들려주는 것 그 자체로 의미가 있을 것 같지만, 대체로 어떤 대상과 말소리 간의 연관관계를 이해하기 시작하는 생후 6개월 정도부터 시작하면 무난할 것 같아요. 실제로 한 연구에서는 책읽기를 8개월 때 많이 했던 아기들이 그렇지 않은 아기들에 비해 생후 12개월, 16개월이 되었을 때 언어 표현 능력이 더 높았으나, 4개월 정도부터 시작한 아기들은 그다지 유리하지 않았다는 결론을 내렸어요.[25] 즉, 생후 4~8개월 사이 그 어딘가부터 시작하면 좋다는 건데, 앞서 6개월 때부터 어휘 습득이 가능하다는 내용을 근거로 하면 6개월부터 책읽기를 추천합니다.

참고로 책을 읽어주는 것과 똑같은 책의 내용을 영상이나 세이펜 등 음원을 활용해 보여주는 것에는 큰 차이가 있습니다. 아기들은 실제 대면해서 상호작용이 동반된 상황에서, 즉 사회적인 상황에서 언어를 잘 습득합니다. 워싱턴대학교의 저명한 언어학자인 패트리샤 쿨Patricia Kuhl 교수는 "아기들은 언어를 습득할 때 사회적 뇌를 사용한다"고 말했어요.[26] 아기에게 좋은 책을 고르는 법은 다음 파트에서 좀 더 심도 있게 다루겠습니다.

Shared book reading, infant book reading, reading to babies, 책육아, 책읽기 영아 검색

유아기 책 읽어주기: 만 1세 이후

돌 이후 아기들은 상징을 이해하고 언어가 눈부시게 발달하면서, 책읽기에 큰 관심과 흥미를 보일 가능성이 높습니다. 부모 입장에서도 책읽기는 별다른 지식이나 준비, 체력을 갖추지 않아도 아기와 즐겁게 시간을 보낼 수 있는 좋은 수단입니다. 앞서 아기와 책을 읽을 때 아기의 어휘가 확장되고, 언어 발달에 필요한 언어 입력이 풍부해져서 좋다는 점을 언급했어요. 돌 이후 더 활발해지는 책읽기 활동의 이점에 대해 조금 더 알아보겠습니다.

수준 높은 문장을 들려줄 수 있어요

책을 읽으면 아기에게 어휘뿐 아니라 다양한 문장구조와 복잡한 문법을 자연스럽게 들려줄 수 있습니다. 캐나다 워털루대학교의 연구진이 진행한 한 연구에 따르면 이야기책을 읽어줄 때 부모는 더 높은 빈도로 다양한 시제를 활용한다고 합니다.[27] 시제라는 것은 과거, 현재, 미래 등 시간의 개념이 들어간 문장을 말하는데요. 생후 18~25개월 사이 아기들을 대상으로 부모가 아기와 그냥 놀 때와 책읽기를 할 때 목소리를 녹음해서 시제 사용의 빈도를 분석했어요. 그 결과 아기와 책 없이 놀 때는 시제가 없는 문장을 과거시제, 현재시제, 미래시제를 모두 합친 것보다 더 많이 사용했다고 해요. 예를 들어 "그네 밀어줄게" "이리로 와" "밥 먹자" 등의 명령형이나 청유형 문장은 시제가 없는 문장이에요. 아기와 일상 속에서 이런 문장들 많이 쓰지요? 반면 이야기책을 읽을 때는 "다미가 그네를 타고 있어요"와 같은 현재시제, "다미는 행복해서 크게 웃었어요"와 같은 과거시제가 텍스트로 자주 등장하고, "이 다음에는 다미가 어떻게 할까?"와 같은 미래시제도 자주 접하게 됩니다. 따라서 과거에 일어난 사건을 되돌아보거나 미래를 예측해보는 등 좀 더 다양한 사고를 동반하는 언어 활동이 가능해지지요. 장기적으로 시간 개념이 잡히는 데도 도움이 되고요. 이는 아기가 다양한 언어 구조를 학습하는 것을 돕고, 다양한 시점을 이해하고 사고할 수 있도록 함으로써 인지 발달에도 영향을 준다고 해요.

반복 학습으로 효과를 높여요

책을 읽으면 다양한 문장의 반복이 가능합니다. 특히 아기들은 읽었던 책을 읽고 또 읽으려는 경향이 있습니다. 반복해서 읽어주는 것이 부모에게는 매번 같은 에피소드로 느껴질 수도 있지만, 하버드대학교의 한 연구진이 반복해서 책을 읽는 모습을 녹화해 분석했더니, 책읽기 횟수에 따라 부모와 아기의 상호작용의 형태가 조금씩 바뀌는 모습이 관찰되었습니다.[28]

반복하면서도 약간씩 변형되는 경험을 하는 것은 학습에 효과적인 전략 중 하나예요. 예를 들어 학생 때도 똑같은 개념을 똑같은 책으로 배우더라도, 그 책을 가지고 조금 다른 방식으로 설명하는 선생님들의 이야기를 각각 들어보고, 내가 읽어보기도 하고, 다시 정리해보거나 친구들과 이야기해보는 등 다른 형태로 반복하다 보면 학습이 더 잘 이루어집니다. 아기들의 경우 인지적 능력이 제한되어 있기 때문에 처음에 책을 읽을 때는 내용을 100퍼센트 소화하기 어려워요. 그림의 이런 부분, 저런 부분, 흥미로운 캐릭터나 스토리 등에 집중하느라 바쁘지요. 그래서 반복해서 읽는 거예요. 아직 그 책에서 배울 게 남았거든요.

반복해서 책을 읽다 보면, 아기는 책 속의 그림이나 이야기에 익숙해지고 그림에 스스로 라벨링을 하거나 관련된 무언가를 표현하거나 예전에 들었던 문장을 떠올려 스스로 읽기도 해요. 반면 부모는 처음에 읽어줬을 때처럼 텍스트를 그대로 읽어주기보다, 아기가 표현한 것을 기반으로 문장을 조금 다르게 말해주거나 단어를 추가해주거나 현실 세계에 적용해보는 질문을 하게 돼요. 이렇게 아기와 다양하고 풍부한 상호작용을 할 수 있다면 아기가 말을 이해하고 표현하는 능력을 키우는 언어 발달에 큰 도움이 됩니다.

물론 현실 세계에서도 매일 같은 일이 반복됩니다. 예측 가능하고 반복되는 일상 속에서 아기들은 많은 것을 학습하지요. 하지만 네덜란드 레이던대학교의 한 연구에 따르면, 생후 9~18개월 사이 아기들은 현실에서 반복적으로 일어나는 일보다 책을 읽을 때 훨씬 더 자발적으로 말을 하는 경향이 있었다고 해요.[29] 아마도 아기에게 책읽기라는 것은 '그림을 보면서 뭔가 말을 하는 것'이라는 인식을 갖게 되기 때문인 것 같습니다. 그래서 책읽기를 하면서 부모와 아기가 상호작용을 많이 할 때 수용 언어 능력도 발달하지만 특히 표현 언어 능력이 가장 크게 발달한다고 해요.

사회성을 발달시켜요

책읽기는 언어 발달뿐 아니라, 사회성에도 도움을 줍니다. 오하이오주립대학교의 버지니아 톰킨스Virginia Tompkins 부교수는 한 연구를 통해 아기와 책읽기를 할 때 부모가 마음의 상태Cognitive State에 대해 이야기할 수 있는 기회가 평소보다 많아진다는 점을 발견했습니다.[30] 마음의 상태에 대한 이야기는 예를 들면 이런 것입니다.

"다미는 토끼 인형을 자동차에 놓고 내린 것을 기억했어요."
"다미는 엄마가 어디에 있는지를 알았어요."
"다미는 기린이 정말 멋지다고 생각했어요."
"다미야, 이 코끼리는 토끼가 어디 있다고 생각할까?"

알다, 기억하다, 생각하다 등 타인의 마음 상태를 나타내는 문장들인데요. 아기에게 평소 타인의 입장에서 생각해보는 표현을 얼마나 하고 있는지 생각해보세요. 일상에서는 아기에게 다른 사람의 마음 상태를 나타내는 표현을 하기가 쉽지 않을 수 있어요.

책읽기를 통해서는 스토리의 전개상 혹은 책의 내용에 대해 어떻게 생각하고 어떤 부분을 아는지 질문하기 때문에 마음의 상태를 자연스럽게 이야기합니다. 어릴 때부터 다른 누군가의 마음 상태를 생각해보는 것, 즉 누가 뭘 알고, 모르고, 어떻게 생각하는지에 대한 개념을 접하는 것은 향후 아기의 사회성이나 공감 능력에 긍정적인 영향을 줄 수 있어요. 실제로 어렸을 때부터 부모와 함께 책읽기를 많이 한 아기들은 유치원생일 때 측정한 사회적 유능감이 더 뛰어났다고 합니다.[31]

뿐만 아니라 미국 올버니대학교의 한 연구에 따르면, 어릴 때부터 책읽기를 많이 한 아기들은 유치원생일 때 수학도 더 잘했다고 합니다.[32] 기본적으로 언어 능력이 뛰어나면 수학에도 유리하다고 하고요. 다양한 개념을 이해하는 능력, 순서나 상징, 인과관계, 논리적 사고 등 전반적인 인지 능력 모두 책읽기를 통해 발달할 수 있고 이것이 수학 실력에도 영향을 준다고 해요.

이렇듯 책읽기가 아기의 다양한 능력 개발에 지대한 영향을 주고 있다는 사실을 알게 된다면, 아기와 함께 도서관에 가는 발걸음도, 매일 지겹게도 같은 책을 읽어달라고 가져오는 아기에게 보여주는 표정도 조금 더 가볍고 밝아질 수 있겠지요?

Shared book reading to toddlers, Book reading and socioemotional development, Book reading and language development

똑똑한 육아를 위한  베싸 추천 콘텐츠

플러스 육아 원칙 1: 만 3세 이전 육아 환경의 중요성

❖ 해외 웹사이트

아래 웹사이트에서 0~4세 시기의 중요성을 강조하는 여러 전문 자료를 주제별 아티클로 찾아볼 수 있어요. 하버드대학교 홈페이지가 더 학술적이지만 깊이가 있고, 제로투스리는 실용적인 주제를 많이 다룹니다.

- 제로투스리Zero to Three zerotothree.org
- 하버드대학교 발달중인 아동 센터 홈페이지Center on the Developing Child developingchild.harvard.edu

❖ 책

- 《엄마, 나는 똑똑해지고 있어요》(예담Friend, 천근아 저)
  앞부분에 생애 초기의 중요성을 뇌과학적으로 풀어서 설명하고 있습니다.

❖ 다큐멘터리

- 〈브레인 매터스Brain matters〉
  생애 초기의 중요성을 설파하는 다큐멘터리입니다. 영어 자막밖에 없어서 아쉽지만 유튜브에서 볼 수 있어요.
- KBS 파노라마 〈세 살의 행복한 기억〉, 넷플릭스 〈베이비스babies〉
  생애 초기의 중요성에 대해 생각할 거리를 던져주는 다큐멘터리입니다. 가볍게 보기 좋아요.

플러스 육아 원칙 2: 반응과 상호작용

❖ 책

- 《아기의 잠재력을 이끄는 반응육아법》(한솔수북, 김정미 저)
  반응 육아를 가장 적극적으로 알리고 있는 발달심리학자 김정미 교수님의 책이에요. 사례가 풍부하고 실용적이어서 반응 육아에 대해 쉽게 공부할 수 있습니다.
- 《정서적 흙수저와 정서적 금수저》(해냄, 최성애, 조벽 저)

반응과 애착의 중요성에 대해 설파한 심리학자 최성애 교수님과 조벽 교수님의 책입니다. 읽고 나면 약간 충격을 받을 수도 있어요. 임팩트 있고 설득력 있는 책이라, 육아관을 정립하는 데 큰 도움이 될 거예요.

플러스 육아 원칙 3, 4: 자율성 지지

❖ 책

- 《놓아주는 엄마 주도하는 아이》(쌤앤파커스, 윌리엄 스틱스러드/네드 존슨 저)
  자율성 지지 육아의 중요성을 깊이 있게 공감하고 '나도 이렇게 아이를 키워야지!' 하고 다짐하게 되는 책입니다.
- 《아이의 감정이 우선입니다》(시공사, 조애나 페이버/줄리 킹 저)
  구체적이고 생생하게 아이의 자율성을 지지하면서 협조를 이끌어내는 기술을 가르쳐주는 책입니다. 이분들은 학자라기보다 육아 기술을 가르쳐주는 부모 교육 전문가에 가까운데요. 수많은 부모를 대상으로 워크숍을 진행하면서 쌓인 내공과 생생한 사례를 바탕으로 실전에 적용하기 좋은 육아 기술을 알려주고 있어서 아이의 협조를 이끌어내기에 도움이 많이 될 거예요.
- 《내 아이를 위한 감정코칭》(해냄, 최성애, 조벽, 존 가트맨 저)
  자율성 지지 육아 중 한 꼭지인 감정코칭에 대한 교과서 같은 책입니다.

플러스 육아 원칙 5: 구조 만들기

❖ 책

- 《부모 역할 훈련》(양철북, 토마스 고든 저)
  P.E.T Parenting Effectiveness Training라는 이름으로 전 세계적으로 유명한 부모 교육 프로그램을 책으로 엮은 것입니다. 아이의 자율성을 존중하면서 구조와 규칙을 알려주는 방법에 대한 책이에요. 책을 읽고 나면 육아관에 균형이 잡힌다는 것을 느끼게 될 거예요.
- 《세 살 네 살 넛지 육아》(천문장, 알바로 빌바오 저)
  스페인 뇌과학자가 쓴 책으로 여러 내용을 다루고 있지만 그중 긍정적 강화를 비롯한 구조 만들기에 대한 내용이 유익해서 추천합니다. 가볍게 읽을 수 있다는 점도 장점입니다.

플러스 육아 원칙 6: 풍부한 언어 환경 조성하기

❖ 책

- 《부모의 말, 아이의 뇌》(부키, 데이나 서스킨드 저)
  생애 초기 풍부한 언어 환경이 중요한 이유에 제대로 공감하고 이해하고 싶다면 이 책 한 권만 읽으면 됩니다.

- 《베이비 토크》(마고북스, 샐리 워드 저)

  아이에게 좋은 언어 환경을 만들어주고 싶은 분들을 위한 월령별 가이드북입니다.
- 《하루 15분 책읽어주기의 힘》(북라인, 짐 트렐리즈/신디 조지스 저)

  책을 사랑하는 아이로 기르고 싶은 강력한 동기부여가 되는 책으로 전 세계적인 밀리언셀러이자 고전 중의 고전입니다. 책육아에 대한 열정이 식어갈 때쯤 다시 읽으면 느슨해진 마음을 다잡을 수 있어요.
- 《그림책으로 읽는 아이들 마음》(창비, 서천석 저)

  그림책이 어떤 교육적 효과가 있는지 구체적으로 이해할 수 있는 책입니다. 소아정신과 전문의 서천석 님의 책이고 연령별 그림책 추천이 있어 더욱 유용해요.

BABY SCIENCE

PART 2.

근거 있는 지식으로 자신 있게:
베싸육아 실전편

♥ ♥ ♥ ♥ ♥ ♥ ♥ ♥ ♥ ♥ ♥ ♥ ♥ ♥ ♥ ♥ ♥ ♥ ♥

지금부터 살펴볼 실전편에서는 그동안 해외 논문으로 공부하면서 근거 있는 정보를 토대로 육아 실력을 키워가는 데 도움이 될 주제 위주로 정리했어요. 불필요한 불안을 줄이고 불확실한 정보에 휩쓸려서 에너지를 소모하지 않기를 바라는 마음에서요. 행복한 육아의 첫걸음은 '양육자의 에너지 관리'에서 시작되거든요.

이 책에서 근거로 제시하는 대부분의 연구 자료는 통계와 상관관계에 기반합니다. 통계는 확률적인 근거입니다. 예를 들어 통계적으로 부모와 시간을 많이 보낸 아이들이 지능이 더 높았다는 경향성이 연구로 도출되었다고 할게요. 여전히 우리 주변에서는 반대의 케이스를 발견할 수 있어요. 지능에 영향을 주는 요인은 부모가 컨트롤할 수 없는 것까지 포함해 무궁무진하거든요. 뭐든 절대적으로 중요하다거나 안 하면 큰일난다고 걱정하기보다는 부모가 이 방향으로 가는 게 의미 있을 수 있다, 가능성을 조금이라도 높일 수 있다, 이런 관점에서 봐주세요. 통계 하나하나에 불안해할 필요는 없어요.

그다음으로 상관관계는 인과관계가 아니라는 뜻입니다. 실제 사람이 대상이 되는 연구는 인과관계를 밝히는 것이 어렵습니다. 그래서 종종 아동을 대상으로 한 연구에서는 부모의 자발적 선택의 결과인 삶의 양식이나 환경과 아동의 특정 행동 사이의 상관관계를 살펴보곤 해요. 예를 들어 ADHD 증상을 보이는 아동의 부모에게 "하루에 TV를 몇 시간 정도 보나요?"라고 물은 결과를 토대로 "ADHD 증상과 TV 시청 간에 높은 상관관계가 있다"는 결과를 발표하는 식입니다. 하지만 엄밀하게 말하면 TV 시청을 많이 한 아이에게 ADHD 증상이 나타난 것인지, ADHD인 아이를 키우는 부모일수록 너무 힘들어서 아이에게 TV를 많이 보여주는 것인지는 알기 어려워요. 그럼에도 대중매체에서는 선입견에 의거해 "TV 많이 보면 ADHD 발병률 높아져…"라는 해석을 덧붙여 다루는 경우가 많지요.

정확한 인과관계를 알아보기 위해서는 두 집단을 무작위로 선발해서 수년간 한 집단에게는 TV를 하루 몇 시간 이상 보라고 지시하고, 다른 집단에게는 TV를 못 보게 한 뒤 일정 시간이 지나고 ADHD 발병률을 비교해야 합니다. 물론 이런 식의 연구 설계는 윤리적으로 문제가 있으므로 실행되기 어렵습니다.

그래서 상관관계를 밝히는 대부분의 사회과학 연구를 해석할 때는 신중해야 합니다. 함부로 인과관계를 도출해내는 건 위험하며 각 연구는 결코 완벽하지 않아요. 그럼에도 불구하고 뛰어난 연구자들은 이론 지식과 비슷한 기존의 선행 연구를 바탕으로 합리성이 높은 인과관계를 추측해내곤 합니다. 앞선 ADHD 발병 원인 사례에서는 TV를 볼 때 아동의 뇌 영상을 촬영해 TV가 뇌에 미치는 직접적인 영향에 대해 추측할 수 있어요. 또 보여주는 프로그램의 종류에 따라 아동의 뇌에 어떤 방식으로 영향을 미치는지에 대해 좀 더 깊이 있게 연구할 수도 있지요. 아동들이 TV를 갑자기 많이 보게 된 경우에(예를 들어 코로나 같은 특수한 상황은 외부적인 요인으로 많은 사람의 행동 패턴이 바뀌는 특수한 경우이기 때문에 연구자들에게는 굉장히 좋은 기회이기도 합니다), 사회 전반적으로 ADHD 발병률이 높아졌는지를 알아볼 수도 있어요. 이 모든 연구는 아동의 뇌가 어떤 식으로 발달하는지에 대한 기본적인 지식과 이론을 바탕으로 이루어지는 것이고요. 즉, 연구자들은 각자가 진행하는 실험 하나하나에서는 인과관계 그 자체를 명확히 도출해낼 수는 없으나, 전문적인 이론 지식과 다른 연구 성과를 종합적으로 고려해 인과관계라고 보이는 것들을 만들어냅니다. 이렇게 정리된 결과는 완벽하지 않을지언정, 어느 정도 신뢰할 만한 재료가 돼요.

하지만 다시 한번 말씀드리건대, 무엇이든 맹신하지 마세요. 모든 것은 '그럴 수도 있다'는 열린 마음으로 받아들이면서 주관과 실력을 만들어가는 재료 중 하나로 삼으면 좋습니다. 정답 찾기가 아닌 보물 찾기를 하는 거예요. 제가 그랬듯 부모로서 나를 성장시켜줄 보물 같은 지식을 만나는 기쁨을 경험할 수 있기를 바랍니다.

♥ ♥ ♥ ♥ ♥ ♥ ♥ ♥ ♥ ♥ ♥ ♥ ♥ ♥ ♥ ♥ ♥ ♥ ♥

CHAPTER 1.

건강한 아기로 키우는 초기 수유 지식

수유 텀 없는 아기가 행복한 이유는?

결론부터. 수유 텀 없이 먹고 싶을 때 먹은 아기는 먹는 양을 조절하는 능력을 키울 수 있으며, IQ도 더 높은 경향이 있습니다.

아기를 낳고 수유의 세계로 들어가며 자주 듣게 되는 단어 중 하나가 바로 '수유 텀'입니다. 인터넷 검색을 조금만 해봐도 아기의 수유 텀을 걱정하는 엄마가 많다는 것을 알게 됩니다. 다른 아기에 비해 수유 텀이 짧거나 길다, 수유 텀이 2시간인데 3시간으로 늘려도 되냐 등 여러 가지 고민을 쉽게 접할 수 있어요. 그런데 수유 텀을 지키는 것은 정말 아기에게 좋은 걸까요? 그런 것 같지 않습니다. 유니세프 UK에서는 아기의 요구에 맞게 먹이는 것을 '반응 수유Responsive Feeding'라는 용어로 정의하고 있는데요.[1] 반응 수유가 아기에게 좋은 이유 세 가지를 알아볼게요.

아기의 식사량 조절 능력이 자란다

반응 수유를 하는 아기일수록 식사량을 조절하는 능력이 더 뛰어납니다. 아기들은 태생적으로 '적당히' 먹는 능력을 가지고 있습니다. 영국 UCL 아동건강연구소의 마이클 울리지Michael Woolridge 박사는 모유 수유하는 아기들은 배고픔과 포만감이라는 내부 감각을 활용해서 자기에게 필요한 시점에 필요한 칼로리만큼 먹는 자기 조절Self-Regulation 능력이 있다고 한 논문에서 언급했습니다.[2] 이 경향은 젖병 수유를 한 아기들의 경우에도 마찬가지로 발견되었습니다.[3] 다만 젖병 수유를 한 아기들은 직수하는 아기들에 비해서는 식사량을 조절하는 능력이 조금 떨어지는 경향이 있었어요.[4] 젖병의 내용물을 끝까지 다 먹이려고 하는 것이 원인 중 하나로 추측되는데, 이에 대해서는 뒤에서 다시 살펴볼 거예요. 어쨌든 아기들은 스스로 식사량을 조절할 수 있는 능력을 가지고 태어난다는 것이지요.

그런데 엄마가 아기의 신호대로 먹이지 않고, 즉 '반응 수유'를 하지 않고 수유 텀을 지켜가며 먹이면 아기가 '적당히 먹는' 능력을 잃고 영아기 동안 급격한 체중 증가를 경험할 확률이 높았다고 해요.[5] 영아기 동안의 급격한 체중 증가는 향후 비만이 되기 쉬운 체질로 이어질 가능성, 그리고 성조숙증이 올 가능성이 높아진다고 알려져 있습니다. 반응 수유를 하지 않는 것이 섭취량 조절 능력의 저하로 이어지는 이유에 대해 학자들은 이렇게 설명합니다. 양육자가 배고픔/배부름이라는 아기의 신호를 무시하고 외부적인 임의의 기준에 의해 먹이다 보면, 아기가 내적 신호에 맞게 먹기 시작하고 그만 먹는 자연스러운 경험이 점점 줄어든다는 거예요. 그 결과 아기는 '배고프니 먹는다' '배부르니 그만 먹는다'는 자연스러운 법칙보다 '먹을 시간이 되었으니 먹는다'는 사회적 기준에 따라, 혹은 '밥 달라는 요청이 거부될지 모르니 가능할 때 많이 먹어둬야지' 같은 전략에 의거해 먹기를 시작하고 그만두게 되는데, 이는 과식으로 이어질 가능성이 높다는 것입니다.

상황에 따라 수유량이 다르다

아기가 먹는 양과 모유의 상황은 그때그때 다를 수 있습니다. 아기가 활동을 더 많이 할 때도 있을 것이고, 열이 나서 수분이 더 필요할 때도 있을 것이고, 급성장기라서 더 자주 먹고 싶을 때도 있을 거예요. 또 아기는 낮 동안에 노느라 못 먹은 칼로리를 섭취하기 위해 저녁에 더 자주 먹는 경향이 관찰되는데, 이를 클러스터 피딩Cluster Feeding(모아서 먹기)이라고 부릅니다.

그리고 모유에 함유된 지방의 함량, 즉 칼로리는 사람마다 상당히 차이가 날 수 있습니다. 식사량,[6] 체질량,[7] 엄마의 나이,[8] 사회경제적 지위,[9] 흡연 여부[10] 등 다양한 요소가 지방 함량에 영향을 미친다고 해요. 미국의 국립과학원에서 발간한 자료에 따르면 100밀리리터의 모유에 함유된 지방 양은 2그램에서 5그램까지 다양하게 나타났습니다.[11] 즉, 어떤 엄마의 모유는 다른 엄마의 모유보다 지방 함유량이 2배 이상일 수 있다는 말이에요. 지방 함유량이 상대적으로 낮은 모유를 먹는 아기는 칼로리 보충을 위해 더 자주 먹고 싶어 할 수도 있겠지요. 일괄적으로 4주 된 아기는 두 시간에 한 번 이런 식으로 수유 텀을 정하는 것 자체가 말이 안 되는 이유가 이것입니다.

또한 모유에 함유된 지방의 양은 하루 중에도 변할 수 있습니다. 밤 동안에 수유가 줄어들어 모유가 많이 차 있는 아침에는 지방의 함유량이 낮고, 모유가 가슴에 덜 차 있는 저녁에는 지방의 함유량이 더 높은 경향이 있어요. 뿐만 아니라, 출산 후 몇 개월에 걸쳐 아기의 필요 칼로리에 맞게 전반적인 지방 함유량이 서서히 높아진다고 합니다.[12] 아기의 성장 속도는 아기마다 다 다를 텐데, 엄마가 이런 변화까지 고려해서 아기 맞춤형인 수유 텀을 정하는 것은 현실적으로 불가능해요. 쉬운 방법은 내적 본능에 의해 가장 잘 알고 있는 아기에게 맡기는 것입니다.

반응 수유가 지능 발달에 더 유리하다

반응 수유를 한 아기가 수유 텀을 지킨 아기에 비해 지능 발달이 더 유리할 수 있습니다. 〈유럽공중보건학회지European Journal of Public Health〉에 실린 연구 논문에서는 수유 텀을 지켜 먹은 아기와 먹고 싶을 때 먹은 아기의 IQ를 만 5세, 7세, 11세, 14세 때 측정했습니다.[13] 그 결과, 네 번 모두 먹고 싶을 때 먹은 아기의

IQ가 더 높았다고 해요.

물론 이 연구 결과는 인과관계가 아닌 상관관계를 밝힌 것입니다. 설명은 다양할 수 있어요. 예를 들어 먹고 싶을 때 먹인 부모는 아기의 능력을 좀 더 존중하는 사고방식을 가졌을 수도 있고, 먹고 싶을 때 먹이는 게 아기에게 더 좋다는 지식을 알고 있을 정도로 육아에 관심이 높을 수도 있어요. 이런 부모의 특성이 다른 경로로 아기의 IQ에 영향을 미쳤을 수도 있습니다. 이 연구를 진행한 연구자들은 아동발달전문가라기보다는 사회학자에 가깝기 때문에 아동의 지능에 영향을 미칠 수 있는 부모의 특성은 충분히 고려하지 못했을 수 있습니다. 그러므로 이 IQ에 대한 이야기는 '그럴 수 있다'는 가능성 정도로만 남겨두면 좋겠어요.

어쨌든 연구자들은 반응 수유가 IQ의 증가로 이어질 수 있다고 추측한 이유를 다음과 같이 꼽았습니다. 먼저, 먹고 싶을 때 먹은 아기의 경우 완모 성공 비율이 더 높았기 때문일 수 있어요. 이건 이미 많은 연구로 밝혀진 사실인데요. 모유 수유 초반에는 자주 먹이는 것이 모유량 증가에 중요합니다. 우리의 뇌는 아기가 많이 빨수록 모유를 더 많이 생산하라고 명령하거든요. 그래서 수유 텀을 억지로 지키려고 하다 보면 충분히 자주 먹이지 못하고, 모유량이 적어질 수 있습니다. 또 먹고 싶을 때 먹은 아기의 경우 더 자주 먹는 경향이 있었는데, 이게 어떤 식으로든 지능에 영향을 미쳤을 수 있다고 해요. 아기의 삶에 있어 가장 큰 비중을 차지하는 게 먹는 활동인데, 엄마가 주는 대로 먹느냐 아기가 주도적으로 먹느냐에 따라 주도적인 성격 형성, 학습에의 적극성과 IQ에 영향을 미쳤을 수 있다는 설명이지요.

반응 수유는 주로 모유 수유 위주로 언급되고 있다는 사실을 알아차렸을 텐데요. 반응 수유는 모유 수유의 경우 더욱 중요해지긴 하나 유니세프 등 아동 영양 관련 기관에서는 분유 수유, 젖병 수유의 경우에도 반응 수유를 권고하고 있습니다.[14] 분유 수유를 하면서 반응 수유를 하는 구체적인 테크닉에 대해서는 뒤에서 다시 살펴볼 거예요. 분유든 모유든, 직수든 젖병이든 혼합이든 반응 수유는 이제 국제적인 기준으로 자리 잡고 있습니다. 수유 텀을 지켜서 먹여야 한다는 낡은 지식에서 이제 벗어나야 할 때입니다. 어떤 간격으로 얼마나 먹어야 하는지 가장 잘 아는 것은 바로 아기 자신이에요.

조리원을 나와서 모유 수유를 할 때 어느 블로그에서 수유 텀에 관한 글을 읽고 두 시간 간격을 지키려고 노력했던 때가 있어요. 조금씩 자주 먹는 아기의 욕구대로 수유를 하면, 아기가 약간만 배고플 때도 먹게 되어서 배불리 먹지 못하고 조금씩만 먹을 뿐 아니라 처음에 나오는 전유만 계속 먹게 되어 배에 가스가 차서 힘들어진다는 글이었어요. 아직 신생아라 조금 먹다 금방 잠드는 다미의 모습을 보며 걱정이 되더라고요. 그 뒤로 수유 텀을 기록하는 앱을 설치했어요. 다미가 배고프다고 울어도 앱을 보고 두 시간이 아직 안 되었으면 힘들게 달래서 시간을 채워서 수유를 하곤 했지요. 얼마 지나지 않아 배고프다며 우는 다미를 달래다가, '이게 정말 맞나' 싶은 생각이 들어 리서치를 시작했습니다. 그리고 얼마 지나지 않아 수유 텀을 기록하는 앱은 제 휴대폰에서 삭제되었지요. 그 뒤로 수유하는 시간이 자연스럽게 조절되고 모유 수유도 성공적으로 이어갈 수 있었어요.

모유량은 충분한 걸까?

결론부터. 대부분의 엄마는 완전 모유 수유를 할 수 있습니다.

모유 수유를 할 때 "유축해보니 모유량이 이것밖에 안 나온다"며 걱정하는 분들도 있는데, 대부분의 엄마는 모유 수유를 성공적으로 할 수 있어요. 미국 농무부 산하 영유아모유수유지원WIC Breastfeeding Support 홈페이지에 따르면 유축기나 손으로 유축했을 때 나오는 양은 아기가 실제 빨 수 있는 양보다 훨씬 적은 경우가 많으며 모유량을 가늠할 수 있는 척도가 아니라고 해요. 또 동 자료에서는 엄마가 별다른 이유 없이(건강상의 문제, 지나친 스트레스, 약물/알코올 복용 등) 모유량이 부족한 상황은 거의 없다고 단언했어요.

'인위적인 수유 텀을 두는 것' '분유 보충을 하는 것'은 모유량을 줄이는 데 영향을 주는 대표적인 관행입니다. 모유량은 아기가 얼마나 빠느냐에 따라 결정되기 때문이에요. 몸에서 모유가 많이 나가면, 즉 엄마 가슴이 '말랑말랑해진' 상태가 자주 있으면 뇌에서는 모유를 더 생산하라는 명령을 내리고 호르몬 분비를 통해 모유량이 늘어납니다. 모유 수유를 시작할 때와 끝날 때도 이러한 원리가 자연스럽게 적용돼요. 출산 후에 아기가 자주 빨면 모유량이 자연스럽게 늘어나고요. 단유할 때는 이유식 양이 늘어나고 모유 수유하는 양이 줄어드니 자연스럽게 양이 줄어들다가 안 나오게 됩니다.

그러므로 괜한 걱정으로 분유 보충을 하거나 수유 텀을 인위적으로 고집하지 않으면서 직수를 하고 있다면 충분히 모유 수유를 할 수 있으니 너무 걱정하지 마세요. 분유가 없었던 시대에도, 엄마의 영양 상태가 아주 안 좋은 경우를 제외하면 모유 수유가 안 돼서 아기가 영양실조로 자라는 일은 별로 없었으니까요.

초반에 모유량을 늘려야 할 때는 한쪽만 물리기보다 양쪽 다 물리는 게 좋습니다. 한쪽만 물리는 경우에는 나머지 가슴의 모유가 한 텀이 지나도록 비워지지 않은 채로 있게 되는데, 이렇게 비워지지 않은 채 오랫동안 가슴이 빵빵해져 있으면 뇌에서 모유량을 줄이도록 호르몬 패턴을 바꾸기 때문입니다. 꼭 한쪽 10분 먹고 그다음에 다른 쪽 10분, 이런 식으로 물릴 필요는 없으며 5분씩 번갈아가며 여러 번 물려도 괜찮아요. 수유 시간이 5~10분밖에 안 된다고 해도 결국 자연스럽게 늘어나니 걱정하지 않아도 됩니다.

수유 후 아기 트림시키기는 필수일까?

결론부터. 아무리 오래 두드려도 아기가 트림을 잘 안 한다면, 매번 너무 집착할 필요는 없을지도 모릅니다.

트림시키기는 많은 신생아 부모의 큰 숙제 중 하나일지도 모르겠어요. 아기를 낳기 전에는 몰랐지요. 아기를 돌보는 데 고민거리 중 하나가 트림 같은 하잘것없어 보이는 일일 줄은요. 아기들은 수유 중에 공기를 함께 먹게 되며 이 공기를 스스로 배출하기 어렵기 때문에 양육자가 트림을 도와주어야 한다고 합니다. 그렇지 않으면 배에 가스가 차서 배앓이를 할 수 있다고요. 대체로 아직 어린 아기들을 돌볼 때는 트림을 시키는 것이 권장돼요. 하지만 아기에 따라 트림을 잘 하지 않는 경우도 있습니다. 트림을 잘 하지 않는 아기를 키우는 부모들은 한밤중에 아기를 안고 졸린 눈을 비벼가며 20분, 30분씩 등을 두드립니다. 그러다 문득

이런 의문이 들기도 하지요. '꼭 이렇게까지 해야 하는 걸까?' '트림 소리를 못 들으면, 큰일 날까?'

사실 여기에 대해서는 똑 떨어지는 결론은 없습니다. '안 시키면 큰일 난다'고 경고하는 사람도, '안 시켜도 100퍼센트 괜찮다'고 보장하는 사람도 없어요. 하지만 트림을 잘 하지 않는 아기를 키우며, 트림시키기가 너무 큰 숙제이고 과도한 야간 근무의 원인으로 자리 잡은 부모들에게는 다음과 같은 사실이 짐을 약간은 덜어줄지도 모르겠어요. 어떤 아기들은 트림을 안 해도 힘들어하지 않고 알아서 가스를 잘 배출하고, 트림이 꼭 배앓이의 감소나 덜 게워내는 것으로 이어지지 않았다고 보고하는 연구 결과가 있습니다.

캐나다 맥길대학교의 부속 미디어 기관인 과학 및 사회 연구실Office for Science and Society에서는 소아과 의사인 클레이 존스Clay Jones와의 인터뷰를 통해 이런 의견을 전달했습니다.[15] 아기가 가스 때문에 무조건 불편해한다는 것은 명확한 근거에 기반한 것은 아니라는 것이지요. 스스로 가스를 배출하기 어려워하는 아기들도 있지만, 그만큼 많은 아기가 스스로 가스를 배출할 수 있다는 거예요. 신생아는 아주 다양한 이유로 울곤 하는데, 어른들이 이 현상을 설명해보려는 시도 중 하나가 '배에 가스가 차서'라는 것입니다. 그래서 트림의 중요성이 더욱 강조되는데, 아기가 수유할 때 먹은 공기 때문에 배가 아픈지 아닌지는 의학적으로는 명확히 밝혀진 바가 없고, 따라서 의심해볼 만하다고 말합니다.

존스는 어떤 아기들은 가스 배출을 잘할 수 있는 이유에 대해 이런 설명을 덧붙였습니다. 아기들은 전반적으로 근육이 덜 발달한 상태이기 때문에 하부식도괄약근이 발달하지 못해 잘 이완되고 열린다고 합니다. 하부식도괄약근은 식도와 위를 막아주는 '문' 부분을 조절하는 근육인데요. 사람이 눕거나 물구나무를 선다고 해서 음식이나 위산이 넘어오지 않는 것은 이 근육이 식도와 위를 잘 막

아주고 있기 때문이에요. 이 근육의 기능이 저하되면 종종 누워 있거나 할 때 위산이 역류하기도 하는데, 이는 역류성 식도염의 원인이 되기도 합니다. 아기들은 하부식도괄약근이 미성숙해 덜 발달한 상태이므로 이 문이 자주 열리기 때문에 잘 게워내지만, 먹을 때 들어갔던 공기 역시 잘 배출되는 구조라고 합니다.

트림을 시킨다고 아기들의 배앓이가 줄어드는 게 아니라는 연구도 있습니다. 〈차일드Child〉에 실린 한 연구는 객관성과 과학성이 높은 연구 방법인 무작위 대조군 시험 방법으로 71쌍의 엄마와 아기(3개월 미만)를 대상으로 이런 실험을 했습니다.[16] 한 그룹에게는 수유 후 트림을 시키도록 하고, 다른 그룹에게는 수유 후 트림을 시키지 않으면서 배앓이로 인한 울음의 횟수와 게워낸 횟수를 기록하도록 한 거예요. 3개월 후 결과를 분석해보니 트림의 여부와 배앓이로 인한 울음Colic(영아산통)의 빈도 사이에는 상관관계가 없는 것으로 밝혀졌고요. 게워낸 횟수는 트림을 시킨 집에서 오히려 더 높았다고 합니다. 트림을 시키기 위해 아기 등을 두드리는 과정에서 오히려 먹은 것을 게워내는 일이 발생했다는 거예요.

그러므로 아기가 배가 아플까 봐 혹은 잘 토하기 때문에 트림을 시켜야 한다는 부담감을 가질 필요는 없습니다. 이건 그냥 제 추측이니 가볍게 봐주면 좋은데, 트림이라는 건 수유하고 아기를 바로 눕혔을 때 게워낸 것이 질식사의 원인으로 작용한 여러 사례가 쌓이면서, 이런 일이 발생하지 않도록 각 문화권에서 자연적으로 발생한 대처 기제가 아닐까 해요. 실제로 다양한 문화권에서 아기를 트림시키라는 권장 사항이 전해져 오고 있으니까요. 술에 취한 상태에서 생후 18일 된 아기에게 분유 수유를 하고 바로 눕혀서 분유를 게워내고 질식사에 이르게 한 엄마의 이야기가 언론에 보도되기도 했었지요.

특히 아기가 아직 어릴 때는 수유 후에 세워서 안고 소화할 수 있는 시간을 주면서 등을 토닥여주거나 쓸어주는 것은 필요한 조치예요. 하지만 시원하게 트림을 안 하는 아기에게 무리하게 '꺼억' 소리를 들으려고 과도하게 30분, 1시간씩 등을 두드리거나 '트림 잘 시키는 법'을 인터넷에서 찾을 필요는 없을 것 같습니다. 그보다 더 중요한 건 아기를 잘 관찰하는 일이에요. 한 검증된 의료정보를 다루는 의학정보 미디어에서는 많은 부모가 아기 스스로 가스 배출을 못 할까 봐 우려하지만, 어떤 아기들은 스스로 가스 배출을 잘 하고('꺼억' 소리를 듣지 못한 경우라도!), 수유 과정에서 트림을 시키지 않아도 무방하다고 언급하고 있습니다.[17] 우리 아기는 트림이 꼭 필요한 아기인가? 잘 관찰해보세요. 우리 아기를 잘 살펴보지 않고 '트림은 무조건 해야 한다' '이 자세로 하면 꼭 트림을 한다'는 트림 성공기에만 집착하며, 트림을 못 시키는 나의 능력만 탓하고 있지는 않았는가 되돌아보세요. 사실 우리 아기는 '꺼억' 소리는 안 내지만 알아서 가스 배출도 잘 하고 배앓이도 안 하는 고마운 아기는 아니었는지 말이에요.

다미는 트림을 잘 안 하는 아기였어요. 모유 수유하는 경우에는 공기를 덜 먹기 때문에 트림을 시원하게 안 할 수 있다고는 하지만, 그래도 다들 해야 한다니 저도 이런저런 트림 자세를 검색해가며 20분, 30분씩 등을 두드리곤 했지요. 트림에 대해 리서치를 하고 나서는 예전처럼 불안해하며 미션을 수행하는 마음으로 임하기보다는, 수유 후 10분 정도 등을 살살 두드리고 쓸어주되, 예전보다 편한 마음으로 아기를 예뻐해주며 그 시간을 보낼 수 있게 되었답니다.

모유와 분유 사이, 어떻게 선택해야 할까?

결론부터. 모유 수유는 기본입니다. 하지만 낮은 모유 수유 비율에 대해 엄마만 탓할 문제는 아닌 것 같네요.

요새는 모유 대신 분유를 택하는 부모도 많아지고 있습니다. 모유 수유에 자신이 없거나, 수유를 전적으로 엄마가 담당하게 되는 데 거부감이 있거나, 워킹맘이라서 모유 수유를 하는 데 심적 부담이 있거나, 아빠가 육아를 하거나 등 이유는 다양해요. 분유 회사의 전방위적인 마케팅 때문에 '분유도 모유만큼이나, 혹은 모유보다 좋을 수 있다'는 인식이 자리 잡고 있기도 합니다. 세계보건기구와 유니세프는 최근 아기들의 모유 먹을 권리를 빼앗는다는 차원에서 한국을 포함한 여러 나라 분유 업계의 지나친 물밑 마케팅에 대한 우려 섞인 보고서를 발간하기도 했지요.[18]

아동 관련 권위 있는 기관에서 내고 있는 공식 입장은 '기본은 모유 수유를 하며, 특수한 경우로 모유 수유가 불가능한 경우 대체식인 분유를 사용한다'는 것입니다.[19] 세계보건기구[20]와 미국소아과학회[21]에서는 모유 수유를 한 아기들이 비만의 가능성도 더 낮고, 지능과 면역력도 더 높고, 모유 수유를 한 엄마는 자궁암이나 유방암 등의 가능성이 더 낮다는 근거들을 바탕으로 '모유는 아기 발달에 가장 이상적인 음식'이라고 칭하며 모유 수유를 권장하고 있습니다.

하지만 '모유 수유 기본론'에 부정적인 의견을 가진 사람들도 있습니다. 모유가 좋냐 분유가 좋냐에 대해 과학적인 설계를 갖춘 근거를 바탕으로 말하기는 쉽지 않기 때문이에요. 모유와 분유의 장기적인 효과를 객관적이고 과학적으로 측정하려면 부모들을 임의로 두 그룹으로 나누어 한 그룹은 모유 수유를 하고 다른 그룹은 분유 수유를 해야 하는데, 윤리적으로 이러한 실험 설계는 불가능하겠지요. 부모의 선택에 따라 모유를 먹인 아기들과 분유를 먹인 아기들이 자라서 어떻게 되었는지를 비교할 수밖에 없는데, 차이가 관찰되었다고 해도 그게 정말 모유와 분유 성분 때문에 발생한 차이인지, 부모의 지식 수준이나 가치관으로 발생한 차이인지는 알기 어렵습니다. 예를 들어 분유 수유를 선택한 많은 부모는 직장에 복귀해야 하기 때문에 분유를 선택하는 경우가 상당한데, 직장에 다니면서 육아를 병행한다는 것은 쉽지 않은 일이고 부모의 스트레스 수준이 높거나 아기에게 집중할 수 있는 자원이 상대적으로 부족할 수도 있겠지요(물론 다 그렇다는 게 아니라 그럴 가능성이 있다는 것입니다). 도중에 주 양육자가 바뀌어서 아기와 안정적인 애착을 형성할 가능성이 더 낮아질 수도 있고요. 이런 다양한 요인들을 다 발라내고 모유의 효과만을 콕 집어 입증하기는 상당히 어렵습니다.

또한 모유와 분유를 선택하는 데 있어 엄마의 희생 같은 다소 감정적이고 문화적인 부분이 개입되기 때문에 논쟁은 종종 다른 방향으로 흘러가곤 합니다. 예를 들어 어떤 아기 아빠가 막 출산한 아내에게, 혹은 밤에 두 시간 간격으로 깨는 신생아를 돌보느라 수면 부족으로 눈이 퀭해진 아내에게 "모유 수유가 좋다더라"는 말을 꺼낸다면 엄마의 감정적인 부분을 건드리며 이야기가 다소 좋지 않게 끝날 가능성이 높을 거예요.

이런 이유로 모유와 분유 논쟁은 과학적 근거만으로 접근하기가 다소 까다롭습니다. 이럴 땐 각 기관에서 내리는 공식 지침을 기준으로 선택하세요. 권위 있는 기관들에서는 많은 예산과 인력을 투입해 연구자료들을 분석하고 결론을 내려주니까요. 세계보건기구를 중심으로 대부분의 정부 기관과 의료 기관에서는 '모유 우선' 입장을 표명하고 있으며, 모유 대신 분유를 권장하는 곳은 한 군데도 없습니다. 그만큼 모유는 안전한 선택입니다. 오랫동안 진화 과정을 거치며 아기의 필요에 맞게 자연이 만든 것이니까요. 반면 다양한 기업에서 각자의 방식으로 만들고 보관하고 유통하는 분유는 대체로 안전하지만 문제가 발생할 리스크는 배제할 수 없습니다.

모유 수유에 대한 진실 혹은 거짓

모유 수유에 대한 잘못된 정보로 인해 모유 수유가 실패하는 일이 생각보다 많아요. 예를 들어 아기가 자주 울면 모유량이 부족해서 배가 고프다고 판단해 분유로 보충하는 부모들이 있습니다. 생물학적으로 분유를 자주 보충하다 보면 모유량은 더더욱 부족해질 수밖에 없는데, 이 사실을 누가 알려주지 않았기 때문이지요. 조리원에서부터 수시로 분유를 보충해주는 모습을 보며 그게 당연하다고 생각하게 되는 것도 잘못이고요. 참고로 미국소아과학회를 비롯한 각 기관에서는 첫 6개월 동안 분유 없이 배타적으로 모유'만' 먹이라는 지침을 내리고 있습니다.[22]

맘카페에 자주 보이는 "조리원에서 수유콜이 올 때 다 응답하지 말고 무조건 몸부터 회복하라, 엄마 몸부터 챙겨야 한다"는 류의 조언은 어떤가요. 이러한 조언들은 종종 '사회가 엄마에게 부당하게 모유 수유를 강요한다'는 식의 어떤 감정을 바탕에 두고 있습니다. 물론 엄마가 육아에 있어 많은 것을 짊어지게 되는 것은 사실이고 개선이 필요한 일입니다만, 이러한 메시지에 휩쓸려 모유 수유가 희생의 아이콘으로 자리 잡아서는 안 된다고 생각해요. 또 수유콜을 받느냐 마느냐를 선택할 때는 선택의 결과를 예측할 수 있는 올바른 정보가 함께 제공되어야 마땅하겠지요. 아기의 생애 초기에 수유를 자주 하지 않으면 모유 수유 성공률이 낮아진다는 것은 밝혀진 사실이지만,[23] 이런 정보들을 누구나 손쉽게 접할 수 있는 것은 아니에요.

"엄마가 환경호르몬 등 유해물질에 노출되기 때문에 모유의 질이 분유에 비해 낫다"라는 주장도 아직까지 엄마들 사이에서 회자되는 이야기입니다. 2015년 EBS에서 방영한 〈모유잔혹사〉라는 다큐멘터리에서는 엄마의 모유에 환경호르몬 등 유해물질이 녹아 나올 수 있다는 분석 결과를 방영했는데요. 자문을 담당한 교수가 "엄마가 노출된 환경호르몬이 모유에서 검출된 것은 사실이나, 검출된 양은 아기에게 유해하지 않으며, 모유는 최선의 선택"이라고 밝혔음에도 불구하고 "모유에 환경호르몬이 들어 있다"는 자극적인 메시지만 계속해서 재생산되고 있지요. 참고로 모유를 먹든 분유를 먹든 환경호르몬에서 완벽히 보호될 수 있는 아기는 현대사회에 존재하지 않을 겁니다. 도시에 사는 분들이라면, 우리 집의 먼지를 모아서 시험기관에 분석을 맡겨보면 분명 환경호르몬이 검출될 거예요.

여러 가지 이유로 한국의 모유 수유율이 확실히 낮은 편이기는 합니다. 하지만 세계보건기구 등 각종 전문 기관에서 '특수한 경우가 아니라면 모유 수유를 기본으로 한다'는 지침이 있는 것치고는 다른 나라도 모유 수유율이 그다지 높지는 않습니다.[24] 6개월 기준 모유 수유 비율이 가장 높은 노르웨이도 71퍼센트, 한국은 44.5퍼센트 수준이지요. 모유 수유를 해본 엄마로서 이해가 되지 않는 것도 아닙니다. 모유 수유는 쉽지 않아요. 좀 답답해서 외출이라도 하게 되면, 배고파서 우는 아기를 안고 수유실을 찾아 헐레벌떡 뛰어다니기는 예사이고요. 수유 가리개를 하고 야외에서 수유하고 있자면 지나가는 사람들의 시선에 어떤 표정을 지어야 할까 수많은 생각들이 오고 가요. 밤중에 몇 번씩이나 깨서 수유해야 하는 괴로움도 무시할 수 없고요. 모유 수유를 하고자 해도 어떤 식으로 먹여야 하는지, 아기는 왜 이렇게 짧게 먹고 잠들어버리는지, 왜 모유량은 많았다가 부족했다가 널을 뛰는지, 흐름이 너무 빨라 잘 먹지 못하고 우는 아기를 보며 도대체 어찌해야 하는지, 커피 한잔 먹고 싶은데 언제까지 참아야 하는지 등 어려운 점이 한두 가지가 아닙니다(물론 분유 수유도 어려움과 고충이 있지만요).

"모유 수유 해보니 쉽더라, 분유 값도 굳고 좋기만 하더라"라는 경험담이 많이 노출되어야 출산하는 엄마들이 모유 수유를 긍정적으로 인식할 수 있겠지요. 사람 한 명을 10개월씩이나 배에 품고 고생하며 애 낳은 엄마들, 육아하느라 밥 먹을 시간, 친구 만날 자유, 밤잠까지 반납한 엄마들에게 모유 수유가 또 다른 희생처럼 느껴진다면 대체품인 분유를 선택하고 싶어지는 것도 어쩔 수 없는 일이겠지요. 모유냐 분유냐는 개인의 선택이지만 적어도 모유 수유에 대한 잘못된 정보와 편견이 사라져야 부모도 좀 더 균형 있는 시선으로 결정할 수 있을 거예요.

전유와 후유, 가려서 먹여야 할까?

결론부터. 전유, 후유 가릴 것 없이 그냥 먹이면 됩니다.

모유 수유는 해본 사람이 아니고는 얼마나 힘든 일인지 상상조차 어렵습니다. 대부분 그냥 먹이면 된다고 생각하니까요. 처음에는 양이 부족한 것처럼 느껴지고, 어떨 때는 너무 많을 때도 있고, 강한 사출 때문에 아기가 잘 못 먹고 울기도 하고, 엄마가 젖몸살로 고생하기도 하고 쉽지가 않더라고요. 무엇보다 모유는 이유식 전까지 아기가 먹는 유일한 영양분이다 보니, 내가 잘 먹이고 있는 지에 대한 불안감이 항상 존재했습니다.

많은 엄마들이 가지는 불안감 중 하나가 전유 후유 불균형이라는 건데요. 아기가 모유 수유를 할 때 모유를 짧게 먹으면 전유Foremilk(물젖, 수유 초반에 나오는 비교적 투명한 모유)만 먹게 되어서, 영양분이 많은 후유Hindmilk(참젖, 수유 후반에 나오는 비교적 흰빛의 모유)를 놓치게 된다는 이야기예요. 이런 출처가 불확실한 정보를 접한 엄마들은 우리 아기가 전유만 먹고 있는 거 아닌가 걱정합니다. 전유, 후유에 대한 걸 몰랐으면 차라리 마음이 편했을 텐데 어디서 그 말을 듣고 나니 괜히 걱정이 되는 거지요. 하지만 걱정할 필요 없습니다. 모유량이 과다한 일부 케이스를 빼면 아기는 하루 중에 전유와 후유를 골고루 다 먹게 되어 있거든요. 태초부터 엄마가 전유와 후유에 대해 배워야만 모유 수유를 잘할 수 있도록 우리 몸이 설계되지는 않았을 거예요.

먼저 전유와 후유가 어떤 식으로 만들어지는지에 대한 원리를 알아두면 훨씬 좋겠지요. 모유는 가슴의 유관 끝에 있는 포상조직Alveoli에서 만들어지는데요. 처음부터 전유와 후유를 구별해서 따로 만드는 것이 아니라 그냥 한 종류의 모유가 만들어져요. 그런데 수유 후반부로 갈수록 모유의 지방 함량이 점점 높아집니다. 초반에 나오는 지방이 적은 모유를 전유, 후반에 나오는 지방이 높은 모유를 후유라고 해요. 학자들은 이 원리에 대해 연구하다가, 모유 내 지방 함량은 수유가 시작된 지 몇 분이 지났느냐에 따라 결정되는 것이 아니라 가슴에 모유가 차 있는 정도Breast Fullness에 따라 결정된다는 것을 밝혀냈어요.[25] 즉, 가슴에 모유가 많이 차 있으면 지방 함량이 낮은 전유가 먼저 나오고 가슴에 모유가 줄어들면서 지방 함량이 점점 높아지는 거예요.

이 원리에 대해서는 다양한 이론이 존재하는데요. 위틀스톤Whittlestone이라는 학자는 지방 덩어리들이 포상 조직과 유관 내부의 벽에 붙어 있다가 수유가 진행되는 동안 서서히 모유에 섞여 나오는 식으로 모유 내 지방 함량이 서서히 높아진다는 이론을 제시했어요.[26] 실제로 수유가 시작되면 아기가 더 편하게 모유를 먹을 수 있도록 모유 사출이 두 번에서 다섯 번 정도 일어납니다. 사출Let-down은 아기가 빨기 시작한 몇 분 후부터는 아기가 빨지 않고도 모유가 지속적으로 뿜어져 나오는 현상을 뜻해요. 아기가 더 잘 먹을 수 있도록 엄마의 몸이 도와주는 것이지요. 이 사출에 의해, 유관이 쥐어짜이면서 지방 덩어리들이 천천히 유관을 따라 유두에 도착해요. 수유가 시작되면 가슴에 차 있는 모유가 나오는데, 수유가 진행되면서 벽에서 지방들이 조금씩 침투해 나오며 모유 내 지방 함량이 점차 높아집니다. 그래서 수유가 끝날 때는 모유의 지방 함량이 꽤나 높아집니다.

그러면 다음 수유가 시작할 때 이 지방 함량은 다시 리셋이 되고 똑같은 전유로 다시 수유가 시작되느냐 하면 그렇지 않습니다. 다음 수유 시까지 모유는 다시 추가로 생산되고 가슴에 저장되는데, 보통 그전 수유를 시작했을 때와 동일한 수준으로 차오르진 않아요. 아침 8시에 수유를 시작할 때 100이었다면, 아침 10시에 수유를 시작하면 80 정도가 되지요. 그래서 수유를 덜하는 밤이 지나면 아침에는 모유가 많이 저장되어 가슴이 땅땅한 상태지만 저녁에는 가슴이 좀 말랑말랑하고 모유가 확실히 적게 저장되어 있는 것이 느껴질 거예요.

만약 아침 10시에 수유했을 때도 모유가 100만큼 차올랐다면 지방 함량이 높았던 모유는 새로 생산된 모유와 섞여서 희석되었을 것이고 다시 전유인 상태에서 시작할 수도 있어요. 하지만 낮 동안 수유를 하면서 매번 아기가 먹은 만큼 다시 차오르지 않기 때문에, 지방 함량이 높은 상태로 저장된 남은 모유에 새로운 모유가 약간만 더 추가되고, 그 결과 하루를 보내면서 모유 내 지방 함량은 점차 늘어나게 됩니다.

또 다른 이론은, 앳우드Atwood와 하트만Hartmann 교수가 제시한 이론인데요. 모유가 가슴에 차 있을 때는 지방 덩어리를 만드는 조직Lactocyte의 모양이 눌려서 종잇장 같은 형태로 되어 있어서 지방 덩어리들이 잘 나오지 않지만, 모유가 줄어들면서 지방 덩어리를 만드는 조직이 원래 형태인 기둥 모양으로 돌아오면서 지방 덩어리들이 더 많이 나올 수 있다는 이론입니다[27](이 이론은 본디 돼지를

연구하며 제시되었으나 일본의 한 연구진이 사람의 모유를 분석한 연구 결과로 뒷받침했어요).[28]

좀 복잡할 수 있지만 이거 하나만 기억하면 됩니다. "가슴에 모유가 많이 차서 빵빵해져 있을 때는 전유가 많이 나오고, 말랑해질수록 후유가 많이 나온다!" 그러면 아침에 아기가 전유를 많이 먹더라도, 저녁 때는 후유를 많이 먹게 되므로 아기가 먹는 전유와 후유의 불균형을 걱정하며 전유를 짜서 버리는 일은 하지 않겠지요. 참고로 후유가 전유에 비해 영양소 측면에서 우월하다고 볼 수만은 없답니다.

그럼, 전유-후유 불균형이란 말은 대체 어디서 등장한 걸까요? 전유-후유 불균형이라는 게 아예 존재하지 않는 건 아닙니다. 일부 모유량이 과다하게 생산되는 엄마의 경우에는 아기가 전유만 먹게 될 가능성이 있어요. 모유 생산량이 워낙 많으니 저녁에도 계속 모유가 차 있는 거예요. 그러면 아기가 희석된 전유만 먹게 될 수 있겠지요. 이런 경우 모유가 계속 저지방이기 때문에 아기는 필요한 칼로리만큼 섭취하려는 특성에 따라 모유를 많이 먹으려고 하게 돼요. 모유를 과다섭취하면 모유에 들어 있는 유당도 필요한 양보다 과하게 섭취하게 되고, 그 결과 배에 가스가 차거나 녹색 거품 같은 변을 보기도 합니다(다만 녹색 변이라고 해서 무조건 유당 과다는 아니에요. 정상인 녹색 변도 있습니다).[29]

이렇게 모유량이 과다한 경우는 어떤 엄마라도 일시적으로 일어날 수 있습니다. 일시적으로 전유-후유 불균형을 경험할 수도 있고, 아기가 배앓이를 하거나 녹색 거품 변을 볼 수도 있습니다. 하지만 너무 당황할 필요는 없어요. 엄마의 모유량이 아기가 먹는 양보다 지속적으로 많으면 뇌에서 프로락틴이라고 하는 호르몬 분비를 통해 모유 생산량을 줄이도록 명령하기 때문에 모유량은 자연스럽게 줄어들게 되어 있습니다. 엄마와 아기가 모유량을 '맞춰간다'는 것은 이런 뜻에서 하는 말이에요. 모유량이 너무 많을 때 더 빨리 양을 줄이고 싶다면 한 번에 한쪽으로만 모유 수유를 하거나, 두 번의 수유를 한쪽으로만 하는 '블럭피딩Block Feeding'을 시도해볼 수 있습니다. 다만 블럭피딩을 너무 오래하면 모유량이 또 적어질 수 있으니 너무 많다 싶은 경우에 한쪽으로만 한 번 먹여보고, 하루 경과 후 어떤지 살펴보는 식으로 조심스럽게 시도해보세요.[30]

정리하면, 엄마가 특별한 어떤 노력을 하지 않아도 아기들은 결국 전유와 후유를 골고루 먹을 수 있게 되며 모유량은 포기하지 않고 기다리면 자연스럽게 맞춰집니다. 그러므로 아기가 전유만 먹고 있는 것 같다고 해서 일부러 전유를 짜내 버리지 마세요. 이렇게 하면 가슴이 자꾸 비워지므로 뇌에서 모유가 더 필요하다고 판단하고, 모유 생산량이 늘어나고 이로 인해 오히려 전유-후유 불균형이 생길 수 있으니까요.

조리원을 나오고 모유 수유를 하는데, 다미가 5분씩만 먹고 늘 잠들어 버리더라고요. 분명 조리원에서는 10~20분씩 먹어야 한다고 했는데 말이지요. 걱정이 되어 검색해보니, 아기가 짧게 젖을 먹으면 그 뒤에 나오는 후유를 못 먹기 때문에 영양이 부족해진다는 거예요. 그래서 아기가 배고플 때까지 좀 기다려서 먹이라거나 손으로 유축을 하고 수유하라는 조언들이 있었지요. 그런데 이런 조언들을 보고 있자니 머리가 복잡했어요. '아기가 못 먹고 가슴에 남은 후유는 어디로 가는 거지?' '수유가 시작할 때마다 가슴의 모유가 다 리셋되고 다시 전유부터 시작하는 건가?' '만약에 수유를 한 뒤 다음 수유를 금방 다시 시작하게 되면, 그때 나오는 모유는 전유인가 후유인가?' 그래서 리서치를 시작하게 됐어요.

전유-후유 불균형의 진실에 대해 알게 된 뒤로는 5분을 먹든 10분을 먹든 신경 쓰지 않고 수유했습니다. 저도 다미가 자주 빨다 보니 모유량이 일시적으로 많을 때가 있었고, 강한 사출 때문에 며칠 간 다미가 울어서 힘들었던 순간을 빼면 모유 수유는 대체로 순조롭게 진행이 되었어요. 벌써 단유한 지 2년이 다 되어가는 지금 돌이켜 보니 모유 수유했던 나날들이 사뭇 그리워집니다.

모유 수유하는 엄마, 어떻게 먹어야 할까?

결론부터. 수유부라고 해도 식단을 너무 제한할 필요는 없습니다. 마일드한 다이어트, 제한된 수준의 커피나 술도 괜찮아요.

조리원에 있는 동안은 때가 되면 영양소를 골고루 갖춘 식사와 간식까지 제공되어 별 걱정 없이 식사를 했을 거예요. 하지만 집에 돌아와 초보 부모로서 육아에 정신없이 적응하다 보면, 엄마 스스로 식단을 잘 챙기는 게 쉽지 않다는 것을 깨닫게 됩니다. 친정어머니나 챙겨주는 분이 있는 경우라면 그나마 좀 낫겠지요. 혼자 육아하는 경우라면, 아기를 돌보느라 균형 잡힌 식단을 챙기기는커녕 부족한 잠을 보충하느라 식사를 했는지도 모르게 하루가 지나가기도 해요.

아기에게 젖을 먹이려면 잘 챙겨 먹어야 한다는데, 때론 걱정이 되지요. 그 와중에 먹고 싶은 건 얼마나 많은지. 매운 거, 기름진 거, 짠 거, 모두 먹으면 안 된다는데 절밥처럼 건강한 것만 먹으면서 스트레스도 못 풀고. 임신했을 때도 힘들게 참았는데, 1년 동안 또 이렇게 먹어야 하나? 모유 수유 괜히 결심했나? 분유로 전환할까? 그냥 먹고 싶은 거 먹고 좀 짜서 버리면 괜찮지 않을까? 온갖 생각이 다 듭니다. 모두 아기에게 좋은 모유를 주고 싶은 욕심에서 자연스럽게 나오는 걱정과 불안일 거예요. 다만 이러한 눈물겨운 노력들이 정말로 의미가 있는지는 알아야겠지요. 모유 수유하는 엄마, 어떻게 먹어야 할까요?

조금 안심해도 될 것 같습니다. 여러 연구에 따르면, 엄마가 뭘 먹는지가 모유의 양이나 질에 그대로 반영되는 것은 아니에요. 〈뉴트리언츠Nutrients〉에 실린 한 논문[31]과 의료인을 위한 의료지식 라이브러리인 업투데이트Uptodate[32]에서 모유 수유하는 엄마의 식단에 따른 모유 성분을 분석해본 결과, 식사의 질과 아기 성장에 필요한 탄단지 비율Macronutrients(다량영양소)에는 별 관계가 없다고 했어요. 미국 국립의학원National Academy of Medicine에서 낸 자료에서는 극단적인 영양실조 케이스를 제외하면 잘 먹는 선진국 엄마들과 상대적으로 잘 못 먹는 개발도상국 엄마들의 모유량에는 별 차이가 없다고 밝혔고요.[33] 또한 모유에 든 칼슘, 철분, 아연 등의 주요 미네랄은 부모의 식단과 무관합니다.[34]

다만 그렇다고 해서 식단이 아무 영향이 없다는 것은 아니에요. 비타민이나 일부 미네랄의 경우 엄마의 섭취량이 결핍되면 모유에도 결핍되는 것들이 있어요. 엄마의 섭취에 따라 모유도 함유량이 달라지는지 아닌지를 이렇게 정리해볼 수 있어요.

그룹1 영양소(엄마 섭취량에 의존)	그룹2 영양소(엄마 섭취량과 무관)
비타민 A, B군, 콜린, 셀레늄, 요오드, 비타민 D(엄마 섭취량에 따라 모유 함유량이 달라지나, 보통은 절대량이 충분치 않아서 영양제로 별도 섭취 필요)	엽산, 칼슘, 철분, 구리, 아연

그룹2 영양소의 경우 대체로 아기가 태어날 때 이미 엄마의 몸에서 가지고

가는 영양소이거나, 모유를 만들 때 엄마의 뼈와 세포 조직에서 끌어다가 조달하는 영양소입니다. 그래서 엄마의 섭취량과 무관하게 일정하게 유지가 돼요. 한편 그룹1 영양소들은 기준치를 맞추기 위해 뭔가 특별한 식사를 할 필요는 없습니다. 골고루 잘 먹는다면 건강한 모유를 생산할 수 있는데, 약간 부실하게 먹는 듯하면 멀티비타민 정도 섭취하면 도움이 됩니다. 뒤에서 더 자세히 살펴볼 거예요.

식이 조절 해도 될까?

그럼, 식사의 양은 어떨까요? 모유 수유를 하며 식이 제한을 해도 괜찮은 걸까요? 아니면 "잘 먹어야 젖이 잘 나온다"는 어른들 말씀에 따라 아기를 위해 많이 먹어두는 게 상책일까요?

장기적으로 진행된 실험은 없지만, 〈저널 오브 뉴트리션The Journal of Nutrition〉에 실린 한 연구에서는 11일 동안 일주일에 1킬로그램을 감량하는 정도의 에너지 소모는 모유의 양과 질에 영향을 주지 않는다는 사실을 밝혔어요.[35] 개인별 운동량이나 기초대사량에 따라 얼마만큼의 섭취 칼로리를 제한해야 1킬로그램이 빠지는지는 각각 다르므로 '식이를 얼마나 제한해도 좋다'는 권고를 일괄적으로 적용하긴 어렵겠으나, 대체로 일주일에 1킬로그램이라고 하면 상당한 수준의 감량이지요. 호주모유수유협회에서는 체중을 감량하고자 한다면, 일주일에 0.5킬로그램 정도의 점진적인 감량을 권고합니다.[36] 몸무게가 급격히 줄어든다면 모유량에 영향을 줄 수 있다고 하니, 다이어트 시 매일 몸무게를 재면서 식이 조절을 할 필요가 있어요.

"최소 몇 킬로칼로리인지 대략적인 가이드라인이라도 없나요?" 하고 궁금한 분들을 위한 추가 정보입니다. 모유 수유를 위해서는 기본적으로 하루에 500킬로칼로리 정도의 에너지가 더 필요해요. 이 중 170킬로칼로리 정도는 기본적으로 임신 중에 저장한 지방을 분해해서 해결하는데요.[37] 이 500킬로칼로리에서 지방에서 사용하는 170킬로칼로리를 뺀 330킬로칼로리를 추가로 섭취를 해야 몸무게가 유지되겠지요. 그런데 330킬로칼로리를 추가로 섭취하지 않고 에너지 감량이 되도록 두어도 괜찮아요. 미국 국립아동보건인간발달연구소 홈페이지의 한 아티클에서는 모유 수유하는 여성이 임신 전의 칼로리 수준으로 섭취해도 좋다, 즉 일반 여성보다 특별히 많이 먹지 않아도 괜찮다고 언급하고 있고요.[38] 존스홉킨스 의학대학교 홈페이지의 한 아티클에서는 대체로 1,800킬로칼로리 이상 섭취한다면 모유에 별 영향이 없다는 의견을 전달하고 있습니다.[39]

먹으면 안 되는 음식이 있을까?

매운 음식, 기름진 음식, 짠 음식, 밀가루 등은 모유 수유하는 엄마들이 "먹어도 되나?" 의문을 가지는 음식들인데요. 결론적으로 이야기하면 이런 음식이 모유에 미치는 직접적인 영향은 알려진 바가 없습니다. 한국에만 존재하는 속설이고요. 우리 몸은 엄마의 피에서 필요한 성분을 가지고 아기 발달에 최적화된 모유를 만들어요. 엄마가 섭취하는 음식이 피에 그대로 들어가는 건 아니지요? 음식은 위와 장을 거치면서 영양소가 분해되고 흡수된 후에 피나 몸에 여러 부분에 전달돼요. 매운 음식, 기름진 음식, 짠 음식을 많이 먹는다고 해서 엄마의 피가 매워지거나, 기름져지거나, 짠맛이 나는 건 아닙니다. 또한 모유가 매워지거나 기름져지거나 짠맛이 나지도 않아요. 밀가루의 경우에도 모유에 어떤 영향을 준다는 근거는 찾아볼 수 없었는데요. 다만 밀가루 음식은 확률적으로 과당Fructose 수준이 높다거나 트랜스지방 함유량이 높을 가능성이 있지요. 이런 경우 모유를 통해 아기에게 나쁜 영향을 줄 수는 있습니다. 과당과 트랜스지방은 모유 수유하는 엄마가 섭취에 주의해야 할 성분으로 알려져 있거든요.

미국 조지아대학교 연구진들은 수유 기간에 트랜스지방이 높은 식단을 섭취한 엄마의 모유를 먹고 자란 아기는 그렇지 않은 아기에 비해 체지방이 과다해질 가능성이 두 배였다고 보고했어요.[40] 과당은 과일에 들어 있는 당과 같은 종류의 당인데요. 과일로는 과하게 섭취하기 쉽지 않고, 보통 음료수, 사탕, 젤리 등에 들어가는 액상과당을 통해 과다섭취하게 됩니다. 과일 등의 자연식품 위주로 섭취했을 때는 모유에 거의 전달되지 않는 수준인데, 액상과당 수준이 높은 가공식품으로는 과하게 섭취될 수 있어 모유를 통해 전달된다고 해요. 〈뉴트리언츠〉에 실린 한 연구 논문에서는 모유 내 과당 수치가 높을수록 생후 6개월 된 아기의 체지방 비율이 더 높았고, 향후 비만 예측 인자로 작용할 수 있다는 점을 언급하고 있습니다.[41] 그러니 트랜스지방과 과당, 이 두 가지는 주의해서 섭취해야 합니다. 주로 자연식품 위주로 섭취할 것을 권장합니다.

술과 커피에 대해서도 알아볼게요. 아마 '안 된다'고 생각하는 분들이 많을 텐데요. 놀랍게도 술 역시 마시면 안 되는 것은 아니에요. 검증된 의학 지식을 전달하는 한 미디어에서는 적당히 타이밍을 잘 맞추면 마셔도 된다고 말합니다.[42] 엄마가 섭취한 알코올의 최대 5퍼센트 정도가 피를 거쳐 모유를 통해 아기에게 전달될 수 있다고 해요. 즉, 술을 마셨다고 해도 시간이 지나 혈중 알코올이 다 사라진 상태라면 모유 수유를 해도 알코올이 전달되지 않아요.

여기서 임의로 '1술'이라는 단위를 이렇게 정해볼게요.

1술 = 맥주 350ml(도수 5%)
= 와인 140ml(도수 12%)
= 증류주 40ml(도수 40%)

기준으로 제시한 알코올 도수에 따라 양을 계산하면 되는데, 예를 들어 5도가 아닌 8도의 센 맥주 한 캔을 마셨다면, '1술'이 아니라 '1.5술' 정도 되겠지요? 그리고 증류주는 지금 40퍼센트로 다소 높은데, 20퍼센트 정도 되는 소주라고 한다면 두 잔 정도를 마시면 '1술'이 되는 거겠지요.

'1술'을 마셨다면 두 시간에서 세 시간 정도, '2술'을 마셨다면 네 시간에서 다섯 시간 정도, '3술'을 마셨다면 여덟 시간 정도를 기다리면 알코올이 완전히 분해된다고 합니다. 이건 일반적인 가이드라인이기 때문에, 본인이 알코올 분해가 좀 느린 편이라면 더 기다려야 할 수도 있어요.

이렇게까지 따져가며 술을 마셔야 하나 의문이 들 수 있지만 제 경우에도 참고만 했어요. 아기가 3~4시간씩 자기 시작한 이후부터는 육퇴 후 맥주 한 캔 정도는 괜찮다고 안심하는 근거 정도로 활용했습니다. 참고로 술을 먹었다고 해서 모유를 짜내 버리는 것은 별 의미는 없다고 합니다. 피에 알코올이 여전히 남아

섭취량	기다려야 하는 시간
도수 5%의 맥주 1캔	2~3시간
도수 5%의 맥주 2캔	4~5시간
도수 5%의 맥주 3캔	8시간
도수 12%의 와인 1잔 (1/3 따라서)	2~3시간
도수 12%의 와인 2잔 (1/3 따라서)	4~5시간
도수 12%의 와인 3잔 (1/3 따라서)	8시간
도수 20%의 소주 2잔 (80퍼센트 따라서)	2~3시간
도수 20%의 소주 4잔 (80퍼센트 따라서)	4~5시간
도수 20%의 소주 6잔 (80퍼센트 따라서)	8시간

있으니까요.

커피를 좋아해서 끊기 힘든 분들 많으실 텐데요. 좋은 소식이 있습니다. 커피는 생각보다는 걱정할 필요가 없습니다. 위와 동일한 의료 미디어에 따르면 엄마가 섭취한 카페인의 최대 1퍼센트 정도가 피를 통해 모유로 전달된다고 해요. 미국소아과학회에서 권장하는 수유부의 하루 권고 카페인 섭취량은 300밀리그램 정도인데, 상당히 보수적으로 잡혀 있는 수치이므로 현실적으로는 300밀리그램을 약간 넘어도 크게 무리는 없다고 합니다.[43] 참고로 스타벅스 아메리카노 톨사이즈 한 잔에 카페인 150밀리그램 정도가 들어 있다고 합니다. 카페인은 마신 후 한두 시간 사이에 혈중 농도가 피크를 찍고 서서히 분해돼요. 카페인이 아기에게 미치는 영향은 수면을 방해할 수 있다는 것 빼고는 큰 악영향이 밝혀진 바 없다고 해요. 그러니 술에 비해 크게 걱정할 필요는 없을 것 같고요. 카페에 갈 일이 있다면, 카페인을 피한다고 시럽 들어간 과일주스를 마시기보다는 아메리카노가 차라리 나을 것 같습니다.

다미가 드디어 잠이 들고 육퇴 후 〈쇼미더머니〉와 함께 즐기는 맥주 한 잔. 제일 좋아하는 떡볶이집에서 남편이 사온 떡볶이. 이런 소소한 행복이라도 없으면 어떻게 아기와의 외로운 1, 2년을 보낼 수 있을까 싶어요. 먹고 싶은 거, 하고 싶은 거 참으며 살다가 "내가 널 위해 얼마나 고생했는데…" 하는 억울함만 남지 않도록 아기뿐 아니라 엄마까지 돌볼 수 있는 현명한 육아를 하고 싶습니다.

모유 수유 중에 어떤 영양제를 먹어야 할까?

결론부터. 종합비타민제 정도 추천합니다.

앞에서 영양소를 그룹1과 그룹2로 나누었습니다. 그룹1 영양소는 엄마가 섭취한 대로 모유에 반영되는 영양소이고 그룹2 영양소는 엄마 섭취량과 모유 함유량이 무관한 영양소지요. 하나씩 짚어볼게요.

칼슘

엄마는 임신과 모유 수유로 칼슘이 항상 부족한 상태, 즉 골밀도가 낮아져 있는 상태입니다. 칼슘은 그룹2 영양소로 엄마의 몸에서 가져다가 모유에 함유돼요. 엄마가 임신이나 모유 수유 중이라면 아무리 칼슘을 섭취한다고 해도 골밀도가 회복되지 않아요. 그래서 의료인을 위한 지식 라이브러리인 업투데이트에서는 수유부가 칼슘을 일반 권장량보다 많이 섭취할 필요는 없다고 언급하고 있습니다. 아기는 항상 잘 섭취할 수 있어요.[44]

철분

임신 중에 다들 철분제 드셨지요? 수유 중에도 철분제를 먹어야 할까요? 임신 때와 달리 수유 중에는 성인 여성의 평균 철분 섭취량보다 덜 섭취하는 게 좋다고 해요. 수유 중에는 생리를 안 해서 철분의 손실이 적기 때문이에요. 철분은 그룹2 영양소로 모유에는 철분이 거의 들어 있지 않습니다. 아기는 6개월치의 철분을 체내에 저장한 상태로 태어납니다. 그래서 6개월 후에는 이유식을 통해 철분을 공급해야 하지요. 이 체내 철분과 모유를 통해 엄마의 몸에서 조금씩 공급되는 철분으로 아기는 충분한 철분을 공급받을 수 있어요. 그런데 엄마가 임신 중에 빈혈이 심했거나, 아기가 37주보다 일찍 태어난 이른둥이거나, 몸무게가 아주 적게 태어났다면 체내 철분 저장량이 충분치 않을 수도 있고 이런 아기에게는 철분을 보충해줘야 할 수도 있다고 해요. 이 부분은 산부인과에서 출산 시 잘 챙겨주겠지만 걱정이 된다면 의료기관의 상담을 받아보는 것이 좋습니다.

보통의 경우라면 엄마는 일반 권장량보다 적게 먹는 게 좋습니다. 철분이 과하면 변비가 올 수 있거든요. 참고로 임산부용 종합비타민제를 먹고 있다면 거기에 과한 철분이 포함되었을 수 있어 변비가 생길 수 있으니, 변비로 고생하고 있다면 종합비타민제는 일반용으로 섭취하는 게 좋을 것 같네요.

비타민 D

비타민 D는 칼슘 흡수를 돕고 뇌 발달에도 중요한 영양소인데요. 아마 산부인과에서 아기에게 비타민 D 드롭을 먹이라는 권고를 받았을 거예요. 비타민 D는 그룹1 영양소로 엄마가 먹는 만큼 모유에 들어가긴 하지만 엄마가 비타민 D를 아주 많이 섭취하는 경우가 아니라면 충분히 포함되기 어렵기 때문이에요. 비타민 D는 햇빛을 통해 합성이 되는데, 일상생활에서는 햇빛 노출이 '정상 이하'인 경우가 대부분이기 때문이지요. 엄마와 아기 모두 비타민 D를 추가로 섭취할 것을 권장합니다. 아기의 경우 신생아부터 청소년기까지 하루 400IU 정도 먹이라는 권장사항이 있습니다.

비타민 B군

그룹1 영양소로 엄마가 충분히 먹어야 모유에도 첨가되며 일반 권장량보다 수유부 권장량이 약간 더 높습니다.[45] 육류, 해산물 등 동물성 음식을 통해 섭취할 수 있으니 채식을 주로 하는 분들은 영양제로 섭취할 필요가 있습니다.

요오드

그룹1 영양소로 서구권에서는 엄마들이 충분히 섭취하지 않는 경향이 있어 보통 영양제를 권장합니다. 반면 우리나라에서는 미역이나 김 등 요오드가 풍부한 해조류를 먹기 때문에 미역이나 김을 일부러 먹지 않는 경우가 아니라면 추가 보충할 필요는 적습니다.

DHA

DHA 영양제는 모유 수유하는 지인에게 제가 많이 선물하는 아이템인데요. DHA는 그룹1 영양소로 엄마의 섭취량에 따라 모유 내 함량이 함께 높아집니다. 마케팅 문구의 영향으로 DHA 하면 '지능'이 먼저 생각나기도 할 텐데요. 오하이오주립대학교의 연구진이 진행한 연구 논문에서는 DHA를 충분히 섭취한 아기와 그렇지 못한 아기가 지능에 차이가 있는지에 대해서는 연구마다 의견은 분분한 상황이나 더 엄격하게 진행한 몇몇 동물실험에서는 DHA와 지능 간의 상관관계가 도출이 된 바 있다고 언급하고 있습니다.[46]

DHA는 아기 지능에도 영향이 있을 수 있지만, 엄마의 혈액 건강이나 특히 우울증 예방에도 좋은 영양소라고 하니 엄마의 건강을 위해서도 충분히 섭취하면 좋아요. 고등어 같은 생선을 잘 안 먹는다면, 보충제를 먹으면 좋겠지요.

콜린

〈뉴트리언츠〉에 실린 한 연구에서는 DHA를 단독으로 보지 않고 기억력과 관계가 있다고 밝혀진 콜린 및 루테인과 함께 6개월령 아기에게 섭취하도록 실험을 진행했는데요.[47] 그 결과 DHA를 콜린과 함께 섭취했을 때 시너지 효과가 나서 DHA와 콜린을 함께 섭취한 6개월령 아기가 DHA를 단독으로 섭취한 아기나 아무것도 섭취하지 않은 아기보다 기억력이 더 좋았다고 합니다. 참고로 콜린은 그룹1 영양소로 엄마의 섭취량에 따라 모유 함량에 차이가 나요. 성인 기억력에도 중요한 영양소인 콜린은 달걀이나 땅콩, 생선, 동물의 간에 많이 들어 있다고 합니다.

정리하면, 모유 수유하는 엄마의 경우 비타민 B, 비타민 D, DHA, 콜린 등을 잘 섭취할 필요가 있으며 식단으로 충분히 섭취하고 있는지 판단이 어렵다면 종합비타민제와 오메가3 정도를 먹으면 좋겠어요.

저는 모유 수유를 했던 1년간 다미와 단둘이 지내느라 열심히 챙겨먹지는 못했어요. 그래서 영양제를 챙겼어요. 비타민 A, C, D, E, K, B군이 포함된 종합비타민제를 먹었고요. 콜린의 경우 저는 간편하게 조리해 먹을 수 있는 달걀을 많이 먹어서 상당히 섭취가 되었을 것 같아요. 임산부 때부터 먹던 오메가3를 계속 먹었고 아기와 저를 위한 비타민 D 보충제를 추가로 먹었습니다.

좋은 분유는 어떻게 고를까?

결론부터. 어떤 분유가 좋다고 딱 잘라 말하긴 어렵지만 분유 회사의 마케팅에 흔들리지 않기 위한 정보는 꼭 알아두세요.

모유 수유가 아닌 분유 수유를 하는 부모들은 어떤 회사의 어떤 성분의 분유가 아기에게 좋을까 고민이 많을 거예요. 모든 분유는 기본적으로 모유의 대체품으로 만들어졌기 때문에 한 분유가 다른 분유보다 훨씬 우월하다고 보긴 어려워요. 하지만 각 선택지에 대해 근거 있는 연구 결과를 미리 알아두면 조금이라도 도움이 될 거예요.

덱스트린이 첨가된 분유

분유를 고를 때 '덱스트린'은 피해야 할 성분이라는 말을 들어본 적 있을 거예요. 덱스트린은 정확히 말하면 '말토덱스트린Maltodextrin'인데 유당과 마찬가지로 당의 한 종류이며 주로 밀이나 옥수수의 전분에서 추출해요. 모유에 들어 있는 당은 주로 유당Lactose이며 모유가 아기에게 가장 이상적인 형태의 영양 공급원이기 때문에 유당 역시 분유에 포함될 수 있는 당류 중에 가장 좋다고 평가되고 있어요. 어떠한 이유로 유당만으로 당을 구성할 수 없는 경우에는 말토덱스트린이나 수크로스Sucrose 등의 대체 당을 포함시키게 되지요.

분유 제조사에서 유당만으로 당을 구성하지 않는 데는 여러 이유가 있는데 유당이 비교적 고가이기 때문에 원가가 높아지고, 유당만으로 당을 구성했을 때 지나치게 단맛이 날 수 있어서 말토덱스트린을 첨가하기도 해요. 말토덱스트린은 유당과 칼로리는 비슷하지만 단맛이 덜하거든요.

하지만 말토덱스트린은 단맛이 적음에도 불구하고 혈당 지수Glycemic Index(GI)가 높아지는 특징이 있어요. 그래서 아기의 건강에 좋지 않을 수 있다는 의문이 제기되고 있지요.[48] 또한 아기들을 대상으로 한 연구는 아니나 일반적으로 말토덱스트린은 장내 미생물 환경에 부정적인 영향을 줄 수 있다는 연구 보고가 말토덱스트린에 대한 우려를 증가시켰습니다.[49] 이 보고는 〈장내 미생물Gut Microbe〉에 실렸어요. 마지막으로 국립싱가폴대학교 연구진의 논문에 따르면 유당 100퍼센트가 아닌 분유가 아기의 충치를 유발할 확률이 더 높을 수 있다고 보고하고 있어요.[50] 단 한 건의 연구라는 점에서 근거가 부족하지만, 가능성이 있지요.

하지만 말토덱스트린이 함유된 분유를 먹은 아기들이 유당만 들어 있는 분유를 먹은 아기들에 비해 발달이나 건강상의 불리함이 있었다고 밝혀진 바는 없습니다. 그래서 유럽이나 미국에서도 분유에 유당 대신 말토덱스트린이나 수크로스 등 대체 당을 넣는 것을 허용하고 있어요.

극단적인 경우 분유에서 유당을 없애고 말토덱스트린이나 수크로스만으로 당을 구성하기도 합니다. 유당을 잘 분해하지 못하는 유당불내증이 있어 설사가 잦은 아기들의 경우지요. 이러한 유당 프리 분유를 먹은 아기들과 유당으로만 된 분유를 먹은 아기들을 비교한 연구가 있는데요. 〈미국식이협회저널The Journal of American Dietetic Association〉에 실린 한 연구에서는 유당만 들어 있는 분유를 먹은 아기들과 유당이 없고 말토덱스트린과 수크로스만 들어 있는 분유를 먹은 아기들을 비교했을 때 성장이나 비만 측면에서 차이가 없었다고 보고했어요.[51] 또 〈사이언티픽 리포트Scientific Reports〉에 실린 한 연구에서는 유당이 메인인 분유를 먹은 아기 돼지에 비해 말토덱스트린이 메인인 분유를 먹은 아기 돼지들이 인지능력이 더 좋았다는 결론을 내리기도 했어요.[52] 아직까지 아기를 대상으로 인지능력이나 다른 발달상의 영역에 차이가 있는지를 살펴본 연구는 없습니다.

정리하면 말토덱스트린은 유당보다 열등한 당일 수 있다는 가능성이 제기되고 있으나 아직까지 근거는 명확히 없습니다. 하지만 같은 값이면 다홍치마라고 다른 이유가 없다면 말토덱스트린이 없는 분유를 골라도 괜찮겠지요? 참고로 식품에 든 모든 말토덱스트린이 꼭 나쁘다고 볼 수는 없습니다. 일반 말토덱스트린은 소화가 잘되는 특성이 있는데, 장에 도달할 때까지 소화가 잘되지 않는 '난소화성말토덱스트린'은 식이섬유의 일종으로 장내 미생물 환경에 좋다고 하니 잘 확인하세요.[53]

팜유가 첨가된 분유

팜유의 경우 좀 더 자신 있게 '좋지 않다'고 말할 수 있을 것 같아요. 〈미국 임상영약학 저널The American Journal of Clinical Nutrition〉에 실린 연구에서 팜유가 포함된 분유는 지방과 칼슘의 흡수율을 낮출 수 있다는 내용이 보고되었고요.[54] 〈소아과학〉에서 실험한 바에 따르면 팜유가 포함된 분유를 먹은 아기들의 뼈 무기질 농도가 더 낮았다고 해요. 또 팜유가 없는 분유를 먹은 아기들의 변이 더 부드러웠다고 하는 종합분석 연구도 있어요.[55]

조제유 vs 조제식

분유를 검색하다 보면 조제식과 조제유라는 단어를 만나게 될 거예요. 조제유란 모유의 대체품으로 개발된 것이며 법적으로 우유(혹은 산양유)를 기반으로 합니다. 반면 조제식은 '모유 또는 조제유의 수유가 어려운 경우 영양보충을 위해 먹이는' 제품으로 정의되어 있으며 우유를 기반으로 해야 한다는 법에서 자유롭습니다. 보통 콩, 그러니까 두유 기반으로 만들어지는 경우가 많아요.

미국소아과학회에서는 모유 수유가 불가능할 경우에는 우유 기반의 분유를, 우유 기반의 분유 수유도 불가능할 경우에는 두유 기반의 분유를 선택하라고 지침을 내렸습니다. 우유 기반의 분유와 두유 기반의 분유에 대해서는 이렇게 언급하고 있습니다.

> "미국소아과학회는 우유 기반의 분유 대신에 두유 기반의 분유가 선택되어야 하는 상황은 거의 없다고 믿는다."[56]

하지만 왜 우유 기반의 분유가 두유 기반의 분유에 비해 더 좋다고 하는지에 대한 명확한 근거는 없다고 봐도 무방합니다. 아마도 콩으로 만든 두유에 비해 영양학적으로 모유에 더 가까울 수 있다는 판단 때문이 아닐까 싶어요.

조금 더 구체적으로 살펴볼게요. 〈소아과학〉에 실린 한 연구에서는 모유를 먹은 아기들과 우유 기반 분유, 두유 기반 분유를 먹은 아기들의 3, 6, 9, 12개월 때 인지 및 언어 등 전반적인 발달 상태를 비교했는데요.[57] 결과는 '모유 〉 우유 분유 = 두유 분유'를 먹은 아기 순이었다고 합니다.

〈미국의사협회지JAMA〉에 실린 논문에서는 어릴 때 우유 분유를 먹은 사람들과 두유 분유를 먹은 사람들이 20~30대가 되었을 때 전반적인 건강 수준, 교육 수준, 정신건강 수준 등을 비교했는데 유의미한 차이가 없었다고 합니다.[58] 다만 두유 분유를 먹었던 여성들이 생리 기간이 더 길고 생리통이 심한 경우가 더 있었다고 해요. 이는 콩에 풍부한 이소플라빈 성분이 여성호르몬인 에스트로겐과 유사한 형태를 띠고 있기 때문일 것이라고 추측되며 거의 분유만 먹는 시기에 콩을 주로 먹으면 몸무게 대비 이소플라빈의 섭취가 과해질 수 있기 때문이라고 합니다. 다만 한국에서는 6개월 미만 아기들은 무조건 우유 기반 분유인 조제유를 먹이게 되어 있으며 6개월 이후에는 두유 기반 분유를 선택할 수 있지만 이유식과 병행하기 때문의 콩의 섭취가 그렇게까지 과다하지 않을 거라고 생각해요.

〈유럽영양지European Journal of Nutrition〉에 실린 연구에서는 태어나자마자 유당불내증 때문에 두유 기반 분유를 먹은 아기들이 우유 기반 분유를 먹은 아기들에 비해 성조숙증이 올 가능성이 더 높지 않다고 보고했어요.[59] 또 두유 분유를 주제로 한 종합 리뷰 논문에서는 여러 선행 연구를 조사한 후 두유 분유가 장기적인 악영향을 미치거나 우유 분유에 비해 열등하다는 근거가 없기 때문에 안심하고 먹일 수 있다는 결론을 내렸습니다.[60]

결론적으로는 조제유와 조제식 둘 중에 고르라면 조제유를 고를 이유는 있지만(미국소아과학회 지침) 조제식을 고를 이유는 딱히 없습니다. 그러므로 우유 기반 분유인 조제유를 선택하는 게 나을 것 같네요. 다만 두유 기반 분유를 구입했거나 이미 먹였다면, 그 선택에 지나친 후회나 자책을 할 필요는 없어 보입니다. 발달에 차이를 불러온다는 뚜렷한 근거가 없으니까요.

산양유 기반 분유 vs 우유 기반 분유

이 역시 뭐가 좋고 뭐가 나쁘다 명확히 말하기는 어려운 결정입니다. 산양유 기반 분유는 아기에게 안전하다고 입증되었고 우유 기반 분유보다 좋을 수도 있다는 근거들이 아주 충분하진 않지만 일부 있는 상황이에요.

〈영국영양지British Journal of Nutrition〉에 실린 논문에서는 산양유 기반 분유는 우유 기반 분유에 비해 모유에 더 가깝다고 볼 수 있는데 프리바이오틱스의 일종인 천연 올리고당이 들어 있기 때문이라고 했어요.[61] 모유에 풍부한 각종 올리고당은 모유를 먹고 자란 아기들이 분유를 먹고 자란 아기들에 비해 장내 미생물 환경이 더 좋을 수 있는 근거로 꼽히고 있어요. 우유 기반 분유에도 인공 올리고당을 첨가하기는 하지만 모유에 든 천연 올리고당만큼 효과가 좋지는 않습니다. 물론 산양유 분유에 든 올리고당 역시 모유에 비해서는 부족하지만 '우유보다는 더 나을 가능성이 있다' 정도로 이해하면 되겠어요. 실제로 뉴질랜드 오타고대학교의 제럴드 타녹Gerald Tannock 교수팀이 2개월 된 아기들을 대상으로 진행한 연구에 따르면 산양유 기반 분유를 먹고 자란 아기들의 장내 미생물 환경이 우유 기반 분유를 먹고 자란 아기들의 장내 미생물 환경보다 모유를 먹고 자란 아기들의 장내 미생물 환경에 가까웠다고 해요.[62]

반면 〈영국영양지〉에 실린 또다른 논문에서는 무작위 및 이중맹검법을 적용해 진행한 실험에서 산양유 기반 분유를 먹고 자란 아기들과 우유 기반 분유를 먹고 자란 아기들이 성장이나 각종 영양 상태에 있어 별 차이가 없었다는 결론을 내렸습니다.[63] 참고로 "산양유가 아토피나 알레르기에 좋다"라는 말을 뒷받침할 근거는 아직까지는 부족해 보입니다. 우유 알레르기로 인해 아토피 증상이 생긴다면 소아과에서 상담 후 가수분해 분유를 선택하는 것을 권장해요.[64]

결론적으로는 산양유가 모유와 더 닮아 있으며 장내 미생물 환경이 모유를 먹은 아기들과 더 비슷해진다는 연구 결과가 있으나 이것이 아기에게 좋은 것인지에 대해서는 아직 명확하지 않고요. 산양유 기반 분유를 먹은 아기들과 우유 기반 분유를 먹은 아기들 사이에 성장이나 비만, 발달 등의 측면에서 차이가 났다는 근거는 없기 때문에 어느 쪽을 선택해도 무방해 보입니다(제가 분유 수유를 하는 경우였고, 가격 차이가 없다면 산양유 기반 분유를 시도해보긴 했을 것 같아요. 물론 가격 차이가 크다고 하지요).

분유를 바꿀 때 고려할 점

간혹 분유를 바꾸었을 때 신장과 위에 무리가 간다는 속설이 있는데 이는 과학적인 근거가 없습니다. 다만 분유의 단계를 아기의 나이에 맞지 않는 것으로 일찍 바꾸었을 경우는 영양소 함량이 달라져 좋지 않을 수 있습니다. 동일 단계의 시판 분유는 각 나이대에 적절한 수준으로 만들어지기 때문에 걱정할 필요는 없어요.

분유를 교체할 때는 아기에 따라 다른데 바로 새로운 분유로 바꿔 먹여도 무방합니다. 하지만 아기가 맛이나 향에 민감한 편이라 새로운 분유를 거부하거나 조금 더 신중하게 접근하고 싶다면 비율을 조절해 섞어주세요.[65]

1단계	새 분유 1/4 + 옛날 분유 3/4
2단계	새 분유 1/2 + 옛날 분유 1/2
3단계	새 분유 3/4 + 옛날 분유 1/4
4단계	100% 새 분유로 변경

아기가 거부하지 않고 잘 먹으면 다음 단계로 이행해주면 됩니다. 아기가 아직 많이 어리다면 장 기능이 미숙하기 때문에 일시적으로 변을 잘 못 본다거나

가스가 찬다거나 변이 묽어지는 등 사소한 문제가 다양하게 발생할 수 있습니다. 성급하게 분유를 계속해서 바꾸기보다는 인내심을 가지고 지켜봐주세요. 분유별로 큰 차이가 있는 게 아닌데도 '황금 변'을 보여준다고 하는 이상적인 제품을 찾아 헤매다가 부모들의 힘만 빠질 수 있거든요. 소화 문제가 분유 탓인 것처럼 조장하여 '아기에게 맞는 분유'를 찾도록 하는 콘텐츠들은 분유 회사의 마케팅인 경우가 많습니다. 분별할 수 있는 기준을 세우면 흔들리지 않을 거예요.

쉽고도 어려운 분유 수유, 어떻게 잘할 수 있을까?

결론부터. 분유는 습관적 과식의 위험이 있어, 더 주의해서 먹일 필요가 있습니다.

분유 수유와 모유 수유의 가장 큰 차이는 분유 수유를 하는 경우에 모유 수유에 비해 아기가 얼마나 먹는지 명확하게 알 수 있기 때문에 아기가 먹고 싶어 하는 양보다 더 많이 먹이게 된다는 점입니다. 이 차이는 별것 아닌 것처럼 보이지만 나비 효과처럼 작용해 결국에는 아기가 식탐을 스스로 조절하기 어렵게 하고, 비만으로 이어지는 요인이 되기도 합니다.

분유를 먹는 아기들이 모유를 먹는 아기들에 비해 비만의 위험이 높다는 사실은 많은 연구를 통해 밝혀진 바 있는데요. 최근에는 분유냐 모유냐의 문제일뿐 아니라 젖병을 사용해서 먹느냐 아니냐도 중요한 변수일 수 있다는 점을 시사하는 연구들이 나오고 있어요. 〈소아과학〉에 실린 연구 논문에서는 생애 초기의 수유 경험에 따라 스스로 먹는 양을 조절하는 능력이 변화한다는 점을 시사하는 흥미로운 조사 결과를 소개했는데요.[66] 생후 6~12개월 사이의 아기들에게 젖병을 주었을 때 '다 비우는 경향이 있는지'를 물어보았습니다.

직수만 한 아기를 둔 부모들은 27퍼센트 정도만이 "그렇다"고 응답한 반면, 직수와 젖병 수유를 모두 한 아기를 둔 부모들은 54퍼센트가 "그렇다"고 응답했고, 젖병 수유만 한 아기의 부모들은 68퍼센트가 "그렇다"고 응답했어요. 또한 직수와 젖병 수유 모두 한 그룹 내에서도 젖병 수유를 더 많이 한 아기들의 경우 젖병 수유를 더 적게 한 아기들에 비해 젖병을 '다 비울 확률'이 높았지요. 음식을 남길 수 있다는 것은 배가 부를 때 그만 먹을 수 있다는 뜻입니다. 음식이 있어도 남기는 아기들은 배고픔과 배부름이라는 내면의 신호에 따라 식사를 시작하고 종료하는 '자기 조절 능력'이 있는 아기들이에요. 그리고 젖병 수유를 더 많이 한 아기들일수록 자기 조절 능력이 더 낮은 경향이 있다는 거예요.

캘리포니아 폴리텍대학교의 부교수 앨리슨 벤투라Alison Ventura는 초기 수유 경험과 비만과의 관계에 대해 많은 연구를 진행했는데요. 한 논문에서는 생애 초기 6개월까지 젖병 수유가 차지하는 비중이 높을수록 몸무게가 과하게 증가하는 경향이 있다는 사실을 밝혔어요.[67] 벤투라 교수는 젖병 수유의 어떤 부분 때문에 아기의 자기 조절 능력이 낮아지고 비만 경향이 증가하는지가 궁금했어요. 그리고 이런 가설을 세웠지요. "젖병 수유를 할 때, 엄마들은 얼마나 남았는지가 보이기 때문에 아기의 신호에 덜 집중하게 된다." 젖병 수유를 할 때 내용물을 다 먹이려는 마음이 생기기 때문에 아기는 습관적 과식을 하게 되고 이것이 비만 성향으로 이어진다는 것입니다.

벤투라 교수는 이 가설을 증명하기 위해 아기를 키우는 엄마들을 두 그룹으로 나눴어요. 한 그룹에게는 약간 무겁고 내용물이 보이지 않는 불투명한 재질의 젖병을 주었고, 다른 한 그룹에게는 가볍고 투명한 플라스틱 재질의 젖병을 주었지요.[68] 그리고 그 젖병으로 수유를 하면서 매번 수유 후 아기가 얼마나 남겼는지 기록하게 했어요. 그 결과, 약간 무겁고 불투명한 재질로 수유한 아기가 내용물을 남기는 경우가 더 많았고, 전반적으로 덜 과식했어요. 부모가 젖병의 내용물이 얼마나 남았는지 모르기 때문에 다 먹이는 데 집중하기보다는 아기의 배부르다는 신호를 파악하는 데 집중했기 때문이지요.

〈소아과학〉에 실린 한 논문에서는 생애 초기에 젖병 수유를 할 때 아기의 신호에 따르기보다 젖병을 비우려는 성향을 가진 부모의 아기가 만 6세가 되었을 때의 식습관을 살펴보았어요.[69] 그 결과 젖병을 비우려는 의지가 더 강한 부모들은 아기가 6세가 되었을 때도 준비한 식사를 다 먹이려는 경향이 있었고, 아기들 역시 배가 불러도 주어진 음식을 다 먹는 경향을 보였다고 합니다. 배고프면 먹고, 배부르면 먹지 않는 '자기 조절 능력'이 저하된 것이지요. 또한 이 경향은 어렸을 때 젖병 수유의 비중이 높은 아기일수록 더 두드러졌어요.

앞서 수유 텀 이야기를 하면서, 인위적인 수유 텀을 정하지 않고, 아기가 '먹고 싶을 때 먹을 수 있게' 해주는 게 반응 수유라고 이야기했지요. 반대로 아기가 배가 불러 그만 먹고 싶을 때 그만 먹을 수 있게 하는 부모의 태도 또한 반응 수유의 중요한 부분이에요. 젖병으로 수유를 할 때는 직수에 비해 '반응적'으로 수유하기가 어렵습니다.

그래서 젖병 수유를 하는 부모라면 조금 더 신경 써서 '반응 수유'를 해줄 필요가 있겠지요. 그렇지 않으면 아기가 자연스럽게 가지고 태어난 식사량 조절 능력이 저하되고, 향후 비만이나 과식의 가능성이 더 높아지니까요. 식사량이 풍족한 현대에는 영양실조보다 비만이 더 심각한 문제라는 것, 다 아시지요?

그러면 젖병 수유를 할 때는 어떻게 반응 수유를 해야 할까요? 기본적으로 반응 수유의 대원칙에 맞게 먹고 싶을 때 먹게 해주고, 그만 먹고 싶을 때 그만 먹게 해줘야 합니다. 수유 텀을 정해서 먹이기보다 배고파하는 신호를 보낼 때 먹이는 것은 기본이고요. 아기마다 배고픔과 배부름을 표현하는 강도나 방식이 다르기 때문에 부모가 섬세하게 아기를 관찰하는 게 중요해요. 수유 시에 TV나 핸드폰 등 다른 곳을 보지 않고, 아기의 눈과 얼굴을 보면서 먹는 속도가 느려졌는지, 고개를 돌리는지 등을 잘 봐야 해요.

무조건 다 먹이는 데 집착하지 않으려고 노력하는 것도 중요하지요. 아기가 먹고 싶지 않아서 고개를 홱 돌리는데 끈질기게 따라가며 먹인다거나, 배불러서 먹는 속도가 느려졌는데도 수유를 중단하지 않고 입안에서 살짝살짝 젖병을 흔들며 빨기 반사를 유도해 끝까지 먹인다거나 하는 것은 좋지 않은 수유 습관입니다. 자꾸 다 먹이려고 한다면 앞서 소개한 연구에서 사용했던 것과 같은 약간 무겁고 불투명한 젖병을 구입하는 것도 방법이에요. 시중에 나온 것 중에는 도자기 재질의 젖병이면 적당할 것 같네요.

그래도 반응 수유가 어렵다면, 미네소타주 WIC 프로그램 교육 자료에 따른 '속도 조절 젖병 수유Paced Bottle Feeding' 기술을 적용해보는 것도 방법이에요.[70] 아기가 젖병 수유를 할 때 모유 수유와 비슷한 경험을 할 수 있도록 수유 전문가들에 의해 개발된 방법입니다. 직수와 젖병 수유를 둘 다 하는 혼합 수유를 하는 아기가 더 빨기 힘든 경향이 있는 모유를 거부하는 경우가 있는데, 이런 일을 방지하기 위해 권고되기도 하고요. 혹은 젖병으로만 먹는 모든 아기에게 조금 더 수유의 주도권을 주고, 모유 수유와 비슷한 환경을 조성해주기 위해 사용할 수 있는 수유 방법이기도 합니다.

〈속도 조절 젖병 수유법〉

1. 젖병은 작은 것을 선택하고, 젖꼭지는 느린 속도(신생아용), 혹은 현재 사용하는 것보다 한 단계 낮은 것을 선택한다.

2. 아기는 거의 세운 상태로 안는다.

3. 젖병을 바닥에서 수평이 되도록 들고 수유한다.

4. 처음에는 분유/모유가 젖병의 젖꼭지에 차지 않은 상태로 빨기 시작한 후, 젖꼭지의 반 정도만 분유가 찰 수 있도록 기울인 각도를 유지한다.

5. 아기가 3~5번(20~30초) 정도 빨게 둔다.

6. 젖병을 아래로 기울이거나 입 밖으로 빼서 잠시 쉬게 해준다(억지로 뺄 필요는 없다).

7. 아기가 다시 빨기 시작하면 젖꼭지에 반 정도 차게 해서 먹인다.

8. 쉬고 나서 빨기를 거부하거나 고개를 돌리거나 밀어내는 등 배불러하는 신호를 보낼 때까지 반복한다.

반응 수유를 하지 않고 부모가 정한 분유량을 다 먹이려고 하거나, 부모가 수유의 주도권을 가지려고 할수록, 아기는 두 가지 극단적 방향으로 가게 될 가능성이 높아집니다. 첫 번째 방향은 '거부'입니다. 젖병 수유를 적극적으로 거부하는 자기주장이 강한 아기가 되지요. 이런 아기들은 젖병만 보여주면 자지러지게 울고, 조금만 먹고 입을 다물어버립니다. 그래서 부모들은 아기가 자는 시간을 이용해서 간신히 먹여야 하고, 적절한 영양 보충도, 부모의 충분한 수면 시간 확보도 어려워지지요. 두 번째 방향은 '순응'입니다. 아기는 배부르면 그만 먹는 조절력을 서서히 잃어가고, 많이 주면 많이 먹는 아기로 자라게 됩니다. 습관적 과식이나 비만의 리스크도 더 높아져요.

물론 모두 가능성의 영역입니다. 반응 수유를 하지 않아도 거부도 안 하고, 타고난 조절 능력도 잃지 않는 아기들도 물론 많겠지요. 하지만 어느 수준의 가능성이든 부모가 반응 수유를 배울 만한 이유는 충분합니다.

아기들의 분유 거부 현상에 대한 솔루션은 유튜브 베싸TV에서 정리했으니 QR코드를 참고하세요.

CHAPTER 2.

잘 먹는 아기로 키우는
이유식&유아식 로드맵

이유식은 언제 시작할까?

결론부터. 많이들 말하는 공식 지침은 6개월입니다. 하지만 6개월까지 꼭 기다릴 필요는 없습니다.

이유식 시작 시기에 대해서는 4개월, 4~6개월 사이, 6개월부터 등 다양한 지침이 있습니다. 하지만 공식 지침을 찾아보면 세계보건기구WHO에서 2001년에 주장한, "첫 6개월간은 배타적으로 모유 수유만 하라"는 지침에 따라 6개월이 공식 지침이라고 할 수 있습니다. 미국소아과학회나 한국소아청소년과학회에서도 WHO의 '6개월은 모유만'의 지침을 그대로 따르고 있지요.[1]

하지만 소아과에 가서 상담을 받거나 이런저런 기관의 자료를 보다 보면, 꼭 6개월을 엄격하게 따르는 것도 아니라는 사실을 알게 될 거예요. 대체로 4개월을 마지노선으로 보고 있다는 점에는 의심의 여지가 없지만, 4~6개월 사이 어딘가로 이유식 시작 시기를 권장하는 경우가 상당해요. 예를 들어 미국의 의료 기관인 메이요클리닉 홈페이지에서는 "4~6개월 사이에 대다수의 아기는 이유식을 시작할 준비가 된다"라고 언급하고 있고요.[2] 미국알레르기, 천식 및 면역학회에서는 이유식을 4~6개월 사이에 시작하는 것이 알레르기 예방 차원에서 바람직하다고 권장하고 있어요.[3] 또한 유럽소아소화기영양학회ESPGHN에서는 2017년에 발행한 자료에서 "이유식은 4개월 이전에 시작해서는 안 되며, 6개월 뒤로 미루어져서도 안 된다"고 언급함으로써 이유식 권고 시기를 4~6개월 사이로 권고하고 있어요.[4]

다음은 한국과 미국의 엄마들을 대상으로 언제 이유식을 시작했는지 설문조사를 한 결과입니다. 지침대로 6개월에 시작하는 경우가 많지는 않아요.

	한국(2021년)[5]	미국(2009~2014년)[6]
생후 4개월	16%	22.6%
생후 5개월	44.5%	15.7%
생후 6개월	33.3%	32.5%

※나머지는 4개월 이전 혹은 7개월 이후에 시작함

이유식 시작 시기에 대한 자료들을 보면 WHO에서 말한 '6개월은 모유 수유만'이라는 지침을 언급하지만, 아기가 이유식을 시작할 준비가 되었는지 아닌지를 더 중요하게 언급하는 경우가 많아요. 목과 허리를 잘 가누며 앉아 있을 수 있고, 어른이 먹는 것을 유심히 살펴보고, 음식에 손을 뻗는 등 관심을 보이거나 입에 넣으려 하고, 음식을 반사적으로 뱉어내는 행동을 보이지 않고, 몸무게가 출생 시 두 배가 되었다면 이유식을 시작할 준비가 되었다는 식이지요.

미국 버지니아대학교의 소아과 전문의 스티븐 보로위츠Stephen Borowitz 교수는 2021년에 한 논문에서 이유식 시작 시기를 4개월로 당기는 것을 고민해봐야 한다고 주장했습니다.[7] 6개월이라는 WHO의 지침은 이유식의 세균 여부를 걱정해야 하는 개발도상국의 환경을 어느 정도 반영한 것이고, 이유식을 6개월 이전에 시작함으로써 오는 다양한 이점에 대한 연구가 점점 많아지고 있기 때문이에요.

그 이점이란, 채소나 과일을 더 일찍 접한 아기들은 향후 채소나 과일을 더 잘 먹는 경향이 있고 달걀 등 알레르기원을 더 일찍 접한 아기들은 면역력이 생겨 알레르기 발생 가능성이 낮아지며, 철분 부족을 덜 겪는다는 등 여러 연구 결과를 바탕으로 한 것입니다.

저는 그중에서도 '철분 결핍'에 관련된 부분을 심도 있게 조사해보았어요. 이유식을 6개월령에 시작하는 다양한 이유 중 영양학적인 이유로 꼽히는 것이 바로 '철분'입니다. 엄마의 모유에는 아기가 두 돌이 될 때까지 필요한 영양분이 다 들어 있어요. 철분만 빼고요. 아기들은 엄마 배 속에 있을 때 태반을 통해 철분을 공급받고, 대략 6개월치를 몸에 저장해놓은 상태로 세상에 나와요. 그래서 철분이 고갈되는 생후 6개월쯤에는 철분을 공급할 수 있도록 철분이 풍부한 식재료 위주로 이유식을 하라고 권고하지요.

2008년에 대한소아소화기영양학회지에 실린 논문에서는 건강하게 태어난 아기들 83명을 대상으로 혈액 내 철분이 결핍될 확률을 조사했어요.[8]

	모유 수유	분유 수유	모유 수유+철 보충
생후 6개월	33.3%	5.3%	6.7%
생후 12개월	63.6%	3.8%	9.1%

모유 수유아가 철분 결핍이라는 말은, 해당 시기 이전에 체내의 철이 고갈되었는데 이유식으로 철분을 충분히 보충받지 못했다는 뜻이에요. 모유 수유아가 생후 12개월일 때 철분 결핍이 가장 심각했어요. 반면 철분이 강화되어 있는 분유를 먹었거나 철분제를 처방한 아기들의 경우 철분 결핍의 비율이 훨씬 낮은 것을 볼 수 있어요.

인하대학교 의대 소아청소년과의 김순기 교수는 한국 영유아들의 철분 결핍에 대해 깊이 있게 연구한 전문가로 대한소아소화기영양학회지에 실린 한 연구에서 한국 아기들의 이유식 섭취 실태를 조사했어요.[9] 그 결과 영유아의 41.9퍼센트가 이유식을 잘 먹기까지 1개월 이상 걸렸으며 3개월 이상 걸린 경우도

19.8퍼센트나 되었다고 합니다. 김순기 교수는 또 다른 논문에서 한국의 아기들이 철분을 부족하게 먹고 있는 경우가 많다는 점을 우려하며, 미국 등 선진국처럼 4~6개월 사이에 이유식을 시도하고, 모유 수유를 한다면 특히 초기 이유식에 철분이 강화된 음식을 포함해야 한다고 주장하기도 했어요.[10]

종합적으로 보면, 2001년 이후 바뀌지 않고 있는 WHO 지침에 따라 미국과 한국에서는 이유식 시작 시기를 생후 6개월이라고 권고하고 있습니다. 아토피 가족력 등 위험 인자Risk Factor가 있는 경우에는 6개월 이후에 이유식을 시작하는 게 좋다고 하는 근거도 있으나 이 역시 논란이 있습니다.[11] 전반적으로 꼭 6개월 이후에 이유식을 시작해야 하는 이유는 명확한 근거가 뒷받침되지 못하고 있고요. 여러 의료 기관과 전문가 중에 4~6개월 사이로 이유식 시작 기간을 주장하는 경우가 상당해요. 또한 이유식 적응에 걸리는 기간, 철분에 중점을 두지 않는 한국의 전통적인 이유식 식단, 한국 영유아의 철분 결핍 비율을 고려하면 아기의 발달 단계에 따라 4~6개월 사이에 이유식을 시작하면서 적응 기간을 충분히 가지는 것이 좋다고 판단합니다.

특히 철분 결핍이 오기 쉬운 케이스는 작게 태어난 아기들, 급성장해 몸무게가 빨리 늘어난 아기들입니다.[12] 철분은 성장에 쓰는 영양소거든요. 그래서 빨리 성장하는 돌 전에는 철분 요구량이 하루 11밀리그램이었다가 돌 이후 성장세가 둔화되면서 하루 8밀리그램으로 줄어들어요(미국 기준).

작게 태어난 아기들이나 임신 중 엄마가 빈혈이 있었던 경우에는 아기의 철 저장량이 적은 경향이 있습니다. 그리고 빨리 성장한 아기들은 저장된 철을 빨리 소진해요.[13] 아기가 급성장하다가 갑자기 성장세가 둔화되었다면 철 결핍을 의심해볼 수 있습니다. 아기들의 개인차를 고려해 태어난 몸무게의 두 배가 되는 시점에 이유식을 시작하는 것도 하나의 방법이 될 수 있어요. 그 시기 또한 보통 생후 4~6개월 사이에 옵니다.

베싸&다미 이야기

저는 치밀하고 꼼꼼하게 계획하고 실행하는 편은 아니에요. 함께 어울리는 또래 아기를 키우는 엄마가 없었던지라 이유식에 대해서는 생각도 안 하고 있다가 어느 날 앱에서 알림이 떠서 보니 다미가 5개월이 되었더라고요. '이유식을 슬슬 해야 하나?'라는 생각에 리서치를 시작했고, 완모를 하고 있었기에 마음이 급해졌지요. 다음 날 바로 마트에 가서 식재료 중 철분이 가장 풍부한 소고기를 사 왔고, 해외 웹사이트에서 본 소고기 퓌레(익힌 소고기를 소량의 육수과 함께 블렌더에 간 것)로 다미에게 모유가 아닌 첫 음식을 소개해주었답니다. 첫날에는 두 숟가락이나 먹었을까요? 준비해준 양을 다 먹기까지는 1달 이상 걸렸어요.

모유 수유아는 철분 이유식이 필요할까?

결론부터. 모유 수유아라면, 이유식의 철분 함량을 특히 신경 써 주세요.

모유에는 철분이 소량 들어 있습니다. 2단계 분유부터는 철분이 충분히 강화되어 있기 때문에 이유식으로 철분을 먹이는 데 집착할 필요는 없어요. 하지만 완모거나 혼합 수유인데 모유의 비중이 조금 높은 경우라면, 이유식으로 철분을 충분히 보충해주거나 액상 철분제를 보충해줄 수 있지요.

이 시기 철분이 왜 중요한지 잠깐 짚고 넘어갈게요. 철분은 중추신경계와 뇌의 발달이 급격히 성장하는 영아기에 매우 중요한 영양소로 꼽힙니다. 물론 다른 영양소도 중요하지만, 다른 영양소는 모유를 통해 충분히 공급받을 수 있다는 점이 좀 다르지요. 펜실베이니아주립대학교의 존 비어드John Beard 영양학 교수는 한 논문에서 6~12개월 사이에 철분 결핍을 경험했던 아기들은 비가역적인 기능 저하를 경험할 확률이 높다고 언급하고 있습니다.[14] '비가역적'이라는 것은 다시 되돌릴 수 없다는 뜻이에요. 6~12개월 사이에 철분 결핍으로 뇌의 어떤 부분이 충분히 성장하지 못하면, 향후 철분이 보충되어도 차이를 메꾸지 못했다는 뜻이지요(참고로 철분 결핍성 기능 저하의 비가역성에 대해서는 학자마다 견해 차이가 있습니다). 비어드 교수는 철분 결핍을 경험한 아기들이 전반적으로 운동 및 언어 발달이 늦었으며, 사회적, 정서적 문제 행동을 보일 가능성도 더 높았다는 여러 연구 결과를 인용하며 영유아기 충분한 철분 섭취의 중요성을 강하게 주장했어요.

또한 철분 결핍이 심해지면 아기의 수면에도 영향을 줍니다. 분당차병원 소아청소년과 의료진들이 진행한 연구에서는 생후 36개월 미만의 철분 결핍성 빈혈인 아기들의 수면 패턴을 관찰했어요.[15] 그랬더니 빈혈이 없는 아기들에 비해 밤에 더 자주 깨고, 수면 중 뒤척거림도 더 심하고, 야경증(수면 중 깨서 우는 증상)이 더 빈번하게 나타났어요. 아기가 밤에 깊게 잠들지 못한다면, 철분을 충분히 섭취하고 있는지도 확인해볼 필요가 있어요.

철분 결핍은 전 세계적으로 영유아기에 상당히 흔해요. 특히 아주 빠르게 성장하는 9~12개월 사이 아기들에게 가장 흔히 나타나는데요. 철분 결핍이 흔하면서도 아기의 발달에 악영향을 미칠 수 있다 보니, 미국소아과협회AAP와 세계보건기구WHO에서는 아기가 12개월 때 철분 결핍 여부를 테스트해보라고 권고합니다.[16]

한국의 이유식 식단은 철분이 충분한 식단은 아닐 가능성이 높습니다. 중앙대학교 소아청소년과 의료진들이 시행한 연구에서는 9~12개월 사이 영유아 중 10퍼센트 이상이 철분결핍빈혈인 것으로 조사되었고요.[17] 모유 수유아의 경우에는 더욱 심각한데, 12개월 때 모유 수유아의 43퍼센트가, 분유 수유아의 3.4퍼센트가 철분결핍빈혈인 것으로 나타났어요.[18] 모유 수유아와 분유 수유아의 철분결핍빈혈 발생률이 차이 난다는 것은 이유식으로 충분히 철분을 공급받지 못한다는 뜻이지요. 모유에는 철분이 충분히 들어 있지 않으니까요.

〈대한소아소화기영양학회지〉에 실린 한 논문에서는 만 1세 한국 아기들의 50퍼센트가 철분을 충분히 섭취하지 못하고 있는데, 미국 만 1세 아기들 중 철분 섭취량이 필요량 미만인 경우는 1퍼센트인 것과는 대조적이라고 언급하기도 했어요.[19] 한국이 미국에 비해 모유 수유률이 크게 높은 것도 아니기 때문에 그 차이는 이유식 식단에 있다고 추측할 수 있겠지요.

하루 30그램의 소고기 섭취는 충분할까?

모유 수유아의 경우 하루 30그램의 소고기를 먹이라고 권장합니다. 하루 30그램의 소고기로 하루 권장량이 다 채워질까요? 사람마다 같은 철분을 섭취하더라도 흡수율이 다르고, 같은 소고기도 어떤 음식과 조합해서 먹느냐에 따라 흡수율이 다르기 때문에 단순하게 말할 수 있는 바는 아닙니다. 하지만 대략적으로 알려진 흡수율을 이용해서 계산해보았어요(소고기 30그램이 정말 이유식기에 충분한 철분을 제공하는지에 대해 명확히 밝히고 있는 그 어떤 기관도, 전문가도 없더라고요).

철분은 두 가지 종류로 나뉘어요. 동물성 식품에 들어 있는 철분 중 절반을 차지하는 헴 철분Heme Iron은 흡수가 더 잘돼요. 상황에 따라 다르지만 15퍼센트에서 30퍼센트 정도로 보면 된다고 하고요. 반면 동물성 식품의 철분 중 나머지 절반과 식물성 식품에 들어 있는 철분을 비헴 철분Non-Heme Iron이라고 하고 이 철분은 단독으로 섭취했을 때는 흡수율이 더 낮아요. 5퍼센트 정도로 봅니다. 소고기를 먹었을 때는 헴 철분과 비헴 철분을 동시에 섭취하게 되는데요, 전체적으로 봤을 때 25퍼센트 정도의 철분이 흡수된다고 보면 된다고 해요. 10그램의 소고기에는 0.35밀리그램 정도의 철분이 들어 있습니다. 이 중 25퍼센트가 흡수된다고 하면 0.08밀리그램 정도의 철분이 최종적으로 흡수된다고 보면 됩니다. 그럼 하루 세 끼를 다 소고기로 먹는다고 하면 0.24밀리그램의 철분을 하루에 흡수하게 되겠네요.

그럼 아기에게 필요한 철분은 하루에 어느 정도일까요? 기관마다 약간 다르게 추천하지만, 모유로 섭취하게 되는 소량의 철분을 제외하면 몸무게 1킬로그램당 0.1밀리그램 정도를 흡수하면 된다고 합니다. 예를 들어 아기가 7킬로그램이라면 0.7밀리그램의 철분 흡수가 필요하겠지요? 하루 세 끼, 30그램의 소고기를 먹는 경우 하루 권장량의 34퍼센트 정도를 충족시킬 수 있습니다. 모자라지요? 물론 채소를 함께 먹으면 철분이 더 추가될 수 있어요. 예를 들어 시금치나 애호박에는 철분이 들어 있어요. 권장 이유식 레시피를 살펴보니 30그램의 소고기에 20그램 정도의 애호박이 들어가네요. 20그램의 애호박에는 0.08밀리그램의 철분이 들어 있고요. 애호박에 들어 있는 철분은 비헴 철분이기 때문에 5퍼센트 정도 흡수율을 가정하면 되지만, 소고기와 비헴 철분을 함께 흡수하면 흡수율이 180퍼센트 정도 늘어난다고 합니다. 계산하기 쉽게 두 배라고 할까요? 그러면 0.08밀리그램 중 10퍼센트인 0.008밀리그램 정도의 철분이 추가로 흡수가 되겠네요. 큰 차이는 없어 보이지만요.

철분의 흡수는 많은 요소에 영향을 받기 때문에 이 계산이 정확하다고 자신 있게 주장하기는 어려워요. 예를 들어 사람은 철분 저장량이 적은 경우 철분을 더 많이 흡수하게 됩니다. 모유에 소량 들어 있는 비타민 C 역시 철분 흡수를 도와주는 역할을 해요. 그러나 이런 것을 다 고려해보더라도, 하루 30그램의 소고기만으로 철분을 충분히 먹일 수 있을지에 대해서는 부정적으로 보입니다.

모유 수유아를 위한 철분 보충법

첫째, 비타민 C가 풍부한 과일을 먹이세요.

비타민 C를 적절히 섭취하면 철분 흡수율을 높일 수 있습니다.[20] 특히 이유식 초기에는 아기에게 과일을 주기 꺼려하는 분들이 있는데요. 아기에게 과일을 일찍 주면 단맛을 좋아하게 된다는 속설도 있고요. 하지만 이 속설은 사실이 아니며, 과일은 이유식 초기부터 주어도 됩니다. 엄마의 모유에는 유당이 있어 단맛이 나고 아기들은 태어날 때 단맛에 대한 선호를 가지고 태어난다고 합니다.[21] 분유도 유당이나 덱스트린 등이 들어 있어 먹어보면 상당히 달아요. 그러므로 이유식 초기에 비타민 C가 풍부한 베리류나 사과 등을 철분이 풍부한 소고기와 함께 주면 좋아요.

둘째, 채소나 과일은 철분이 풍부한 것으로 고르세요.

시금치, 완두콩, 케일, 브로콜리, 사과, 바나나 등에는 철분이 많습니다. 이러한 식물성 철분(비헴 철분)의 흡수율은 소고기에 함유된 동물성 철분(헴 철분)에 비해 크게 떨어지지만 식물성 철분과 동물성 철분을 함께 먹으면 소고기의 철분 흡수율이 높아지니 철분이 풍부한 채소나 과일과 소고기를 함께 넣어 미음을 만들어주면 좋겠지요?

셋째, 하루 한 끼는 쌀 이유식 대신 철분이 강화된 '시리얼'을 먹이세요.

시리얼이란 우리가 일반적으로 아는 호랑이 기운이 쑥쑥 솟아나는 달콤한 시리얼이 아니라, 곡물 가루를 말하는데요. 미국에서는 철분이 인위적으로 강화된 시리얼로 이유식을 시작하는 경우가 대부분이에요. 소아과에서 권장하기도 하고요. 제가 먹였던 이유식은 미국의 대형 이유식 제조 기업인 거버사에서 만든 오트밀 시리얼입니다. 다미가 이유식을 시작했을 때만 해도 직구만 가능했는데, 지금은 정식 수입이 되어서 대형 마트 등에서도 볼 수 있더라고요. 가루를 물이나 모유, 퓌레, 죽, 요거트 등에 섞기만 하면 되기 때문에 먹이기도 편하고, 휴대하기도 편해요. 하루 한 끼 정량으로 먹이면 철분 권장량을 쉽게 채울 수 있어요. 제가 철분 강화 시리얼을 이유식으로 추천하는 이유는 철분 때문만이 아닙니다. 이어서 더 살펴보겠습니다.

이유식에 쌀 의존도가 높아도 괜찮을까?

결론부터. 모유 수유아나 분유 수유아 모두 이유식에서 쌀은 조금 적게, 다른 곡물은 조금 더 많이 섭취하게 주세요.

한국 식단에서 쌀이 차지하는 비중은 무시할 수 없지요. 오죽하면 같은 탄수화물인데, 쌀밥이 아닌 밀가루 식단으로 식사를 하면 "밥을 먹은 것 같지가 않다"라고 하겠어요. 이유식도 자연스럽게 쌀로 시작해서, 쌀밥으로 이어집니다. 채소 퓌레나 과일 퓌레, 달걀노른자나 소고기 등 다양한 음식으로 이유식을 시작하는 서구와는 다소 대조적입니다.

그런데 쌀은 영양학적으로만 보면 최고의 이유식 재료는 아니에요. 저는 쌀에 대해 조사한 후, 쌀을 아예 먹지 않을 필요까진 없겠지만 식단에서 쌀이 차지하는 비중은 조금 낮춰야겠다는 생각을 하게 되었어요.

2019년 미국의 한 시민단체에서 낸 리포트에서는 미국의 시판 이유식에 대해 대대적으로 조사한 결과를 발표했는데요.[22] 특히 쌀로 만든 이유식에서 비소 수치가 우려할 만한 수준인 것으로 나타났어요. 미국에서 주로 먹이는 '철분 강화 시리얼'은 기본적으로 곡물 가루인데, 쌀가루로 만들어진 제품이 인기가 많았기 때문에 미국 엄마들에게 큰 충격을 주었어요. 이후 이유식 재료로 쌀을 그다지 권장하지 않는 분위기가 조성됐지요.

미국 쌀만 문제일까요? 그렇지 않은 것 같습니다. 쌀에 대한 우려는 유럽에도 존재합니다. 영국의 시민 단체인 영국영양재단British Nutrition Foudnation에서 낸 한 자료에서는 이러한 사실들을 알리고 있습니다.[23] 쌀은 다른 곡물에 비해 비소를 열 배까지 흡수할 수 있기 때문에, EU에서는 쌀과 영유아들이 먹는 쌀로 된 간식 등에 비소 규제를 두고 있습니다. 스웨덴식품규제청에서는 6세 이하 아기들에게 "쌀로 만든 케이크를 먹이지 말라"는 권고 사항을 내리고 있고요. 유럽식품안전청에서는 성인이 아닌 3세 미만 아기들의 경우 섭취하게 되는 몸무게당 쌀의 중량 비율이 성인에 비해 높으므로 위험을 배제할 수 없다는 의견을 냈습니다.

물론 시중에 유통되는 모든 제품은 비소를 비롯한 중금속 수치를 규제하고 있으며, 지구상에 존재하는 모든 음식과 물과 공기와 토양에는 비소, 납, 카드뮴 등의 중금속이 어느 정도 포함되었기 때문에 무조건 걱정할 필요는 없어요. 하지만 한국 식단에서 쌀이라는 단일 곡물이 차지하는 비중이 상당히 높다는 점을 고려하면, 조금 신경 쓰이는 결과가 아닐 수 없지요. 쌀 의존도가 높지 않은 미국이나 유럽에서도 우려의 목소리가 나오고 있다면, 쌀 의존도가 높은 한국의 경우, 그리고 아기들이 먹는 이유식의 경우 더 조심할 필요가 있겠지요.

한국 쌀은 좀 더 안전하지 않을까요? 맞아요. 한국 식약처에서 조사한 바에 따르면, 한국 쌀은 미국 쌀보다 비소 함량이 낮아 비교적 안전한 편이라고 합니다. 유럽 쌀과 비교하는 자료는 찾아볼 수 없었지만요. 한국 식약처에서는 2016년 시중에 유통되는 쌀의 비소 함량을 킬로그램당 0.2마이크로그램으로 규제하는 제도를 신설하기도 했습니다. 이유식용 제품에는 킬로그램당 0.1마이크로그램으로, 조금 더 강화된 규제가 적용되고 있고요. 그럼에도 불구하고 제가 조심해야 한다고 생각하는 이유는 두 가지입니다.

첫째, 어느 경우든 규제는 완벽하지 않기 때문에 특정 음식에 너무 의존하는 것은 좋지 않아요. 앞서 소개한 미국 시민단체 HBBF의 리포트에 따르면, 미국에서는 킬로그램당 0.1마이크로그램의 비소 함량 규제에도 불구하고 시판 쌀 이유식 일곱 개 중 네 개 제품에서 기준 수치를 초과하는 비소가 검출되었어요. 우리나라 역시 규제가 있다고 하더라도 그 규제를 벗어난 식품이 버젓이 유통되고 있을 가능성을 배제할 수는 없겠지요. 또한 시판 쌀가루나 이유식용으로 유통되는 제품이 아니라 그냥 집에서 먹는 쌀로 이유식을 만드는 경우도 많은데요. 장기적으로 섭취할 경우 이 정도의 비소(킬로그램당 0.2마이크로그램) 역시 유해할 수 있다는 의견을 내놓은 전문가도 있습니다.[24]

둘째, 아기들이 비소 등 중금속에 노출되면 장기적으로 어떤 영향을 불러오는지 아직 몰라요. 식약처에서는 한국에서 유통되는 쌀은 비소 수치가 높지 않아, 성인이 하루에 열두 공기를 먹더라도 인체에 영향이 없는 수준이라고 설명한 바 있는데요. 영유아의 경우에는 얼마나 안전한지에 대해 공식 입장을 내놓지는 않았어요. 뇌와 신체가 급격히 발달하는 영유아에게 중금속과 같은 신경계에 영향을 미칠 수 있는 성분은 미량이라도 유의미할 수 있고, 한국에 유통되는 쌀의 위험성에 대한 장기 연구는 아직 없어요. "삼시 세끼 쌀 먹고 자란 우리는 다 멀쩡하지 않냐"고 할 수도 있지만, 미량 중금속의 영향은 IQ 저하나 ADHD 유병률 증가 등 겉으로 보기에는 멀쩡해 보이는 가운데 스며드는 것이기 때문에 단언하기도 어렵지요. 물론 이런 연구는 설계하기도 쉽지 않습니다. 아기들을 두 그룹으로 나눠서, 10년간 쌀을 많이 먹이거나 전혀 먹이지 않는 실험을 할 수는 없으니까요. 또한 IQ나 ADHD 등 발달 수준은 비소에 얼마나 노출되었느냐를 포함해 너무나 많은 요소에 영향을 받기 때문에, 비소의 영향만을 골라내기는 쉽지 않을 수밖에 없습니다.

그러므로 '쌀 이유식의 유해성'에 대해서 명확하고 깔끔하게 단정하기란 어려워요. 아기가 아직 어려서 위험의 여지가 있으니 '쌀 의존도를 조금 줄여보면 어떨까' 정도로 결론 내리는 것이 합리적일 거예요.

이유식을 할 때 쌀 의존도를 줄이는 법

먼저 한 끼는 쌀이 아닌 다른 곡물로 먹이는 거예요. 모유 수유아라면 철분이 강화된 시리얼 중 오트밀이나 통밀 등 다른 곡물로 만든 제품을 고르면 되고요. 분유 수유아라면 마찬가지로 철분이 강화된 시리얼을 먹여도 무방하고, 철분 과다가 걱정된다면 인터넷에서 귀리가루 등을 구입해서 철분 강화 시리얼과 동일하게 액체나 묽은 음식에 섞어서 활용해도 괜찮습니다. 좀 더 큰 입자를 먹여야 할 때가 되면 일반 오트밀을 먹이는 것도 방법이고요.

또 일상적으로도 쌀밥이 아니라 잡곡밥 위주로 먹으면 좋습니다. 돌 전 아기들은 흰쌀 외에 잡곡은 잘 소화시키지 못한다는 속설이 있는데 아닙니다. 도정된 흰쌀이 우리 밥상에 등장한 것은 근대 이후이고, 그 이전 아기들은 10만 년 이상 잡곡을 먹었어요. 백미와 잡곡의 비율은 7 대 3에서 5 대 5가 적당합니다. 먹이면 안 되는 곡물은 없어요. 귀리나 보리, 통밀, 메밀, 퀴노아 등 다양하게 시도해 보세요.

특히 흑미, 보리, 현미 등 통곡물은 식이섬유가 풍부하다는 특징이 있는데요.

통곡물에 포함된 식이섬유의 주요 특징이자 기능은 위에서 소화가 되지 않고 장까지 내려가는 것입니다. 장에서 장내 미생물의 먹이가 되어 발효되면서 몸에 좋은 성분을 만들어내고, 장운동을 촉진하며, 몸에 나쁜 물질을 '데리고' 변으로 배출이 되거든요. 그래서 통곡물을 먹으면 식이섬유 중 일부가 미처 장에서 다 분해되지 않고 변에 섞여 나오는 경우가 자주 있어요. 100을 먹었는데 100이 나온다면 문제가 되겠지만 일부가 나온다면 크게 걱정할 부분은 아닙니다. 먹는 것 대비 너무 많이 나온다 싶으면 식이섬유를 약간 과다하게 섭취하고 있을 수 있으므로 잡곡밥에서 쌀의 비중을 높이고 보리의 비중을 좀 낮춰주세요. 보리가 식이섬유가 좀 많은 편이거든요. 만약 잡곡 중 식이섬유 부분만이 아니라 아예 통째로 변으로 나오는 것 같다 싶으면, 잡곡밥을 지을 때 물에 충분히 불려주거나, 흰쌀을 먹을 때보다 물을 많이 해서 먹이면 도움이 된다고 합니다.[25]

베싸가 추천한 철분 강화 시리얼을 어떻게 먹이는지부터 중금속 검출 위험성에 대한 문의가 참 많았어요. 먼저 다미에게 어떻게 먹였는지 소개할게요(베싸는 해당 제품을 판매하는 회사와는 관련이 없으며, 이 가이드는 공식적인 회사 차원의 가이드가 아닌, 개인 경험에 기반한 조언임을 알려드립니다). 거버사 시리얼의 중금속 관련 조사 내용은 QR코드를 참고해주세요.

추천 시리얼 종류

저는 이유식을 시작한 생후 5개월부터 13개월까지 시리얼을 꾸준히 먹였어요. 한 끼를 먹을 때는 시리얼만 먹였고, 두 끼부터는 아침 한 끼는 시리얼, 나머지 끼니는 일반 쌀 이유식을 했습니다. 미국에서 흔한 거버사의 시리얼 제품을 먹였는데, 시리얼이라고 하니 헷갈릴 수도 있지만 철분을 강화시킨 곡물 가루라고 생각하면 됩니다. 한국에서는 쌀가루로 이유식을 시작하듯, 미국에서는 이 곡물 가루로 이유식을 시작합니다. 예전에는 미국에서도 맛과 향이 약하고 부드러운 쌀로 만든 시리얼을 주로 먹였지만, 쌀 이유식의 비소 수치가 우려할 만한 수준이라는 사실이 여러 미디어를 통해 알려지면서 귀리, 통밀 등 쌀이 아닌 곡물 시리얼을 많이 먹이는 추세입니다. 저도 쌀이 아닌 귀리, 그리고 통밀 및 여러 잡곡으로 이루어진 시리얼을 먹였어요. 거버사의 이유식 시리얼은 크게 4단계로 이루어져 있고, 다미에게 먹인 제품은 아래와 같습니다.

아직 잘 앉지 못하는 아기(1단계): 거버 오가닉 오트밀, 싱글 그레인 시리얼

귀리만 들어간 시리얼입니다. 채소 퓌레나 과일 퓌레 등과 섞어주세요.

잘 앉는 아기(2단계): 거버 오가닉 오트밀, 밀레, 퀴노아 시리얼

귀리, 밀레, 퀴노아 등 여러 곡물이 혼합된 시리얼로 과일 퓌레, 과일 으깬 것 등과 섞어줍니다.

기어 다니는 아기(3단계): 거버 릴 비트 오트밀 바나나 딸기/거버 릴 비트 통밀 사과 블루베리

3단계부터는 곡물로만 만들어진 제품이 없고 과일이 첨가된 제품만 있어요.

그래서 죽에 섞어 주거나 과일과 섞어 줄 때는 2단계 멀티그레인 제품을 사용했고, 외출하거나 시간이 없을 때는 물과 3단계 제품을 섞어서 주었습니다.

걸어 다니는 아기(4단계): 거버 하티 비츠 멀티그레인 바나나 사과 딸기

바나나, 사과, 딸기가 들어갔고 입자가 약간 커졌습니다. 12개월 정도부터는 4단계 제품과 1~2단계 제품을 병행해서 활용했어요. 1~2단계는 죽이나 요거트, 으깬 과일과 섞어서 줄 때 활용했고, 4단계는 물에 섞어서 주었습니다.

단계별로 입자의 차이는 크지 않습니다. 단계 구분을 엄격하게 따를 필요는 없지만 4단계부터는 철분 권장량 감소에 따라 철분 함량이 상당히 줄어든다는 점에 유의해주세요.

유통기한은 제품 패키지를 보면 상당히 길지만 개봉 후에는 한 달 내에 먹을 것을 권고하고 있습니다. 곡물 가루인지라 습한 곳에 보관하지만 않으면 더 오래 두어도 상하지는 않습니다만, 너무 오래 두면 철분 손실이 있다고 하네요. 참고로 한 통은 하루 15그램씩 먹이면 2주 내로 먹을 수 있습니다.

먹이는 양과 방법

패키지에 보면 한 끼분은 15그램으로 표기되어 있습니다. 밥숟가락으로 네 스푼 정도 되고요. 이유식을 시작하는 아기라면 한 스푼 정도로 시작해 서서히 15그램까지 늘리면 됩니다.

패키지에 제품별 철분 함유량이 표기되어 있는데요. 한 끼분인 15그램을 먹으면 하루 필요한 철분의 50~60퍼센트가 채워집니다. 아기가 먹는 양이 늘어나면 하루 15그램보다 더 먹이고 싶을 수도 있는데, 철분이 인위적으로 강화된 제

품인 만큼 너무 많이 먹이는 것은 좋지 않아요. 철분이 과다해지면 변비로 고생하거나 장 환경이 나빠지는 등의 부작용이 있고요. 저는 거버를 끊은 12~13개월에는 20그램까지 먹였고 그 이상 먹이진 않았어요. 아기가 먹는 양이 많은 편이라서 15~20그램도 적게 느껴진다면, 곡물 가루 한두 스푼과 함께 섞어 주어도 되고요. 15그램 시리얼과 함께 요거트, 통밀빵, 삶은 달걀 등으로 부족함을 채워도 돼요.

다미에게는 돌 기준 하루 20그램의 시리얼을 아침 15그램, 점심 5그램으로 나누어 줬어요. 9개월 정도 이전까지는 하루 15그램씩만 주었고, 급성장기인 9~12개월 사이에는 5그램을 올려 20그램씩 주었어요. 이건 공식 가이드라인이 아니라 제 선택이었습니다. 아침에는 보통 시리얼+물, 혹은 시리얼+과일로 먹일 때 15그램 먹였습니다. 다미는 식사량이 많은 편이 아니라 이 정도면 아침 한 끼로 충분했어요. 아침 한 끼로 하루 권장량의 60퍼센트의 철분이 채워지고요. 점심 때 소고기와 철분이 풍부한 채소가 들어간 진밥 등에 물을 살짝 넣고 1단계나 2단계 시리얼을 5그램 정도 추가로 섞었고, 저녁에는 생선이나 달걀, 그리고 채소가 포함된 일반 이유식을 했습니다.

아기마다 식사량은 다를 수 있고 '한 끼분(15g)'이라는 개념은 절대적인 개념이 아니기 때문에요, 너무 가이드에 의존하려 하지 말고 우리 아기가 어느 정도 먹어야 배부른지 잘 보고 한 끼를 구성해주세요.

시리얼 이유식 레시피

1. 이유식 시작기에 1단계 시리얼 한 스푼을 유축한 모유나 분유 네다섯 스푼에 섞어주세요. 잘 먹기 시작하면 물에 섞어주세요. 익숙해지면 15그램의 시리얼

을 물에 넣고 적당한 농도가 될 때까지 섞어가며 먹여도 됩니다.

TIP 퓌레나 죽, 요거트 등을 활용할 수 있어요. 액체나 '묽은 것'에 섞기만 하면 돼요. 따로 조리할 필요는 없고요.

2. 흡수율을 높이기 위해 비타민 C를 추가하는 차원에서 과일 퓌레(믹서에 갈거나, 찐 후에 으깨거나, 그냥 으깬 것) 적당량에 시리얼을 섞어서 먹입니다.

TIP 사과 반 개를 찐 후 으깨서 퓌레로 만든 것이나 사과당근주스 같은 과채주스를 함께 섞어요. 과채 주스의 경우 식이섬유 없는 맑은 착즙 주스가 아니라, 통째로 갈아 알갱이가 살아 있는 걸쭉한 걸로 구입해서 아침 식사에 활용하면 좋습니다. 물론 어른도 함께 먹어요.

3. 블루베리 20개, 바나나 한 개, 요거트(또는 물, 돌 이후라면 우유 가능)를 약간 넣고 갈아요. 블루베리 대신 아보카도 반 개를 섞어도 됩니다. 여기에 시리얼을 섞습니다.

TIP 아기는 100밀리리터 정도 주고 나머지는 어른이 먹으면 됩니다. 블루베리는 냉동 제품, 바나나는 적당히 잘라서 따로따로 얼려두었어요. 함께 갈아서 스무디처럼 차갑게 먹어도 영양이나 소화에는 별 문제 없으니 걱정 마세요.

시리얼 이유식의 활용은 무궁무진합니다. 시판 과일 퓌레나 채소 퓌레를 사용해도 되고, 요거트나 물, 우유, 일반 죽 이유식에 섞어도 무방합니다. 곡물 가루이기 때문에 여기저기 섞어줄 수 있어요. 다만 일반 죽 이유식에 섞는 경우 식단에서 곡류의 비중이 좀 늘어나긴 하겠지요. 개인적으로는 철분 흡수 차원에서 비타민 C가 들어간 과일이나 채소의 퓌레 형태와 섞는 것이 기호성도 좋고 영양 차원에서도 우수하다는 생각이 들었어요. 참고로 쌀가루 기반 이유식처럼, 철분 강화 시리얼을 끓이거나 조리해도 무방합니다.

제가 이유식을 다시 한다면 채소 퓌레에 섞어서 먹일 거예요. 이른 시기에(6개월 이전) 채소를 경험하는 것이 채소를 좋아하는 식습관 형성에 도움이 될 수 있다는 점을 시사하는 연구 결과가 있거든요.

Q. 분유 먹는 아기도 철분 강화 시리얼을 먹여도 될까?

분유를 먹는 아기들의 경우 적어도 초기에는 이유식으로 철분 보충을 해줄 필요는 없습니다. 6개월 이상부터는 분유에 철분이 충분히 들어 있기 때문입니다. 철분 결핍을 걱정해야 하는 아기들은 완모 아기들, 그리고 혼합 수유인데 모유 비중이 높은 아기들입니다. 모유에는 철분이 소량만 들어 있기 때문이에요.

철분이 너무 과다하면 장내 미생물 환경에 악영향을 끼치는 등의 부작용이 있을 수도 있지만 분유와 철분 강화 시리얼만으로 부작용을 일으킬 만큼 철분이 과다해진다는 근거는 찾아보기 어려웠어요. 미국에서 흔하게 먹이는 제품이지만, 분유 수유 시 먹이지 말라는 권고 사항은 존재하지 않았습니다. 그런 점에서 분유 먹는 아기도 철분 강화 시리얼을 먹여도 괜찮다는 생각이 들어요. 그럼에도 불구하고 돌 전 아기의 하루 철분 권장량인 11밀리그램을 훌쩍 넘는 양을 매일 먹는 것은 장기적으로 추천하고 싶지 않아요. 가급적 권장량을 맞추는 게 좋겠지요. 분유를 먹는 아기라면 분유로 먹는 철분량을 계산해보고 11밀리그램을 넘어가는 경우 초기 이유식은 시리얼이 아닌 귀리 가루나 기타 곡물 가루를 이용하는 것이 좋아요.

이유식이 서서히 늘고 분유가 줄기 시작하면, 줄어든 분유량에 포함된 철분량을 계산해서 그만큼을 시리얼로 조금씩 채워주어도 됩니다. 귀리 가루 10그램, 철분 강화 시리얼 5그램, 이런 식으로 섞어도 괜찮겠지요.

Q. 돌 지난 아기는 철분 강화 시리얼을 먹여야 할까?

돌 이후 아기들의 철분 권장량은 돌 이전 아기들보다는 조금 낮습니다(미국 기준 11mg에서 8mg으로 감소). 아기의 성장세가 둔화되기 때문이에요. 물론 돌이 지난다고 필요한 양이 갑자기 확 줄어드는 것은 아니겠지만 공식 권장량은 그렇게 설정되어 있습니다. 서서히 낮아진다고 봐야겠지요. 그리고 모유 수유를 하는 경우에 이유식 후반기로 갈수록 다양한 음식으로 철분을 공급받을 수 있게 됩니다. 따라서 돌 이후에는 돌 이전에 비해서 철분 강화 시리얼로 철분을 공급해줄 필요성이 다소 떨어집니다. 거버를 졸업하고 일반 식단으로 철분을 비롯한 다양한 영양소를 골고루 잘 챙겨주면 충분할 거라고 생각해요.

그렇지만 아기는 여전히 성장하는 시기이고, 철분은 뇌와 신체 발달에 필수적인 영양소이기 때문에 계속 신경을 쓰면 좋아요. 저의 경우 바쁜 와중에 아기의 식사를 항상 최고로 챙겨주기는 어렵다는 판단이 들었어요. 그래서 철분을 비롯한 여러 영양소를 아침 한 끼 식사로 적절히 채울 수 있다면 좋겠다는 생각을 했어요. 그렇다고 가루로 된 시리얼을 계속 먹이기에는 씹는 부분이 너무 부족한 것 같아서 13개월 이후에는 철분과 다른 영양소가 적당히 강화된 치리오스Cheerios라고 하는 미국의 국민 시리얼로 바꾸었습니다.

치리오스(오리지널)는 과자 형태의 시리얼인데, 한국에서 익숙하게 접하는 시판 시리얼과는 달리 당이 거의 없고 통곡물인 귀리 100퍼센트로 만든 건강한 시리얼이에요. 미국 아동들이 아침 식사로 흔하게 먹는 제품이고, 소아과에서도 종종 추천하는 제품이라고 합니다. 오리지널 제품 말고 다른 맛으로 나온 제품들은 당이 함유되어 있으니 선택에 주의하세요.

치리오스 오리지널 제품은 두 가지가 있는데, 하나는 박스 중간에 빨간 띠가 둘러진 제품이고 하나는 빨간 띠가 둘러지지 않은 제품이에요. 빨간 띠가 둘러진 제품은 한 끼분 20그램 기준 총 6.3밀리그램의 철분, 즉 돌 이후 권장량의 90퍼센트가 들어 있습니다. 빨간 띠가 둘러지지 않은 제품은 약 4밀리그램의 철분, 돌 이후 권장량의 50퍼센트가 들어 있고요. 돌 이후 다양한 식사로 철분 공급이 가능하기에 꼭 90퍼센트까지 채울 필요까진 없다고 생각해요. 고기를 잘 안 먹는 아기이거나, 채식을 하는 경우 빨간 띠가 둘러진 제품을 선택하면 좋고, 그 외에는 50퍼센트만 채워지는 제품으로 선택해도 무방합니다.

다미는 세 돌이 지난 지금까지 치리오스를 아침으로 먹고 있습니다. 엄마 아빠도 아침으로 치리오스를 먹고 있어요. 철분뿐 아니라 다양한 영양소가 강화되어 있고, 바쁜 아침에 간편히 먹을 수 있으니까요. 다만 아기가 지루해한다는 느낌이 들면 베이스인 우유나 요거트에 다양한 토핑을 시도해볼 수 있어요.

Q. 시리얼 이유식 때문에 변비가 올 수 있을까?

다미도 이유식을 시작하고 변비가 왔다 갔다 했는데요. 시리얼을 먹이고 나서 아기가 변비를 경험했다는 분들이 더러 있었어요. 그런데 귀리 자체는 식이섬유가 풍부해 소화 및 변비 해소에 도움이 됩니다. 제 생각에 시리얼을 먹고 변비가 왔다면, 가능성은 세 가지 정도인 것 같습니다.

첫째, 이유식 양이 늘고 모유나 분유량이 줄어들면서 자연스럽게 변비가 생긴 경우예요. 변비는 시리얼이 아닌 일반 쌀 베이스의 이유식을 하는 경우에도 종종 생겨요. 액체식인 분유나 모유에 비해 고체식인 이유식의 비중이 늘어나면서 전반적인 수분 섭취량이 줄어들기 때문입니다.

둘째, 시리얼은 가루 형태라 쌀 이유식에 비해 수분이 부족할 수 있어요. 쌀 이유식은 쌀이 물을 많이 흡수해서 그 자체로 수분이 많이 포함된 데 비해, 시리얼 가루는 수분이 거의 없는데 추가하는 물의 양도 많지 않기 때문에 전반적으로 수분이 부족해질 수 있으니 수분을 보충해주면 도움이 됩니다.

셋째, 철분이 과다해지면 변비가 올 수 있습니다. 하지만 한 의료 전문 자료에서는 시판 분유에 들어 있는 철분은 변비를 일으킬 정도의 양이 아니며 변비를 이유로 철분이 적게 든 분유로 바꾸지 말라고 언급하고 있습니다.[26] 철분 강화 시리얼에 들어 있는 철분은 분유에 들어 있는 철분과 비슷하거나 더 적습니다. 그래서 철분 과다의 경우 액상 철분제를 함께 먹이는 경우가 아니라면 범인이 아닌 것 같습니다.

변비는 식습관이 양호하고 건강한 아기들에게도 수시로 발생할 수 있다고 합니다. 만성적으로 아기가 정말 힘들어하는 심각한 경우가 아니라면 변비가 발생한다고 해서 지나치게 걱정할 필요는 없다는 것이지요. 원인이 무엇이든 변비를 해결하기 위한 가장 쉬운 방법은 물을 많이 마시는 것입니다. 저도 다미에게 수시로 보리차를 주고 있어요. 배나 사과, 푸룬 주스나 푸룬 퓌레는 소르비톨이라는 성분 덕분에 변비 해소에 도움이 된다고 하니 철분 강화 시리얼을 먹일 때 함께 곁들이는 것도 추천합니다.

아기에게 먹일 소고기는 꼭 한우여야 할까?

결론부터. 가성비 좋은 호주산도 괜찮습니다.

양질의 철분과 미네랄 비타민 B군이 풍부한 소고기는 철분이 부족해지기 쉬운 모유 수유아 그리고 단유한 아기들에게 매우 좋은 식재료입니다. 저도 다미가 이유식을 시작했을 때부터 소고기를 식단에 충분히 포함시키려고 노력하고 있는데요.

정육점에 가서 "이유식에 쓰려고 하는데요" 하면 무조건 한우의 지방 없는 부위로 골라서 줍니다. 아기에게 주는 소고기는 무조건 한우여야 할까요? 호주산이나 미국산도 괜찮을까요?

국립축산과학원의 연구진이 진행한 연구에 따르면 같은 조건에서 사육된 한우와 호주산 소고기를 비교했을 때 한우가 지방 함량이 더 높고 단백질 함량이 더 낮은 경향이 있었으며 철분, 칼슘, 아연 등 미네랄 함량에서는 거의 차이가 없었다고 합니다.[27] 품종 자체가 가진 영양소 차이는 별로 없다는 것이지요.

또한 호주산 소고기는 주로 방목을 하기 때문에 사육장에서 사육하는 한우보다 더 좋다는 주장도 인터넷에 심심찮게 보이는데요. 위 연구는 '같은 조건에서 사육한' 한우와 호주산 소고기라는 조건이 붙어 있지요. 그럼 사육장에서 사육되는 소와 방목되는 호주산 소를 비교하면 어떨까요? 한국축산식품학회지에 실린 한 연구에 따르면 사육장에서 사육한 소는 방목한 소에 비해 소고기가 맛있다고 느끼게 하는 지방산의 비율이 높으나 단백질 함량이 낮고 오메가 3와 일부 지용성 비타민의 함량이 낮았습니다.[28] 하지만 오메가 3와 비타민은 소고기보다는 다른 식품군을 통해 훨씬 효과적으로 채워지는 영양소이기 때문에 큰 의미를 둘 필요는 없다고 전문가들은 말하고 있네요.[29]

즉, 한우와 호주산 소고기의 의미 있는 차이만 비교하면 한우는 지방이 높아서 더 맛있게 느껴지고, 호주산 소고기는 단백질이 더 높다는 것 정도가 되겠네요. 아기에게 고기를 먹일 때 '기름기', 즉 지방이 없는 부위를 먹이곤 하는데 그렇다면 고기 자체에 지방 함량이 높은 한우를 선택할 필요는 없지 않나 하는 생각이 듭니다.

고기의 지방은 떼어내야 할까?

보통 고기를 먹일 때 지방이 없는 부위로 먹인다고 했는데요. 사실 육류의 지방을 꼭 제거해야 한다는 확실한 지침이나 근거는 부족해요. 모유나 분유는 물을 제외하면 절반 정도는 지방으로 구성되어 있고, 아기들은 신생아 때부터 많은 양의 지방을 먹고 있어요. 미국소아과학회에서는 만 2세 미만 아기에게 대체로 '포화지방을 포함한' 모든 지방을 제한하지 말라고 권장하고 있습니다.[30] 성장기 아기들은 지방을 충분히 섭취하는 것이 중요하기 때문이에요. 미국소아과학회 권장 사항에 따르면 만 2세 이후에는 서서히 식단에서 포화지방을 줄여나가고 5세 이후에는 어른과 마찬가지로 전반적으로 포화지방을 적절히 제한하는 데 신경을 쓰면 됩니다. 다만 가족 중 고혈압, 고지혈증, 높은 콜레스테롤 수치를 가진 사람이 있거나 아기가 비만의 경향을 보인다면 만 2세 미만에도 포화지방을 제한할 수 있다고 하네요.

다만 육류의 지방에 대해서는 신경 써야 할 것이 두 가지 있는데요. 첫 번째는 환경호르몬입니다. 환경호르몬은 '내분비계 교란 물질'이라고도 불리는 것으로 몸에서 분비되는 호르몬 시스템을 교란시켜 성조숙증 등의 부작용을 야기합니다. 환경호르몬은 육류의 지방에 축적되는 경향이 있으니 과하게 먹지 않도록 주의할 필요는 있습니다.[31] 두 번째는 소화 문제입니다. 육류의 지방은 천천히 소화되는 특성이 있어서 과하게 먹으면 복부팽만감을 느낀다거나 식욕이 저하될 수 있다고 해요.[32]

물론 이것만으로 전문가들이 "아기의 식사에서 고기의 지방을 제거해야 한다"는 지침을 내리지는 않아서 지방을 굳이 제거할지 아닐지는 부모가 선택해도 큰 문제는 없습니다. 저는 어른용과 아기용 고기를 크게 구분 없이, 적절히 지방이 포함된 부위로 함께 먹고 있어요.

돌 전부터 달걀을 먹어도 될까?

결론부터. 영양소가 풍부하고 발달에 좋은 달걀을 이유식기부터 적극적으로 활용해보세요.

아기가 돌이 되기 전에 달걀을 먹이는 것을 꺼리는 분들이 많습니다. 영양소가 풍부한 달걀이지만 돌 전 아기에게 1~2퍼센트 정도로 발생하는 달걀흰자 알레르기 때문이에요. 과거에는 "돌 이후에 달걀을 먹이라"는 권고가 있기도 했어요.

하지만 이 권고사항은 바뀐 지 오래되었어요. 현재는 오히려 4~6개월 사이에 달걀 알레르기 유발 가능성이 있는 음식을 먹이면 알레르기 발생 가능성이 낮아진다는 연구 결과들이 나오면서, 미국소아과협회에서도 이유식에서 달걀을 뺄 필요가 없다고 권고합니다.[33] 즉, 이유식을 시작할 때부터 달걀을 먹여도 좋다는 말이지요. 노른자와 흰자 모두요. 물론 알레르기 발생 가능성이 다른 음식에 비해 큰 만큼, 처음에는 소량만 먹이고 알레르기 반응이 일어나는지 주의 깊게 봐야 해요. 최근에는 알레르기 위험이 있다고 무조건 피할 것이 아니라 면역력을 기르는 차원에서 어릴 때부터 그 음식에 조금씩 노출되게 하는 방향으로 알레르기 대처 방식이 변하고 있습니다.

달걀을 이유식에 적극적으로 활용하면 좋은 이유가 있습니다. 저렴하면서 영양소가 풍부하고, 대부분의 아기들이 잘 먹으며, 무엇보다 달걀을 꾸준히 먹였을 때의 이점이 밝혀지고 있거든요.

〈소아과학〉에 실린 논문에서는 무작위대조군시험법을 적용한 연구 결과를 하나 발표했어요.[34] 6~9개월 사이의 163명의 아기들을 두 그룹으로 무작위로 나누어, 한 그룹에게는 매일 달걀 한 알을 먹도록 하고, 다른 그룹에게는 그런 지시를 하지 않았어요. 그 결과 매일 달걀 한 알을 먹은 아기들이 더 빠르게 성장하고, 키도 컸으며, 발육 부진(또래보다 성장이 느림)의 확률도 47퍼센트나 더 적게 나타났습니다. 연구진은 달걀의 어떤 성분 때문인지는 정확하게 밝혀내지 못했지만 달걀에 성장을 돕는 영양소가 풍부하다는 점을 들어 아기가 어렸을 때부터 달걀을 꾸준히 먹는 것이 성장에 도움이 된다는 결론을 내렸어요.

또한 동일한 연구진이 후속 연구에서 동일한 아기들의 혈중 DHA 및 콜린의 농도를 조사했는데요.[35] 매일 달걀 한 알을 먹은 아기들이 그렇지 않은 아기들에 비해 혈중 DHA 및 콜린의 농도가 높았어요. 혈중 DHA 농도는 인지 능력과 상관관계가 있으며,[36] 혈중 콜린 농도는 기억력 및 학업 성적과 관련이 있는 것으로 보고된 바 있습니다.[37] 그러므로 매일 달걀을 한 알씩 먹었던 아기들의 뇌는 풍부한 DHA와 콜린을 양분 삼아 더 잘 발달할 수 있겠지요?

〈뉴트리언츠〉에 실린 한 논문에서는 DHA와 콜린을 함께 섭취했을 때 뇌 기능 측면에서 시너지 효과가 난다고 보고하기도 했어요.[38] DHA와 콜린 농도를 한 번에 높일 수 있고 아기 때부터 다양한 방법으로 먹일 수 있다는 사실만으로도 거의 선물 같은 식재료나 다름없다고 느껴질 정도네요.

이유식으로 달걀을 먹일 때, 잘 분리할 수 있다면 노른자는 걱정 없이 먹여도 되고 흰자는 삶아서 아주 작은 부스러기부터 입술에 묻혀주는 식으로 1차 알레르기 테스트를 한 후 양을 늘려나가면서 알레르기 여부를 보면 좋습니다. 알레르기 반응은 잘 익힐수록 적게 나타난다고 하니, 처음에는 잘 익힌 것으로 소량을 시도하세요.

처음에는 아기가 달걀 한 알을 다 먹기 어려울 수 있어요. 앞서 소개한 연구에서는 하루 한 알을 먹였지만, 한 알에 너무 집착하지 말고 아기의 양에 맞춰주세요. 좀 작은 달걀을 활용해도 괜찮고요.

아기가 흰자에 알레르기가 있어 노른자만 먹이고 싶을 수도 있는데요. 노른자와 흰자에 들어 있는 영양소를 비교해보면 흰자에 풍부한 것은 단백질, 마그네슘, 칼륨(포타슘), 비타민 B군으로 성장과 밀접한 영양소들입니다. 반면 노른자에는 칼슘, 철분, 아연, 지방, 콜레스테롤, 기타 지용성 비타민들과 DHA, 콜린이 풍부합니다. 영양소의 작용이라는 게 워낙 복잡해 딱 분리하기는 어렵지만, 흰자는 신체적 성장에, 노른자는 뇌 발달에 필수적인 영양소를 공급하는 것으로 보이네요.

Q. 달걀 대신 메추리알은 어떨까?

메추리알과 달걀을 비교했을 때, 많은 영양성분이 거의 동등하다고 합니다.[39] 메추리알도 달걀의 훌륭한 대체재가 될 수 있겠네요. 다른 점은 메추리알이 지방과 단백질이 풍부하고, 리보플라빈과 철분, 비타민 B12가 달걀의 두 배 정도로 풍부하며, 달걀에 비해 콜린이 덜 들어 있으나 아주 큰 차이는 아닙니다(메추리알에는 하루 콜린 권장량의 48%, 달걀에는 60%가 들어있어요). 가격은 메추리알이 좀 더 비싼 경향이 있고요. 달걀의 크기에 따라 다르지만 달걀 한 알의 무게는 메추리알 4~5알 정도와 비슷합니다.

다미는 이유식 초기부터 달걀을 많이 먹었어요. 다행히 알레르기 반응도 없었고, 부드러워 잘 먹고, 요리도 간편해 이유식 준비에 도움을 많이 받았어요. 아직까지도 대부분의 달걀 요리를 잘 먹고, 외출할 때나 식사 시간 맞추기가 어려울 때 삶은 달걀을 간식거리로 요긴하게 활용하고 있답니다. 달걀을 이유식 식재료로 활용하는 방법은 베싸TV 유튜브 채널에도 영상이 있으니 참고해보세요.

달걀을 매일 먹으면 안 좋을까?

결론부터. 걱정하지 않아도 됩니다.

인터넷에 "콜레스테롤 수치를 높일 수 있기 때문에 달걀을 일주일에 세 알 이내로 주어야 한다"는 권장 사항이 돌아다니기도 하는데요. 달걀 섭취와 콜레스테롤 수치의 상관관계는 입증된 바 없습니다. 달걀의 상한 섭취량이 얼마라고 논하는 권위 있는 기관이나 전문가, 믿을 만한 자료는 없는 상황이에요. '골고루 먹는다'는 원칙을 해하지 않는 범위에서 자유롭게 먹여도 됩니다. 달걀뿐 아니라 대부분의 식재료는 섭취량의 상한선이 정해져 있는 경우는 거의 없어요. 예외는 생선인데, 특히 참치 등 대형 어종은 수은 등 중금속 함량이 높을 수 있어 임산부나 아기들은 일주일에 두 번 정도로 제한하고 있습니다.

호주의 우먼스앤칠드런스병원Women's&Children's Hospital 부속 연구소의 아동영양센터의 한 연구진은 6~12개월 사이 아기들을 둘로 나누어, 한 그룹에게는 일주일에 달걀을 네 개씩 먹이고 다른 그룹에게는 달걀을 먹지 않게 하는 실험을 진행했어요.[40] 두 그룹의 혈중 콜레스테롤 농도를 비교해보니, 유의미한 차이는 없었습니다.

사실 2015년 이전에 미국 식생활지침자문위원회DGAC에서는 음식으로 콜레스테롤을 섭취할 때는 하루 300밀리그램 미만으로 섭취하라는 가이드라인을 주었어요. 참고로 보통 사이즈의 달걀 하나에는 약 180밀리그램의 콜레스테롤이 들어 있다고 합니다. 그런데 2015년에 이 가이드라인이 없어졌어요.[41] 즉, 음식으로 콜레스테롤을 섭취하는 데 특별히 제한을 두지 않게 되었다는 이야기예요. 이제 의사들은 포화지방, 트랜스지방, 그리고 첨가당을 제한하라고 가이드를 주고 있어요. 패스트푸드 및 가공식품에 주로 들어 있지요.

이렇게 가이드라인이 바뀌게 된 이유는 여러 연구 결과를 통해 식이로 콜레스테롤을 섭취하는 것이 실제 몸속의 콜레스테롤을 높이는 것과 별 연관관계가 없다는 것이 밝혀졌기 때문이에요. 하버드대학교에서 운영하는 건강 관련 홈페이지에서는 "수십만 명의 사람들을 대상으로 여러 번 연구한 결과, 매일 달걀을 한 알 이상 먹는다고 해서 콜레스테롤 수치가 올라가거나 심혈관질환에 걸릴 가능성이 높아지는 게 아니다"라는 결론을 내렸어요.[42] 〈영국의학저널〉에서는 달걀과 심혈관질환 사이의 연관성을 연구한 여러 논문을 종합적으로 분석해, 하루 한 알의 달걀 섭취와 심혈관질환 혹은 콜레스테롤 수치 증가 사이에 관련성이 없다고 결론을 내리기도 했고요.[43] 우리 몸의 콜레스테롤은 콜레스테롤을 먹어서 생성되는 것보다 간에서 만들어지는 비율이 훨씬 높다는 것입니다. 이 콜레스테롤 생성 과정에 포화지방과 트랜스지방이 관여해요. 그래서 콜레스테롤 섭취 대신 포화지방과 트랜스지방 섭취를 자제하라는 권고가 생겼지요.

나라별 달걀 권고 섭취량

전반적으로 달걀 권고 섭취량이 따로 없는 경우가 더 많으며, 골고루 섭취하라는 지침이 지배적입니다. 각국마다 섭취 권고 기준이 아주 다양한데 이 또한 정답이 아닌 건강한 식단의 예시 중 하나 정도로 해석하는 게 좋아요. 참고로 한국은 달걀에 대한 별도의 섭취 권고 수치가 없습니다. 특히 1세 미만 영아에게는 권장 식이 지침이 없습니다. 모유나 분유가 주식이기 때문에요.

나라	월령	달걀 권고 섭취량[44]
미국	생후 12~24개월	일주일에 2.5개
프랑스	생후 12개월까지	하루 10g(1/4개)
	생후 12~36개월	하루 30g(3/4개)
벨기에	생후 12개월까지	일주일에 1/2개
	생후 12~36개월	일주일에 1개
그리스	생후 12~36개월	일주일에 4~7개
네덜란드	생후 12~36개월	하루 18g(1/2개)
오스트리아	생후 12~36개월	일주일에 1~2개
스웨덴	만 2세 이후부터	수량 미표기, 붉은 고기보다 닭고기나 달걀을 우선 섭취 권장

아기 영양제는 꼭 필요할까?

결론부터. 골고루 잘 먹는 식습관 형성이 먼저! 영양제는 그다음에 고민해보세요.

아기들은 돌 이전에는 모유나 분유로 어느 정도 균형 잡힌 영양을 공급받을 수 있어요. 이유식도 보통 죽 형태로 각종 식재료를 한번에 먹일 수 있어서, 편식도 좀 덜하지요. 저도 돌 이전에는 모유 수유하는 아기에게 부족해지기 쉬운 철분 보충에만 신경 쓰는 편이었고 나머지는 크게 신경 쓰지 않았어요.

하지만 돌 이후에는 보통 단유를 하고, 밥과 반찬을 따로 먹게 되는 경우가 많아서 영양을 골고루 챙겨주기가 더 어려워요. 그래서 많은 엄마들이 돌 이후에 아기 영양제를 챙겨줘야 하는지 궁금해합니다. 하지만 아기의 영양은 기본적으로 균형 잡힌 식단을 통해 채워준다고 생각하는 게 좋습니다.

영양 및 식이 관련 연구 기관인 헬시이팅리서치Healthy Eating Research에서 발간한 영유아를 위한 식사 가이드라인에서는 통곡물, 채소, 과일, 동물성 단백질, 유제품을 골고루 잘 먹인다면 영양제를 챙길 필요가 없다고 언급하고 있습니다.[45] 다만 예외가 하나 있는데요, 바로 비타민 D입니다. 비타민 D는 식품만으로는 충분하게 섭취가 어렵고, 자외선을 통해 합성되는데, 그늘이나 실내에서는 혹은 자외선차단제를 바른 상태라면 제대로 합성이 되지 않아요. 그래서 미국소아과협회에서는 비타민 D가 강화된 우유를 먹는 경우가 아니라면, 돌 이후 아기에게 하루 400IU의 비타민 D 보충을 권장하고 있습니다.

비타민 D 외의 영양제 구입이 고민이라면, 굳이 애쓰지 않아도 됩니다. 적어도 두 돌 미만 아기는 영양제 구입에 앞서 건강한 식습관을 만들어주는 것이 우선순위가 되어야 한다는 사실을 먼저 기억하세요. 영양제는 식단으로 부족한 부분을 임시로 보충하는 거예요. 아기에게 영양소를 골고루 먹이고자 하는 고민의 끝이 영양제 구입으로 결론 난다면 몇 가지 문제가 생겨요.

첫째, 영양제에 기댈수록 건강한 식습관 형성에 대한 동기가 떨어져요. 예를 들어 저는 철분을 중요하게 챙기는 편인데요. 철분제를 먹인다는 좀 더 간편한 옵션도 있지만, 철분이 강화된 시리얼과 소고기로 철분을 공급해주었어요. 이 두 가지 식품에는 철분뿐 아니라 다른 영양소도 풍부해요. 또 식품으로 철분을 먹일 때는 철분제로 철분을 먹일 때보다 조금 더 마음가짐이 달라지지요. 철분제와 달리 손쉽게 철분을 많이 먹이기 어려우니 흡수에 더 신경 쓰게 되고요. 그러자니 철분 흡수를 위해 비타민 C가 풍부한 과일과 채소도 열심히 챙겨주게 되더라고요. 전반적으로 식단의 퀄리티에 신경 쓰게 돼요. 만약 다미에게 철분제를 주거나 멀티비타민제를 챙겨주었다면 균형 잡힌 식단으로 골고루 먹이려는 동기 부여가 덜 되었을 거라 생각해요.

아기에게 영양제를 먹이는 것은 쉽고 간편한 선택이에요. 비싼 영양제를 종류별로 사 먹이면 우리 아기의 영양을 꽉꽉 채워주는 것 같지요. 그렇지만 힘들게 노력해서 얻은 '좋은 식습관'에 비하면 영양제는 열등한 옵션이에요. 식재료에는 특정 비타민이나 미네랄 외에도 영양제로 채우기 힘든 몸에 좋은 성분들이 들어 있고, 영양소끼리 서로 강화하는 효과를 내기 때문에 흡수도 더 잘되거든요.

어릴 때 좋은 식습관을 만들어주는 건 무척 중요해요. 세계비만연구협회의 공식 저널인 〈오비서티 리뷰Obesity Reviews〉에 실린 한 논문에 의하면, 어릴 때 형성된 좋은 식습관은 평생 지속되는 경향이 있고, 성인이 되었을 때 건강이나 비만 위험을 예측할 수 있는 중요한 요소 중 하나라고 합니다.[46] 쉽게 말하면, 유아기 때 균형 잡힌 식단으로 골고루 잘 먹은 아기들은 청소년기, 성인이 되어서도 좋은 식습관을 유지하게 될 가능성이 높다는 뜻이에요.

특히 식습관 형성은 두 돌 이전이 효과적인데요. 아기들의 식습관과 식성에 관한 여러 연구에서 18~24개월 이전 아기들이 새로운 음식을 더 잘 받아들이는 경향이 관찰되었기 때문입니다.[47] 채소를 먹는 습관을 예로 들어볼게요. 두 돌 이전이라면 처음에는 채소를 거부할 수 있지만 계속 시도하면 언젠가 받아들이게 됩니다. 두 돌이 지났는데도 채소를 좋아하지 않는다면, 채소를 좋아하게 만드는 것이 훨씬 어려울 수 있다는 거예요. 엄마가 평생 옆에서 영양제를 챙겨줄 수는 없어요. 가능하면 한 살이라도 어릴 때, 그래서 엄마가 어느 정도 식단에 통제권이 있을 때 좋은 식습관을 만들어주는 게 좋겠지요?

물론 아기가 기질적으로 편식하는 경우가 있어요. 이 경우 고기며 채소며 과일이며 다 먹이는 게 너무 힘드니까 영양제에 기대는 경우도 있는데요. 그렇다고 해서 엄마가 균형 잡힌 식사를 해주려는 노력을 포기한다면, 아기가 커서 식단 결정권이 생기게 되면 더욱더 자극적이고 맛난 음식만 먹으려 할 가능성이 높아요.

좋은 식습관 형성은 아기의 삶에 무조건 플러스입니다. 미국 질병통제예방센터에서 만든 자료에서는 많은 연구 결과를 근거로, 좋은 식습관과 학업성취도 간 상관관계가 있음을 증명하고 있고요.[48] 특히 단유를 하고 나서 식습관이 형성되기 시작하는 돌 이후부터 두 돌 이전까지 다양한 음식을 골고루, 건강하게 먹을 수 있도록 좋은 식습관을 만들어주는 게 중요하고, 영양제는 식단으로 충분히 공급이 어려운 경우에만 보조적으로 먹이는 것을 추천합니다.

둘째, 영양소를 영양제로 공급할 경우 권장량 이상을 섭취하기 쉬워서 특정 영양소가 과다해지는 문제가 있어요. 특히 비타민 A나 비타민 D 등의 지용성 비타민과 철분이나 아연 등 미네랄은 장기적으로 과다해지면 건강에 나쁠 수 있다고 합니다.[49] 특정 미네랄의 과다는 다른 미네랄이나 비타민의 흡수를 방해하기도 해요. 일반적인 식단으로는 영양소 과다가 되기는 쉽지 않아요. 정말 편식이 심하지 않다면요. 반면 영양제 섭취는 영양소 과다로 이어지기 쉽지요. 특히 아기들의 경우, 어른에 비해 정상 섭취에서 과잉 섭취로 넘어갈 때 필요한 영양소 양이 더 적고 부작용 자체에도 더 취약하기 때문에 '많이 먹을수록 좋을 것'이라는 생각으로 불필요한 영양제를 먹이지 않는 것이 좋아요.[50] 젤리 형태처럼 당 수치가 높고 아기들이 과하게 먹기 쉬운 영양제는 더욱 조심해야 합니다.

한국에서 유난히 아기들에게 잘 먹이는 게 아연제인데요. 철분, 마그네슘 등과 함께 미네랄에 속하는 아연은 육류 등 철분이 풍부한 식재료에 들어 있어요. 그런데 철분에 비해 권장량은 3밀리그램 정도로 훨씬 적어 아연 결핍이 오기는 쉽지 않다고 합니다. 미국소아과학회에서는 아기가 채식을 하는 경우에도 아연 결핍은 흔하지 않으므로 영양제 형태로 보충을 권고하지 않아요.[51] 참고로 철분의 경우, 미국소아과학회에서는 시리얼이나 소고기 등으로 충분히 섭취해주기 어려운 경우에는 영양제로 복용하라고 권고하고 있어요. 철분제를 먹였으면 먹였지, 굳이 아연제를 먹일 필요는 없겠지요? 실제 한국 아기들이 아연을 충분히 먹고 있는지를 조사한 결과도 있습니다. 식품의약품안전평가원의 보고서에 따르면, 돌에서 두 돌 사이 한국 아기들의 아연 섭취량은 평균 5.27밀리그램으로, 권장량의 3밀리그램을 상회했어요.[52]

아연 영양제는 "감기가 빨리 낫고 성장을 돕는다"는 마케팅 문구와 함께 홍보하곤 합니다만 꼭 그런 것도 아닌 듯합니다. 토론토대학교 소아과 전문의인 미셸 사이언스Michelle Science 조교수는 어른의 경우 아연을 보충했을 때 감기가 약간 빨리 나았지만, 아기들에게는 효과가 없었다는 연구 결과를 발표했어요.[53] 또한 아연이 결핍되면 아기가 원래 도달할 수 있는 잠재 키에 도달하지 못할 가능성이 높아지나, 필요 이상의 아연을 먹는다고 해서 키가 크는 것도 아닙니다. 아연을 과잉섭취하면 몸에 필요한 철이나 구리 등 다른 미네랄의 흡수를 방해하고, 오히려 면역기능이 손상될 수 있다고 해요. 그래서 아기가 육류나 해산물을 정말 안 먹는 경우가 아니라면 굳이 아연을 영양제로 먹일 필요는 없을 것 같네요.

정리하면, 아기에게 굳이 먹여야 하는 영양제는 비타민 D 외에는 없습니다. 균형 잡힌 식습관 형성에 더 집중해주세요.

베싸&다미 이야기

다미는 영양제를 지속적으로 먹고 있지는 않아요. 제가 꾸준히 챙기지도 못하고요. 비타민 D는 드롭 형태로 구매해놓고 매일 다미와 함께 먹으려고 노력하고 있지만 가끔 거르기도 합니다. 그 외에는 장내 미생물 환경을 조금이라도 좋게 만들어주고자 가루 형태의 유산균을 먹이고 있고요. 아기들이 까서 먹을 수 있는 소포장된 종합비타민제제가 집에 몇 개 있는데, 기본적으로 식사로 잘 먹이려고 노력하지만 감기에 걸렸다거나 유난히 식욕이 없어 잘 안 먹는 날에만 예외적으로 하나씩 주곤 해요. 저도 엄마인지라 영양소가 부실할까 봐 걱정하는 마음이 슬그머니 들면 억지로 먹이려고 노력하게 되더라고요. 스스로의 불안한 마음을 잠재우기 위해 임시방편으로 줍니다. 억지로 먹이지 않고 며칠 지나면 다시 식욕이 돌아오더라고요.

유아식 식단은 어떻게 짤까?

결론부터. '각 식품군을 골고루'가 기본입니다. 유제품, 통곡물, 생선까지 잘 챙겨주면 금상첨화입니다.

앞서 균형 잡힌 식단으로 골고루 잘 먹는 식습관의 중요성을 강조했는데요. 균형 잡힌 식단이란 대체 무엇일까요? 미국소아과학회 홈페이지와 의료 정보 미디어인 웹엠디Webmd를 바탕으로 만 1~2세 사이 아기들의 하루 권장 식사량(간식과 식사 포함)을 조사했습니다. 만 2~3세까지는 각 분량의 1.5배 정도로 늘리고, 유제품의 양은 학령기까지 일정하게 유지하면 됩니다.

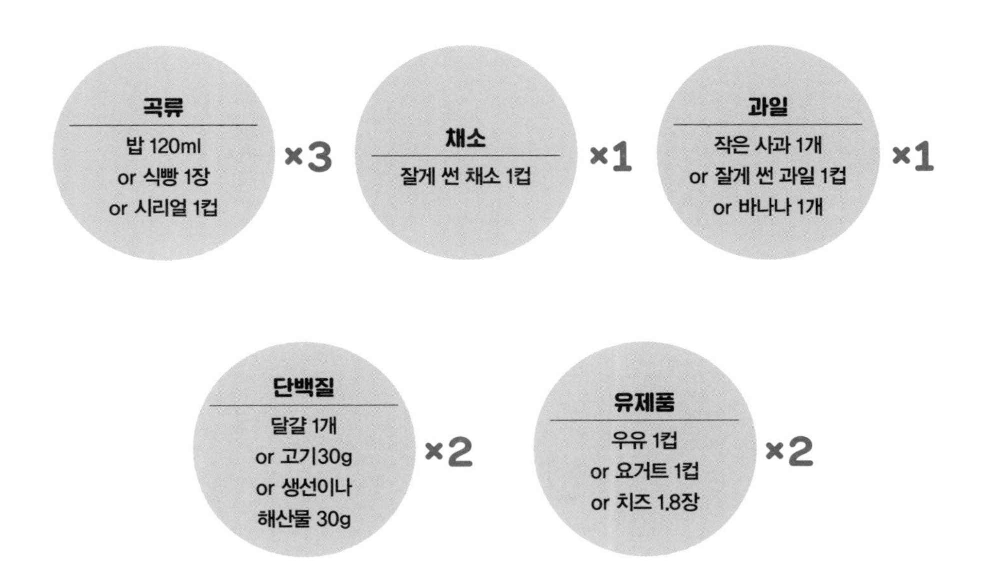

※1컵은 240ml 정도, 식사+간식으로 나눠먹기

이 권장량을 기준으로 볼 때 아기의 식사량이 너무 적다고 걱정할 필요는 없어요. 돌 지난 아기와 두 돌 아기의 식사량은 크게 다를 수 있고 같은 월령이라도 아기들마다 식사량은 크게 다르답니다. 다미도 식사 권장량에 턱없이 부족하게 먹었어요. 이 '권장량'은 각 식품군의 섭취 비율을 알아두는 정도로만 활용하세요. 특히나 식사량은 부모가 아니라 아이가 정할 수 있도록 자율성을 주는 게 좋아요(뒤에서 좀 더 살펴볼게요).

'균형 잡힌 식단'을 짤 때 참고하면 좋은 게 하나 더 있어요. '마이플레이트'라는 건데요. 마이플레이트는 미국의 오바마 대통령 재임 시절 미셸 오바마가 주도해 만든 식습관 개선을 위한 일종의 캠페인이에요. 우리가 어릴 때는 실과나 가정 시간에 '식품군 피라미드'로 건강한 식단에 대해 가르쳤어요. 그런데 이 피라미드가 실제로 뭘 얼마나 먹어야 하는지에 대해 알기 어렵다는 비판이 있어, 좀 더 실용적인 형태로 개발된 거예요.[54]

마이플레이트 푸드 가이드

마이플레이트는 생후 12개월부터도 쉽게 적용할 수 있어요. 하루 동안 아기가 먹을 식사를 이 접시에 올려놓는다고 생각하는 거예요. 곡물, 과일, 채소, 단백질로 채우되 과일과 단백질에 비해 곡물과 채소의 양이 약간 더 많게 하고요. 거기에 우유 하루 두 컵에 해당하는 유제품을 추가하면 돼요. 이렇게 시각화하니 더 쉽지요? 다만 이대로 먹이지 못한다고 죄책감을 가질 필요는 없어요. 이상적인 목표치를 알고 나면 그 방향으로 더 노력하게 된다는 게 더 중요합니다. 그럼 균형 잡힌 식단의 각 항목들을 좀 더 살펴볼게요.

과일

과일은 당 때문에 아기에게 최대한 늦게 주거나 제한해서 주어야 한다는 조언 때문에 헷갈릴 거예요. 과일은 대체로 건강한 음식으로 분류됩니다.[55] 비타민 등 영양소 차원에서 채소의 대체품이 될 수 있고요. 자라나는 아기들은 많은 에너지를 필요로 하는데, 과일은 당이 높아 적은 양으로도 상당히 높은 칼로리를 내므로 좋은 에너지원이기도 해요. 또한 식이섬유, 폴리페놀 등 건강에 좋은 성분이 풍부하고요. 또 아기들이 좋아할 만한 다른 간식(과자 등)에 비해 훨씬 건강한 옵션이 될 수 있습니다. 오이나 당근처럼 스틱으로 먹기 좋은 채소가 가장 좋지만, 아기가 채소를 잘 안 먹는다면 과일이 훌륭한 간식이 될 수 있어요.

다만 뭐든 과유불급이니 과다하게 섭취하는 것은 좋지 않겠지요. 과일에는 단백질과 지방이 거의 없는데, 양질의 단백질과 지방을 풍부하게 먹는 것은 신체와 뇌의 발달에 중요합니다. 만약 간식 시간에 과일을 많이 먹으면 그만큼 포만감이 들어 식사 때 먹는 단백질과 지방의 양이 줄어들겠지요? 참고로 과일주스는 아기에게 물이나 우유에 비해 단 음료를 선호하게 하고, 식이섬유는 없으며(기호성 문제로 건더기는 버리는 경우가 많기 때문), 치아 건강 차원에서도 좋지 않기 때문에 매일 주기보다 가끔씩만 주는 게 좋습니다.[56]

채소

2018년 한국영양통계에 따르면, 12~24개월 사이 아기들 중 비타민 A와 비타민 C가 부족한 비율은 각각 42.6퍼센트에서 46.8퍼센트에 달했습니다.[57] 비타민의 주요 공급원인 과일이나 채소를 충분히 먹지 않는다는 뜻이겠지요. 특히 아기가 채소를 잘 안 먹어서 걱정인 분들이 많은데요. 과일과 채소는 단기적으로는 일종의 대체재가 되기도 합니다.[58] 예를 들어 하루에 채소와 과일을 1회분씩 나누어 먹든, 채소나 과일만 2회분씩을 먹든 비타민 등 필수 영양소 측면에서 크게 상관 없다는 뜻이에요. 그러나 채소는 과일보다 당이 적고, 건강에 좋은 영양소가 풍부해요. 아이가 채소를 싫어해도 과일로 당장 필요한 영양소는 보충되기 때문에 너무 스트레스를 받으며 강압적으로 채소를 먹이려고 하지는 않되, 장기적으로 채소를 좋아할 수 있도록 꾸준히 도와주어야 합니다.

〈소아과학〉에 실린 논문에서는 채소를 싫어하는 아기라 하더라도 꾸준히 경험하게 해주면 결국에는 잘 먹게 된다는 실험 결과를 발표했어요.[59] 익숙하지 않은 음식의 맛이나 향을 거부하는 것은 아주 자연스러운 현상이기 때문에, 금방 포기하지 말고 열 번 혹은 스무 번이라도 시도해야 서서히 좋아할 수 있다는 거예요. 음식도 반복 노출이 답입니다. 해당 실험에서는 이유식을 막 시작한 아기들에게 8일간 그린빈 퓌레를 먹이는 실험을 했는데요. 억지로 먹이지 않기 위해 아기가 세 번 거절하면 더 이상 시도하지 않았어요. 처음 먹였을 때 아기들의 반응을 녹화했더니 95퍼센트의 아기들이 눈을 찌푸리며 싫어하는 모습을 보였다고 합니다. 그러나 8일째 되는 날, 아기들은 처음 먹인 날의 세 배 이상 그린빈 퓌레를 먹었다고 해요. 그러므로 아기가 음식을 싫어하는 것 같다고 해서 금방 포기하지도, 억지로 먹이지도 마세요. 조금씩 주다 보면 결국엔 더 잘 먹게 되니까요.

동일한 연구에서는 흥미로운 장치를 하나 추가했는데요. 그린빈 퓌레만 먹인 경우와 그린빈 퓌레를 먹이고 바로 복숭아 퓌레를 먹인 경우를 비교해본 거예요. 그 결과, 그린빈 퓌레를 먹고 바로 복숭아 퓌레를 먹은 아기들은 반복 노출 후 그린빈 퓌레의 맛을 좋아하는 것처럼 보이는 행동을 더 많이 했다고 해요.

왜 이런 일이 일어날까요? 근거에 기반한 육아 관련 블로그를 운영하는 그웬 듀어Gwen Dewar 박사는 이렇게 추측했어요.[60] 사람은, 특히 아기들은 본능적으로 에너지 밀도가 높은 음식을 더 선호하는 경향이 있다고 합니다. 대표적으로 단 음식이지요. 모유나 분유에서 단맛이 나는 것도 그런 이유이고요. 단맛은 적고 쓴맛이 나는 채소는 에너지 밀도가 낮은 음식인데요. 아기가 채소만 먹은 뒤에 느끼는 에너지에 비해, 채소와 과일을 함께 먹은 뒤에 느끼는 에너지가 더 만족스럽고, 그렇기 때문에 채소와 과일을 함께 먹은 경험을 한 아기가 채소를 단독으로 먹은 아기에 비해 결과적으로 채소에 긍정적인 인식을 가지게 된다는 거예요.

이와 비슷한 연구가 있어요. 네덜란드 마스트리히트대학교의 한 연구진은 만 5세 정도의 아이들에게 호박, 콩, 당근, 브로콜리 등 여섯 종의 채소 퓌레를 주며 선호도를 평가하게 했어요.[61] 이때 무작위로 하나의 채소 퓌레에 단맛이 약간 추가되었지요. 아이들마다 단맛이 추가된 채소는 모두 달랐고요. 그리고 다시 아이들을 불러 여섯 종의 채소 퓌레를 먹고 선호도를 평가하게 했는데, 이번에는 단맛이 추가되지 않은 상태였어요. 그랬더니 단맛이 없는데도 처음에 맛보았을 때 단맛이 추가되었던 채소를 맛있다고 평가하는 경향이 있었습니다. 아기가 채소를 좋아하지 않는다면 단맛이 나는 음식과 함께 먹게 하거나, 단맛이 나게 조리해서 주는 것도 괜찮은 방법이겠지요.

또 한 연구에서는 채소를 다양하게 먹이는 것이 채소를 좋아하는 데 도움이 된다는 바를 보여주었는데요.[62] 아기에게 8일 내내 그린빈만 먹인 그룹과 8일 내내 그린빈과 당근을 함께 먹인 그룹을 비교했어요. 그린빈과 당근을 함께 먹인 그룹의 아기들이 그린빈이나 당근 모두 잘 먹게 되었다고 합니다. 녹색 채소와 황색 채소를 함께 먹이는 등 식감과 맛이 다른 채소를 함께 먹이는 게 두 채소를 받아들이는 데 효과가 있었다고 해요. 이미 아기가 먹어봐서 익숙한 채소와 새로운 채소를 함께 먹이면 새로운 채소를 받아들이는 데 더 효과적이라고 해요. 그러므로 한 끼 내에서도 색이나 맛, 질감이 상이한 채소를 함께 주면 좋아요. 영양적인 측면에서도 더 좋겠지요.

곡류

곡류에 대해서는 앞에서 잠깐 언급했는데, 비소 위험성이 있는 쌀 의존도는 조금 낮추고 다른 곡류를 더 먹여보자는 이야기였어요. 여기서는 통곡물에 대한 이야기를 좀 더 해볼게요. 이유식을 시작한 아기들은 통곡물을 소화할 수 있고, 만 1세가 넘어가면 통곡물 섭취를 적극적으로 권장하는 지침이 많습니다. 돌 이후 아기들에게 권장하는 식단은 성인에게 권장하는 식단과 크게 다르지 않아요. 아기나 어린이나 곡물 섭취의 절반 정도를 통곡물로 섭취할 것을 권고하고 있습니다.[63]

통곡물에는 식이섬유뿐 아니라 비타민과 미네랄, 그리고 파이토뉴트리언트라고 불리는 건강에 좋은 영양소들이 풍부합니다. 한 연구에 따르면 통밀을 정제해 밀로 만들고 나면 전체 식이섬유의 42퍼센트, 마그네슘의 17퍼센트, 아연의 21퍼센트, 셀레늄의 8퍼센트, 비타민 E의 21퍼센트만 남는다고 해요.[64]

통곡물을 싫어하는 어른도 많지만 건강을 위해 일부러 먹으려고 애쓰기도 하지요. 앞서 이야기했듯 두 돌 이전에 새로운 식재료를 더 좋아하게 될 가능성이 높고, 이때 형성된 식습관은 평생 지속되는 경향이 있어요. 그러므로 두 돌 이전에 현미, 통밀빵, 오트밀 등 다양한 통곡물 음식을 소개시켜주면 좋습니다. 영아기에 도정된 흰쌀 같은 곡물만이 아닌 통곡물을 이유식으로 접하는 경우, 향후 통곡물에 대한 선호도가 높아졌다는 연구 결과도 있어요.[65] 참고로 통곡물 섭취에 있어 가장 유의미한 장점이라고 할 수 있는 식이섬유 섭취량을 살펴보면, 한국의 생후 24개월 이내 유아들의 식이섬유 평균 섭취량은 10그램으로 권장량인 24그램에 한참 모자란 수준입니다.[66]

아기에게 통곡물을 먹이는 방법은 밥을 지을 때 다양한 잡곡을 활용하는 방법, 아침 한 끼는 오트밀이나 통귀리로 만든 시리얼 등 통곡물식을 하는 방법, 통밀빵이나 통밀파스타, 통밀크래커 등 통밀로 된 식품을 섭취하는 방법 등 다양합니다. 건강을 위해 아기뿐 아니라 가족 모두 통곡물의 매력에 빠져보세요.

유제품

미국소아과학회에서는 돌 이후 아기들에게 하루에 유제품을 2회분 먹일 것을 권고합니다.[67] 유제품에는 칼슘과 마그네슘, 칼륨, 각종 지용성 비타민, 그리고 지방이 풍부해 식단으로 부족해질 수 있는 영양소들을 효과적으로 채워주기 때문이에요. 유제품 섭취 없이 일반 식사로는 칼슘, 칼륨, 그리고 지방의 권장량을 채우기가 쉽지 않다고 합니다.

2018년 국민영양통계에 따르면 돌에서 두 돌 사이 아기들의 유제품 섭취량은 하루 한 컵(223.1g) 정도였어요.[68] 미국소아과학회에서 권고하는 하루 2회분의 유제품은 우유 기준으로 두 컵(500ml) 정도입니다. 즉, 한국 아기들은 필요한 유제품의 절반밖에 섭취하고 있지 않다는 이야기예요. 그 결과, 한국 아기 중 칼슘을 부족하게 섭취하고 있는 아기들의 비율은 47.4퍼센트인 것으로 보고되었고 칼륨을 부족하게 섭취하고 있는 아기들의 비율은 79.5퍼센트나 됐습니다.[69] 칼륨은 체내 나트륨 배출에 도움을 주는 필수 미네랄 중 하나예요. 지방을 부족하게 섭취하는 아기들의 비율은 38퍼센트로 나타났는데, 지방은 뇌의 60퍼센트를 구성하고 있는 성분으로, 뇌와 신체 발달에 중요하며 유제품을 통해 보충할 수 있습니다. 이에 따라, 미국소아과학회에서는 적어도 만 2세 이전에는 저지방이나 무지방이 아닌 모유와 비슷한 지방 함량을 가진 일반 우유를 선택할 것을 권장합니다(만 2세 이후에는 부모의 선택에 따라 저지방이나 무지방 우유를 선택할 수

있어요).[70]

참고로 유아에게 하루 700밀리리터 이상의 우유 섭취는 권장되지 않습니다. 지방이 풍부한 우유를 너무 많이 마시면 배가 불러 다른 음식을 덜 먹게 되고, 장 출혈을 야기해 철분결핍빈혈이 올 수 있기 때문이에요. 그러므로 하루 딱 2회분 정도만, 여러 번에 나눠서 먹을 수 있도록 해주세요. 우유 500밀리리터는 요거트 400~500밀리리터 혹은 슬라이스 치즈 세 장으로 대체할 수 있습니다.

Q. 우유가 건강에 유해하다던데?

유제품에 대해 논란이 많은 것은 사실이지만 현재 미국소아과학회 같은 주류 기관에서는 유제품의 유해성에 대해 인정하고 있지 않습니다. 유제품의 유해성에 대한 의문은 2000년 초반부터 제기된 해묵은 주제이고, 이에 대해 많은 연구가 이루어졌으나 아직 '유제품이 유해하다'는 주장에 손을 들어주는 주류 기관은 없는 실정이지요.

미국소아과학회에서는 2007년 "아동 식단에서 유제품 유해론은 근거가 부족하다"고 일축했어요.[71] 영국암연구소에서는 현재 기준으로 유제품 섭취와 암 발생률을 연결 짓는 것은 근거가 부족하다고 언급했습니다.[72] 〈소아과학회지〉에 실린 한 논문에서는 유제품 섭취와 성조숙증 간에 상관관계가 없다는 결론을 내렸고요.[73] 유제품를 먹으면 칼슘이 빠져나간다고 주장하는 이론이 있지만, 실제 과학적인 근거로 뒷받침되지 않았으며 여전히 뼈 건강에 긍정적이라고 보는 쪽이 우세하다고, 의학 관련 미디어 〈헬스라인Health Line〉에서 전하고 있습니다.[74] 유제품 섭취의 부작용에 대해 제기하는 많은 근거는, '과도하게' 섭취했을 때 혹은 특정 단백질을 소화시키지 못하는 일부 질환을 가진 케이스에 대한 임상 연구 논문이 많아서, 일반화될 수 있는 근거인지를 세심하게 볼 필요가 있어요.

논란이 많지만 아직 성장기 아동에게 하루 권장량의 유제품을 먹이라는 명확한 권고 사항을 뒤집을 만한 강력한 부작용에 대한 근거는 없는 듯합니다.

동물성 단백질

육류와 해산물류, 달걀로 주로 섭취하는 동물성 단백질군입니다. 단백질은 그 자체로 성장에 중요한 다량영양소이고, 철분을 비롯한 여러 미네랄이나 비타민 B군 등 미량영양소가 풍부하게 들어 있는 경우가 많아요. 저는 한 끼에 적어도 반찬 하나는 고기나 달걀, 생선이 들어 있는지 신경 쓰는 편입니다.

<생후 12~24개월 아기의 하루 단백질 권장량>
달걀 1알 or 고기/생선/해산물 30g × 하루 2번

소고기나 달걀에 대해서는 앞에서 언급했기 때문에, 생선에 대해 살펴볼게요. 생선은 철분 함유량이 소고기 등에 비해서는 조금 낮은 편이긴 하지만 단백질이 풍부해 식단에서 육류를 대체할 수 있습니다. 그런데 생선이 육류와 크게 다른 점이 하나 있는데요. 성장기 아기들의 뇌 발달에 중요한 DHA의 주요 공급원이라는 점입니다. DHA는 생선의 '기름'에 들어 있어요. 그래서 기름진 등푸른생선이나 연어에 풍부하고 멸치도 풍부한 편이지요.

한 기사에서 인용한 통계 자료에 따르면, 생후 12~24개월 사이 한국 유아의 90퍼센트 이상이 오메가3 중 DHA를 충분히 섭취하지 못하고 있다고 해요.[75] 뇌가 발달하는 시기에 충분한 DHA 섭취는 중요합니다. DHA의 섭취가 뇌의 활동에 영향을 주며 뇌가 성장하는 시기에 DHA를 충분히 섭취한 아기들의 인지 능력과 학업성취도가 더 좋았다는 연구 결과가 있거든요.[76] 그러므로 DHA가 풍부한 등푸른생선, 연어, 멸치 등을 식단에 적극적으로 포함시키면 좋아요.

아몬드나 호두, 그리고 들기름에도 오메가3 지방산이 풍부하게 들어 있긴 해요. 하지만 오메가3 지방산이라고 해서 모두 DHA인 것은 아닙니다. 오메가3 지방산에는 DHA와 ALA, 두 종류가 있는데요. 견과류 및 씨앗류에는 오메가3 중에서도 DHA가 아닌 ALA가 풍부한 편이에요. 몸에 들어온 ALA 중 10~15퍼센트만이 DHA로 전환되기 때문에, 견과류나 들기름으로 DHA를 충분히 섭취하기는 쉽지 않습니다.[77]

DHA는 모유나 달걀노른자에도 들어 있지만, 고등어 등 생선에 비해서는 훨씬 적게 들어 있기 때문에 충분히 섭취하기 위해 생선을 식단에 포함시켜주세요.

<재료별 DHA 함량>[78]

고등어 100g = DHA 1,800mg

모유 100g = DHA 50~730mg(엄마의 DHA 섭취량에 따라 상이)

달걀 100g(2알) = DHA 18mg(일반란)~135mg(DHA강화란)

DHA의 연령대별 권장량이나 상한선은 딱히 정해져 있지는 않습니다. 한 의료기관 홈페이지에서는 1~3세 사이 유아의 경우 오메가3 지방산의 종류인 DHA와 EPA를 합쳐 700밀리그램에서 1,000밀리그램 정도면 괜찮다는 의견을 내놓았어요.[79] 참고로 유아의 한 끼분인 고등어 30그램에는 약 600밀리그램의 DHA, 400밀리그램의 EPA가 들어 있습니다. 일주일에 두 번 먹는다면 2,000밀리그램의 DHA와 EPA를 섭취하게 되겠지요. 하루 권장량이 700밀리그램이라 치면, 일주일 권장량(4,900밀리그램)의 약 40퍼센트 정도는 고등어를 일주일에 두 번 정도 먹어서 채울 수 있습니다. 예를 들면 화요일, 토요일은 '고등어의 날'로 정하고 냉동 고등어를 냉동실에 구비해두는 것도 좋겠지요.

참고로, 생선의 경우 지구상의 모든 바닷물에 들어 있는 중금속, 그중에서도 수은이 높은 농도로 축적되어 있을 가능성이 높아 과다하게 먹는 것은 바람직하지 않습니다. 미 질병통제예방센터에서 만든 가이드라인에 따르면, 임산부나 모유 수유부, 아기들은 수은 함량이 낮은 소형 어종 위주로 일주일에 두세 번 먹는 것이 안전해요.[80] 큰 참치인 눈다랑어, 참다랑어, 상어 등 대형 어종은 여러 번의 먹이사슬을 거쳐, 수은이 몸에 축적되므로 피하는 것이 좋습니다. 참치캔용 황다랑어 등 작은 참치나 고등어, 멸치, 삼치, 대구, 갈치 등 우리가 자주 먹는 작은 어종은 소형 어종으로 분류됩니다.

아기에게 DHA가 풍부한 음식을 먹이는 것이 어렵다면, 오메가3 영양제를 활용해도 좋습니다. 태아 및 영유아기에 식품이 아닌 영양제로 오메가3를 섭취하는 것의 뇌 발달 효과에 대해서는 상반된 연구 결과가 혼재하지만, 서호주대 소아과 연구진의 주장에 따르면 긍정적인 결론이 더 우세하다고는 하네요.[81]

어떠신가요? 아기 식단을 이렇게까지 잘 맞춰서 짤 수 있을까, 두려움이 드나요, 아니면 대충 알았으니 더 잘 짤 수 있겠다는 자신감이 드나요? 저는 처음에는 이런 정보들을 찾아보며 약간 머리가 아프긴 했지만, 실제 현실에 적용할 때는 생각보다 어렵지 않았어요. 오히려 내가 이런 것들을 대충이라도 알아서 더 잘 챙겨줄 수 있다는 생각에 부모로서의 역량에 자신감이 생겼지요. 할 수 있는 것부터 적용해보세요. 그리고 한번씩 이 책을 들여다보며, 아이에게 균형 잡힌 식단을 제공하는지 반성해 보고, 개선할 부분이 있다면 개선하고, 그렇게 한 걸음 한 걸음씩 나아가면 됩니다. 중요한 건 속도가 아니라 방향이고, 내가 더 나은 엄마가, 아빠가 되어가고 있다는 믿음이니까요.

유아식을 시작한 이후 다미의 식단은 대체로 아래와 같이 구성했어요. 참고로 저는 '잘하는 것에 집중하자'는 주의라서 요리에 힘을 쓰지 않는 편이에요. 제 요리는 스마트오븐에 생선을 굽거나, 달걀 스크램블이나 프라이를 해주거나, 방울토마토나 오이, 당근 등을 씻어서 먹기 좋게 잘라주는 정도였어요. 나머지 반찬은 많은 분의 기대와 달리 시판 업체를 종종 활용했답니다. 요리를 다양하게 하지 않아도 하루 세끼의 균형 있는 식단을 맞춰주려고 애쓴 것이 전부입니다.

<아침 식단 예시>

아침은 주로 철분이 강화된 시리얼인 치리오스를 활용했어요. 게으른 날에는 우유 또는 요거트에 치리오스를 섞어서 주었고, 일상적으로는 토핑이나 스무디를 활용했습니다.

1. 플레인 요거트+치리오스+추가 토핑

-토핑 예시: 냉동 블루베리, 냉장고에 있는 과일 잘게 자른 것, 초코 그래놀라, 헴프시드, 견과류 부순 것 등

2. 요거트나 우유를 활용한 스무디+치리오스

-스무디 예시: 요거트+냉동 복숭아, 아보카도+냉동 바나나+우유, 딸기+냉동 바나나+우유

<점심 식단 예시>

곡류: 잡곡밥

단백질: 달걀 1알 혹은 등푸른생선(주 2~3회)

채소: 채소가 메인인 반찬을 준비하거나 단백질 반찬에 포함(시판식 활용)

<간식 예시>

과일: 딸기, 귤, 사과, 키위

유제품: 플레인 요거트, 치즈, 우유

<저녁 식단 예시>

곡류: 잡곡밥

단백질: 소고기

채소: 채소가 메인인 반찬을 준비하거나 단백질 반찬에 포함(시판식 활용)

알아두면 유용한 이유식&유아식 토막 상식

늘 궁금했지만 아무도 속시원히 알려주지 않았던 영양 관련 토막 상식 모음!

식재료의 영양소 보존: 잘게 갈기/빻기

고열로 가열하거나 오래 보관하는 게 아니라면 영양소는 그리 쉽게 파괴되지는 않습니다. 믹서에 간 과일주스나 채소 주스에 담긴 영양분이나 생과일 혹은 생채소의 영양분을 분석해보면 비슷하다고 해요.[82] 다만 갈아서 먹으면 흡수가 더 잘되기 때문에 혈당이 급격히 상승한다는 점에서 주스보다는 생과일, 생채소를 먹으라고 하지요. 이유식 재료를 위해 잘게 갈아야 하는 경우, 절구로 빻거나 강판이나 믹서에 갈거나 어떤 식으로든 입자를 작게 만들어야 하는데, 이 다양한 '조각 내기' 방법이 영양소에 어떤 유의미한 영향을 준다는 근거는 없습니다. 영양소를 잘 보존하기 위해서는 조리 시간을 최대한 줄이고 오래 보관하지 않으며 고열 조리를 삼가면 좋아요. 참고로 냉동 보관하는 경우 영양소가 잘 보존됩니다.

식재료의 보존: 삶기/찌기

중국 절강대 연구진이 진행한 연구에 따르면, 영양소 보존을 위해서는 물에 담가 삶는 것보다는 찌는 방법이 좋습니다.[83] 비타민 C 등 수용성 비타민과 물에 녹기 쉬운 영양소들이 삶았을 때 물에 녹기 때문이에요. 영양소 손실을 막기 위해서는 기름에 볶는 것처럼 너무 고온에 조리하지 않거나 물에 담그지 않는 것이 좋으며 증기로 찌는 방법이 가장 이상적이라고 하네요(찜통이나 이유식 마스터기 활용).

아기 식사에 소금 간을 하는 기준

나트륨은 모유나 분유에도 들어 있고 치즈나 우유에도 소량 들어 있습니다. 즉, 완전히 나트륨을 섭취하지 않는 것은 어렵고, 소금을 따로 추가하지 않는 무염식을 했을 때 실질적으로는 저염식 수준으로 먹게 된다고 생각하면 돼요.

두 돌 전에는 소금을 음식에 추가하지 말라는 지침을 흔히 볼 수 있는데, 나트륨을 과하게 섭취하는 것을 경계하고 짠맛에 길들여져 식재료 본연의 맛을 즐길 기회를 놓치는 것을 예방하기 위함이라고 생각해요. 애초에 나트륨 자체를 피할 수 없다 보니 '절대 무염으로 해야 한다'는 의학적 권고나 과학적 근거는 찾기 어렵습니다. 미국소아과학회에서도 아기 연령을 따져 '소금 간을 절대 하지 말라'는 조언보다는 '맛을 위해 적당한 수준의 간은 괜찮으나 과하게 하는 것은 좋지 않고, 아기의 식사에 소금 간을 할 필요는 없다'는 조언을 합니다.[84]

미국 국립과학공학의학한림원의 자료에 의하면 만 1~3세 사이의 유아에게는 나트륨 섭취를 1,200밀리그램 이하로 제한할 것을 권장합니다.[85] 나트륨 1,000밀리그램은 소금 반 티스푼 혹은 간장 한 스푼 정도이며, 우유 한 컵(240ml)에는 약 100밀리그램의 나트륨이, 아기 치즈 한 장에는 약 50밀리그램의 나트륨이 들어 있어요. 그러므로 하루 권장 유제품을 섭취하는 경우에는 나트륨 섭취량이 소금 반 티스푼 혹은 간장 한 스푼을 넘지 않도록 신경 써주면 좋겠지요. 가공식품을 섭취하지 않는다는 전제하에요. 가공식품이 아닌 일반 식재료에서 자연스럽게 섭취되는 나트륨은 아주 미미한 수준입니다.

한편 〈뉴트리언츠〉에 실린 한 논문에서 기존 연구들을 종합 분석한 바에 따르면, 소금 간을 한 반찬을 어릴 때부터 먹는 경우에 짠 음식 자체를 선호하게 된다는 근거는 없다고 합니다.[86] 또한 소금 간을 하면 채소 등 쓴맛이 있어 아기들이 잘 안 먹는 음식의 기호성을 높이는 좋은 방법이 될 수 있으므로, 아기가 입이 짧아 여러 번의 노출에도 채소 등을 잘 안 먹는다면 적당한 수준의 소금 간은 무방하다고 생각해요.

건강한 기름 사용하기

한국에서는 '기름기 없는 음식'이 무조건 건강하다는 인식이 우세한데요. 사실 그렇지만은 않습니다. 돌이 지난 아기에게는(하루 우유 2컵을 먹는다는 가정하에) 카놀라유, 올리브유 등의 건강한 유지류를 하루 서너 스푼 정도 먹이라고 권고되고 있어요.[87] 지방은 뇌의 60퍼센트를 차지하는 성분이고, 뇌와 신체 발달 그리고 에너지원으로서 중요하기 때문에 너무 모자라게 먹여도 안 돼요. 돌 전 아기의 경우에는 모유나 분유가 주식이며 지방이 풍부하게 들어 있기 때문에 크게 걱정할 필요는 없으나 이유식이 식단에서 차지하는 비중이 높아지면 조금씩 신경 써주면 좋습니다.

그러면 어떤 기름이 건강할까요? 〈타임〉에서 한 영양학 전문가와 인터뷰한 내용에 따르면, 대체로 기름은 공정을 덜 거칠수록Less Processed 좋고 저온으로 처리될수록 좋은데, 엑스트라 버진 올리브유는 공정을 가장 덜 거치기 때문에 가장 건강한 기름으로 손꼽힌다고 해요.[88] 그 외에 카놀라유나 현미유 등 식물성 기름의 경우 대체로 건강한 편이나, 엑스트라 버진 올리브유에 비해 공정이 추가되는 경우가 많으며 저온압착식으로 만들어진 것은 흔치 않기 때문에 덜 건강하다고 볼 수 있다고 하네요. 아보카도유의 경우에는 공정을 덜 거치는 경우가 많아 건강한 편이라고 해요.

한 연구에서 여러 오일을 가열한 후 성분 변형을 비교했을 때, 엑스트라 버진 올리브유가 가장 변형이 덜 되었다는 결론을 내렸습니다.[89] 그다음 순위는 변형이 적은 순서대로 버진 올리브유, 일반 올리브유, 포도씨유, 아보카도유, 코코넛유 순이었습니다.

그러므로 엑스트라 버진 올리브유를 사용하는 게 가장 좋습니다. 올리브유는 고온에 쓰면 좋지 않다는 이야기를 들어보았을 텐데요. 한 의학 정보 미디어에 따르면, 올리브유는 발연점이 다른 기름에 비해 낮은 편이어서 180도 이상으로 올라가는 튀김 요리에는 올리브유가 적절치 않고요.[90] 그 외의 일반적인 볶음 요리에는 사용해도 무방하다고 합니다. 어른이든 아기든 그냥 먹을 수 있으면 그냥 먹어도 좋아요. 죽이나 요거트에 한 순가락 추가해도 좋답니다.

장내 미생물 환경 챙기기

제가 종종 '장내 미생물 환경'을 언급해서 그게 뭔가 궁금했던 분들도 있을 거예요. 우리 몸, 특히 대장에는 수많은 세균이 살고 있습니다. 세균은 질병을 유발할 수 있는 일부 병원균의 이미지가 강하지만 알고 보면 유익균이 훨씬 더 많답니다. 우리가 먹는 유산균도 유익균의 일종이에요. 유익균 중 확실히 몸에 좋다고 알려진 대표주자들을 먹는 것이지요. 우리의 장에는 유익균과 유해균이 모두 존재하는데, 자기들끼리 일종의 세력을 구축하고 하나의 나라와 같은 생태계를 생성하고 있어요. 어떤 이유로 유해균의 세력이 지나치게 강력해지면 이것을 '장내 미생물 균형이 깨졌다'고 표현하는데, 몸에 이상 반응이 나타나지요. 피부 트러블이 나거나 우울감을 느끼고, 면역력이 낮아져 쉽게 질병에 걸리거나 설사를 자주 하는 등 이렇게 균형이 깨진 경우에는 유산균 섭취가 도움이 될 수 있어요.

일시적으로 장내 미생물 균형이 깨지는 것 이외에도, 기본적인 장내 미생물 환경을 잘 갖추고 관리하는 것이 건강에 매우 중요합니다. 장내 미생물 환경은 사람마다 다른 형태로 나타나기 때문에 어떤 게 가장 좋다고 말하긴 어렵지만 대체로 균종이 다양하면 좋고, 유익균 비율이 높으면 좋은 경향이 있어요.

장내 미생물은 장에서 다양한 부산물을 만들어내고 이 부산물이 혈액을 타고 몸에 흡수되거나 뇌 기능에 영향을 미치기도 합니다. 장내 미생물 환경이 좋으면 면역력이 높고 우울감을 덜 느끼며 피로도 덜하고 피부가 좋아지며 비만이 될 확률이 낮고 지능이 높습니다. 또한 장내 미생물 환경은 자폐나 ADHD와도 연관이 있는 것으로 알려져 있어요. 장은 제2의 뇌라고 할 만큼 최근 의학계에서 크게 주목받고 있으며 우리는 극도로 복잡한 장내 미생물 세계의 아주 일부만 간신히 파악하고 있습니다.

베싸TV를 운영하면서 공부하게 된 지식 중 가장 유익했던 지식이 바로 장내 미생물 관련이었다고 생각해요. 나 자신과 가족 모두의 건강에 중요한 길잡이가 되어줄 겁니다. 식단 개선의 필요성도 더 강하게 느끼게 될 거고요(더 자세한 내용은 베싸TV에서 소개한 적 있으니 필요한 경우 참고하세요).

우유와 킨더밀쉬 사이에서

결론부터. 둘 중 어떤 것을 선택해도 상관없어요. 다만, 마케팅 때문에 킨더밀쉬를 구입했다면 아기에게 꼭 필요한지 한번 더 고민해보세요.

아기들은 돌부터 우유를 먹을 수 있습니다. 모유나 분유를 끊었다면 식단으로만 채우기 어려운 영양소를 보충하기 위해 우유를 권장하는데요. 이때 많이들 일반 생우유와 '킨더밀쉬'라는 '모유나 분유에서 우유로 전환할 때 먹이면 좋다'는 제품 사이에서 고민하기 시작합니다.

킨더밀쉬는 영어로는 '토들러 우유Toddler Milk'라도 하는 유음료인데요. 일반 우유보다 미네랄과 비타민을 조금 더 강화하고 단백질 함량은 약간 낮게 했다는 특징이 있습니다. 영양소가 강화되었다니 더 좋은 옵션처럼 보이지요? 그렇기도 하고 아니기도 합니다. 영양소는 부족할 경우에는 강화해주는 게 의미가 있지만, 부족하지 않은데 더 채워준다고 해서 좋은 것만은 아니에요. 미국소아과학회에서는 균형 잡힌 식단과 생우유를 통해 필요한 영양소를 충분히 채울 수 있으므로 킨더밀쉬 등의 토들러 우유를 먹일 필요가 없다는 의견을 제시하고 있습니다.[91] 여기까지만 보면 굳이 킨더밀쉬를 선택할 필요가 없어 보이네요. 적어도 골고루 잘 먹는 아기라면요. 만약 아기가 편식이 너무 심하거나 알레르기가 있는데 식단으로 잘 섭취하지 못하는 영양소가 강화된 킨더밀쉬가 있다면 그 제품을 일시적으로 선택하는 것도 방법일 수 있습니다.

그러면 단백질 함량을 낮췄다는 점은 좋은 걸까요? 나쁜 걸까요? 아기의 평소 식단에 단백질 섭취량이 얼마나 되느냐에 따라 다르겠지요? 2013년에서 2015년 사이에 조사한 결과에 따르면 만 1~5세 아기들의 단백질 섭취량은 권장량의 두 배 이상인 것으로 나타났습니다.[92]

구분	만 1~2세	만 3~5세
권장량	15g	20g
실제 섭취량	37g	45g
권장량 대비	2.47배	2.25배

*2018년 기준

그럼 단백질 섭취가 과다하면 어떻게 될까요? 성인에게 있어 '비만' 하면 떠오르는 영양소는 아마도 탄수화물이나 지방일 거예요. 하지만 성장하는 시기의 아기들이 단백질을 과하게 섭취하면 나중에 비만 체질이 될 가능성이 높아진다고 해요.

〈미국 임상영양학 저널〉에 실린 한 논문에서는 6개월, 12개월, 18~24개월, 3~4세, 5~6세 각 시기별 아기들의 단백질 섭취량과 7세 때 비만의 관계를 살펴봤습니다.[93] 그 결과 특히 12개월 무렵의 동물성 단백질 섭취량이 향후 비만 가능성을 예측했다고 해요. 육류와 유제품 모두 영향을 끼쳤고, 그중 유제품에서 섭취한 단백질이 조금 더 강한 상관관계를 보였다고 합니다. 또한 동일 학술지에 실린 600명 이상의 영유아를 대상으로 한 연구에서는 저단백 분유를 먹인 아기들과 고단백 분유를 먹인 아기들을 비교했는데요.[94] 두 그룹 간 평균 키의 차이는 없었지만 고단백 분유를 먹인 아기들의 평균 몸무게가 더 높았다고 합니다.

단백질 섭취가 향후 비만으로 이어질 수 있는 이유는 동물성 단백질 섭취가 IGF-1이라고 하는 '인슐린유사성장인자'와 인슐린 분비에 영향을 미치기 때문입니다. IGF-1는 지방세포의 분화에 영향을 미치며, 아기들의 성장에 필요한 성분이지만 과하면 '비만 체질'이 자리 잡을 수 있어요. 이러한 경향은 특히 생후 2년 동안 두드러지게 나타난다고 해요.[95] 그러므로 생후 2년 동안의 단백질 과다 섭취 여부는 아기가 평생 비만 체질이 되느냐 마느냐에 영향을 줄 수 있어요.

단백질 섭취 권장량은?

최신 자료 기준으로 만 1~3세 단백질 섭취 권장량은 한국 20그램, 미국 14그램입니다.[96] 이렇듯 각국의 단백질 섭취 권장량은 다릅니다. 특히 '권장량'이란 과학적으로 완벽한 근거를 갖춰 제정되기보다 일반론적인 여러 가정을 바탕으로 추산되기 때문에 개인별 요구량이 크게 다를 수 있어요. 그래서 부모들이 집착할 만한 정답지는 아니라고 답할 수 있습니다. 예를 들어, 돌 이전 아기들의 철분 권장량은 미국에서는 11밀리그램이지만 한국에서는 6밀리그램으로 거의 두 배가량 차이가 납니다. 인종별로 차이가 날 만한 이유도 딱히 없는데 말이지요.

보건복지부와 한국영양학회에서 만든 '한국인 영양소 섭취 기준'에는 섭취 권장량을 "인구 집단의 약 97~98퍼센트에 해당하는 사람들의 영양소 필요량을 충족시키는 섭취 수준"이라고 정의했어요.[97] 이 이상 먹으면 과다 섭취가 된다는 게 아니라 최소 이 정도는 먹어야 한다는 하한선의 의미입니다.

그러므로 어느 이상 먹어야 비만의 위험성이 커지고 과다 섭취가 되느냐에 대해서 우리는 또 다른 근거를 찾아야만 합니다. 단순히 "권장량의 두 배를 먹으니 위험하다"는 식의 자극적인 언론 보도나 마케팅 문구에서 자유로워지기 위해서는 추가적인 지식이 필요하다는 말이지요(늘 강조하지만, 지식이 우리를 자유롭게 할 테니까요).

〈뉴트리션 불레틴Nutrition Bulletin〉에 실린 논문에서는 전체 에너지의 15퍼센트를 단백질로 섭취하는 것을 상한선으로 잡고 그 이상 섭취하면 비만의 위험이 커진다고 결론 내렸습니다(아기의 성별, 몸무게, 활동량, 근육량에 따라 약간의 차이가 있음).[98]

만 1~3세 사이의 유아들은 대체로 1,000~1,400킬로칼로리 사이를 섭취하게 된다고 합니다.[99] 전체 칼로리에서 15퍼센트의 단백질이 차지하는 양은 37.5~52.5그램 사이입니다. 고기나 달걀, 우유를 과도하게 먹지 않는 이상 대부분 이보다 적게 먹게 될 거예요. 하루에 달걀 한 알과 소고기 한 끼, 우유 두 컵을 다 먹으면 30그램입니다. 이 식단만으로 단백질 과다 섭취에 해당하진 않습니다.

우리 아기가 평소에도 고기나 달걀 등 단백질을 많이 섭취하거나 비만의 기미가 보이는 경우라면 킨더밀쉬를 선택할 수도 있겠으나 그렇지 않다면 우유를 먹여도 무방할 거예요. 킨더밀쉬 제조사에서 말하는 "아기들이 단백질 권장량의 두세 배를 먹고 있다"라는 마케팅 문구에 너무 혹하지 않아도 괜찮아요. 오히려 아기가 고기를 잘 안 먹는다거나 전반적으로 동물성 단백질이 부실한 경우 성장을 위해 단백질이 풍부한 우유를 선택하는 게 영양학적으로 더 적절할 수 있습니다.

멸균우유 vs 일반 우유

세균은 나쁜 것이므로 아기에게는 멸균이라는 이름이 붙은 우유가 더 안전할 것 같지만, 정말 그럴까요?

멸균우유는 영양학적으로 더 우월한 옵션이 아닙니다. 멸균우유는 보관 기간을 길게 하기 위해 고온 처리 과정을 거쳐 만든 제품이에요. 두 가지 우유를 영양학적으로 비교한 연구에서는 멸균우유가 처리·보관하는 과정에서 일반 우유에 비해 비타민과 칼슘이 더 손실될 수 있다고 보고했어요(물론 큰 차이는 아닙니다).[100] 또한 연구자들은 멸균우유 속 지방산에 대해 분석했는데 제조 당시에는 단백질이나 지방산의 질이 크게 다르지 않으나 유통이나 보관 기간이 길어짐에 따라 서서히 떨어질 수 있다고 보고했어요.[101]

한편 멸균우유와 일반 우유는 소화 정도가 비슷하다고 해요. 멸균 과정에서 소화하기 어려워지는 요인이 발생하지만 소화를 돕는 효과도 동시에 발생해 상쇄된다고 하네요.[102] 그러므로 보관의 용이성을 위해서는 멸균우유가 좋을 수 있으나, 가급적 제조일자가 최근인 걸로 구입 후 빠르게 소진하는 걸 목표로 하세요. 우유는 어디서든 손쉽게 살 수 있으므로 저는 일반 우유로 사 먹이는 편입니다.

해피밀 프로젝트 1: 돌 이후 잘 안 먹는 아기, 어떻게 할까?

결론부터. 안 먹는다고 억지로 먹이면 더 나빠집니다. 안 먹는 아기에게는 현명하게 접근해요.

아기를 먹이는 일은 수유부터 유아식까지 부모에게 큰 미션과도 같습니다. 아기의 성장에 영향을 줄 뿐만 아니라 부모의 육아 스트레스에도 큰 비중을 차지하니까요. 마지막으로 잘 안 먹는 아기와 행복한 식사 시간을 만들어나가기 위한

'해피밀Happy Meal 프로젝트'에 필요한 지식을 다루겠습니다.

아기가 안 먹어서 고민인 분들 정말 많을 거예요. 수유기부터 잘 먹지 않았거나 혹은 잘 먹었던 아기들도 일부는 유아식을 먹으면서 식사 습관이 안 좋아지거나 잘 안 먹는 경우가 많습니다. 안 그래도 힘든 육아에 굉장한 스트레스 요인이 되는 부분이지요. 영어로는 'picky eater', 즉 까다롭게 먹는 아이라고 하는데요. 이 주제로 상당한 연구가 진행되었어요. 전 세계적으로도 많은 부모가 이 문제로 힘들어하고 있다는 뜻이기도 하겠지요.

아이들은 왜 안 먹을까요? 그 이유를 이해하기만 해도 아이가 안 먹을 때 받는 스트레스가 크게 줄어들 수 있습니다. 잘 안 먹는 아이의 마음을 새로운 관점에서 바라볼 수 있게 되지요. 아이들이 먹는 문제에 대해 40년 가까이 연구한 미국 공인 영양사이자 BCD 인증(임상사회복지 영역에서 최고 수준의 퀄리티를 인정하는 자격) 심리치료사로서 부모들을 상담하고 돕는 데 평생을 바친 전문가 엘린 새터Ellyn Satter는 다음과 같이 말했습니다.[103]

> "부모들은 가끔 '먹는 것'을 당연하게 받아들인다. 아기들에게 있어 식사가 굉장히 복잡한 행위이기 때문에 서서히 배워가야 한다는 생각을 하지 못하는 것 같다. 먹는 동작에 익숙해지는 것, 가족 식사라는 사회적인 이벤트에 참여하는 것, 다양한 맛과 향의 음식에 익숙해지는 것은 모두 아기들이 자라면서 천천히 배워나가야 할 복잡한 스킬들이다."

지금 이 순간 아기가 안 먹는 것에만 초점을 맞추며 걱정하지 마세요. 그러다 보면 아기에게는 식사라는 행위가 상당히 어려울 수 있다는 것, 그리고 아기는 매일 조금씩 배우고 성장하고 있다는 것을 놓치게 됩니다. 이 분야에 대해 조사해보면 공통적으로 발견되는 문구가 하나 있어요. '먹이려는 압박Pressure to eat',

즉 아기에게 먹어야 한다는 압력이나 부담을 주는 것을 뜻하지요. 부모가 아기에게 주는 압력이 강해질수록, 아기는 행복한 식사 시간과 점점 거리가 멀어집니다. 다수의 학자들은 '잘 안 먹는 아이' 문제의 가장 근본적인 해결책은 '행복한 식사 시간 만들기'라는 데 동의하고 있어요.[104]

해외 블로그에서 읽은 식사에 대한 경험담이 있는데요. 아이에게 '부모가 먹으라고 강요하는 것'이 얼마나 스트레스가 될 수 있는지 생생하게 다가왔던 이야기예요. 어떤 엄마가 초등학교 저학년 아들 둘을 키우는데, 비슷한 나이의 친구네 딸을 여름 방학 몇 주간 맡아주기로 했다고 해요. 친구 엄마는 "이 아이는 정말 안 먹는 아이니 이런 수단을 동원할 수밖에 없다"며 안 먹는 음식 리스트와 함께 상세한 가이드를 써서 보내줬다고 합니다. 새하얗고 빼빼 마른 여자아이였다고 하는데요. 첫날 아침이 되자, 그 가이드를 무시하고 평소 먹는 건강한 식단의 식사를 차려주었다고 합니다. 아들들은 잘 먹는데 여자아이는 입에도 안 대더랍니다. "전 이거 안 먹어요." 그러자 이 엄마는 "이게 우리 아침 식사란다. 먹을 수 있는 게 없다면 어쩔 수 없다"고 했고 그날 아이는 하나도 안 먹었습니다. 그다음 날도, 그다음 날도 마찬가지였어요. 간식만 겨우 먹었겠지요. 나흘 째 되던 날 아침, 여자아이는 아침 식사 한 그릇을 다 비웠고 더 달라고 했대요. 그리고 이 집에 있는 내내 채소, 통곡물, 고기, 유제품, 가리지 않고 아주 잘 먹었다고 합니다. 더 통통해졌고요. 그런데 집에 갈 날이 다가왔고, 여자아이의 엄마와 전화를 끊으며 "너희 엄마가 내일 데리러 온대"라고 말해줬대요. 그 순간 아이는 이 집에 왔던 첫째 날로 다시 돌아가, 입을 닫고 음식을 거부했다는 이야기입니다.

아이의 식사 거부에 부모의 태도나 심리적인 거부감도 크게 작용한다는 게 느껴지나요? 물론 개인적인 이야기지만 많은 가정에서 일어나는 일과 아주 동떨어진 케이스도 아니에요. 많은 부모가 잘 안 먹는 아이를 걱정합니다. '잘 먹어야 되는데….' 이 걱정은 한 순갈이라도 더 먹이려는 압력으로 이어질 수 있고, 부모와 아이 모두에게 힘든 식사 시간으로 만들어버릴 수 있어요. 아이들은 본인이 통제권을 가질 수 있고, 충분히 자유를 느낄 수 있는 편안한 환경에서 가장 잘 먹거든요.

한 연구 논문에서 이런 통계를 밝힌 바 있는데요.[105] 15개월 아기를 키우는 부모들을 대상으로 조사했을 때, 전체의 56퍼센트 정도가 자신의 아이가 편식한다고 생각했다고 해요. 이 부모들은 아기가 잘 안 먹는 문제에 대해 걱정 수준이 높은 그룹과 낮은 그룹으로 나누어졌는데요. 만 3세 때 다시 살펴보니 부모의 걱정 수준이 높은 그룹에서는 절반 정도가, 부모가 크게 걱정하지 않았던 그룹에서는 17퍼센트만이 '잘 안 먹는 아이'가 되었다고 해요. 이런 결과는 다른 연구에서도 반복적으로 나타났어요.[106]

즉, 부모가 아이를 먹이는 데 집착하다 보면 아이는 오히려 식사 거부가 심해질 수 있습니다. 돌 이후 유아기부터는 아이가 통제권을 가져가려고 하는 일종의 자율성을 획득하기 위해 엄청나게 노력하는 시기이기 때문에, 억지로 먹이려는 부모의 태도는 오히려 아기의 거부감과 투쟁으로 이어질 가능성이 높습니다.

물론 부모가 아기에게 먹으라는 압력을 가한다고 해서 무조건 부모의 성향이라고 치부할 수는 없어요. 아기의 잘 안 먹는 행동이 부모의 태도를 유발하는 경향도 무시할 수 없습니다. 몸무게가 적은 편인 아기를 키우는 부모일수록 아기에게 억지로 더 먹이려는 경향이 관찰되기도 하니까요.[107] 쌍둥이 아기를 키우는 부모를 대상으로 한 연구에서도 더 안 먹는 아기에게 먹이려고 집중하는 모습을 보인다는 결과도 있지요.[108] 이유가 어찌 되었든 아이를 먹이려는 노력이 아이를 사랑하고 걱정하는 마음에서 나온다는 데는 이견이 없습니다. 문제는 때로 그 걱정이 지나쳐 상황을 더 악화시킨다는 것입니다. 특히 첫째 아이를 키우는 부모일수록 둘 이상의 아이를 키우는 부모에 비해 아이를 먹이는 문제로 걱정하게 될 가능성이 두 배나 크다고 해요. 육아가 처음이기 때문에 모르는 것이 많아 과도하게 불안해지기 쉽지요.[109]

저도 마찬가지였어요. 다미는 첫째인데 신생아 때를 제외하고는 몸무게가 항상 평균보다 적게 나갔고, 음식을 신중하게 대하는 편이었지요. 그래서 늘 마음 한구석에 충분히 먹이지 못했다는 걱정을 품고 어떻게든 더 먹이려고 애를 썼어요. 특히 돌이 지나면서 유아식을 시작하자 먹이는 게 더 어려워졌지요. 그렇게 힘든 식사 시간을 보내다가 다미가 18개월 때 영유아 검진을 했는데요. 그때 보니 다미의 키가 딱 평균이고, 몸무게는 하위 25퍼센트 정도이긴 해도 지극히 정상이더라고요. 그 결과서를 보면서 '아, 자기 양만큼 먹으면서 잘 자라는 애를 두고 왜 혼자 스트레스 받았지?' 하는 생각이 들더라고요.

제 경험뿐만 아니라 대부분 돌 무렵의 아기들은 이전보다 잘 안 먹는 것처럼 보입니다. 하지만 돌 전처럼 잘 먹고 몸무게가 쑥쑥 늘어나기를 바라면 안 됩니다. 캐나다소아과학회의 영양 및 소화기내과 위원회에서 만든 한 자료에서는 이러한 언급이 있었습니다.[110]

> "유아를 둔 부모의 25~35퍼센트 정도가 '아이가 잘 안 먹어서 걱정이다'라고 답했음에도 불구하고, 아이들 대부분은 정상적인 식욕과 정상적인 성장 속도를 가지고 있다. '잘 안 먹는 아이'들의 상당수는 그렇게 태어난 게 아니라 발달적으로, 즉 시기적으로 자연스럽게 적게 먹게 된 아이들이며, 오히려 더 먹게 만들려는 부모의 노력이 부작용을 일으킨 것이다."

그럼 아기들은 왜 돌 이후에 잘 안 먹는 것처럼 보일까요? 만 1~5세 사이 유아들은 원래 식욕이 자연스럽게 감소하는 경향이 있다고 합니다. 몸무게 증가 속도도 눈에 띄게 줄어들고요. 돌 전에는 분명 이유식도 잘 먹었고 심지어 분유나 모유도 끊었는데 식사를 잘 안 하면 부모들은 자연스럽게 걱정을 하고 어떻게든 먹이려고 하게 되지요.

또 유아들은 식사 시간마다 먹는 양이 일정치 않은 경우도 상당하다고 해요. 약간의 성향 차이가 있겠지만 이런 아기들도 매일 먹는 양을 총합해서 기록해보면, 거의 일정한 수준의 에너지를 유지한다고 합니다.[111] 즉, 하루를 기준으로 보면 스스로 필요한 만큼 먹는 능력이 있다는 것이지요. 아기의 영양 섭취를 걱정하는 부모들은 많은 경우 아기의 끼니 간 식욕 변동에 과민반응하고 있는 것일 수 있습니다.[112] 이번 끼니에 아기가 두 순가락 먹고 말았다고 너무 스트레스 받을 필요 없어요.

유아기에는 영아일 때보다 새로운 음식에 더 신중합니다. 이러한 변화는 지극히 자연스러운 것이에요. 학자들은 진화적으로 생존에 유리한 방향으로 만들어진 전략일 수 있다고 설명하기도 합니다. 영아기 때는 주로 부모가 주는 음식을 먹게 되므로 입에 들어오는 음식이 대체로 안전하다고 볼 수 있지요. 즉, 신중할 필요가 별로 없습니다. 반면 유아기 때는 혼자 걸어서 돌아다닐 수 있잖아요. 스스로 뭔가 집어서 입에 넣을 수 있는데, 안 먹어본 음식을 덥석 삼켰다가 독이라도 있으면 큰일이지요. 안 먹어본 음식에 대해 더욱 신중해질 필요가 있지요.

하지만 신중하다는 것이지, 안 먹는 건 아닙니다. 강요받지 않고 중립적으로 그 음식을 반복해서 경험하게 해주면(그냥 보는 것이든 만져보는 것이든 입에 넣었다가 뱉어내는 것이든), 열 번까지 시도해야 할 수도 있지만 결국엔 수용하게 돼요. 다만 부모가 억지로 먹여서 심리적인 거부감이 개입되면, 열 번에서 끝날 기회가 30번까지 이어질 수도 있습니다.

아기가 음식을 뱉는 것에 대해서도 걱정을 많이 하지요? 아기가 음식을 뱉으면 크게 혼내거나 훈육을 한 경험도 있을 거예요. 하지만 식사 시간은 최대한 즐거운 시간이어야 하며, 테이블 매너 교육을 하더라도 아기의 발달 단계를 고려해 이루어져야 합니다. 엘린 새터는 한 저널에서 이렇게 말했습니다.[113]

> "유아가 어떤 음식을 먹게 하기 위해서는 어른들이 먹는 것을 먼저 보여주어야 한다. 유아는 그 음식을 입에 넣었다가 다시 뱉을 수 있다. 부모들은 이게 아기가 음식을 거부하는 것이라 생각하지만 이것은 아기들이 음식을 경험하는 방식이다. 아기들은 여러 번의 노출을 통해 그 음식을 마스터한다. 이 과정을 단축시키려는 노력은 역효과가 날 뿐이다."

밥을 먹을 때 편식하는 경우에도 고민이 될 수 있습니다. 물론 아기들마다 별나게 보일 정도로 특정 음식에 아주 예민하기도 하지요. 거기엔 아기 나름의, 부모는 잘 모르는 이유가 있을 수 있어요. 예를 들어 그 음식을 처음 접했을 때의 경험이 굉장히 부정적이었을 수도 있습니다. 음식을 뱉었다가 혼났거나 피곤하고 컨디션이 안 좋은 때였을 수도 있지요. 이럴 때 '아직 이 음식을 정복하지 못했을 수도 있다'고 생각하는 것과 '이걸 안 먹어서 큰일이야'라고 생각하는 것은 다른 방식의 대처로 이어집니다.

"정말 안 먹을 거지? 그럼 엄마가 먹을게." "뱉어도 괜찮아. 손톱만큼만 먹어보는 건 어때?" 이렇게 말하며 차분하게 도와줄 수도 있지만, 대체로 안 먹는 아기를 닦달하며 걱정하는 표정을 짓거나 한숨을 쉬며 아기를 심리적으로 압박하게 될 가능성이 더 높겠지요. 아기들은 부모의 미세한 표정이나 말투에 드러나는 부정적인 감정이나 스트레스에 상당히 민감해요. 평소에는 웃으면서 잘 해주는 엄마 아빠가 식사 시간에만 표정이 굳거나 화를 낸다면 어떨까요? "밥 먹자"는 부모의 말에 긴장하거나 마음을 닫아버리겠지요.

최대한 차분한 태도를 유지하며 거부하는 음식을 반복해서 노출해주세요. 대체로 시간이 지나면서 자연스럽게 받아들입니다. 뱉는 것도 너무 걱정 마시고요. 이런 마음가짐으로 접근할 수 있다면 아기와의 행복한 식사 시간을 위한 해피밀 프로젝트의 기본 토대는 마련된 셈입니다.

다미는 신생아 때부터 많이 먹는 편은 아니었습니다. 이유식도 유아식도 마찬가지였어요. 오후 간식을 많이 먹거나 조금 늦게 먹었다면 금방 식사에 흥미를 잃곤 했지요. 저도 엄마인지라 걱정이 되었어요. 오죽하면 처음으로 다미에게 화를 냈을 때가 이유식을 거부했을 때였겠어요.

'왜 안 먹지?' 하는 스트레스로 마음이 흔들렸을 때 성급히 해결책을 찾지 않았어요. 이런 일이 왜 생기는지 제대로 이해하고 싶었지요. 그리고 수많은 임상적, 비임상적 사례와 객관적인 시선으로 전문가들이 분석해놓은 '잘 안 먹는 아이들'에 관한 이야기는 제가 중심을 잡는 데 큰 도움이 되었답니다. 잘 안 먹고 몸무게도 적게 나가는 첫째를 키우는 엄마지만 걱정의 늪에 빠지지 않을 수 있었어요. 현재 세 돌이 지난 다미는 또래에 비해 약간 마른 듯하고, 식욕이 좋을 때도 나쁠 때도 있지만 골고루 잘 먹는 편이고 그래서 키도 쑥쑥 잘 크고 있답니다.

해피밀 프로젝트 2: 행복한 식사를 위한 세 가지 원칙

결론부터. 첫째, 식사 루틴 지키기. 둘째, 식사에만 집중하기.
셋째, 부모와 아기의 책임 영역 분리하기.

해피밀 프로젝트의 최종 목표는 아기가 '잘 먹게 되는 것'이 아니라, 아기의 '식사가 행복하고 즐거운 시간이 되는 것'입니다. 전자가 욕심이 나겠지만 장기적으로 후자를 목표로 해보세요. 그 과정에서 아기는 자연스럽게 잘 먹는 모습을 보여줄 겁니다. 지금부터 식사가 행복하고 즐거운 시간이 되는 대원칙을 알아보겠습니다.

원칙1: 규칙적인 식사 루틴 만들기

영유아 식이 전문가들은 규칙적인 식사 루틴을 고수해야 하는 시기를 돌 무렵으로 보고 있어요.[114] 돌 이후의 유아에게는 먹고 싶을 때 먹이는 방식이 좋지 않다고 합니다. 여전히 수유가 중심이 되는 이유식기에는 먹고 싶을 때 먹이는 방식이 권장되지요. 대략 6개월 전부터 12개월 사이가 바로 루틴의 전환기입니다. 돌 무렵에는 어느 정도 식사 루틴이 잡히도록 서서히 아침, 점심, 저녁으로 나누어 익숙해지도록 하는 것입니다. 물론 이 전환은 서서히 이루어져야 합니다. 하루아침에 식사 방식이 바뀐다면 어려움이 따를 테니까요.

수유를 끊고 아기가 식사로만 영양을 섭취하기 시작하면, 많은 부모는 아기가 배고플까 봐 걱정이 될 거예요. 이건 부모로서의 본능입니다. 특히 아기가 말을 못 하니 더 걱정이 될 거예요. 아기가 식사를 부실하게 한 경우 아마도 다음 식사나 간식 시간이 되기 전에 아기가 배고플까 봐 간식이나 우유 등을 줍니다. 그 결과 아기들은 간식이나 우유로 손쉽고 맛있게 배를 채울 수 있어서 굳이 식사를 안 해도 된다는 사실을 알게 됩니다. 그래서 식사를 거부하고 부모들은 또 배고플까 봐 우유나 간식으로 배를 채워주지요. 이런 식의 악순환이 반복되는 경우가 많습니다.

돌 이후 아기들은 식사와 간식을 정해진 시간에만 주는 시스템으로 서서히 정착해야 합니다. 즉, 정해진 식사나 간식 사이에는 아기에게 음식을 주지 않아야 해요. 이 시기 아기는 점차 자기주장이 강해지고 자율성을 추구하지만, 동시에 하고 싶은 대로만 할 수 없는 어떤 한계선이 있다는 것을 어렴풋이 인식하게 됩니다. 그래서 자꾸 테스트하려고 해요. 이걸 한계 테스트Limit Testing이라고 하는데요. 예를 들어 아기가 하면 안 되는 행동을 했을 때 "안 돼"라고 해도 아기들이 바로 그만두지 않잖아요. 이거 진짜 안 되는 건가? 지금만 안 되는 건가? 다른 방식으로 하는 건 괜찮은가? 다양한 상황에서 시도하면서 부모의 눈치를 보지요. 열 번, 스무 번 해보고, 아, 이건 어떤 상황에서도 안 되는구나, 내 한계선이구나, 하는 걸 명확히 알게 되는 거예요. 그래서 부모가 일관적으로 반응해주는 게 중요하지요. 상황에 따라 된다, 안 된다 오락가락하다 보면 아기들도 혼란스러워지고, 일상 속의 행동에 대한 한계선을 배울 수 없게 되거든요.

식사도 마찬가지예요. 아기들은 아직 식사라는 문화를 배워가고 있는 중입니다. 식사 시간, 간식 시간이 따로 있다는 것을 당연히 아직 몰라요. 어렴풋이 엄마 아빠가 "밥 먹을 시간이다" 하고 비슷한 시간에 식사를 주는 것을 보고 조금씩 느낄 따름이지요.

엘린 새터는 한 논문에서 아기들이 식사와 관련된 자신의 한계선을 이해하기 위해 한계 테스팅을 한다고 설명합니다.[115] 한밤중 등 이상한 시간에 특정 음식을 달라고 떼를 쓰기도 하고요. 식사 도중에 과일을 먹겠다고 난리를 치기도 하고 영상을 보여주지 않으면 식사를 거부하기도 해요. 여기에 따른 부모의 반응을 보면서 식사 루틴에 대해 이해해가는 거예요. 그래서 아기에게 식사 루틴을 지켜야 한다는 것을 말과 행동으로 명확히 알려주어야 합니다. 가장 중요한 건 식사와 간식 시간 이외에 음식을 주지 않는 것이지요. 부모가 먼저 정해진 루틴을 깨고 아무 때나 간식을 허용하기 시작하면, 아기가 앉아서 식사를 마치려는 동기는 점차 사라지게 돼요. 지금 안 먹고 조금 있다가 간식 먹으면 되잖아요. 왜 굳이 앉아서 엄마 아빠의 화내는 얼굴을 마주하면서 이 불편한 식사를 끝까지 하려 하겠어요.

새터가 논문에서 소개한 한 연구에 따르면 식사 시간과 간식 시간이 정해져 있고, 그 사이에 음식이나 음료가 허용되지 않은 아기는 아무 때나 간식을 먹을 수 있는 아기에 비해 전반적인 식사량이 50퍼센트나 더 높으며, 식탁에 앉아서 배부를 때까지 집중해서 식사할 확률이 더 높다고 해요.[116] 부모들은 음료를 가볍게 생각하는 경향이 있는데 사실 음료도 아기가 식사를 하는 데 상당한 방해 요소가 됩니다. 물은 빼고요. 과일주스처럼 당분이 높고 칼로리가 높은 음료나 우유처럼 지방이 높아 쉽게 배불러지는 유음료 모두 식사 시간을 앞둔 시점에 미리 주지 않는 게 좋아요. 주려면 식사 직후, 자기 전, 혹은 간식 시간에 주는 게 좋습니다.

하루 종일 쫓아다니며 먹이거나, 아기가 배고프지 않고 간식 시간도 아닌데 굳이 간식을 주거나 하는 행동은 배고플 때 먹고 배부를 때 그만 먹는 바람직한 식사 습관을 키우는 데 방해가 돼요. 배가 고프지 않아도 그냥 먹는 습관은 당장이야 큰 문제가 안 되더라도 나중에 아기가 스스로 꺼내 먹거나 사 먹을 수 있는 나이가 되면 비만으로 이어지기 쉬운 나쁜 습관이에요. 어른들도 이런 습관을 가진 사람들이 꽤 있지요? 딱히 배고프지도 않은데 그냥 습관적으로 먹는 경우 많잖아요. 대체로 식사와 간식은 두세 시간 이상 간격을 주는 게 좋아요. 그리고 식사 시간에 아기가 식욕이 없고 잘 안 먹는다면 간식 시간이나 간식의 양부터 바꿔보길 권장해요. 저희 집은 대략 이런 스케쥴입니다.

8시	아침 식사
12시	점심 식사
낮잠	–
15시 30분	간식
18시	저녁 식사
21시 (자기 전)	우유

원칙 2: 식사에 집중하기

정해진 시간에 식사를 하는 것만큼이나 중요한 것이 식사 시간이나 간식 시간이 너무 늘어지면 안 된다는 것입니다. 식사 때는 식사에 집중하고 짧게 끝내야 해요. 대체로 먹는 시간은 30분 이내로 끝나는 게 적당합니다. 한 시간에서 심하게는 두 시간 가까이 되어버리면, 다음 식사나 간식 시간까지 충분한 간격이 생기지 않아서 아기가 식욕이 생기지 않고 식사 시간의 구분 자체가 모호해지거든요. 식사 시간이 늘어져서 아기가 하루 종일 뭘 먹고 있는 걸 영어권에서는 'grazing'이라고 표현합니다. 풀을 뜯는다는 뜻인데, 소는 정해진 식사 시간이 없이 하루 종일 뭘 먹잖아요. 사람은 이렇게 하면 안 되겠지요. 배고플 때 먹고, 배부를 때 그만 먹어야 해요. 마찬가지로 간식 시간도 한 시간이 넘도록 돌아다니며 먹는 게 아니라 앉아서 먹을 수 있게 해주는 게 좋습니다.

아기가 식탁을 떠나 돌아다니다 보면 식사 시간이 늘어지기 쉽지요. 사실 저는 어느 정도 나이가 있는 아기들이면 모를까, 유아들이 식사 중 돌아다니는 것 그 자체는 큰 문제라고 생각하진 않아요. 아기가 어릴 때부터 앉아서 먹어야 한다는 식사 예절을 유달리 강조하는 것도 어느 정도는 동양의 문화적 맥락이 반영된 거라고 생각하고요. 캐나다소아과학회의 영양 및 소화기내과 위원회에서 만든 '잘 안 먹는 아이'를 키우는 부모들을 위한 가이드라인에는 이렇게 쓰여 있습니다.

> "아기의 연령과 발달 단계에 맞는 테이블 매너를 요구해라. 식사는 행복한 시간이어야 한다. 부모들은 식사 시간에 훈육을 하지 않도록 노력해라."[117]

물론 테이블 매너, 식사 예절은 중요하고 부모가 계속 가르쳐야 하는 것이지만 중요한 건 거기까지 도달하는 '과정'이겠지요. 아기의 기질이나 성향에 따라 이 과정이 길고 어려울 수도, 짧고 쉬울 수도 있어요. 아기들은 아직 집중력이 짧고 오랫동안 앉아 있는 게 어려운 경우가 많아요. 특히나 기질적으로 활동적인 아기들은 더 어려울 수 있을 거고요. 앉아서 먹는 게 얼마나 중요하냐에 앞서, 일단 우리 아기에 대해 다른 누구도 아닌 부모가 먼저 인정해줘야 합니다. "이 일은 너한테 어려울 수 있겠구나" 하고요. 그러고 나서 환경적인 부분을 어떻게 도와줄 수 있는지 생각해보는 거예요.

호주 정부에서 운영하는, 건강 및 육아 정보를 제공하는 웹사이트에서는 아기를 앉아서 먹이는 문제에 대한 좋은 가이드라인이 제시되어 있는데요. 다음의 문장으로 시작하고 있습니다.[118]

> "행동의 변화는 시간과 노력이 수반된다는 사실을 받아들여라. 차분하게, 인내심을 가져라."

아기가 돌아다니느라 식사 시간이 늘어지는 문제를 해결하기 위해 부모들은 크게 세 가지 방법 중 하나를 택하게 될 거예요.

첫째, 따라다니면서 먹이는 방법이 있지요. 예상하겠지만 좋지 않은 방법입니다. 부모도 아기를 따라 돌아다니면서 앉아서 먹어야 한다는 메시지와 정반대의 모습을 보여주게 되기 때문입니다. 훈육의 기본은 언행일치, 부모가 아기에게 가르치고자 하는 행동의 모범을 보이는 거예요. 사회적으로 무엇이 적절한지를 배울 때, 아기가 기본 모델로 삼는 게 바로 부모의 행동이니까요. 돌아다니는 아기를 따라다니느라 부모도 식탁에서 벗어나게 된다면, 아기에게 '돌아다니면 안 돼'와 '돌아다녀도 돼'라는 뒤섞인 메시지를 전달하게 돼요. 그래서 부모의 메시지에는 힘이 없어집니다.

둘째, 영상 시청이나 책 읽기 등 식탁에 아기를 붙잡아놓을 수 있는 활동을 하는 것입니다. 만약 식사 중에 영상을 보여준다면, 아기는 그냥 영상을 쳐다보며 입을 벌리고 기계적으로 씹을 뿐이지 식사를 경험하고 있다고 보긴 어려워요. 이렇게 정신이 완전히 딴 데 팔린 채로 먹는 것을 '마인드리스 이팅Mindless Eating'이라고 해요. 식사를 경험하고 있지 않은 겁니다. 당연히 앉아서 식사하는 연습이 거의 안 되겠지요. 뿐만 아니라 아기가 배부름을 잘 느끼지 못해 과식하는 습관을 키우며 비만으로 이어질 수 있다는 연구 결과가 상당히 있습니다.[119] 가능하면 식사 도중에는 영상을 보여주지 않는 게 좋고, 백그라운드로 켜져 있는 TV도 끄는 게 좋아요(아기와의 일상에서 백그라운드 TV는 웬만하면 꺼두어야 합니다).

전문가들도 인정하는, 식사 도중에 유일하게 권장되는 활동은 대화를 하는 거예요. 인간의 식사는 굉장히 사회적인 자리이고 대화가 큰 부분을 차지하잖아요. 최대한 아기와 대화를 하면서 식사 시간을 긍정적으로 이끌어나가려고 노력하면 좋습니다.

셋째, 아기가 자리를 뜨면 식사를 끝내는 것입니다. 저는 아기가 어려서 많이 돌아다니던 시절에 두 번째 방법과 세 번째 방법을 적당히 활용하면서 '식사는 앉아서 하는 것'이라는 메시지를 주었어요. 두 번째 방법은 물론 원칙적으로 좋지 않습니다만, 이런 원칙들은 각 가정과 아기에게 맞게 유연하게 적용해야 한다고 생각해요. 다미의 경우 상당히 활동적인 편이라서 강요나 뇌물, 협박을 쓰지 않으면서 식탁에 앉게 하기가 좀 어려워요. 그래서 책의 도움을 받는 편입니다. 물론 최소한으로만 활용하는 편이 좋아서 책읽기 자체에 몰입하기보다는 대화의 도구로 사용했어요. 한 페이지를 펴놓고 내용과 관련된 경험에 대해 이야기하는 식으로요. 아직 어린 아기는 눈앞에 보이지 않는 주제에 대해 대화하는 것이 어려울 수 있으니까요. 이 방법은 아기의 월령이 지날수록 사용을 줄일 수 있습니다. 이렇게 책의 도움을 받으며 식사를 하다가 아기가 자리를 이탈하면 다시 돌아오도록 부드럽게 유도했고요. 점차 그 정도가 심해진다 싶으면 식사를 종료하는 세 번째 방법을 사용했습니다.

이렇게 각자 가정의 상황에 맞는 방법을 활용하다 보면 또 다른 창의적인 방식을 찾아낼 수도 있습니다. 중요한 건 아기가 식사의 본질, 즉 '앉아서 먹는 경험'과 '식사에 조금이라도 집중하는 경험'을 조금씩 늘려나가는 것입니다.

이와 별개로 유니버시티 칼리지 런던의 건강행동연구센터의 연구진은 여러 연구를 리뷰하며 식사에 보상을 제공하는 건 대체로 좋지 않다는 결론을 내리고 있습니다.[120] 예를 들어 스티커나 칭찬 등의 '덜 물질적인 보상'은 적절히 활용하면 덜 좋아하는 음식을 먹거나, 앉아서 먹으려는 아기의 자발적인 노력을 유도할 수 있는 효과적인 방법이 될 수 있다고 해요. 하지만 간식이나 장난감 등의 '음식이나 물질적인 보상'을 활용하는 것은 전반적으로 좋은 식습관 형성에 방해가 된다는 연구 결과가 많다고 합니다. 먹는 행위의 포커스가 보상이 되어버리는 거지요. 식사는 초콜릿이나 장난감을 얻기 위해 어쩔 수 없이 해야 하는 거라는 인식만 커지고요. 만약 디저트가 '식사를 마친 것에 대한 보상'처럼 인식되기 시작한다면 식사 후 디저트 시간을 없애는 게 좋습니다.

아기가 앉아서 식사에 집중하도록 도움을 주는 두 가지 환경적 요소가 있습니다. 첫 번째는 아기가 식사를 시작할 때 배고픈 상태여야 한다는 거예요. 식사 루틴이 중요한 이유도 바로 여기에 있습니다. 루틴이 잡혀 있으면 식사 시간이 되었을 때 배고픈 상태에서 식사를 시작할 확률이 높기 때문이에요. 두 번째는 가족들과 함께 같은 음식을 먹는 것입니다. 영국 브리스톨대학교 의대 연구진과 네슬레사에서 공동으로 진행한 연구 논문에서는 이렇게 보고하고 있습니다.[121] 혼자 식사하는 게 아니라 가족들과 함께 식사하는 아기일수록, 그리고 별도의 식사를 준비해주는 게 아니라 부모와 동일한 음식을 먹는 아기일수록 '잘 안 먹는 아이'가 될 가능성이 낮아진다고요.

많은 아기가 어린이집 등 기관 생활을 시작하면 집에서 먹을 때보다 기관에서 먹을 때 더 잘 먹는다는 평을 듣곤 합니다. 주변 사람들이 뭔가 하는 걸 볼 때, 사람은 그 활동을 하려는 동기가 더 높아져요. 그래서 식사 시간에도 아기 혼자 먹고 엄마는 앞에서 멀뚱히 있기보다 가족이 함께 식사를 할 때 아기도 더 잘 먹는다는 것이지요.

앞에서 유아들은 낯선 음식에 굉장히 신중한 경향이 있는데 이건 진화 과정에서 생긴 생존 본능 때문이라고 이야기했어요. 그런데 부모가 같은 음식을 먹는 모습을 보여준다면 어떨까요? 낯선 음식이 위험하지 않다고 판단하고 더 다양한 음식을 적극적으로 받아들일 수 있게 될 거예요. 물론 한국 반찬은 매운 게 많기도 하고, 어른 반찬에 든 소금 간이 걱정되기도 하지요. 가장 이상적인 건 부모와 아기가 건강한 식단을 함께 공유하는 거예요. 전체적으로 반찬에 간을 줄이고, 아기 음식은 완벽하게 먹여야만 한다는 집착도 내려놓고, 적당한 수준에서 함께 먹을 수 있는 구성으로 식사 시간을 자주 가지면 좋을 것 같아요. 다만 각 가정에서 할 수 있는 만큼 하면 된다고 생각해요. 이상적인 목표는 이상적인 목표고, 현실에 적용할 줄도 알아야겠지요.

저희 집도 다미의 식사 스케줄에 가족들이 못 맞출 때가 많고, 바빠서 간단히 때우는 일도 많아서 함께 식사하지 못할 때가 많긴 합니다. 그래서 저는 다미 식사만 준비해서 저녁을 먹일 때는 반찬을 좀 넉넉하게 챙기고 제 젓가락도 가져와서 조금씩 뺏어먹는 편이에요. 먹어보라고 권유해서 안 먹는 건 일부러 제가 맛있게 먹는 모습을 보여주기도 하고요. "이거 엄마랑 나눠 먹을래?" 물어보고 반으로 잘라서 다미에게 주기도 하고요. 이런 재미에 다미도 조금 더 즐겁게 먹는 것 같더라고요. 대화할 거리도 많아지고요. '무조건 가족 식사를 같이 해야 한다'라고 생각하기보다 가족 식사가 왜 좋은지 먼저 생각해보고, 현재 할 수 있는 범위 내에서 즐거운 식사 경험이 되도록 이런저런 방법을 시도해보는 것을 추천해요.

원칙 3: 책임의 분리

세 번째 원칙은 식사에 있어 부모와 아기의 책임 소재에 관한 것입니다. 엘린 새터가 고안해 전 세계적으로 유명해진 이론이 하나 있어요. 책임의 분리DORs,

부모의 책임 영역	WHAT(무엇), WHEN(언제)
아기의 책임 영역	HOW MUCH(얼마나 먹을지), WHETHER TO EAT OR NOT(먹을지 말지)

Division of Responsibilities라는 것입니다. 식사에서 부모의 책임과 아기의 책임을 명확히 분리해야 한다는 것이지요.

부모의 책임 영역을 볼게요. 부모는 무엇을 먹일지 결정합니다. 건강하고, 균형 잡히고, 아기가 잘 먹는 음식을 준비해야겠지요. 그리고 아기의 간식 시간과 식사 시간을 결정합니다.

다음은 우리가 놓치기 쉬운 아기의 책임 영역입니다. 부모가 준비해준 식사 중에 각 음식을 얼마나 먹을지 심지어 먹을지 말지는 아기가 결정해야 한다는 거예요. 여기서 '책임'이라는 말을 썼는데요. 아기가 결정하고 나면 그에 따라오는 결과는 아기가 책임을 져야 합니다. 즉, 아기가 주도적으로 적게 먹기로 혹은 안 먹기로 했으면, 다음 식사 시간이나 간식 시간 전에 배고파지더라도 기다릴 수밖에 없겠지요. 자기가 결정한 것이니까요.

육아를 공부하는 것은 원칙을 알고 활용하기 위해서라고 이야기했지요. 물론 처음부터 쉽게 적용하기는 어려울 거예요. 해피밀 프로젝트도 마찬가지예요. 먼저 아기와의 식사 시간은 어떤 모습이어야 할지 방향성을 파악하는 것으로 시작합니다. 하지만 큰 방향을 잡는 것 못지않게 중요한 게 바로 유연성을 바탕으로 여러 가지 원칙을 조합해나가는 것이지요. 예를 들어 아기가 반찬과 밥을 얼마나 먹을지를 결정하는 건 중요해요. 하지만 또 다른 각도에서 보면, 아기가 다양한 식품군의 음식을 골고루 잘 먹는 것도 중요하잖아요. 최대한 아기가 식사량을 책임지게 노력하되 편식이 심하거나 지나치게 안 먹는다면 적당한 수준에서 권유하는 등 현실적인 각 가정만의 방식을 만들어나가야 해요.

베싸&다미 이야기

다미도 식사를 많이 남기는 편이었어요. 일단 저는 매우 많은 자료에서 "건강한 아기들은 자기에게 필요한 만큼 먹는 능력이 있다"는 말을 반복적으로 봤기 때문에, 다미의 식사량보다는 제 기대치를 조정할 필요가 있다고 생각했어요. 여기서 마인드 컨트롤을 위해 하나 기억하면 좋은 것은 아기의 위 크기는 아기의 주먹 크기 정도로 매우 작다는 거예요.

이렇게 기대치를 조정하고 나니, 애초에 식사를 너무 많이 주는 것 같다는 생각이 들더라고요. 그래서 식사량을 줄이고, 다 먹고 나면 칭찬해주고 "더 먹을래?"라고 물어보았어요. 책임의 분리에 따라 다미에게 알아서 먹으라고 맡겼을 때 좋아하는 반찬 하나만 먹거나 밥만 먹기도 합니다. 저는 기본적으로 다미가 밥이든 반찬이든 좋아하는 걸 먹을 수 있게 하되, 그렇게만 두진 않았고 옆에서 다른 반찬도 적당히 권유했어요. 최대한 강압적이기보다는 긍정적인 형태로 먹을 수 있게 유도했습니다.

"뱉어도 괜찮아. 한번 먹어볼까?"

"안 먹고 싶어? 알았어. 그러면 엄마가 한번 먹어볼게."

"음, 엄마는 맛있는데 다미는 맛이 없구나."

"이렇게 손톱만큼 작게 해주면 어때? 먹어볼래?"

"그래도 싫어? 그럼 오늘은 엄마가 다 먹을게."

실랑이가 되지 않도록, 적당히 권유하다 포기하기도 하고, 제가 맛있게 먹는 모습을 보여주기도 하면서 식사를 하다 보니 어느 순간 다미가 예전에는 안 먹던 여러 가지 반찬을 먹고 있더라고요. 그날 안 먹어도 괜찮고, 먹었다가 뱉어도 괜찮고, 물고만 있어도 괜찮다, 그냥 이 반찬을 경험하는 과정이다, 언젠가는 익숙해질 거다, 이렇게 생각하려고 노력했어요.

식사를 남길 수 있어요. 아기의 식사량은 아기가 정하는 것이기 때문에 한 숟갈 먹고 안 먹으려 하거나 너무 돌아다니면 치워도 좋습니다. 남긴 것에 대해 혼내거나 부정적인 코멘트를 하지 않는 게 좋아요. 그냥 "이제 안 먹을 거구나?" 하고 치우는 거예요.

"아기가 한 숟갈도 안 먹었는데 어떻게 치우지요? 배고플까 봐 너무 걱정돼요." 이런 분들이 분명 있을 거예요. 말씀드린 것처럼 원칙이나 큰 방향성을 새겨놓되 유연성을 발휘하며 할 수 있는 만큼 하면 됩니다. 아기의 연령에도 어느 정도 맞춰야 할 거고요. 예를 들어 저는 다미가 18개월 이전에는 안 먹는다고 하면 일단은 치웠어요. 그리고 너무 배고파하면 과일이나 치즈 등 건강한 간식을 줬어요. 29개월인 요즘에는 식사를 안 하려고 하거나 돌아다니면 다 먹었는지 묻고 "그럼 치우자"라고 최대한 협박처럼 들리지 않게 말해요. 그러면 다시 돌아와서 먹기도 하고, 그만 먹겠다고 하기도 합니다. 그만 먹겠다고 하면 스스로 식판이나 그릇을 퇴식대에 가져다 놓게 한 다음에 다른 활동으로 넘어갑니다. 스스로 치우면 식사를 끝맺음했다는, 식사 종료에 대한 책임이 아기에게 있다는 것을 더 명확히 할 수 있을 것 같아서 이렇게 하고 있어요.

아기가 너무 적게 먹어서 간식 시간이 돌아오기 전에 배고파할 때도 있어요. "지금은 간식 시간이 아니야. 조금 있다가 먹자." 이렇게 말하면 보통 물을 마시더라고요. 너무 배고파하면 식사 시간을 10분 정도 앞당기기도 하지만요.

저는 30개월 정도가 되면 정해진 식사를 하지 않았을 때 배고플 수 있다는 것도 깨달아야 한다고 생각해요. 물론 가정마다 원칙에 따라 유연하게 적용할 수 있습니다. 부모로서 허용할 수 있는 지점과 아기의 성향을 고려해 기준을 잘 세워야 해요. 예를 들어 간식 때문에 아기가 충분히 배고픈 상태에서 식사를 시작하지 않은 것 같다면 좀 더 엄격하게 루틴을 지키는 방식으로 조절할 수도 있겠지요. 원칙을 잘 이해한 뒤 아기를 잘 관찰하며 유연하게 대처한다면 여러 번의 시행착오를 거치더라도 결국에는 '해피밀 프로젝트'를 성공적으로 해낼 수 있을 거예요.

잘 자는 아기를 위한 올바른 수면 육아

'등 센서'는 왜 생기는 걸까?

결론부터. 아기의 등 센서는 생존 본능입니다. 생존 본능을 거스르긴 쉽지 않지만 결국에는 해결된답니다.

간신히 잠든 아기를 내려놓고 뒤돌아서면 들려오는 울음소리. 여러 번 듣다보면 한숨이 절로 나오지요? 그래서 수면을 위한 꿀템을 찾아 헤매는 경우도 있고, "손을 타서 그렇다"는 말에 울 때마다 아기를 안아줬던 자신을 자책하는 경우도 있습니다. 아기의 등 센서는 정말 많이 안아주는 바람에 '손을 타서' 생기는 걸까요? 과연 해결책은 있을까요?

콜롬비아대학교의 임상심리학 박사인 로라 마크햄Laura Markham 박사는 본인이 운영하는 육아 블로그에서 이렇게 설명합니다.[1] 아기들은 기본적으로 양육자의 품을 떠나 바닥에 눕혀지는 것에 대해 '위험하다'고 판단하는 유전자의 본능 때문에 두려워하고 운다는 거예요. 이게 '등 센서'의 실체라는 것이지요. 인류 역사의 대부분은 수렵 채집 생활이었는데요. 다른 동물에 비해 약한 인간의 아기는 정글 바닥에 눕힌 채로 남겨지면 생존하지 못할 가능성이 크기 때문에, 엄마 품을 떠난다는 것 자체가 위험한 환경에 놓이게 되는 것이었어요. 안길 때까지 저항하고 우는 아기들이 후세에 유전자를 전하기 유리했겠지요. 그래서 아기들은 바닥에 눕혀지면 패닉에 빠지고, 위험하다는 생각에 아드레날린이 분비되면서 진정하지 못하게 돼요.

물론 대부분의 진화론적인 이론이 그렇듯 위의 설명은 추측입니다. 합리적인 추측이지요. 많은 아동 관련 학자가 돌 전 아기들이 우는 행동은 '생존'과 밀접한 연관성이 있다고 보고 있어요. 아기들은 뇌 발달 단계상 복잡한 감정을 다루는 뇌의 부위나 의도적이고 계획적인 사고를 다루는 뇌의 부위는 아직 덜 발달했고, 생존과 같은 본능적인 행동을 다루는 뇌의 부위가 두드러지게 활동할 시기거든요. 등 센서나 잠투정 역시 생존과 관련되어 있어요. 잠드는 데 너무나 익숙해진 탓에, '잠'과 '두려움'을 연관지어 생각하지 못하는 어른의 입장에서는 왜 아기가 잠드는 데 생존의 위협을 느끼는지 도통 공감하기가 어려울 뿐이지요.

〈커런트 바이올로지Current Biology〉에 실린 한 연구에서는 6개월 이하의 아기들이 어떤 조건에서 진정되고 잠이 드는지 실험 결과를 보고했는데요.[2] 아기에게 젖을 물리는 것 외에 졸릴 때 안전한 느낌을 주는 가장 좋은 방법은 아기를 안고 걸어 다니는 것이라고 해요. 연구자들은 이에 대해 수렵채집인 시절의 위기 상황에서 엄마와 아기가 잘 도망가려면 아기를 안고 앉아 있는 것보다 뛸 준비를 위해 걸어 다니는 게 더 유리했기 때문이라는 설명을 덧붙였어요. 즉, 엄마가 안아주고 움직이기를 적극적으로 요구하는 아기들이 생존 확률이 더 높았기 때문에 인간 아기는 진화의 결과 등 센서를 가지게 되었다고 볼 수 있겠네요. 또 이 연구에서는 아기를 안은 사람이 걷는 속도가 빠를수록 아기가 더 진정된다고 하는 다른 연구 결과도 인용하고 있어요. 생존 확률을 높이는 것과 같은 맥락이겠지요? 아기가 진정이 안 된다면 아기를 안고 다소 빠르게 걸어 다니거나 흔들어주면 효과적일 것 같네요.

로라 마크햄 박사는 이 사실을 바탕으로 등 센서가 심한 아기를 눕혀서 재우는 방법에 대한 팁을 주는데요. 진화에 따른 아기의 본능을 거스르지 말고 그 본능에 맞게 행동하라고 해요. 즉, 안전한 곳에서 자고 싶은 욕구를 채워주라는 거지요. 단계적으로 접근하는 게 포인트입니다. 각 단계에서 다음 단계로 넘어갈 때는 하루 이틀이면 충분할 수도 있고, 몇 달이나 걸릴 수도 있어요. '울어도 엄마 아빠가 오지 않는구나'를 훈련시키는 류의 수면 교육을 제외하면, 아기를 빠른 시일 내에 잘 재우는 마법의 솔루션은 없더라고요.

우선 아기를 흔들거나 안고 돌아다니는 등 여러 방법을 사용해서 재우되, 눕힐 때 아주 살짝만 깨우세요. 이렇게 함으로써 아기가 눕혀지는 과정 혹은 자다가 반쯤 깨게 되는 상황에서 '이곳은 안전한 곳이구나' 하고 다시 잠들 수 있도록 가르쳐줄 수 있어요. 만약 수유 중에 잠드는 아기라면 품에 안아서 먹이면서 재울 수밖에 없으므로 등 센서 극복이 어렵겠지요? 수유 중에 잠이 들었다면 아기를 깨우고, 흔들거나 안고 걸어 다니면서 재우면 됩니다.

다만 제 경험상 눕힐 때 아기를 살짝 깨운다는 게 현실적으로 어려운 경우도 있더라고요. 살짝 깨우면 깼다가 비몽사몽해서 다시 잠드는 아기도 있지만, 매번 불안함에 울며 깨버리는 경우도 있어요. 다미는 아무리 살짝 깨워도 열 번이면 열 번 다 울며 깨버렸기 때문에 저는 굳이 눕힐 때 깨우지 않았습니다(이렇게 아기의 반응을 살피며 유연하게 적용해야 합니다).

그다음에는 흔들어서 재우는 단계를 넘어서야 해요. 아기를 안아서 걸어 다니거나 흔들어서 재우다가 아기가 아주 잠들기 전에 흔들어주는 것을 멈추세요. 물론 아기가 저항할 거예요. 그럴 때는 다시 흔들어주다가 또 잠들기 직전에 멈춰서 정지된 상태에서 잠들 수 있게 하세요.

정지된 상태에서 잠드는 데 아기가 익숙해졌다면 완전히 잠들기 전에 눕히는 연습을 할 때예요. 매우 졸린 상태의 아기를 살짝 내려놓고 팔을 빼지 않은 채로 등을 침대에 대고 잠들게 해주세요. 그 후에 팔을 살짝 빼는 거예요. 저는 다미가 어릴 때 바구니처럼 생긴 침대를 썼는데, 이 침대는 안은 채로 아기를 눕히기가 불가능했어요. 그래서 낮잠을 재울 때는 어른 침대에 이런 식으로 눕혀서 재우는 연습을 했습니다. 밤잠을 잘 때는 어쩔 수 없이 완전히 잠든 후에 아기 침대에 넣어줬어요.

이제 아기가 침대 안에서 엄마 팔에 안긴 채로 잠들 수 있게 되었다면, 다음은 아기가 안겨서 잠들지 않고 누운 채로 잠들 수 있게 도와줄 차례입니다. 불안해하지 않도록 "쉬" 소리를 내주거나, 토닥여주거나, 가슴에 손을 얹어 안정감을 주는 등 다양한 방법을 동원해 아기가 누운 상태에서 잠들 수 있게 도와주면 돼요. 이 과정에는 약간의 울음이 수반될 수 있어요. 저는 다미가 8~9개월 정도 되었을 때야 누운 채로 잠드는 데 성공할 수 있었어요. 그전에는 다미가 너무 울어서 아직 준비가 안 되었다고 생각했거든요.

아기마다 잠에 대한 불안함의 강도는 다양해요. 100일 때부터 침대에 등을 대고 잘 자는 아기가 있는가 하면 12개월이 다 되도록 어려워하는 아기도 있습니다. "몇 개월부터 통잠을 잘 수 있다" "몇 개월부터 수면 교육이 가능하다"는 수많은 조언은 사실 모든 아기에게 적용되는 조언이 아니에요. 이런 조언을 찾아다니면서 조급해할수록 더 힘들어지는 건 결국 부모더라고요. 우리 아기가 각 단계에 적응할 준비가 되었는지 '내가 직접 파악하는 수밖에 없다'는 마음을 먹고, 한 단계 한 단계 잘 이끌어주세요.

다미는 등 센서도 심하고 쉽게 잠들지 못하는 편이었어요. 처음엔 많이 힘들었지만, 잠드는 게 아기에게 있어 생존의 위협을 받을 정도로 두려운 일일 수 있다고 생각하니 화보다는 연민의 감정으로 아기를 대하게 되었어요.

등 센서가 한창 심했던 100일 전후로는 안아서 흔들어 재우다가 잠들면 살살 내려놓고 이불로 감싼 뒤 배에 작은 베개를 올려놓았어요. '얕게 자는 잠 초반에 누군가에 안겨 있지 않거나 보호받지 않고 휑한 느낌이 들면 생존에 위협을 느끼고 금방 잠에서 깨어 운다'는 게 저 나름의 가설이었지요. 다미의 경우에는 잘 통했던 것 같습니다. 이불로 꽁꽁 싸매니 더워하는 바람에 에어컨을 강하게 틀어야 했지만요. 그러다 점차 좁쌀베개 하나만 얹어줘도 깨지 않고 잘 자기 시작했고, 젖을 먹지 않고도 흔들어주지 않아도 잘 수 있게 되더니 결국엔 누워서 잘 자는 아기가 되었답니다. 긴 여정이었지만요.

수면 교육, 언제부터 할까?

결론부터. 수면 교육의 시기에 대한 정답은 없습니다.

영아를 키우는 엄마 아빠의 최대의 고민, 아마 잠일 겁니다. 정말 잘 자는 아기가 아니라면 많은 분이 이 시기에 잠을 최대 고민거리로 꼽을 거예요. 저도 마찬가지였어요. '아기가 어떻게 하면 잘 잘까'는 제 인생을 통틀어 저를 가장 괴롭혔던 질문 중 하나라고 해도 과언이 아니었지요. 새벽에 세 번째로 깨서 밤중 수유를 하던 어느 날, 문득 'Sleeping like a baby'라는 표현이 머리에 떠올랐어요. 천사처럼 푹 잔다는 영어 표현인데 문득 어이가 없다는 생각에 웃음이 나왔지요. 이렇게 잠 못 자는 생명체를 본 적이 없는데 말이지요.

부모들은 '어떻게 하면 잘 재울까'에 대해 고민하다가 두 가지 갈림길에 서게 됩니다. 하나는 어릴 때부터 아기의 울음을 적당히 무시하면서 빠르게 '수면 교육Sleep Training(개인적으로 수면 훈련이 더 적절한 용어라고 생각하지만 보통 수면 교육이라고 번역됩니다)'을 시키는 것이고요. 다른 하나는, 부모가 조금 힘들더라도 아기의 울음을 무시하지 않고 대응해주면서 천천히 수면에 익숙해지게 도와주는 것이에요. 두 가지 방향 중 어느 것이 아기에게 더 좋은 것인지는 과학적으로 알려진 바 없으며, 이것은 전적으로 부모의 선택 영역이에요.

문제는 수면 교육이 정말 필요한지 고민해보지도 않고, 다들 하라고 하니까 하는 경우가 아닐까요? 호주 퀸스랜드대학교의 코아 위팅햄Koa Whittingham 박사는 한 논문에서 선행 연구들을 살펴보며 이렇게 정리했습니다.[3]

> "생애 첫 6개월 동안의 수면 교육은 단기적, 장기적으로 영아나 엄마의 건강에 이롭지 않다. 또한 아기가 얼마나 자주 깨서 엄마를 찾는지는 엄마의 수면 효율과 관련이 없었다."

수면 효율이란 엄마가 깬 후에 다시 잠에 들기까지 걸리는 시간을 말해요. 수면 효율이 높다면, 모유 수유하는 엄마들이 밤중에 수유를 위해 자주 일어나야 함에도 불구하고 수면의 질도 더 좋고 수면 시간도 긴 경향이 있었다고 합니다. 엄마의 수면 효율은 산후우울증과 관련이 있지만, 밤에 영아가 깨는 빈도는 산후우울증과 관련이 없었고요. 엄마의 수면 효율이 높다면 적어도 첫 6개월 동안은 아기가 밤에 자주 깬다 하더라도 '수면 교육을 해야 할 이유'는 딱히 없다는 뜻이에요. 다만 수면 효율이 낮아 깼다가 다시 잠들기 어려우며, 밤중에 자주 깨게 되는 것이 너무 괴로운 경우라면 수면 교육을 시도할 수 있겠지요.

수면 교육을 하기로 결정을 했다면 '언제 하면 좋을지'가 궁금할 거예요. 믿을 만한 저널에 실린 수면 교육의 부작용을 밝혀보려고 시도한 연구는 두 개를 찾을 수 있었습니다. 하나는 〈소아과학〉에 실린 무작위 대조군 실험법을 적용한 연구인데요.[4] 생후 6~16개월 사이의 아기들을 대상으로 수면 교육을 한 그룹과 안

한 그룹을 비교해봤어요. 두 그룹의 아기들은 부모와의 안정 애착 형성 여부나 정서적, 행동적인 문제 행동 빈도에 차이가 없었습니다. 역시 〈소아과학〉에 실린 무작위 대조군 실험법을 적용한 또 다른 연구에서는 7개월 아기들을 둘로 나누어 한 그룹에만 수면 교육을 진행한 뒤 5년 뒤에 정서적 문제 발생 여부를 살펴봤어요.[5] 그 결과, 마찬가지로 정서적, 행동적 문제의 빈도, 수면 습관, 사회성, 만성 스트레스, 부모와의 안정 애착 형성 여부에 차이가 발견되지 않았습니다. 수면 교육을 했다고 뭔가 나쁘거나 좋은 점이 있는 게 아니었다는 것이지요.

일부 전문가들이 제시하는 수면 교육의 권장 연령 혹은 수면 교육의 필요성이나 부작용 등에 관해서는 대부분 근거가 부족합니다. 전적으로 부모의 선택 영역이에요. 수면 교육의 시기나 시도 여부가 장기적으로 아기에게 끼치는 영향은 별로 없을 거예요. 수면 교육이 아기에게 일생에 남는 트라우마가 된다고 믿을 만한 근거는 없어요. 아기는 낮 동안 양육자와의 상호작용 속에서 더 많은 것을 경험하고 양육자와의 관계를 만들어나가는 것이고요. 배신감이나 버려졌다는 느낌 등 더 세분화되고 복잡한 감정을 느낄 수 있게 되려면 감정을 이해하는 능력이 섬세하고 복잡하게 발달해야 하는데, 돌 전의 아기들은 아마도 그런 감정을 이해하지 못할 거예요. 수면 교육을 진행하는 기간 동안 하루 한두 시간 '위험하다'고 느끼며 스트레스 수치가 올라가는 것을 경험할 뿐이에요. 반면 아기를 달래주고 싶은 본능적인 모성을 억누르고, 정해진 스케줄대로 억지로 재우려고 노력하는 것이 중요하고 꼭 해야만 하는 것인지, 아기가 가진 '스스로 진정하는 능력'을 이런 식으로 '훈련'시켜야만 하는지에 대해서도 근거가 부족하기는 마찬가지입니다.

베싸&다미 이야기

저는 수면 교육 그 자체를 찬성하지도, 반대하지도 않아요. 부모에 따라 수면 교육이 절실한 경우는 분명 있어요. 제 이야기를 좀 해보자면, 저는 아기의 울음을 무시한다는 게 좀 어려웠어요. 그래서 어쩔 수 없이 '느린 방식'을 택했지요. 다미는 생후 6개월 전에는 밤에 세 번씩 깼지만 그럼에도 불구하고 느린 방식은 그리 힘들지 않았습니다. 왜냐하면 전 수면 효율이 높은 편이어서 밤중에 아기 수유를 위해 깼다고 해도 수유를 마치면 바로 잠들 수 있었거든요. 모유 수유 중이라 그랬을지도 몰라요. 엄마가 밤에 모유 수유를 할 때는 다시 잠들기 용이하게 하는 호르몬의 분비가 촉진되어 잠에 더 잘 든다는 연구 결과가 있어요.

그렇다고 해서 누군가가 수면 교육을 할까, 말까를 고민할 때 저는 제 경험에만 비추어 '하지 말라'고 권하지 않습니다. 왜냐하면 저는 느린 방식을 택했어도 그럭저럭 살 만했지만, 누군가에게는 그렇지 않다는 것을 알거든요. 제 지인 한 명은 아기를 키우며 극심한 수면 부족에 시달렸습니다. 밤중에 누워서 수유하다 잠들어버리곤 했던 저와 달리, 분유를 타 먹이고 트림을 시키는 사이에 본인은 완전히 깨버렸지요. 혹시나 분유를 게워내서 질식사하진 않을까 걱정되는 마음에 아기가 잠들고도 한참을 들여다보다가, 간신히 잠에 들까 하면 아기가 일어나 분유 달라고 울더랍니다. 수면 부족은 낮에 아기와 보내는 시간에도 당연히 영향을 미쳤어요. 아기가 울 때 차분하게 대응한다거나, 섬세하게 아기의 신호에 집중하며 반응해주는 것도 어려워졌어요. 이런 경우는 아기를 며칠간 울리더라도 수면 교육을 하는 것이 부모와 아기 모두에게 장기적으로 더 좋은 길일 거라 확신해요.

수면 교육에 대한 답은 육아 맥락에 따라 천차만별입니다. 정답을 찾아 헤매거나 근거 없는 불안감 속에서 스트레스만 받지 말고 '나에게 꼭 필요한지'에 대해 먼저 생각해보세요. 필요하다 싶으면 어떤 수면 교육 방식이든 한번 시도해보고 '너무 울어서 못 하겠다'고 포기했다면, 그것도 괜찮습니다. 참고로 이른 시기에 수면 교육에 성공하더라도 그 성공이 평생 가는 건 아니랍니다. 육아의 길은 험난하거든요. 잘 자던 아기도 잠퇴행기, 분리불안, 대근육 발달, 단유, 기저귀 떼기, 환경 변화, 둘째 등장 등등 아주 다양한 이유로 수면 패턴이 깨지고 또다시 수면을 어려워하는 시기가 오기도 해요. 아기가 어릴 때 일찍 성공했다고 좋아할 것도, 실패했다고 슬퍼할 것도 아닌 것이 수면 교육인 것 같아요. 주변의 말에 너무 흔들리지 말고, 우리 아기와 나에게 가장 잘 맞는 방향을 찾아가는 여정을 선택할 수 있길 바랍니다.

아기가 잘 자는 환경 만드는 열 가지 원칙은?

결론부터. 모든 아기에게 드라마틱한 효과를 주진 않겠지만, 기본적인 원칙 열 가지를 기억하세요.

저는 수면 교육을 하지 않았기 때문에 천천히, 단계적으로 누워 자는 습관을 만들면서, 전반적으로 수면에 이상적인 환경을 조성해주는 데 힘썼어요. 여러 연구 자료를 통해 알게 된 '숙면에 도움되는 환경'을 소개할게요.

온도

요즘 부모라면 아기를 시원하게 키워야 한다는 사실은 다 알고 있을 거예요. 조리원이나 산부인과에서도 들었을 거고요. 옛날 육아 지식과 현대 과학 지식이 충돌하는 대표적인 예지요. 할머니는 춥다고 염려하고 젊은 엄마는 원래 춥게 키우는 거라고 대답하는 장면, 아마 익숙할지도 모르겠어요.

아기는 체온 조절 능력과 발차기 힘이 약하기 때문에 이불 안에 싸여 있으면 점점 체온이 올라서 잘 자지 못하거나, 심지어 아주 어린 경우 과열로 인한 영유아돌연사증후군의 대상이 될 수 있다고 하니 조심해야 해요.[6]

영국 레스터대학교의 연구진이 진행한 연구에서는 생후 3~4개월 아기들을 대상으로, 방의 온도와 수면의 관계에 대해 살펴보았어요.[7] 그 결과 시원한 환경에서 잠든 아기들은 따뜻한 환경에서 잠든 아기들에 비해 아침에 깨는 시간이 조금 더 빨랐고, 전체적으로 깨는 횟수가 적었어요. 반면 따뜻한 환경에서 잠든 아기들은 깊은 잠을 자고 있을 때인 수면 후 4~5시간 뒤에 잘 깨는 경향이 있었고, 전체적으로 깨는 횟수가 많았습니다. 둘 중에는 시원한 환경인 게 더 좋겠지요. 깊은 잠을 잘 시간에 부모도, 아기도 잘 수 있고 깨는 횟수도 더 적으니까요.

성인의 경우에도 잠들기에 이상적인 환경은 추울 정도는 아니지만 시원한 환경(18도 정도)이라고 해요.[8] 밤중에 깼을 때 땀을 흘렸다거나 몸이 뜨겁다면 수면에 그리 이상적인 환경이 아니므로 옷을 더 얇게 입거나 온도를 조절할 필요가 있어요. 마찬가지로 아기의 경우에도 18~23도 정도로 방 온도를 설정하고, 옷은 얇게 입히는 게 좋다고 합니다. 아기들은 성인보다 체온 조절 능력이 약하기 때문에 너무 덥지 않도록 주의하는 게 좋은데, 아기가 잘 때 땀을 흘린다거나 몸이 뜨겁다면 온도 조절이 필요해요.

밤잠에 드는 시간

많은 분이 놓치고 있는 것 중 하나, 부모가 오히려 아기를 늦게 재우고 있는 건 아닌지 체크하세요. 〈수면의학Sleep Medicine〉에 실린 연구에 따르면, 일찍 잠드는 아기일수록 그리고 매일 비슷한 시간에 잠드는 아기일수록 더 길게 자는 경향이 있다고 해요.[9] 이 연구의 대상은 15.8개월 정도의 아기들이었기 때문에 아주 어린 아기들에게도 이 원칙이 해당되는지는 명확히 알기 어려워요. 돌 전의 영아를 대상으로 진행된 연구는 찾을 수 없었어요. 하지만 밤잠과 낮잠의 구분이 없는 시기를 지나고 밤잠이 유의미하게 길어지기 시작하면 밤잠에 드는 시간이 너무 늦어지지 않도록 신경 쓸 필요가 있습니다.

일찍 자는 게 중요한 이유 중 하나는 생체리듬 때문인데요. 빛의 노출 정도에 따라 달라지는 호르몬의 작용으로 생체리듬이 생기지요. 생체리듬에 민감한 아기들은 자연스럽게 날이 밝으면 잠에서 깨기 쉬운 상태가 된다고 해요. 어젯밤에 평소보다 두 시간 늦게 잤더라도, 아침에 깨려는 생체리듬 때문에 두 시간 늦게 일어나지 않아요. 예를 들어 한 시간 정도 늦게 일어나게 될 거예요. 결국 두 시간 늦게 자면 전체적으로 수면 시간이 한 시간 줄어드는 거예요. 일찍 자는 게 더 긴 수면 시간으로 이어질 가능성이 높다는 것이지요.

또 어떤 아기들은 과하게 피곤하면 잠에 들기 더 어려워요.[10] 특히 어린 아기들일수록 그런 경향이 있어요. 잘 시간을 지나 너무 피곤한 상태가 되면 아기들의 몸은 위협을 감지하고, 아드레날린이나 코르티솔 같은 호르몬을 분비하며 각성 상태가 되곤 해요.[11] 그 결과 재우는 데 더 오랜 시간이 걸리고, 잠에 들더라도 깊이 자지 못하고 계속 깨서 울거나 하지요. 그래서 마지막 낮잠에서 일어난 뒤 밤잠에 들기 전까지의 간격이 너무 길어지지 않도록 유의하면 좋습니다. 물론 너무 일찍 재우면 아기가 충분히 졸리지 않은데 억지로 재워야 하므로 좋지 않지만요.

아기마다 몇 시에 자는 것이 일찍 자는 것이라고 단정적으로 말하긴 어려워요. 다만 낮잠에서 일어나고 밤잠에 들기까지의 간격이 상당히 길다면(딱 잘라 얼마 이하가 정상이라고 밝혀진 시간은 없지만, 대체로 7~8시간 정도라면 너무 길다고 볼 수 있을 것 같아요), 그리고 아기의 밤잠을 재우기가 쉽지 않다면 전반적으로 자는 시간을 조금 앞당기면 도움이 됩니다. 평소보다 조금 일찍 깨우고 일찍 재우면서 아기가 더 수월하게 잠드는지, 총 수면 시간이 더 길어지는지를 비교해보세요.

완전히 잠들기 전에 눕히기

아기가 완전히 잠들기 전에 눕혀야 한다는 것은 알면서도 실천하기 쉽지 않은 일이에요. 아기가 잠들기 전에 눕히면 깨버릴 확률이 높고, 지칠 대로 지친 엄마들은 아기를 빨리 재우고 쉬고 싶으니까요. 그렇지만 힘들더라도 깨어 있을 때 눕히는 연습을 많이 해야 해요.

미국 캘리포니아대학교의 연구진은 아기가 생후 3개월, 6개월, 9개월일 때 잠과 관련된 부모의 행동과 아기가 생후 12개월이 되었을 때 '스스로 진정하기 Self-soothing(밤잠을 자다가 여러 번 깨더라도 스스로 다시 잠드는 것)' 능력을 습득했는지 여부와의 상관관계를 살펴보았습니다.[12] 연구에 따르면 생후 3개월, 6개월, 9개월 아기 중 완전히 잠들지 않고 침대에 눕힐 때 깬 상태였던 아기들이 생후 12개월 때 스스로 진정할 수 있는 확률이 더 높았어요.

아기들은 기본적으로 환경에 대한 불안과 공포 때문에 잠을 잘 못 자는 것이기 때문에, 몇 번 누워 잠들어봤는데 안전하다는 경험을 계속하도록 도와주어야 한다는 거예요. 물론 아기의 성향이나 연령에 따라 통하기도 하고 통하지 않기도 하니, 잠들기 직전에 눕혀보고 반응을 보세요. 동일 연구에 따르면, 생후 3개월 무렵 아기가 자다 깼을 때 부모가 즉각 반응하기보다 천천히 반응하는 경우, 생후 12개월 때 스스로 진정할 확률이 더 높았다고 합니다.

스와들링, 백색소음, 수면의식, 마사지

〈소아과학〉에 실린 연구에서는 모로반사가 있는 시기의 아기들을 대상으로 스와들링을 해주면 수면에 좋은 영향을 줬다고 보고했습니다.[13] 백색소음은 신생아 대상 연구밖에 없어 근거는 다소 빈약한 편입니다. 런던 퀸샬롯병원 연구진들이 신생아를 대상으로 한 연구에서는 백색소음이 신생아의 수면 유도에 도움이 되었다고 보고했어요.[14] 우리 아기는 백색소음을 틀어놓으면 덜 깨는지 한번 살펴보세요. 다만 백색소음을 너무 크게 혹은 장기간 활용하는 것은 동물실험을 통해 밝혀진 바, 청력에 부정적 영향을 줄 수도 있는 가능성이 있으니 과하게 사용하지 않는 편이 좋겠습니다.[15]

매일 잠자기 전 같은 수면의식을 진행하는 것의 효과 또한 〈수면Sleep〉에 실린 연구를 비롯한 여러 연구를 통해 입증된 바 있습니다.[16] 수면의식은 수면 분위기 조성에 도움이 되는 차분한 활동 위주로 각자 정하면 되는데요. 보통은 목욕이 포함되는 경우가 많지요. 목욕 자체가 아기의 수면을 유도하는 효과가 있는지에 대해서는 딱 맞는 연구 결과가 없지만, 텍사스오스틴대학교의 연구진이 어른을 대상으로 진행한 실험을 통해 "잠자리에 들기 90분 전에 뜨거운 물로 목욕이나 샤워를 하면 더 빨리 잠들고 깊게 잔다"고 보고한 바 있어요.[17]

우리 몸에는 '코어 온도'가 있는데 오후와 저녁 때 약간 올라갔다가 잠자기 전에 떨어지기 시작해서 깊은 잠을 잘 때는 하루 중 제일 낮다고 해요. 뜨거운 물로 목욕이나 샤워를 하면 혈액순환이 촉진되면서 몸의 중심에서 손, 발 등으로 열이 이동하고, 그 결과 코어 온도는 낮아지는데요. 이 과정에서 몸이 잠에 대비해 코어 온도를 떨어뜨리는 것을 도와주기 때문에 더 빨리 잠들고, 잘 자게 된다는 것이에요. 아기의 수면 온도를 시원하게 맞추라는 것도 이 코어 온도의 변화와 관련이 있어요. 주변 온도가 너무 높으면 코어 온도를 떨어뜨리는 게 더 어려울 수 있으니까요. 이런 원리가 어른뿐 아니라 아기에게도 적용된다면, 아기도 잠들기 한 시간에서 한 시간 반 정도 전에 목욕을 해주면 잠을 더 잘 잔다고 추측할 수 있을 것 같아요. 수면의식으로 목욕을 하면 좋겠지요?

마지막으로, 〈모자보건학회지The Journal of Maternal and Child Health〉에 실린 연구에서는 생후 3~6개월 아기를 대상으로 마사지의 효과를 연구했는데 수면의 질에 긍정적 효과가 있었다고 보고했어요.[18] 수면의식의 일부로 목욕 후에 로션을 발라주며 신체적 접촉을 통한 유대감을 강화하는 계기로도 삼으면 좋겠어요. 아기와의 신체적 접촉은 어떤 구실로든 많을수록 좋지요. 물론 아기가 싫어하는 경우를 제외하고요.

아기를 재울 때 양육자의 태도

심리학에는 EAEmotional Availability(정서적 가용성)라는 개념이 있습니다. 괜히 어렵게 느껴지지만 별거 아니에요. EA란 양육자가 얼마나 아기에게 정서적으로 공감하고 아기가 원하는 것을 적극적으로 들어주려고 하는지에 대한 척도라고 보면 돼요. 쉬운 예로, 사귄지 3일 된 커플의 경우 상대의 말도 열중해서 듣고, 상대가 원하는 걸 적극적으로 해주려고 하지요? 이런 게 EA가 높은 거예요. 반면 결혼한 지 20년 된 부부라면 약간은 건성으로 대화하거나 상대방이 원하는 걸 알아도 귀찮은 일은 잘 안 하는 등의 EA가 낮은 행동을 보이는 경우가 많지요.

펜실베이니아주립대학교의 더글라스 테티Douglas Teti 박사팀은 생후 1~24개월 사이의 아기와 부모를 대상으로 아기를 재우는 시간에 부모가 보이는 EA 수준과 아기의 수면의 질 사이의 관계를 살펴보았어요.[19] 그 결과 아기를 재우는 시간에 양육자의 EA가 높을수록 아기가 더 잘 잤다고 합니다. 왜 그럴까요? 아기들은 기본적으로 잠드는 것을 생존에 위협이 될 수 있는 것으로 여기고, 불안함과 두려움을 갖고 있습니다. 그래서 충분히 안정시켜주지 않으면 잘 못 자고 우는 것이지요. 잠자리 시간에 부모가 아기의 니즈를 적극적으로 들어주고 따뜻하게 대해주면, 아기는 '아, 내가 잠들어도 이 사람은 나를 잘 보호해주겠구나'라는 느낌을 받기 때문에 더 안심하고 잘 자게 된다는 거예요.

그럼 아기를 재울 때 EA가 높다는 것은 구체적으로 어떤 걸 의미할까요? EA 연구의 선구자인 콜로라도주립대학교의 제이넵 비링겐Zeynep Biringen 교수는 부모의 EA를 크게 네 가지 영역으로 구체화했어요.[20]

민감도Sensitivity	아기가 원하는 바를 정확하고 빠르게 알아내서 적절하게 해결해주는 태도
구조성Structure	규칙적인 수면 시간과 부모의 일관된 수면 의식 태도
억지로 하지 않기Nonintrusiveness	아기의 필요를 존중하고 강요하지 않는 태도
적대적이지 않은 태도Nonhostility	안심하고 잠들 수 있도록 부정적인 감정을 표현하지 않는 태도

모유에 들어 있는 수면 유도 호르몬

〈유럽소아과학European Journal of Pediatrics〉에 실린 논문에서는 밤에 생산된 모유에는 멜라토닌이라는 수면 유도 호르몬의 농도가 높았다는 실험 결과를 발표했습니다.[21] 어른의 경우에는 밤이 되면 더 쉽게 잠들 수 있도록 멜라토닌이 몸에서 생성되지만, 생후 3개월 미만의 아기의 몸에서는 생성되지 않는다고 해요. 그래서 생후 3개월 미만 아기가 밤에 생성된 모유를 먹으면 고농도의 멜라토닌으로 인해 잠들기 쉽습니다. 뿐만 아니라, 모유를 생성할 때 엄마의 혈액으로 분비되는 프로락틴이라는 호르몬은 수유하는 엄마가 잘 잠들 수 있도록 돕는다고 해요. 그래서 모유 수유하는 엄마들은 밤에 깨서 수유를 할 때 다시 잠드는데 어려움이 별로 없는 경우가 많을 거예요. 아기도 중간에 깨더라도 수유 후 바로 잠들어버리는 경우가 많고요.

그러므로 유축 수유를 하는 분들은 유축해둔 모유를 가급적 밤에 수유하는 게 좋겠지요? 만약 혼합 수유를 한다면 밤중 수유는 모유로 하면 밤중에 일어나서 분유를 준비하느라 번거롭지 않아도 되니 엄마도 더 편할 거예요(밤중 수유는 누워서 하는 눕수가 참 편하더라고요).

낮잠 잘 재우기

소아과 전문의인 워싱턴대학교 캐서린 버클렌Cathryn Bucklen 부교수에 따르면, 낮잠을 잘 자는 아기들이 밤잠도 잘 잔다고 해요.[22] 종종 아기가 낮잠을 너무 잘 자서 밤에 잠을 못 잘까 봐 낮잠을 줄여보려고 애쓰는 부모도 있는데, 꼭 그럴 필요는 없다는 것이지요. 마지막 낮잠이 너무 늦어져서 밤잠을 잘 때 충분히 졸리지 않는 것만 방지하면 돼요.

다른 아기에 비해 낮잠을 많이 자고 밤잠을 좀 덜 잔다면, 그건 아직 아기가 낮밤을 가리는 생체리듬을 익히지 못했기 때문이에요. 생체리듬은 낮잠을 덜 재운다고 바뀌는 게 아니고, 낮에는 충분한 햇빛과 소음에, 밤에는 어둠과 조용한 환경에 노출되는 것을 경험하면서 서서히 익히는 것입니다.

낮에는 최대한 밝게 하기

〈전문간호저널Journal of Advanced Nursing〉에 실린 한 연구에 따르면, 생후 50일 정도 된 아기들을 대상으로 실험한 결과 낮 동안 100룩스 이상의 빛에 노출된 아기들일수록 밤에 더 빨리, 길게 자게 되었다고 해요.[23] 집에서 불빛을 환하게 켜놓은 상태가 보통 100룩스 이상은 될 거예요. 해당 논문에서는, 조사 대상 영아들이 평균적으로 낮 시간의 8분의 1 정도만 100룩스 이상의 불빛에 노출되어 있었다고 하니, 생각보다 많은 아기가 좀 어두운 낮 시간을 보내고 있을 수도 있겠네요. 가급적 낮에는 밝게 해주고, 반대로 밤에는 암막 커튼 등을 활용해 최대한 어둡게 해주세요.

한편 〈수면〉에 실린 한 케이스 스터디 논문에서는 햇빛에 최대한 많이 노출되면 생체리듬을 익히는 데 도움이 될 수 있다는 언급이 있었어요.[24] 통계적으로 인공조명에 노출된 아기들과 햇빛에 노출된 아기들의 수면의 질을 비교한 연구 결과는 아직 없었습니다.

햇빛은 맑은 날에는 50,000룩스 이상으로 올라갈 정도로 인공조명에 비해 훨씬 밝아요. 그러므로 햇빛에 많이 노출되는 것도 생체 리듬을 익히는 데 도움이 될 거예요. 햇빛은 과하게 받으면 물론 좋지 않지만 비타민 D 합성에 도움이 되고 엄마의 우울증 예방에도 도움이 되니 하루에 한 번 정도는 아기와 함께 외출해보세요. 참고로 생후 6개월 미만의 아기들의 경우 자외선의 악영향을 피하기 위해 선크림을 바르기보다 유모차 차양이나 모자 등으로 그늘을 만들어주거나 긴팔, 긴바지로 피부를 가려주는 것을 권장합니다.[25] 생후 6개월부터는 선크림을 쓸 수 있습니다.

아기와 같은 침대를 쓰지 않기

많은 수면 전문가는 아기와 같은 방을 쓰더라도, 침대만큼은 따로 쓰는 게 수면에 이상적이라는 데 동의합니다. 〈소아정신의학 및 인간발달Child Psychiatry and Human Development〉에 실린 연구에서는 생후 3~15개월 사이의 아기와 부모 를 대상으로 같은 침대를 쓴 집단과 침대를 따로 쓴 집단을 비교했는데요.[26] 그 결과, 같은 침대를 쓴 아기들이 밤에 더 자주 깼다고 해요. 잠잘 때의 뒤척임 등이 주요 원인으로 추측되었고요.

캘리포니아대학교 어바인의 수면장애센터 연구진들이 진행한 연구에 따르면, 엄마와 붙어서 자는 아기들이 이산화탄소를 더 많이 호흡하게 된다고 합니다.[27] 엄마에게서 나오는 이산화탄소도 있을 테고요, 엄마의 몸이나 옷 등으로 얼굴이 덮여서 자기가 내뱉은 이산화탄소를 다시 마시는 일도 있기 때문이에요. 실내 이산화탄소 농도는 수면의 질에 부정적인 영향을 미친다고 알려져 있어요.[28] 아기를 대상으로 한 연구는 없어서 확정적으로 결론 내릴 순 없지만, 아기의 경우에도 이산화탄소 농도가 높으면 수면의 질이 낮아질 수 있다고 추측해볼 수 있겠지요. 또 이산화탄소 농도를 낮추기 위해 문을 살짝 열어놓고 잠드는 것도 권장합니다.

잠들기 전 대화와 눈 맞춤 안 하기

아기를 재우는 과정에서 후반부, 그리고 밤중에 아기가 깼을 때 아기에게 말을 걸거나 눈을 맞추는 행위는 그리 좋지 않을 수 있어요. 〈임상수면의학지Journal of Clinical Sleep Medicine〉에 실린 연구 논문에 따르면, 아기들은 화재경보기 소리보다 엄마의 목소리에 더 쉽게 깬다고 합니다.[29] 엄마의 목소리는 아기의 생존에 굉장히 중요한 단서가 되기 때문이에요. 자다가도 엄마가 부르면 벌떡 일어나도록 진화한 거지요(그래서 다 커서도 엄마가 깨워줘야만 잠이 잘 깨는 걸까요?).

일본 토마야대학교 연구진이 진행한 연구에서는 아기가 타인과 눈 맞춤을 할 때 뇌의 사회적 상호작용을 담당하는 전전두엽이 활성화가 된다는 것을 밝혔어요.[30] 엄마가 아기와 눈을 맞춘다는 것은 "자, 이제부터 엄마와 상호작용을 하자"와 같은 메시지를 주는 것과 마찬가지라는 거예요. 그러므로 아기를 재울 때나 자다 깼을 때, 안전감을 주기 위해 신체적 접촉은 충분히 해주되, 말을 걸거나 눈 맞춤은 하지 않는 게 좋습니다.

마지막으로 아기가 잘 자는 수면 환경 조성을 위한 열 가지 원칙을 다시 정리해볼게요.

첫째, 방 안 온도를 너무 덥지 않게 유지하기.
둘째, 일찍 재우도록 하고, 일정한 시간에 재우기.
셋째, 잠들기 전에 눕히고, 깨서 울면 잠시 기다렸다가 다시 시도하기.
넷째, 스와들링, 백색소음, 수면의식, 목욕, 마사지 등 활용하기.
다섯째, 아기를 재울 때 높은 EA를 유지하기.
여섯째, 밤에 생성된 모유는 수면제와 같으니 유축한 모유도 밤에 먹이기.
일곱째, 낮잠을 잘 재우기.
여덟째, 낮에는 인공조명과 햇빛에 최대한 노출시키기.
아홉째, 아기와 침대를 따로 쓰기.
열째, 대화와 눈 맞춤은 낮을 위해 잠시 접어두기.

베싸&다미 이야기

태어나면서부터 잘 자는 아기도 있습니다. 그런 아기를 만난 부모라면 아기의 수면 문제로 골머리를 썩이는 에너지를 다른 데 쓸 수 있으니 운이 좋지요. 하지만 저처럼 꽤나 예민하고 잘 못 자는 아기를 만났다면? 당장은 힘들 수 있지만 예민한 아기는 예민한 아기만의 장점이 있답니다. 위협이 될 수 있는 상황을 쉽게 감지하고 도움을 적극적으로 표현하기 때문에 주변의 감각적인 정보도 섬세하게 받아들여 배움의 재료로 삼기도 하고, 같은 환경에서 자신에게 필요한 것을 잘 얻어내기도 해요. 다른 아기에 비해 우리 아기가 잘 못 자는 편이라고 해서 무조건 단점이라고 여기거나 자책하며 불안해하지 마세요. 우리 아기만의 고유한 특성이라고 생각하고 천천히 한 발짝씩 세상에 적응할 수 있도록 도와주세요.

예를 들어 저는 잠자리에서는 특히 민감하게 행동하려고 노력했어요. 우선 목욕시키고 재우는 시간에는 평소보다 다미에게 더 집중하려고 노력했지요. 배고픈 기색이 보이면 바로 수유해주고 안기고 싶어 하는 것 같으면 바로 안아주었고요. 목욕한 후 춥다면 옷 입히기 전에 이불을 덮어서 따뜻하게 해줘요. 한동안은 따뜻한 바람이 나오는 기계를 사용하기도 했어요. 추운데 옷을 입히느라 애쓰다 보면 아기가 울 수 있으니 최대한 입히기 쉬운 내의로 준비하고, 입히다가도 짜증을 내면 바로 안아줍니다. 낮에는 옷 입히다가 찡찡대도 "응~ 이것만 하자~" 하면서 끝까지 밀어붙이는 것과는 약간 다른 태도지요. 다미가 불안해하지 않도록 잠이 들자마자 바로 방에서 나오지 않고, 잠시 머무르다가 완전히 잠든 후에 나오는 편이었습니다.

또 환경이 달라질 때는 더욱 세심하게 챙겼어요. 낮잠 시간 확보도 중요한 이

슈입니다. 다미가 생후 3~4개월쯤 되었을 때 일본으로 여행을 갔던 적이 있어요. 여행을 하니 하루 종일 밖에 있어서 다미가 낮잠을 푹 못 잤지요. 낮잠을 좀 덜 잤으니 피곤해서 밤에 곯아떨어지겠다 싶었는데 웬걸, 피로가 누적되어서인지 다미가 쉽사리 잠에 들지 못하고 호텔에서 엄청나게 울어댔고, 자다가도 평소보다 더 많이 깨더라고요. 물론 환경이 바뀐 점도 한몫했겠지만요. 그 후에는 여행을 가더라도 낮잠 시간을 꼭 확보해주고 있어요.

바운서나 쿠션, 공갈 젖꼭지로 재워도 될까?

결론부터. 아기는 평평한 곳에서 등을 대고 재우는 게 안전해요. 또한 공갈 젖꼭지를 물고 자는 것이 수면을 방해하지는 않지만 끊어야 할 시기는 있습니다.

역류방지쿠션이나 바운서에서 재우기

역류방지쿠션이나 바운서에서 아기를 재워도 되는지 궁금해하는 분들이 많았습니다. 저도 역류방지쿠션 구입을 고민하면서 열심히 조사했는데요. 역류방지쿠션과 관련해서 흔히 떠돌아다니는 말 중 제대로 된 근거를 찾을 수 있는 것은 거의 없었어요. 예를 들어 역류방지쿠션에서 아기를 오래 재우면 허리나 척추에 무리가 간다는 조언의 출처는 명확하지 않습니다(개인적으로 '우리 제품은 허리에 무리가 안 간다'는 식의 마케팅용으로 나온 문구가 아닐까 하는 의심이 드네요).

다만, 원래 역류방지쿠션은 아기를 재우는 용도로 만들어진 것은 아닙니다.

그렇기에 '오래 재우지 말라'는 경고 문구가 따로 붙어 있지 않지요. 이름에서 알 수 있듯 수유 후에 잠깐 눕혀놓는 용도로 만들어진 것이고, 그 용도에 맞게 사용해야 합니다. 그러므로 오랫동안 재웠을 때의 부작용에 대해 제조사에서 꼼꼼히 따지지 않았을 가능성이 높습니다. 그것은 제조사의 책임 소재가 아니거든요. 제조 및 유통 과정에서 검증의 책임이 면제된 잠재적인 위험성이 있을 수도 있다는 것이지요.

한편 약간 각도가 있는 바운서 제품인 피셔프라이스사의 락앤플레이 슬리퍼라는 제품이 2018년도에 30명 이상의 영아 사망으로 인해 리콜된 적 있어요.[31] 사망의 이유는 평평한 곳에 누워 있을 때는 뒤집지 못했던 아기들이 각도의 도움을 받아 뒤집을 수 있게 되었고 제한된 운동 능력 때문에 질식사한 것이었습니다. 혹은 각도가 너무 높은 경우에 고개를 앞으로 떨구면서 숨이 막힐 수 있다는 설명도 있었지요. 사건 이후, 각도가 10도 이상 되는 아기를 눕힐 수 있는 기구 일체(카시트, 각도가 있는 매트리스, 바운서 등)에 대해 위험할 수 있다는 지적들이 있었어요.

뒤집기가 안 되는 아기들의 경우 각도가 있는 곳에서 재우는 것은 위험할 수 있습니다. 뒤집기가 가능한 아기라면 역류방지쿠션에서 뒤집어지면 얼마나 위험할지에 대해서는 아기의 발달 상태를 잘 알고 있는 부모가 판단할 영역이지만, 그 판단이 지나치게 안일해서 문제가 생길 가능성을 배제할 수 없지요. 부모가 지켜보는 와중에 낮잠 정도는 괜찮을 것 같지만, 아기를 재울 때의 공식 지침은 '평평한 곳에서 등을 바닥에 대고 재우기' '주변에 이불 등 질식사의 원인이 될 수 있는 것이 없는 상태에서 재우기'입니다.[32] 적어도 밤잠은 이 지침을 따르고, 낮에 역류방지쿠션에서 잠들었다면 더 깊이 잘 때까지 기다렸다가 침대로 옮기는 것이 좋겠네요.

공갈 젖꼭지 물고 자기

어렵게 재운 아기가 울어서 가보면 입에서 공갈 젖꼭지가 빠져 있습니다. 그래서 많은 부모가 '공갈 젖꼭지가 빠지면 잠에서 깬다'고 생각하기도 해요. 아기가 공갈 젖꼭지를 물고 자면 잠을 푹 못잘까요? 〈국제소아치과저널〉에 실린 논문에 의하면 공갈 젖꼭지를 사용하는 아기들과 그렇지 않은 아기들이 잠에서 깨는 횟수에 차이가 없다고 합니다.[33]

아기들은 공갈 젖꼭지를 계속 빨면서 자는 것은 아닙니다. 잠들고 나서 30분 정도 지나면 공갈 젖꼭지가 자연스럽게 입에서 빠지거나 걸쳐져 있는 것을 볼 수 있지요. 그저 수면의 한 사이클이 지나서 깬 것뿐이며, 공갈 젖꼭지를 다시 물리면 쉽게 안정을 찾는 경우가 많기 때문에 이런 오해가 생긴 듯해요. 그러면 공갈 젖꼭지를 끊어야 할 만한 이유를 알아볼까요?

공갈 젖꼭지 사용이 모유 수유에 부정적인 영향을 줄 수 있다는 주장이 있습니다. 어떤 연구에서는 공갈 젖꼭지 사용이 유두 혼동을 일으켜 모유 수유에 부정적 영향을 준다는 결론을 내렸고, 어떤 연구에서는 공갈 젖꼭지 사용이 모유 수유를 방해하는 게 아니라 모유 수유에 어려움을 겪는 엄마들이 아기를 재우기 위한 수단으로 공갈 젖꼭지를 사용하는 경향이 있을 뿐이라는 결론을 내리기도 했어요. 그래서 미국가정의학학회에서는 혹시 모를 리스크에 대비해 출산 직후에는 공갈 젖꼭지를 사용하지 말고 아기가 모유 수유에 익숙해지고 나서 공갈 젖꼭지를 사용하라고 권고하고 있어요.[34]

공갈 젖꼭지(혹은 손가락 빨기)는 부정교합에 영향을 줄 수 있지만 끊어야 할 시기가 생각보다 이르지 않다는 점도 알아두세요. 미국 내 통계에 따르면 두 돌 전에만 끊으면 부정교합으로 이어질 확률이 거의 미미합니다.[35]

마지막으로 공갈 젖꼭지와 중이염 발생 간에 관계가 있다는 주장이 있습니니다. 공갈 젖꼭지를 빨면 점액을 분비하는 비인두라는 곳의 분비물이 중이로 흘러 들어가게 될 뿐 아니라 치아 변형 때문에 유스타키오관이 기능을 잘 못하게 되어 중이의 압력 조절 문제로 중이염을 유발할 수 있다고 해요. 연구자들이 이에 대한 22개의 연구를 꼼꼼히 따져본 결과 공갈 젖꼭지를 사용하는 경우 그렇지 않은 경우에 비해 중이염이 발생할 확률이 24퍼센트 더 높았다고 해요.[36]

아기가 어릴 때 중이염을 앓게 되면 장내 미생물 환경을 해칠 수 있는 항생제를 먹어야 할 수 있고 한 번 걸리면 재발이 흔해서 불편함이 상당해요. 그러니 분유 수유나 제왕절개 케이스 등 면역력이 더 약할 수 있는 아기의 경우 중이염의 위험을 조금이라도 낮추기 위해 공갈 젖꼭지를 피하는 것도 고려해보면 좋겠어요. 참고로 미국치과협회와 미국 소아치과학회에서는 중이염 예방을 위해 중이염이 발생하기 쉬운 생후 6~12개월 사이에는 공갈 젖꼭지 사용을 줄이거나 자제할 것을 권고하고 있으니 특히 이 시기에는 가급적 잘 때 위주로만 사용하는 게 좋겠습니다.

분리 수면은 아기에게 좋을까 나쁠까?

결론부터. 특별히 좋을 것도 나쁠 것도 없습니다.

미국 등 서구권에서는 아기와 따로 자는 분리 수면이 기본인데요. 개인주의적인 성향도 이유일 수 있지만 더 큰 이유는 안전상의 이유로 미국소아과학회에서 적어도 침대라도 따로 사용할 것을 권고하기 때문입니다. 반면 한국에서는 아기와 함께 자는 경우가 많았고, 점차 분리 수면을 선택하는 경우가 늘고 있지요. 분리 수면에 대한 연구가 없는 것은 아니지만 그 결과는 다소 분분한 편이에요.

먼저 분리 수면이 더 좋은 선택이라는 근거를 살펴볼게요. 아기가 4개월보다 어리거나 조산아나 저체중아로 태어난 경우 분리 수면을 하면 영유아돌연사증후군의 가능성이 더 낮아진다고 합니다.[37] 신체 발달 능력이 미숙한 아기들이 부모와 함께 자면 부모에게 깔리거나 코가 막히는 등 질식의 위험이 있으며 위험한 상황에서 적극적으로 몸을 써서 탈출하기 어렵기 때문이에요. 미국소아과학회에서는 안전상의 이유로 보수적으로 4개월 이전이든 이후든 아기와 침대를 함께 쓰지 말 것을 권고하고 있어요.

캘리포니아대학교 어바인의 연구진은 83명의 유치원생을 대상으로 돌 이전에 분리 수면을 했는지 안 했는지를 조사했는데요.[38] 비교해보니 돌 이전에 분리 수면을 한 아기들이 혼자 잠드는 능력을 더 빨리 키우고 더 길게 자는 경향이 있었다고 합니다. 앞서 이야기했듯 부모가 밤에 아기에게 조금 천천히 반응하는 게 '스스로 진정하는' 능력을 키우는 데 도움이 된다는 연구도 연관지을 수 있어요. 아무래도 부모와 아기가 함께 잘 때에 비해 따로 잘 때 아기에게 천천히 반응하게 되겠지요. 아기가 깨서 칭얼거리는 소리를 애초에 듣지 못할 가능성도 높고요. 분리 수면을 하지 않았을 때 아기의 신호에 너무 빨리 개입한다거나 부모의 개입 없이 다시 잘 수 있는 경우에도 불필요하게 개입함으로써 아기가 스스로 진정할 수 있는 기회를 자주 놓칠 수 있다는 거예요. 그래서 분리 수면이 조금 온건한 형태의 수면 교육을 하거나 아기가 깰 때 부모가 매번 함께 깨지 않고 푹 자는 데 도움이 된다는 주장이 있습니다.

반면 부모와 아기가 함께 자는 게 좋다는 의견도 있습니다. 진화론적인 관점에서 보면 대부분의 포유류와 유인원 그리고 대부분의 인류는 부모와 아기가 함께 잤기 때문에 아기의 관점에서는 안전을 보장받을 수 있는 부모의 옆에서 자려는 본능이 있다는 것이지요. 노트르담대학교의 인류학자인 제임스 맥케나James Mckenna 교수는《안전한 영아 수면: 코슬리핑(분리 수면의 반대. 부모와 아기가 함께 자는 것) 질문에 대한 전문가의 대답들》이라는 책에서 여러 연구 결과를 바탕으로 미국소아과학회의 "분리 수면하라"는 지침에 반대하며 "함께 자되 안전하게 자라"고 강력하게 주장하고 있습니다.[39]

한 소규모 연구에서는 수면 교육을 하는 생후 4~10개월 아기들 25명을 대상으로 아침에 일어났을 때 스트레스 호르몬인 코르티솔을 채취했어요.[40] 첫날과 둘째 날에 부모와 분리된 채 밤에 울었던 아기들은 밤중에 높은 스트레스 수준을 유지한 탓에 아침에 채취한 타액에서 높은 코르티솔 수치가 나왔어요. 그런데 셋째 날에는 울음이 훨씬 줄어들었음에도 불구하고 아침에 측정한 코르티솔 수치가 여전히 높게 나타났다고 합니다.

이 연구는 소규모 연구이고 실린 저널도 동료 리뷰를 받는 저널이긴 하나 명망 있는 저널은 아니기에 근거로서 한계가 있지만 수면 교육과 분리 수면에 반대하는 근거로 자주 제시되는 연구예요. 요지는 부모와 분리된 상태로 자서 밤에 부모가 신호에 즉각 대응해주지 않았던 아기들이 더 잘 자는 것처럼 보이기는 하나 밤중에 자신을 안전하게 지켜주는 부모가 옆에 없음으로 인해 스트레스 수준이 높게 유지된다는 것이지요.

또한 〈플로스 원〉에 실린 연구에서는 구체적인 메커니즘까지는 규명되지 않았지만 아기 옆에서 자는 아빠의 남성 호르몬인 테스토스테론 수치가 더 크게 감소한다는 결과를 보고했습니다.[41] 테스토스테론 수치가 낮은 아빠일수록 아기를 더 예뻐하고 육아에도 더 적극적인 모습을 보이게 될 가능성이 높다고 해요.

앞서 언급한 83명의 유치원생을 대상으로 한 연구에서는 돌 이전부터 부모와 함께 잤던 아기들이 오히려 혼자 옷을 입는다거나 하는 자조 능력이 좋고 혼자서도 잘 노는 경향이 있었다고 보고했고요. 〈소아과학〉에 실린 연구에서는 944명의 아기를 대상으로 분석한 결과 부모와 함께 잔 아기들과 분리 수면한 아기들이 만 5세 때 여러 발달 수준에 차이가 없었다고 보고했어요.[42] 마찬가지로 〈발달 및 행동 소아과 저널Journal of Developmental&Behavioral Pediatrics〉에 실린 205 가구를 대상으로 한 연구에서는 분리 수면을 한 아기들과 어릴 때부터 부모와 함께 잔 아기들이 18세가 되었을 때 인지 능력, 수면 문제, 정신 건강에 있어 별 차이가 없었다고 보고했습니다.[43]

전체적으로 보면 분리 수면이 아기에게 더 좋거나 더 나쁘다고 볼 만한 근거는 딱히 없는 것 같습니다. 사실은 분리 수면을 하느냐 마느냐가 아기의 발달이나 애착에 별 영향을 주지 않는 것 같기도 해요. 설령 영향이 있더라도 부모가 낮 동안 아기에게 얼마나 세심하게 반응해주고 따뜻하게 대해주느냐와 비교하면 그 영향이 아주 미미한 게 아닐까 하는 생각도 들고요. 각 가정의 수면 스타일에 맞게 그리고 아기뿐 아니라 부모도 행복하게 수면할 수 있는 방향에 맞춰 판단하고 실행하면 될 것 같습니다.

저희 집은 방은 함께 쓰고 침대는 분리된 형태인데요. 다미를 침대에서 재운 후 옆에 있는 어른 침대로 가서 잤기 때문에 분리 수면이라고 볼 수 있을 것 같아요. 하지만 저는 모유 수유를 했고 9개월까지는 밤중 수유도 했기 때문에 수유를 하다가 종종 다미 침대에서 잠들어버려서 함께 자게 되는 일이 많기는 했지요. 통잠을 자기 시작한 돌 이후에야 제대로 분리 수면을 하고 있네요. 다른 아기도 비슷할 수 있지만 다미는 유독 침대 안에서 이리저리 구르며 자는 편이라 따로 자니 좋긴 하더라고요.

수면 거부가 생길 때 어떻게 해야 할까?

결론부터. 잠자는 시간에 아이와 전쟁하지 마세요.

돌 이후 유아 중 잠자리로 가지 않으려고 뻗댄다거나 재우는 데 한 시간 이상 걸린다거나 하는 등 수면을 거부하는 문제로 부모가 힘들어하는 경우가 많습니다. '행동적 불면증Behavioral Insomnias'이라고도 하는데요.[44] 1991년에 진행된 한 설문조사에서는 12~35개월 사이 유아의 42%가 문제성 수면 거부를 나타낸 것으로 조사되었어요.[45] 베싸TV에서도 5,000명의 구독자분을 대상으로 설문조사를 했는데 돌 이후 아기 중 재우는 데 20분 이상 걸린다고 답한 비율이 78%였고, 20분 이상 걸리며 수면 거부의 하나인 잠자리 생떼까지 쓴다고 답한 비율이

항목	비율
재우는 데 20분 이상 걸리고, 잠자리 생떼를 써요	28%
재우는 데 20분 이상 걸리지만, 잠자리 생떼를 쓰진 않아요	50%
재우는 데 20분 이하로 걸리지만, 잠자리 생떼를 써요	6%
재우는 데 20분 이하로 걸리고, 잠자리 생떼를 쓰지 않아요	16%

28%로 상당히 높았지요.

문제를 해결하기 위해서는 원인을 알아야 합니다. 수면 거부의 원인은 크게 두 가지로 꼽아볼 수 있어요.

불안

아기들에게 '잠'은 '불안'과 연결되어 있다는 사실을 이해할 필요가 있어요. 아기들의 불안 수준은 선천적인 부분도 있고 애착 관계 등 환경적인 부분에 의해서도 영향을 받는데요. 기본적으로 불안 수준이 높은 아기들이 수면을 더 힘들어하고 잠드는 것을 거부할 가능성이 높다고 합니다.[46] 이 시기 아기들의 가장 큰 불안 요소 중 하나인 분리 불안도 아기들이 얼마나 수면을 어려워하는지와 밀접한 상관관계가 있었어요.[47]

아기들이 경험하는 불안은 대체로 성장과 비례해 줄어든다고 예상합니다. 그래서 어릴 때는 잘 자던 아기가 갑자기 수면을 거부하는 행동이 이해가 안 될 때도 있습니다. 하지만 아기들은 성장하면서 새로운 것을 알게 되고 새로운 경험에 의해 예전에는 별로 불안해하지 않았던 것이 불안해지기도 합니다. 예를 들면 벌레가 죽는 모습을 보았다거나 그런 이야기를 부모와 했다거나 등 다양한 방식으로 '죽음'이라는 개념을 조금씩 이해한 아기는 밤중에 죽은 듯이 누워 있는 부모를 보고 수면이 두려워지기도 해요. 생활환경의 변화를 겪거나 주 양육자인 엄마와 오랫동안 분리하는 경험을 하면서 갑자기 분리 불안이 심해지는 시기도 있고요. 그림책에서 보았던 그림자 괴물이 두려워지기도 하고 무서운 꿈을 꾸었던 것을 현실과 분리하지 못하기도 하지요. 뇌 발달 단계상 합리적이고 이성적으로 사고할 수 있는 능력이 부족한 아기들은 어른들이 미처 생각하지 못했던 방식으로 '잠에 드는 것'에 불안함이 생길 수 있습니다. 부모의 도움을 받아 무사히 자고 일어나는 수많은 경험을 통해 그 불안을 천천히 극복해나가는 것이지요.

그럼 불안 때문에 수면을 거부하는 아기에게는 부모가 어떻게 대응해야 할까요? 불안해하는 사람이 옆에 있다면 어떻게 해야 할지 생각해보세요. 시간을 천천히 들이면서 '이제 안전해'라는 메시지를 주기 위해 신경을 쓰고 스스로 느끼게 해주는 방법 외에는 즉각적인 대처법이 많지 않아요. 상대가 불안해한다는 것을 이해하는 것이 중요해요. 아기의 수면 거부에 대처할 때도 부모가 아기의 마음을 이해하는 것이 필요합니다. 불안에 떠는 아기에게 "이제 잘 시간이야!" 하고 큰 소리를 내며 호통을 치지는 않겠지요. 아기의 불안을 이해하는 부모라면 아기가 안전하게 느낄 수 있도록 환경 조성에 힘쓰고 잠자리에서 아기에게 따뜻하고 호의적으로 대하면서 우리 아기가 무엇을 불안해하는지 파악하려고 애쓰게 됩니다. 어둠을 특히 두려워한다면 수면등을 사용해보세요. 한밤중에 너무 조용한 것을 두려워한다면 잔잔한 음악을 틀어보고요. '밤이 되어서 잤다가 아침에 아무 일 없이 일어나는 놀이'를 해보면 어떨까요? "네가 잘 때 엄마는 절대 어디 가지 않아. 항상 옆에 있을게"라고 매일 밤 말해준다면요? 괴물이 들어오지 못하게 침대를 지키는 힘이 센 인형 친구를 주는 건 어떨까요?

잠자리에 대한 거부감

의료인들을 위한 지식 라이브러리인 업투데이트에서는 '침대에 있는 시간'이 과도해서 생기는 불면증을 소개합니다.[48] 아동 수면의 세계적 권위자인 리처드 퍼버Richard Ferber 박사가 개념화에 기여한 이 개념은 공식적인 불면증은 아니지만 임상 현장에서는 굉장히 유용하다고 해요. 기본적으로 이러한 불면증을 겪는 아이들은 부모가 정한 침대에서의 시간이 그들에게 필요한 수면량을 넘어서는 아이들이며 이들은 잠자리에서의 실랑이가 길어지거나 밤중에 자주 깨거나 아침에 일찍 일어나게 된다고 합니다(혹은 이 세 가지의 조합으로 나타난다고 해요). 수면 요구 시간이 열 시간인데 열두 시간을 침대에서 보내라고 하는 경우를 들 수 있어요.

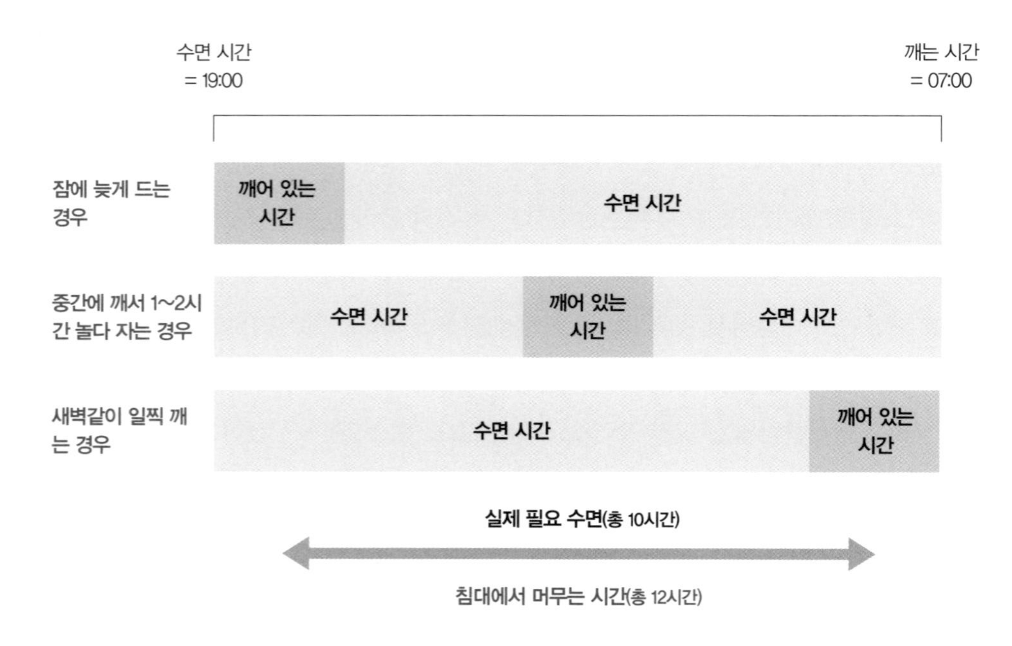

의사들이 조언하는 해결책은 수면 요구량(이 경우에는 10시간)에 맞게 '수면 시간Sleep Window'을 줄이는 거예요. 보통은 잠자는 시간을 미루거나 일어나는 시간을 앞당기는 식이지요. 이는 단계적으로 진행될 수 있는데 예를 들어 목표로 하는 수면 시간이 달성될 때까지 15분씩 잠자는 시간을 뒤로 미루는 방법이 있어요.

아기들은 자라면서 낮잠이 줄어드는 등 수면 패턴이 바뀌고 필요한 수면량이 조금씩 줄어드는 것이 정상입니다. 해가 길어지고 짧아지는 계절의 변화에 따라 졸리는 시간이 조금씩 달라지기도 하지요. 아기를 잘 보면서 '어 우리 아기가 평소와 동일한 시간인데 별로 안 졸려 보이네?'라는 판단이 든다면 '조금 늦게 잘 때가 된 건가?' 하는 식으로 아기의 수면 시간에 대한 기대치를 조금씩 조정해나갈 필요가 있어요. 하지만 어떤 경우에는 아기의 수면 패턴이 바뀔 수 있다는 것을 인지하지 못하거나 부모가 임의로 정해놓은 수면 시간을 강요하기도 합니다. "열두 시간 이상 자야 정상이랬어" 하고 아기가 안 졸려도 그만큼 자야 한다고 철썩같이 믿지요. 아기마다 상황마다 필요한 수면 시간은 조금씩 변동이 있으며 딱 정해진 '자야 하는 시간'은 없어요. 인터넷에서 본 수면 시간을 고수하는 것은 아기의 수면에 있어 부모가 충분히 '반응적'으로 행동하지 못한 것과 마찬가지입니다.

필요한 수면 시간보다 더 많은 수면을 요구받는 아기는 위 표에서 보이는 것처럼 침대에 들어간 후 늦게 잠들거나 중간에 깨서 한두 시간씩 놀거나 새벽같이 일어납니다. 특히 잠드는 것 자체에 대한 기본적인 불안감 때문에 늦게 잠드는 경우가 흔하죠. 여기에 대해 부모는 어떻게 반응할까요? 부정적으로 반응하는 경우가 많을 거예요. 조급함에 화가 나기도 하지요. 하루 종일 아기에게 시달리다가 이제 좀 재우고 밀린 집안일도 하고 내 시간도 가져야 하는데 한 시간 두 시간이 지나도록 잠들지 않는 아기를 보면 답답하고 화가 납니다. "이제 그만 자!" 하고 소리를 지르기도 하고 아기가 울더라도 무시하고 자는 척을 해보기도 하고 그러다가 울다 잠든 아기를 바라보며 미안한 마음에 눈물을 흘리기도 하는 모습 익숙하신 분들도 있겠지요?

아기 입장에서는 어떨까요? 내가 좋아하는 엄마가 아빠가 자라고 하는데 도저히 잠이 안 옵니다. 어른도 누구나 자고 싶은데 잠이 안 와서 스트레스를 받는 경험을 해본 적 있을 거예요. 아… 내일 1교시인데. 회사 가야 되는데. 아기가 일찍 일어나서 깨울 텐데. 자야 한다는 생각에 스트레스를 받으면서도 잠이 안 오고 괴롭지요. 이게 반복되다 보면 잠은 부정적인 감정들과 연관이 되어버립니다. '잘까?' 하고 생각하면 잠이 안 와서 몸부림치는 싫은 감정, 스트레스가 몰려오고 그래서 더 자기 싫고 의미 없이 휴대폰을 만지작거리다 자게 되잖아요.

아기들도 마찬가지입니다. 잠을 못 자는 건 아기에게도 스트레스예요. 게다가 안 잔다고 엄마가 화를 내기까지 합니다. 당연히 잠자리에 드는 것 자체가 두렵고 싫어질 수 있겠지요. 한 시간 두 시간 잠을 자지 않고 버티다가 이것저것 요구하기 시작합니다. 화장실 가자 물 먹자 책 읽어달라 급기야 거실로 나가자고 부모의 팔을 잡아 끌거나 혼자서라도 캄캄한 거실에서 놉니다. 아기들은 처음에는 졸릴 때까지 버티다가 그 과정에서 겪은 스트레스 그리고 부모와의 부정적인 상호작용 때문에 잠 자체를 부정적으로 인식하게 됩니다. 그래서 부모가 특정 시간을 정해놓고 그 시간 안에 아기를 재우려고 노력하다가 실패하는 경험을 여러 번 하게 되면 결국 수면을 거부하게 돼요. 즉, 부모의 과도한 수면 시간에 대한 기대로 인해 잠자리가 고통스러워진다는 것입니다.

이렇게 부모가 기대하는 스케줄과 아기의 잠이 맞지 않는 데는 다양한 요인이 개입할 수도 있습니다. 예를 들어 저녁 시간에 영상 등 스크린에 노출되는 것은 아기들이 잠들기 어렵게 하는 요인으로 지목되었어요.[49] 낮잠을 너무 늦게 자는 바람에 밤에 충분히 졸리지 않았을 수도 있고요. 식습관이 나빠져 철분 등의 미네랄 부족이 수면을 어렵게 할 수도 있고 어린이집을 다니기 시작했다거나 등 환경적인 스트레스 요인이 잠드는 것을 더 어렵게 했을 수도 있고 이유는 다양해요. 이러한 단기적 요인으로 인해 부모가 기대한 시간에 아기가 자지 않았을 때 강요하지 않고 화내지 않고 며칠 좀 늦게 자더라도 다시 일찍 자고 일찍 일어날 수 있게 부드럽게 가이드해줄 수 있는 육아 스킬이 있다면 상황은 나빠지지 않을 거예요. 아기는 결국 졸리면 자게 되어 있고 필요한 수면을 확보하려는 본능은 강력하니까요. 하지만 부모가 육아 스킬이 부족해서 잠에 대한 거부감을 오히려 키우게 된다면 수면 거부로 아기와 부모 모두 상당한 고통을 겪게 될 수 있습니다.

유튜브 베싸TV에서 유아기의 행동적 불면증을 해결하기 위한 수면 교육 방법인 '베드타임 페이딩'을 소개한 바 있으니 참고해주세요.

베싸&다미 이야기

저도 육퇴할 시간이 가까워지면 빨리 아기를 재우고 해야 할 것을 떠올리며 다소 조급하게 다미를 재우려고 했던 것 같아요. 낮잠을 자기 싫어해도 억지로라도 재웠고요. 두 돌 무렵에는 수면의식을 다 하고 불을 끄고 다미를 재우는 데 한 시간 가까이 걸린 적도 있지요. 당시 이사를 하면서 어린이집이 바뀌었는데 다미가 낯선 어린이집에서 낮잠을 거부했던 거예요. 며칠 정도는 점심시간 전에 하원하고 집에서 낮잠을 재웠지만 이 역시 쉽지는 않았어요. 새로 이사 온 집이라 자는 공간이 낯설기도 하고 급격한 환경 변화로 다미에게 보이지 않는 스트레스가 많았던 시기였거든요.

그래서 당분간은 낮잠 자기를 어려워하는 다미에게 맞춰주고 거부하면 재우지 않기로 했어요. 그전까지는 낮잠을 건너뛴 적이 거의 없었어요. 그렇게 3일 정도 낮잠을 건너뛰었더니 다미는 5시 정도가 되면 매우 졸려했어요. 바다에 간다거나 밖에서 시간을 보내며 잠들지 않도록 도와줬지요. 집에 돌아와서 8~9시에 잘 준비를 마치고 불을 끄면 5~10분 사이에 잠들어버리곤 했어요.

이걸 계기로 다미의 잠자리 경험이 크게 바뀌었어요. 자기 싫어서 투쟁하다가 억지로 자는 게 아니라 정말 졸려서 스르르 잠드는 경험을 한 거예요. 그 이후로는 낮잠 거부도 해결되어 다시 낮잠을 자기 시작했고 세 돌이 지난 지금까지도 밤에는 불 끄고 나서 20분 이내로 스스로 잠드는 패턴을 유지합니다. 자려고 애써야만 했던 잠자리에서의 경험이 정말 졸린 순간에 자발적으로 자는 경험으로 대체되고 나니 잠자리에 대한 거부감이 줄어들었던 것이 아닐까 생각해요.

다미는 여느 예민한 아이들처럼 수면과 식사에 대한 거부가 약간씩 있는 편이었고 이를 극복해나가면서 '억지로 해서 되는 건 절대 없다'라는 육아의 진리를 깨달았답니다. 좀 더 나중에 자율성을 지지하는 육아에 대해 깊이 있게 공부하면서 가장 기본적인 먹는 것과 자는 것에 있어서도 자율성을 최대한 지지해주는 것이 가장 평화롭고 슬기롭게 육아해나가는 방법이라는 점을 다시 한번 확인했고요. 부모가 정해놓은 양만큼 먹이려고 하는 것, 부모가 정해놓은 수면 시간만큼 재우려고 하는 것, 이런 시도들이 아기의 자율성을 빼앗고 자율성을 획득하려고 적극적으로 투쟁하는 시기인 만 1세 이후부터 적극적으로 저항하게 만드는 것이었어요.

이 경험을 통해 저는 부모로서 한 단계 더 성장할 수 있었던 것 같아요. 일상생활에서도 억지로 뭔가 하지 않고 최대한 자율성을 지지해주려고 더 노력하게 되었고요. 사소한 상황에서도 억지로 하려고 해서 실패했던 경험들이 떠올라 주저하게 되고 다른 방법을 찾게 되더라고요. 그래서 고생은 좀 했지만 수면 거부와 식사 거부라는 챌린지를 제게 안긴 다미에게 약간은 고마운 마음도 있답니다. 사람은 챌린지를 통해 성장하는 거니까요.

아기의 수면 교육 전에 반드시 알아야 할 것은?

결론부터. 수면 교육을 배우기 전에 아기의 수면 원리부터 이해하고, 우리 가족에게 맞게 적용하는 게 성공의 지름길이에요.

대부분 수면 교육이라 하면 'HOW'에만 집착하기 쉽지만, 'WHY'를 잘 이해해야 성공할 수 있습니다. 수면 교육 방법에 대해 단계별로 알려주는 콘텐츠는 많은데 왜 그대로 따라 하기 힘들까요? 바로 수면의 원리를 제대로 이해하지 못해서 아기의 상황에 맞게 적용하기가 어렵기 때문이에요. 유명한 수면법이 효과가 있는 이유를 완벽히 이해하지 못하기 때문에 아이의 울음소리 앞에서 금방 마음이 약해져서 포기하게 됩니다. 어쩌다 한두 번 성공했다가도, 예상치 못했던 변수가 생기면 어떻게 대처해야 할지 모르고 당황하게 되기도 하고요. 예를 들어 어릴 때 수면 교육에 성공해서 잘 자던 아기라도 분리불안을 느끼기 쉬운 시기가 되면 갑자기 새벽에 깼다가 혼자 잠들지 못하고 부모를 찾기도 하거든요. 결국에는 부모가 스스로 아기의 수면을 가이드해줄 수 있는 충분한 지식을 숙지하고 있어야 아기를 이해할 수 있고, 발달 단계에 맞게 해답을 찾아갈 수 있을 거예요. 너그럽게 아기의 상황을 헤아리는 마음과 여유는 수면 교육에서도 유용하답니다.

제가 수면 관련해서 공부한 내용 중에 유용했던 기본 수면 원리들을 몇 가지 소개할게요.

수면 사이클 이해하기

사람의 잠은 몇 개의 사이클로 이루어져 있습니다. 하나의 사이클이 끝나면,

마치 물속에 깊이 잠수했다가 수면 가까이 떠오르는 것처럼 얕은 잠의 상태에 있게 되는데 이때 아기들이 잠에서 살짝 깰 수 있어요. 어른들도 비슷하게 사이클을 반복하지만 자고 일어나면 기억을 하지 못할 뿐이라고 해요. 반면 아기들은 아직 혼자서 잠드는 것이 불안하고 두렵기 때문에 잠깐 깼을 때 부모의 도움을 구하는 거예요. 그렇다고 해서 아기가 매번 깨는 건 아니에요. 한 연구에서 아기들의 잠든 모습을 녹화해서 분석한 결과 상당수가 새벽에 두세 번 정도 깨서 울더라도 실제로는 더 많이 깼다가 다시 잠드는 순간들이 있었다고 해요. 이 사실을 알게 되면 자다 깨서 우는 아기 때문에 당황스럽지 않을 거예요. '너도 나름대로 노력하는데 이번에는 잘 안 됐구나' 하고 이해하게 됩니다.

셀프 수딩 능력

아기가 혼자 잠들려면 두렵고 불안한 마음을 스스로 진정시면서 잠들 수 있는 능력, 즉 셀프 수딩 능력이 길러져야 가능해요. 밤에 자다 깼을 때도 마찬가지입니다. 이 능력이 언제부터 길러질 수 있는지에 대해서는 합의된 시기가 없습니다. 신생아 시기부터 생후 2개월, 4개월, 6개월 등 다양한 의견들이 공존해요. 아이마다 다를 수 있는 부분이고요. 이 능력은 하루아침에 길러지는 건 아니기 때문에 서서히 기회를 주면서 키워야 합니다. 예를 들어 아기가 자다 깨서 울 때 바로 반응하지 않고 조금 기다리면, 스스로 진정하려는 노력을 하다가 성공할 수도 있어요. 혹은 아이를 무조건 안아 올려 흔들어주지 않고 안은 채로 토닥거리기만 하다가 점차 안아주지는 않고 가슴만 토닥여주는 식으로 부모의 개입을 약간씩 줄여갈 수도 있어요. 중요한 건 아이가 스스로 잠들 수 있는 능력을 서서히 길러갈 수 있도록 주체적으로 시기를 조절하고 환경을 만드는 거예요.

행동주의적 접근법

아기의 수면을 개선시키려는 여러 노력들은 전통적으로 행동주의적 관점에서 다루어졌어요. 행동주의에서 유명한 학습 이론이 두 가지 있는데요. 첫번째는 강화 학습 이론입니다. 어떤 행동을 증가시키기 위해서는 보상을 주고, 감소시키기 위해서는 보상을 없애거나 처벌을 하면 된다는 이론이에요. 가장 유명한 수면 교육 방식인 퍼버법을 볼게요. 미국에 행동주의 심리학 붐이 일었던 시기에 만들어진 방법이지요. 여기서 감소시킬 아이의 행동은 '잠들 때 우는 것' 그리고 '자다 깨서 우는 것' 이 두 가지로 설정됩니다. 이때 부모는 "아이의 울음에 반응하지 말라"는 지침을 받습니다. 아이를 안아주는 행위 자체가 자다 깨서 우는 행동을 강화시키는 보상으로 작용하기 때문이에요. 반면 아이에게 반응하지 않으면 우는 행동은 보상이 주어지지 않으므로 점차 소거됩니다.

두 번째 학습 이론은 조건화 이론이에요. 파블로프의 개 실험에서 먹을 때마다 종소리를 들려줬더니 나중에는 종소리만 듣더라도 침을 흘리게 되었다는 유명한 이야기요. 종소리와 먹는 것 두 행위 간에 '연관성'이 생겨버린 거예요. 수면도 마찬가지입니다. 예를 들어 '젖물잠'을 떼기 위해서는 '젖을 먹는다'와 '잠을 잔다'는 행위 사이에 강하게 형성된 연관을 끊어낼 필요가 있습니다. 그래서 만약 수유하다가 잠들었다면 일단 깨우고 나서 젖을 물지 않고 잠들 수 있게 다시 재워줘야 해요. 어떤 것에 의존하지 않고 그냥 누워서 잘 수 있게 하는 거예요. 이러한 행동주의적 접근을 비판적으로 보는 학자들도 있지만, 수면 문제를 해결하는 데 어느 정도 효과가 있습니다.

베싸&다미 이야기

저는 수면 교육 책에 나온 대로 퍼버법이나 점진적 퍼버법을 따라 하지는 않았지만, 행동주의적 접근법의 원리를 할 수 있는 만큼 아이의 수면 개선에 적용했어요. 스스로를 진정하는 능력을 키워나가는 차원에서요. 아기띠와 잠의 연관을 떼기 위해 과감히 아기띠는 포기했고요. 생후 6개월 지나서부터는 무조건 안아주고 흔들어주기보다 조금씩 스스로 해볼 수 있게 여유를 줬어요. 흔들지 않고 안긴 채로 잠들 수 있나 살펴보기도 했고요. 굉장히 졸려 보이고 금방 잠들 것 같은 어느 날에는 잠들기 전에 살짝 눕혀보고 혼자 잠들 수 있나 살펴봤어요. 물론 다시 흔들어줘야 한다거나 안아줘야 하는, '실패'하는 날들도 많았지만 점차 스스로 잠드는 빈도가 높아지는 것을 확인할 수 있었어요.

수면에 대해 공부할 때, 가장 중요한 건 비교하지 않는 거예요. 아이마다 잘 먹는 아이도 있고 잘 안 먹는 아이도 있듯 수면도 마찬가지예요. 신생아 때부터 불안이나 외부 자극에 대한 예민함이 높다거나 하는 기질적 차이가 수면에 상당히 반영됩니다. 그래서 아이마다 다를 수밖에 없어요. '왜 나에게는 100일의 기적이 안 오지?' '다른 아이는 이렇게 했더니 통잠 잔다는데 왜 난 따라 해도 안 될까?' 이런 종류의 비교와 고민은 스트레스를 가중시킬 뿐입니다. 아기마다 다를 수 있다는 사실, 누군가는 성공한 방식이라도 내가 실행하기 어려울 수 있다는 사실을 일단 인정하고 '마법 같은 효과를 봐야겠다'는 욕심을 내려놓는 게 좋습니다. 아기에게 수면을 가르치는 게 그리 쉽다면 참 좋겠지만, 그렇지 않더라고요. 다양한 수면 관련 지식을 내 것으로 만든 뒤, 언제쯤 어떤 방식으로 수면을 가르쳐줘야겠다는 의사결정을 명확히 하고 나면 초조한 마음이 한결 편안해질 거예요.

저는 그게 생후 6개월이었어요. 그전까지는 안아서 흔들어 재우는 루틴이었고, 아주 천천히 개입을 줄여가는 방식으로 진행하다가 8개월 무렵엔 누워서 잠들게 도와줬어요. 결국 두 달이 걸린 셈이지요. 아이가 백일도 되기 전에 일주일 만에 성공해서 삶의 질이 좋아졌다는 부모들도 봤지만 저는 개의치 않았어요. 부럽긴 했었지요. 하지만 이 세상에는 고작 여덟 살에 대학에 입학하는 영재도 있잖아요. 그 아이와 부모들이 결과적으로 행복했는지 아닌지는 외부인인 우리가 결코 알 수 없는 부분이고요. 외부에 기준을 둘 필요는 없어요. 어떤 방식의 수면교육이 절대적으로 좋다, 나쁘다는 그 누구도 명확히 밝히지 못했어요. 이 주제를 깊이 있게 연구하는 학자들도 극단적인 찬양론부터 극단적인 반대론까지 다양합니다. 더군다나 나와 우리 아이의 상황에 뭐가 가장 좋은지는 부모가 원리를 잘 알고 아이를 살피면서 주체적으로 판단하고 실행할 수밖에 없어요.

만약 혼자서 아이의 수면 문제를 해결하는 게 어렵고, 컨설팅이 필요하다면, 전문가로부터 영유아 수면 컨설팅 서비스를 받는 방법도 있고요. 심한 경우 소아 수면장애 클리닉을 운영하는 여러 의료기관의 상담을 받는 것도 괜찮습니다.

아기가 잘 자려면 수면 독립을 해야 할까?

결론부터. 수면 독립을 하면 부모와 아기 모두 수면의 질이 개선됩니다. 우리 집에 맞는 방법으로 천천히 시작해보세요.

다미가 두 돌쯤 되었을 때 어떤 계기로 이런 생각을 한 날이 있었어요. '다미가 스트레스받지 않고 혼자 잘 수 있는 나이를 훌쩍 넘었는데도 내가 재워주면서 의존성을 키운 것은 아닐까?' 그날부터 저는 다미의 수면 독립을 위해 평소와 다르게 행동했고 3일 내로 다미는 침대에서 혼자 잠들게 되었어요.

그렇다면 아기가 혼자 잠드는 것은 왜 중요할까요? 크게 두 가지 의미가 있어요. 먼저, 잠드는 과정이 수월해집니다. 〈수면〉에 실린 논문에서는 부모가 옆에 있어야만 잠드는 아기일수록 잠드는 시간이 더 길어지는 경향이 있다고 밝혔어요.[50] 엄마가 옆에 있으면 대화하거나 놀고 싶어지고, 자꾸 무언가 요구하게 되니까요. 집에서는 잘 안 자는데 어린이집에서는 잘 자는 아기들 많잖아요. 어떤 부모들은 "집에서는 옆에 엄마가 없으면 절대 못 자는데 어린이집에서는 잘 자니 신기해요"라고 하지만 제가 보기에 이 아기는 혼자서 잘 수 있는, 수면 독립을 할 수 있는 아기예요. 실제로 혼자 잠드는 게 가능하니까요. 그저 집에서는 부모가 부르면 온다는 사실을 알고 있기 때문에 의존이 생겼을 뿐이지요. 어릴 때는 의존이 정말 필요할 수 있지만 충분히 독립할 수 있는데도 부모가 의존을 만들어주는 경우도 있어요.

또한 수면 독립을 한 아기는 자다가 덜 깹니다. 세인트조셉스대학교에서 영유아 수면에 대해 깊이 있게 연구한 발달심리학자 조디 민델Jodi Mindell 교수 연구팀은 부모의 행동에 따른 아기의 수면의 질에 대해 조사했는데요.[51] 아기가 잠드는 순간에 부모가 옆에 있는지 없는지의 여부가 자다가 깨는 횟수에 큰 영향을 준다는 것을 밝혔어요.

'통잠을 잔다'는 표현이 있지만, 아기뿐 아니라 어른도 엄격하게 따지면 통잠을 자는 것은 아니에요. 잠은 여러 개의 사이클로 이루어져 있어요. 어른은 밤잠을 자는 동안 한 사이클당 90분 정도 지속되는 4~6개의 수면 사이클을 거칩니다. 반면 아기는 하나의 사이클이 20분에서 50분 정도로 더 짧고 밤잠을 자더라도 더 많은 수면 사이클을 거치게 되며 전반적으로 얕게 자는 성향이 있어요.[52]

수면 사이클 사이사이에는 잠이 아주 얕아져서 깨기 쉬운 상태가 되는데 이때 아기들이 혼자 침대에 누워 있다는 사실을 깨달을 정도로 의식이 돌아오면 불안해하며 울고 부모를 찾습니다. 애초에 잠들 때 부모 없이도 잠들 수 있는 아기라면 밤중에 깨도 굳이 부모를 찾지 않고 스스로 다시 잠들겠지요.

결론적으로는 혼자 잠들 수 있는 아기는 잠드는 과정도 수월하고 중간에 깼을 때 부모를 찾는 일도 더 적을 가능성이 높습니다. 다미의 경우 두 돌까지는 자다가 한 번씩은 꼭 깨서 울곤 했어요. 하지만 수면 독립을 한 다음에는 새벽에 깨서 저를 찾으며 우는 일이 훨씬 줄었습니다. 더 정확히 말하면 깼다가 스스로 다시 잠드는 일이 많아졌다고 해야겠지요.

그럼 부모와 같이 자고 싶어 하는 아기는 몇 개월부터 혼자 자게 도와줄 수 있을까요? 사실 '혼자 잘 수 있는 시기'를 제대로 입증한 연구는 없어요. 앞서 이야기했듯 아기가 느끼는 불안의 정도는 나이에 따라 감소하긴 하나 개인차가 있기 때문에(선천적, 후천적 요인에 의해) 혼자 잘 수 있는 시기 역시 다를 수 있습니다. 그러므로 "몇 개월부터는 혼자 잘 수 있다"는 경험담이나 조언에도 불구하고 우리 아기가 아무리 해도 혼자 못 잔다고 해서 너무 걱정할 필요는 없어요. 아직 혼자 잠드는 게 불안해서 한 시간, 두 시간이 되도록 울음을 그치지 않는 아기를 다른 집 아기와 비교하며 우울해한다면 그 결론은 뻔하지요. 아기에게서 문제를 찾거나, 나에게 문제를 찾으려 하다 보면 육아를 힘들게 하는 부정적인 생각의 굴레에 빠지게 됩니다. 아기들의 불안 수준은 각자 다르다는 것, 어떤 아기는 유독 혼자 자는 게 힘들 수 있다는 것을 인정해주세요.

이제 부모들은 두 갈래 길에서 선택을 해야 합니다. 아기가 아직 불안해하더라도 다소 강제로 적응하게 하는 방향이 있고, 아기의 불안 수준이 낮아질 때까지 기다려주는 방향이 있어요.

강제적 방식으로 유명한 수면 교육 방식인 퍼버법은 창시자인 리처드 퍼버 박사의 이름을 따 퍼버법이라고 불리고 있지만 원래 '소거법Extinction Method' 혹은 '울리기법Cry It Out'이라고 하는데요. 말 그대로 아기의 울음을 무시하고 혼자 잘 수 있게 경험시켜주는 거예요. 아기도 '어 괜찮네?' 하는 경험을 하다 보면 적응을 한다는 건데, 다소 강제성이 동반돼요.

그래서 부모의 개입을 약간은 허용하는 '점진적 소거법Graduated Extinction Method'이 등장했고 수면 교육의 기본이 되었어요. 부모가 처음에는 1분 기다렸다가 달래주고 그다음에는 3분 기다렸다가 달래주는 식으로 아기를 달래주긴 하되 시간을 점차 늘리는 거예요. 아기에게 대중목욕탕의 온탕을 경험하게 해준다고 생각해볼까요? 아기를 안아서 온탕에 몸을 담그고 온도에 적응해 그만 울 때까지 기다리는 게 소거법이라면 점진적 소거법은 아기가 덜 힘들도록 1초 담갔다가 빼주고 5초 담갔다가 빼주며 서서히 적응시키는 방식이라고 볼 수 있겠지요. 어쨌든 모두 강제성이 동반됩니다.

두 번째 방법은 천천히 기다리면서 아기의 동의를 얻는 거예요. 이름 붙여진 바는 없지만 아마 많은 부모가 본능적으로 채택하고 있는 방법일 거예요. 아기의 반응을 보고 "그래, 오늘은 네가 무서워하니 그냥 들어가지 말자"고 아기의 불안 수준이 낮아질 때까지 기다려줍니다. 그러다가 아기가 덜 무서워한다 싶으면 살살 달래서 손가락 끝만 물에 살짝 담가보고 그다음에는 발만 담가보고, 반응이 괜찮으면 10초만 들어갔다가 나오고, 이런 식으로 아기가 감당할 수 있는 범위 내에서 두렵고 낯선 상황을 경험할 수 있게 해주는 거예요. 결국에는 '어? 괜찮네?' 하는 경험을 하게 해주는 건 동일한데 처음 시작할 때 강제성을 빼고 천천히 시도한다는 차이가 있지요.

구분	장점	단점
강제로 하기 (퍼버식)	– 아기가 어릴 때부터 시도할 수 있다. – 빠르게 효과를 볼 수 있어서 부모의 수면 부족이 심각한 경우라면 도움이 될 수 있다.	– 아기를 울리는 것을 견디기 어렵고 심한 거부로 중간에 포기하게 될 가능성이 높다. – 다소 강압적인 적응 방식이다. – 어릴 때 수면 교육을 하더라도 다시 부모에게 의존이 생겨 혼자 못 자게 되는 일도 있다. – 자기주장이 강해지는 돌 이후에는 울음이 길어지고 방을 탈출하므로 시행하기가 어렵다.
천천히 하기 (부드럽게 하기)	– 강제성이 없고 반응 육아에 가깝다. – 아기가 일단 준비가 되면, 시행하기는 그리 어렵지 않다.	– 아기가 준비될 때까지 기다려야 하는데, 돌 이후로 시기가 길어질 수도 있다. – 기다리는 동안 수면 문제로 부모가 오랜 시간 힘들어질 수 있다. – 완벽한 매뉴얼이 없어서 부모의 감에 의존해야 한다.

앞에서도 이야기했지만 퍼버식 수면 교육이 아기에게 트라우마를 남긴다거나 아기가 부모에게 배신감을 느낀다거나 애착에 문제가 생긴다는 근거는 밝혀진 바 없어요. 이 두 방향 중 어떤 것을 선택하는지는 결국 본인이 가진 육아 방침의 차이가 되겠지요. 부모가 수면 부족으로 얼마나 힘든지도 중요한 변수가 될 것이고요.

강제로 하는 퍼버식 수면 교육의 구체적인 방법에 대해서는 조금만 검색해봐도 방법이 많이 나오기 때문에 별도로 언급하진 않을게요. 하지만 조금 더 부드러운 방식으로 진행하고 싶다면 제가 시도했던 '도움 빼나가기'와 조금 덜 알려진 '잠깐만 훈련Excuse me Drill'이 수면 독립에 도움이 될 것 같아요.

베싸의 수면 독립 성공법: 도움 빼나가기

평소 다미를 재울 때는 옆에 같이 누워서 다미가 잠들 때까지 있다가 제 침대로 가곤 했는데요. 수면 독립을 시도한 첫날은 다미가 충분히 졸릴 때까지 옆에 누워 있다가 몸을 일으키고 이렇게 말하며 안아준 뒤 침대로 갔어요.

"엄마가 오늘은 다미를 한번 꼭 안아주고 옆에 엄마 침대에서 잘게. 다미는 인형 친구들이랑 같이 자자."

"(떼를 쓰며)엄마, 내려와! 다미도 엄마 침대로 올라갈 거야!"

"엄마가 다미 침대에서 열까지만 세고 다시 올라갈게. / 대신 엄마가 엄마 침대에 있어도 다미 손을 이렇게 잡고 있을게. / 엄마가 다시 내려가서 한번 안아주고 다시 올라갈게. / 인형 친구들 다미가 꼭 안아주자. / 다미가 자는 곳은 엄마 침대가 아니라 다미 침대잖아."

이런 식으로 엄마와 함께 있고 싶은 다미의 마음을 이해해주면서 열심히 설득했고 그날 다미는 엄마 손을 잡은 채로 침대에서 혼자 잠들었어요(다미는 제 침대 아래의 매트리스에서 자는데 각자 침대에 누워서도 저와 손을 잡을 수 있는 구조이거든요). 며칠을 시도하며 수면 의식을 마치고 나면 저는 제 침대로 올라갔어요. 다미가 내려오라고 하면(끊임없이 내려오라고 요구하긴 합니다) 잠깐 내려가서 안아주고 다시 올라오는 식으로 대처했고요. 그렇게 며칠이 지나자 불을 끄고 각자의 침대에 누워서 손도 잡지 않고 잠들 수 있게 되었어요. 낮에는 다미가 침대에 누워 잠드는 동안 저는 제 침대에서 책을 읽기도 할 정도로 수면 독립이 성공적이었어요.

별거 아니지요? 함께 자는 습관은 아기가 준비만 되었다면 생각보다 쉽게 끊어낼 수 있어요. 수면 외에 아기가 거부하는 것에 적응할 수 있게 도와줄 때도 비슷한 방식으로 접근할 수 있는데요. 양치하는 것을 싫어할 때, 엄마랑만 자려고 할 때, 어린이집에서 부모와 떨어지는 것에 적응할 때 등등. 가장 중요한 원칙은 점진적으로 단계를 나눠서 부모의 도움을 조금씩 줄여가는 거예요. 점진적으로 해야 아기도 '감당 가능한 수준에서' 한번 해보고 '어 괜찮네?'라고 느끼며 적응해갈 수 있지요. 호주 센트럴 퀸즐랜드대학교의 수면심리학자 사라 블런던Sarah Blunden 교수는 부모가 아기의 도움 요청을 무시하지 않고 점차적으로 도움을 줄여나가는 '대안적인 수면 교육'의 효과성을 입증한 바 있어요.[53] 그래서 제가 붙인 이름이 '도움 빼나가기'입니다.

이해를 돕기 위해 수면 환경이 다른 사례를 하나 더 들어볼게요. 방에 아기 침대만 있고 부모 침대는 없는 경우를 가정해보겠습니다. 이때까지 아기 침대에서 함께 누워서 토닥토닥해주며 잠들 때까지 도와줬다면 어느 날부터는 침대에 앉아서 아기 가슴에 손만 얹고 아기를 안심시켜주는 거예요. 그다음에는 아기 침대 옆에 의자나 이불을 가져다 놓고 아기의 옆에 머무르며 손만 잡아주는 것이지요. 그러다가 의자나 이불을 조금씩 침대에서 멀어지게 하고, 어느 날은 방문 밖으로 나가는 순서대로 할 수 있습니다. 각 집 안의 환경이나 방 구조에 따라 각각 다른 방식으로 적용해보세요.

너무 빨리 단계를 진척시키려고 하면 오히려 역효과가 날 수 있어요. 침대에 가까스로 혼자 누워 자게 된 다음 날에 부모가 갑자기 방을 나가버린다면 아기는 부모가 못 나가도록 다시 안아서 재워줄 것을 요구할 수도 있어요. 아기가 충분히 적응되었다고 느낄 때 다음 단계로 나아가는 게 좋습니다. 아무리 점진적으로 도와주려고 해도 아기가 울음을 그치지 않고 절대 안 통한다는 생각이 든다면 아기가 불안을 극복하고 스스로 잠들 수 있는 준비가 되지 않은 거라고 생각해요.

이런 경우라면 확실히 하기 위해 며칠 더 시도해보겠지만 마찬가지라면 수면 독립을 좀 기다려줄 것 같아요. 또한 아기를 재우는 데 너무 오래 걸린다거나 수면 자체를 거부한다면 이 문제를 먼저 해결하는 게 우선일 수 있습니다.

잠깐만 훈련

잠깐만 훈련은 말이 통하는 유아를 대상으로 네브라스카대학교 메디컬 센터의 심리학자들이 개발한 수면 교육 방식이에요.[54] 원래 연구는 만 2세와 만 7세 아이들을 대상으로 적용되었고요. 일단 수면 거부가 없다는 가정이에요. 아기가 잠드는 데 20분 이상 걸리면 이 방법을 시도하기 어려워요. 아기를 침대에 눕혀놓고 불을 끈 후 "엄마 잠깐만 밖에 나가서 불 좀 끄고 올게"라고 이야기해주고 나가서 30초에서 60초 사이 머물고 다시 방으로 돌아옵니다. 이유는 뭐든 좋습니다. 나가 있는 시간은 아기가 엄마를 따라 나오지 않을 정도의 시간이면 돼요. 돌아왔을 때 아기에게 "혼자서도 잘 있었네. 우리 아가 정말 멋지고 용감하다" 이런 식으로 부모 없이 혼자 있었던 것에 대해 충분히 칭찬해주고 뽀뽀 등 애정 표현을 해줍니다. 이런 긍정적인 피드백을 통해 아기가 침실에 혼자 있는 것에 대해 긍정적으로 인식할 수 있도록 도와주는 거예요. 이걸 첫날 20~30회 반복하고 재워요. 둘째 날부터 마찬가지로 하되 나가 있는 시간을 조금씩 늘리고 적당히 하다 재웁니다. 셋째 날도 마찬가지 방식을 유지하세요. 나가 있는 시간이 늘어나면 다양한 이유가 등장할 수 있어요. "나가서 잠깐 책 좀 읽고 올게." "나가서 잠깐 운동 좀 하고 올게." "나가서 잠깐 발 좀 씻고 올게." 등등. 이렇게 하다가 부모가 나가 있는 도중에 아기가 잠들면 성공이에요. 아기가 충분히 적응했다 싶으면 "잠깐만 뭐 하고 올게" 대신 "잘 자"로 바꿔주면 되겠지요.

이 방식은 수면 교육을 천천히 진행하는 방식이기 때문에 이런 질문이 예상되는데요. "어릴 때 습관을 확실하게 잡지 않으면 커서 습관을 바꾸기가 힘들어서 가능하면 아주 어릴 때부터 따로 재우는 게 좋다는데 사실이 아닌가요?" 그렇게 생각할 수도 있는데 그렇다고만 볼 만한 근거는 딱히 없어요. 저는 식습관이든 수면 습관이든 "아주 어릴 때 확실히 잡아야 한다"는 말에는 사실 별로 동의하지 않는 편이에요. 부모가 일관적인 방침을 가지고 꾸준히 긍정적인 메시지를 주면 아기는 놀라울 정도로 쉽게 적응하는 것 같아요. 물론 개인 경험일 뿐이지만 다미의 경우 아주 어릴 때부터 저와 함께 잤는데도 거의 울지 않고 습관을 일주일 안에 바꿀 수 있었기도 했고요. 식사도 대체로 돌아다니며 먹는 편이었지만 '돌아다니면서 먹으면 식사 치우기' 원칙을 일관적으로 적용했더니 앉아서 잘 먹고 있어요. 오히려 부모가 '아, 이미 습관이 잘못 잡혔나 봐'라고 생각하면 아기의 습관을 바꿔주기 위해 꾸준하게 일관적으로 노력하는 것을 방해할지도 모릅니다.

육아에서 가장 중요한 것은 인터넷이나 조언, 매뉴얼에만 신경 쓰기보다 그것을 학습해서 내 지식으로 삼고, 가장 중요한 우리 아기를 잘 보면서 스스로 판단하는 능력인 것 같아요. 우리 아기는 수면 독립이 준비되었을까? 오늘 한번 아기를 유심히 관찰해보시길 바라요.

다미가 수면 독립을 하고 나서 8~9개월쯤 되었을까 한동안 저와 함께 자고 싶어 하는 기간이 있었어요. 어린이집에서 신학기가 되어 반을 옮기고 심한 감기

까지 겹쳤을 때였어요. 컨디션이 안 좋으니 제게 더 붙어 있으려고 하더라고요.

저는 아기들의 발달은 원래 2보 전진 1보 후퇴하면서 앞으로 천천히 나아간다고 생각해요. 독립적으로 수면하는 능력이 갖춰졌으니 이제 마법처럼 계속 혼자 잘 거라는 기대를 가지면 아기에게 퇴행이 보일 때마다 불안하게 돼요. 아기는 인풋이 아웃풋으로 바로 이어지는 함수나 기계가 아니에요. 다양한 환경과 경험 하나하나에 영향을 받는 존재이고 행동을 완벽히 예측할 수 없어요.

그래서 당분간은 다미에게 제가 필요하다고 생각하고 잘 때까지 옆에 있어줬어요. 수면 독립 이전과 달랐던 점이 하나 있다면 잘 때 저를 필요로 하더라도 밤중에 깨서 저를 찾지는 않더라고요. 그렇게 한동안 함께 자다가 또 각자 침대에서 따로 자고 있습니다. 두 번째 '도움 빼나가기'를 할 때는 훨씬 더 수월하더라고요.

CHAPTER 4.

똑똑한 아기 발달을 위한 놀이&책육아 가이드

만 0~2세 아기 장난감 어떻게 골라야 할까?

결론부터. 아기의 발달 단계에 맞춰 기준을 세우면 어렵지 않아요.

육아의 세계에 들어오기 전에는 장난감에 대해 깊이 고민해본 적이 없을 거예요. 우리가 어렸을 때 '놀이'나 '장난감'은 그냥 시간을 보내기 위한 방편 혹은 심심함을 달래기 위한 도구 정도로 여겨졌지요. 오히려 아이가 잘 노는 데 관심이 있는 부모보다 그만 놀고 공부했으면 싶은 부모가 더 많았을지도 모릅니다. 하지만 지식으로 무장한 현대의 부모는 '놀이는 아기의 삶 그 자체'라는 것도, '좋은 놀이 환경을 구성해주는 것'이 아기의 발달에 얼마나 중요한지도 다 압니다. 그래서 장난감을 고르는 기준에 고민이 많지요.

여러 연구에서 아기의 발달 단계에 적합한 놀잇감을 포함한 놀이 환경과 아기의 운동 및 인지능력 발달 간의 상관관계에 대해 보고하고 있어요.[1] 월록대학교의 아동교육학 교수 다이앤 레빈Diane Levin은 논문에서 아기들의 놀이를 다음과 같이 표현했습니다.[2]

> "놀이는 아주 어린 아기들이 세상이 어떻게 작동하는지 알아가는 가장 파워풀한 방법 중 하나다. 아기들은 놀이를 통해 어떻게 자신의 몸을 움직이는지를 배우고 어떻게 다른 사람들과 상호작용하는지를 배우고 자신의 행동이 물체에 어떤 영향을 주는지 어떻게 조작해야 원하는 효과를 이끌어낼 수 있는지를 배운다."

좋은 장난감이란 아기들의 발달에 중요한 '놀이'를 잘 이끌어내는 장난감이겠지요. 그럼 좋은 장난감은 어떤 기준을 가지고 골라야 할까요? 먼저 나이별 놀이의 특징과 그 놀이가 왜 중요한지에 대해 살펴보겠습니다. 시기별로 적합한 장난감을 고르는 안목을 기르는 데 도움이 될 거예요.

만 0~1세: 탐색하는 장난감

만 1세 이전 아기들은 장난감을 주더라도 그걸로 놀이처럼 보이는 활동을 한다기보다는 그 장난감을 탐색하는 활동을 합니다. 존스홉킨스 의학대학교의 소아정신과 부교수 리처드 체이스Richard Chase는 〈장난감과 영아: 생물학적 정신적 사회적 요인들〉이라는 논문에서 아기의 놀이를 '탐색Exploration'과 '놀이Play'로 나누었어요.[3] 그리고 생후 1년 동안 아기들의 놀이는 대체로 '탐색'에 집중되어 있다고 했습니다. 따라서 탐색하는 장난감 위주로 놀아주는 것이 도움이 됩니다.

누워 있던 아기가 우연히 손으로 사물을 치면 흥미로워하면서 그 행동을 반복합니다. 아기들은 아직 세상과 자신의 신체에 대한 지식이 부족해서 생애 첫 1년간은 늘 "이게 뭐지?" 하는 호기심을 품고 있어요. 열심히 보고 만지고 입에 넣고 들으면서 뇌에 엄청난 양의 정보를 받아들이고 앞으로 살아갈 세상과 자신에 대해서 열심히 알아가고 있는 거지요. 아기들에게 많은 수면 시간이 필요한 이유는 엄청난 양의 정보를 뇌에서 잘 정리할 필요가 있기 때문입니다. 그만큼 아기들은 아주 빠르게 발달해요. 어제는 전혀 못 했던 것을 오늘은 할 수 있게 되지요. 특히 어린 아기들은 '손의 움직임'을 통해 모든 것을 배웁니다. 잡아보고 놓아보고 당겨보고 던지면서요. 각 단계에 맞는 소근육을 활용하는 탐색 스킬이 있어요. 이 스킬을 연습할 수 있는 장난감을 적당히 준비해주면 좋습니다. 리처드 체이스 교수가 논문에서 제시한 월령별 주요 탐색 스킬의 일부를 소개합니다.

생후 월령	이렇게 놀아요
2개월	손에 있는 물건을 입으로 넣는 능력은 상당한 스킬이 요구됩니다. 입에 넣어도 되는 것을 손에 쥐어주세요.
3개월	움직이는 물체를 따라 시선을 옮깁니다. 움직이는 모빌을 보여주거나 장난감을 들고 아기의 얼굴 왼쪽에서 오른쪽으로 천천히 움직여주세요.
4개월	사물을 손으로 때리거나 치며 놉니다.
5개월	흔들면 소리가 나는 장난감을 쥐어주세요.
6개월	돌리기, 찔러보기, 표면 조작 등을 연습할 수 있게 바스락거리는 헝겊책을 보여주세요. 6개월부터는 양손에 든 물건을 각각 잡고 부딪혀볼 수 있어요.
7개월	찢을 수 있게 살짝 찢어놓은 종이를 주거나 갑티슈 상자 안에 스카프 같은 걸 넣어놓으면 당기면서 놀 수 있어요.
8개월	손에 든 나무 공을 큰 소리가 나는 스테인리스 볼에 떨어뜨리며 놀아요.
9개월	가벼운 공을 주고 던지며 놀 수 있게 도와주세요.
9~12개월	작은 물건을 더 큰 물건에 담는 두 가지 이상의 조작이 가능해요.
12~24개월	컵 쌓기, 특징별로 분류하기, 모양 맞추기, 늘어뜨리기 놀이를 해요.
18~24개월	간단한 퍼즐을 시도해보세요.

아기의 놀이는 소근육 발달을 도울 수 있어야 해요. 영유아의 운동 발달이 뇌의 인지능력 발달에 영향을 끼친다는 증거가 많이 나와 있는데요. 그중에서도 소근육 발달과 인지능력 발달 사이의 관계가 잘 입증되어 있어요. 미국 조지메이슨대학교 연구진의 한 논문에서는 뇌 영상 촬영을 통해 소근육 발달과 인지능력 발

달 간에 중요한 상관관계가 있음을 밝히기도 했어요.[4] 장난감 회사에서 소근육 발달을 앞세우고, 우리가 어렸을 때 피아노 학원이 열풍이었던 것도 다 이유가 있습니다. 참고로 피아노와 같은 악기 연주는 실제로 인지 능력 향상에 효과가 있다고 합니다. 이러한 사실을 알아두면 장난감을 고를 때 '우리 아기가 손을 얼마나 움직이게 될까?' 하는 명확한 기준을 갖고 선택할 수 있겠지요? 사실 돌 전에는 별다른 장난감이 없어도 일상 속의 물건 그리고 자연물로도 얼마든지 아기의 탐색 스킬 연습을 도와줄 수 있어요.

만 1~2세: 기능에 맞는 놀이하기

생후 1년이 지나면 아기들은 어느 정도 이 세상에 자신감이 생기고 본격적으로 장난감의 기능에 맞는 놀이를 하는 모습을 보여줍니다. 구멍에 사물을 끼운다거나 알맞게 분류한다거나 크기별로 포갠다거나 하는 식이지요. 그전에는 목표 의식 없이 "이렇게 하면 어떻게 되지?" 하고 탐색하는 활동 위주였다면 이제는 "이걸 여기다 넣어야지"라는 목표를 가지고 조작합니다. 집중력도 훨씬 좋아져서 목표를 달성하기 위해 상당히 애를 쓰는 모습을 보이기도 하고요. 그러다 잘 안 되면 짜증을 낸다거나 머리를 때린다거나 하는 행동도 목표 의식을 갖게 된 아기가 항상 목표를 달성할 수 있는 게 아니라는 걸 깨닫는 자연스럽고 흔한 과정입니다. 좀 더 놀이다운 놀이가 이루어지는 돌 이후부터는 닫힌 장난감과 열린 장난감의 개념을 알아두면 좋습니다.

닫힌 장난감은 기능과 목적이 어느 정도 정해져 있는 장난감을 뜻해요. 어떤 목표를 달성하기 위해 정해진 방향대로 가지고 노는 답이 있는 장난감이지요. 몬테소리 기관에서 활용하는 교구나 활동 재료는 대체로 닫힌 장난감의 성질을 지니고 있어요. 아기들은 닫힌 장난감을 가지고 놀면서 목적을 달성하는 기쁨을 배우고 그 목적을 달성하기 위해 집중하는 연습을 하게 됩니다. 어른이 보기에는 그냥 넣고 끼우기만 하는 장난감들이 별로 재미없어 보이지만 소근육이 미숙하고 그 장난감을 다루는 스킬을 마스터하지 않은 아기들에게 장난감 하나하나는 정복해야 할 대상이에요.

이렇게 어떤 스킬이나 대상을 정복하려는 성향을 학술용어로 '숙달 지향 Mastery Orientation'이라고 합니다. 어떤 스킬을 마스터하려는 강한 의지를 말하는 거예요. 예를 들면 가위질을 더 잘하려고 몇 번이나 반복해서 종이를 자르는 모습이지요. 능숙해지면 곧 흥미를 잃기 때문에 조금 더 복잡한 소근육을 요하는 활동을 준비해줘야 합니다. 몬테소리 기관에서 아기들은 하나의 활동을 마스터하고 그다음에 조금 더 어려운 활동에 도전해서 마스터할 때까지 반복해요. 반복을 통해 스킬이 성장한다는 것을 아기들도 느낄 수 있기 때문에 성장과 숙달을 즐기는 아기로 자랄 수 있습니다.

반면 열린 장난감은 성격이 다릅니다. 닫힌 장난감처럼 뭔가를 성취하거나 마스터하는 부분은 별로 없어요. 대신 하나의 장난감을 다양한 방식으로 가지고 놀면서 확산적인 사고를 할 수 있게 돼요. 열린 장난감의 대표 주자라고 할 수 있는 나무 블록은 어떤 구조물을 만들면서 공간 지능이 발달되고요. 의도하는 것을 만들기 위해 어떤 조각을 고를지 고민하고 선택하고 그리고 딱 맞는 조각이 없으면 다른 걸로 대체할지 고민해보면서 사고하는 능력과 문제해결력도 좋아져요. 열린 장난감은 발도르프 교육관에서 추구하는 교구와 성질이 비슷합니다.

열린 장난감은 다양한 방식으로 갖고 놀 수 있기 때문에 닫힌 장난감보다 더 오랫동안 가지고 놀 수 있다는 장점이 있어요. 닫힌 장난감은 조금 더 제한된 기간 안에 많이 가지고 놀고 마스터해버리는 종류의 장난감이지요. 그래서 저는 열린 장난감이 조금 더 금전적으로 투자할 만한 가치가 있다고 생각해요.

아기가 돌에서 두 돌 사이에는 열린 장난감이 좋냐 닫힌 장난감이 좋냐는 질문은 무의미합니다. 각자가 의도하는 바가 다르고 효과가 다르거든요. 둘 다 적절히 활용하면 좋습니다. 제 경험은 다미에게만 한정된 이야기일 수도 있고 연구로 입증된 바 없지만 돌에서 두 돌 사이에는 닫힌 장난감을 잘 가지고 놀았고 두 돌에서 세 돌 사이에는 여전히 닫힌 장난감을 가지고 놀았지만 피규어나 인형을 활용한 소꿉놀이 같은 상상 놀이의 비중이 커지고 열린 장난감의 비중이 조금씩 늘어났어요. 열린 장난감을 더 잘 가지고 놀게 되는 것은 아기가 조금 더 계획적으로 사고할 수 있게 되는 만 3세 전후인 것 같아요. 만 3세 이후에 뇌의 전두엽이 발달하면서 열린 장난감을 가지고 노는 스킬도 좋아지거든요. 물론 그전에도 열린 놀이를 할 수 있지만 단순한 반복 수준이에요. 부모나 형제 자매의 놀이 모습을 충분히 보지 못하면 잘 확장되지 못합니다. 그래서 각자의 교육관에 맞게 정하고 아기에게 다양한 장난감을 소개해주면서 어떤 종류의 장난감을 선호하는지 관찰하는 게 필요해요.

아직 놀이에 대한 교육관을 정하지 못했다면 정답은 없지만 대중적으로 인기 있고 콘텐츠도 풍부한 '몬테소리'와 '발도르프'라는 키워드로 살펴보면 도움이 될 거예요. 저처럼 몬테소리 방식을 메인으로 한다면 닫힌 장난감의 비중이 높아질 가능성이 높고, 발도르프 방식을 중점으로 한다면 열린 장난감의 비중이 높아질 가능성이 높습니다. 물론 저도 닫힌 장난감만 구비하는 건 아니고, 만 3세 이후부터 열린 장난감을 적극적으로 장난감 리스트에 포함시키고 있어요.

몬테소리든 발도르프든 공통적으로 나타나는 특징은 아기들이 놀면서 손과 몸을 자유로이 움직일 수 있게 장려한다는 것입니다. 그리고 아기가 장난감 선택과 놀이에 주도권을 가질 수 있게 아기를 존중해요. 사회심리학자 에릭 에릭슨은 만 1~3세 사이 아기들의 발달 과업은 '자율성'을 획득하는 것이라고 했습니다. 놀이에 있어서도 마찬가지입니다. 손과 몸을 자유롭게 쓸 수 있는 장난감인지, 아기가 주도적으로 선택해서 놀 수 있는 놀이 환경인지 잘 체크해주세요.

만 2세 이후 아기의 놀이를 이끌어주는 방법은?

결론부터. 다양한 놀이 카테고리에 대해 알아두고, 아기의 흥미와 교육적 효과를 고려해서 장난감을 선택해보세요. 아마 아기마다 뚜렷하게 선호하는 분야가 나타나기 시작할 거예요.

아기가 성장할수록 놀이의 카테고리와 필요한 장난감은 점차 다양해집니다. 크게 분류하면 아래와 같아요.

- 열린 놀이: 블록 놀이(만들기)
- 닫힌 놀이: 좀 더 어려운 조작을 요하는 놀이(짝 맞춰 끼우기, 공구 놀이, 퍼즐 맞추기 등)
- 미술 놀이: 그리기, 색칠하기, 스티커 떼고 붙이기 등
- 음악 활동: 악기 연주, 노래하기, 동요 틀어놓고 춤추기
- 보드 게임: 간단한 룰 지키면서 게임하기
- 신체 놀이: 기어오르기, 균형 잡기, 공차기
- 상상 놀이: 인형/피규어 놀이, 주방놀이, 병원놀이 등 역할놀이

모든 카테고리의 놀이를 다 해야 한다는 부담을 가질 필요는 없어요. 어떤 놀이든 아이가 주도적으로 참여하기만 한다면 모두 발달에 도움이 됩니다. 닫힌 놀

이에 대해서는 앞서 설명했으니 열린 놀이 중 블럭 놀이와 다른 놀이들이 발달에 어떻게 좋은지에 대해 좀 더 알아볼게요.

블록 놀이

열린 놀이에는 다양한 장난감이 활용되지만, 그 중 가장 큰 지분을 차지하는 것은 블록 놀이입니다. 여러 연구 결과를 바탕으로 하는 육아 전문 홈페이지의 아티클에 따르면 블록을 많이 가지고 노는 아기에게서는 다음과 같은 장점이 관찰되었다고 합니다.[5]

- 공간지각력이 더 우수했다.
- 인지적인 유연성이 더 뛰어났다.
- 언어 능력이 더 뛰어났다.
- 더 창의적이고 다양한 방식으로 문제를 해결하는 성향이 관찰되었다.
- (협동적으로 블록 놀이를 많이 한 경우) 사회성이 좋았다.
- (더 복잡한 블록 놀이를 즐기는 경우) 수학을 잘했다.

다만 이 연구는 주로 상관관계를 살펴본 연구이기 때문에 이 이점이 모두 '블록 놀이의 효과'라고 단정 지을 수만은 없습니다. 예를 들어 공간지각력이 우수한 아기들이 블록 놀이를 선호한다는 반대의 인과관계가 성립할 수도 있지요. 하지만 블록을 가지고 노는 것이 아기들의 발달에 어떤 식으로든 유익하다는 것은 유아교육계에서도 이론적으로 널리 받아들여지고 있어요.

미술 놀이

미술 놀이는 정교한 장난감 없이도 소근육과 눈-손 협응을 발달시킬 수 있는 좋은 수단입니다. 아기와 미술 활동을 하면서 다양한 어휘도 들려줄 수 있어 언어 발달에도 좋고요. 아직 만 3세가 안 된 아기들은 미술 놀이가 창의성, 인지 능력, 자기 표현력 등에 좋은 영향이 있다는 명확한 근거는 아직 부족하지만 소근육 발달만 봐도 의미가 있고 전반적으로 아기와 즐겁게 시간을 보낼 수 있는 유익한 활동임은 분명해요.

아기와 그림을 그릴 때 너무 멋진 그림을 그리자고 하면 부모에게 그려달라고 하고 본인은 적극적으로 참여하지 않을 수 있어요. 아기도 따라 그리기 쉬운 동그라미나 선, 세모 등을 같이 그려보세요. 그리고 다양한 재료로 다양한 표면에 미술 활동을 하면 아기의 미술놀이에 대한 흥미를 유지시킬 수 있습니다.

요즘에는 엄마표 미술 키트도 많이 나오는데 저는 이런 키트로만 미술놀이를 하다 보면 미술을 즐기기 어려울 수 있다는 생각이 들었어요. 정해진 방식대로 아기가 안 하면 아기를 다그치게 되기도 쉽고 부모 주도로 흘러가는 일도 많고요. 멋진 걸 만드는 게 중요한 게 아니라 그 과정에서 손을 많이 쓰고 내가 원하는 걸 어떻게 표현해볼까 생각하는 과정 자체가 중요하다고 생각해주세요. 아기가 주도적으로 종이나 어떤 표면에 아무렇게나 끄적이는 그 어떤 활동이라도 좋은 미술 놀이가 될 수 있습니다.

보드게임

보드게임은 교육적으로 많은 이점이 있습니다. 아무리 간단해도 기본적인 규칙rule이 있어요. 계속 하고 싶고 아무렇게나 하고 싶더라도 보드게임을 원활하게 진행하기 위해서는 규칙을 지켜야 합니다. 이 과정에서 자신을 조절하는 연습도 할 수 있고요. 규칙을 숙지하고 행동해야 하기 때문에 기억력 연습도 됩니다. 도중에 규칙을 바꾸거나 새로운 규칙을 따르는 과정에서 인지적 유연성도 요구됩니다.

보드게임의 가장 중요한 장점은 반응 육아가 가능하다는 거예요. 아기가 혼자 하는 게 아니라 다른 사람과 같이 하게 되잖아요. 아기의 행동에 자연스럽게 반응하게 되고 긍정적인 상호작용을 통해 즐거운 시간을 보낼 수 있지요. 특히 아기에게 어떻게 반응해줘야 할지, 어떤 식으로 상호작용해야 할지 잘 모르는 아빠나 육아 참여도가 낮은 엄마라면 보드게임을 하며 아기와 시간을 보내보세요. 반응 육아에 큰 도움이 될 거예요.

신체 놀이

아기가 잘 걷고 뛰게 되면 대근육 발달이나 신체놀이에 소홀해지기 쉬워요. 하지만 아기들의 대근육 발달과 인지능력 사이에 긍정적 상관관계가 보고되고 있습니다(소근육만큼이나 많은 연구로 입증된 건 아니긴 하지만요).[6] 그냥 몸을 아무렇게나 움직이는 신체 활동도 있지만 연습이나 훈련을 통해 어떤 스킬을 연마하는 신체 활동도 있어요. 아기들이 기본적인 운동 스킬을 연습하는 것의 중요성도 최근 연구를 통해 밝혀지고 있습니다.

〈예방의학〉에 실린 논문에서는 유치원생을 대상으로 그냥 몸을 움직이기만 하는 신체 활동(등산, 뛰어다니기)과 '기본 운동 스킬Fundemental Motor Skill(균형 잡기, 공 받기, 점프하기 등이 특정 근육 발달 놀이)'을 훈련하는 활동을 나누어서 효과를 살펴보았는데요.[7] 연구자들은 이 둘 중에서 전자도 인지능력 향상에 의미가 있지만 후자가 더 큰 의미가 있다는 결론을 내렸어요. 특히 생애 초기는 기본 운동 스킬이 발달되는 중요한 시기라고 해요. 아기들이 틈만 나면 기어오르려고 하고 연석 위를 걸으며 균형 잡기 연습을 하거나 횡단보도에서 흰색 선만 밟으려고 점프하는 행동들은 기본 운동 스킬을 마스터하려는 무의식적인 본능의 표출일지도 몰라요. 아기들은 언제나 잘 뛰어다니기 때문에 운동 신경이 다 발달한 것 같지만 어릴수록 기본 운동 스킬이 한창 발달하고 있어요. 아기와 공차기를 한번 해보면 바로 알 수 있지요. 이런 스킬은 아직 연습이 필요하며, 연습을 하는 과정에서 아기의 뇌가 발달됩니다.

- 신체를 컨트롤하며 균형 잡기
- 정확하게 공을 던지거나 받기, 원하는 곳으로 굴리기 차기
- 양쪽 발을 조작해 자전거 페달 밟기
- 안정적으로 기어오르기

또 기본 운동 스킬이 발달한 아기들은 조금 더 크면 스포츠도 즐길 수 있을 가능성이 커요. 스포츠를 즐길 수 있는 나이가 되면 팀으로 이루어지는 스포츠 활동이 아이에게 도움이 될 거예요. 어떤 스킬을 꾸준히 연습해서 성장하는 경험도 하고, 성취감을 느끼며 성장 마인드셋을 기를 수 있거든요. 졌을 때 감정을 다스리는 연습을 할 수도 있고, 팀 스포츠라면 사회성이나 리더십, 빠른 판단력이나 문제 해결력 등 다양한 능력을 개발할 수 있어요.[8] 뿐만 아니라 선천적으로 수줍음이 있는 아이들은 스포츠를 통해 불안감이나 수줍음이 해소된다는 연구 결과도 있습니다.[9] 그래서 미국에서는 여자든 남자든 축구나 야구 등 스포츠 활동을 적극적으로 시키는 편이에요. 어릴 때부터 신체 활동을 충분히 하면서 기본 운동 스킬을 길러주면 향후 스포츠를 잘 즐기고, 적극적으로 참여할 수 있는 아기로 자라게 될 거예요.

상상 놀이

두 돌 이후 아기들의 놀이 패턴에서 특히 두드러지는 것은 '상상 놀이Pretend Play'입니다(예전에는 '역할놀이Role Play'라고 많이 불렀지요). 어떤 상황이나 시나리오를 가정하고 아기가 어떤 역할을 맡거나 인형이나 피규어에 역할을 부여해서 연극을 하듯이 노는 거예요. 엄마 놀이, 공주 놀이, 선생님 놀이, 마트 놀이, 주방 놀이, 병원 놀이 모두 상상 놀이입니다.

만 2세 이후, 좀 더 정확히 말하면 아기의 표현 언어가 세련되어지면서 많은 아기가 상상 놀이를 열심히 하는 모습을 볼 수 있을 거예요. 상상 놀이는 여러 연구 결과를 통해 아기들의 발달에 중요한 역할을 한다는 것이 밝혀졌어요. 아기들은 상상 놀이를 통해서 세상을 살아가는 데 필요한 기본적인 스킬을 닦아나가고 있는 것처럼 보입니다. 특히 상상 놀이는 다양한 표현 언어를 연습하기 좋습니다. 또 어떤 역할을 하면서 그 사람이 그 상황에서 느낄 감정에 대해 이해하기도 하고, 내가 이 역할이라면 어떻게 행동하는 게 적절한지 생각하면서 사회성을 기르기도 하고, 가상의 문제를 해결하며 문제 해결력을 기르기도 합니다.

이처럼 모든 발달 영역에 영향이 있지만 특히 만 3세 미만 아기들의 '정서사회성' 발달에 큰 역할을 하는 것으로 알려져 있어요. 캠브리지대학교에서 아동의 놀이를 주로 연구하는 연구원 젠 라오와 제니 깁슨Jenny Gibson은 한 학술 서적에서 상상 놀이와 정서 발달 간의 관계를 설명하고 있습니다.[10]

먼저 상상 놀이의 특징에 대해 살펴볼게요. 이 세상 모든 아기는 어떠한 형태로든 상상 놀이를 하는데요. 다음과 같은 세 가지 방향으로 발전해간다고 합니다.

①나에서 타인으로

초기의 상상 놀이는 오로지 '나'를 중심으로 이루어져요. 친숙하거나 좋아하는 사람의 역할을 자기한테 부여하지요. 그러다가 인형이나 다른 누군가에게 어떤 역할을 부여(탈중심화De-centration)하면서 놀이 안에서 더 적극적으로 사회적인 상호작용을 경험합니다.

②상징적으로 사고하기

아기는 아직 상징적으로 사고하는 능력이 부족하기 때문에 초기에는 해당 놀잇감이 있어야 병원 놀이, 주방 놀이 같은 것을 할 수 있어요. 하지만 상징적으로 사고하는 스킬이 늘면 주변의 물리적인 맥락과 관계없이(탈맥락화De-contexutalisation) 어떤 걸 가지고든 상상하면서 놀이를 할 수 있게 돼요. 그러므로 세 돌 이하 아기들이 상상 놀이를 잘하기 위해 디테일이 살아 있는 주방용품이나 자동차, 진찰 도구같이 사실적인 장난감이 필요해요.[11] 더 크면 상상 놀이 스킬이 발달해 박스나 쿠션, 나뭇잎만 가지고도 오랫동안 놀 수 있게 됩니다.

③주제의 통합

만 2세경의 아기들은 아주 단순한 상상 놀이를 몇 번이나 반복합니다. 마트에서 과자 사는 놀이, 병원에서 진찰받는 놀이, 어린이집에 가는 놀이 등 자기가 삶에서 경험했던 장면을 놀이로 반복해요. 처음에는 단편적인 주제로만 놀다가 점차 다양한 주제를 통합Integration해서 나름의 스토리를 만들 수 있게 되지요.

유명한 아동심리학자 장 피아제Jean Piaget에 따르면 상상 놀이는 만 2세 전후 유아기에 나타나기 시작해 만 7~8세 정도에 가장 활동적이라고 해요.[12] 그 이후 서서히 상상 놀이의 비중은 줄어들고 규칙이 있는 게임을 즐기는 비중이 늘어나고요. 아기가 이제 막 두 돌 정도 되었다면 상상 놀이는 이제 시작일 뿐입니다.

아기들은 상상 놀이를 통해 정서적 불안을 해소시키기도 해요. 어른의 눈으로는 이해하기 어려울 수 있지만 아직 이 세상을 완전히 이해하지 못한 아기들은 일상에서 불안이나 두려움 등 부정적인 감정을 경험하며 살아가거든요. 놀이는 그것을 해소하는 좋은 수단이고요.

조금 오래된 연구인데 일리노이대학교의 린 바넷Lynn Barnett 심리학 교수는 두 연구를 통해 유치원생들이 감정적으로 불안할 때 어떻게 놀이를 활용하는지 살펴보았어요.[13] 첫 번째 연구에서는 유치원생들을 둘로 나누어 그룹 1에게는 개가 절벽으로 굴러 떨어지는 영상을 보여주었고, 그룹 2에게는 이 뒤에 이 개가 구조되는 해피 엔딩의 영상을 보여주었어요. 영상을 본 직후 아이들의 신체 반응이나 감정 상태를 비교해보니, 그룹 1의 아이들이 몸에 땀이 더 많이 났고 불안해하거나 슬픈 감정 상태를 보였어요. 다시 아이들에게 자유롭게 놀이를 하도록 했더니, 그룹 1의 아이들이 그룹 2의 아이들에 비해 더 오랜 시간 개 인형을 가지고 영상의 내용과 비슷하게 떨어지거나 위험해지는 상황의 주제로 놀았습니다.

두 번째 연구는 새로운 유치원에 적응 중인 유치원생들을 대상으로 했어요.[14] 아침에 부모와 이별 후 아이들이 보인 불안 반응에 따라 불안 수준이 높은 그룹과 낮은 그룹으로 나누었습니다. 각 그룹을 또 둘로 나누어 절반은 15분 동안 장난감으로 자유롭게 놀게 하고, 나머지 절반은 15분 동안 이야기를 듣게 했지요. 그 결과 불안 수준이 높은 그룹의 아이들 사이에서는 자유 놀이를 한 아이들이 이야기를 들은 아이들에 비해 불안 수준이 낮아졌습니다. 불안 수준이 애초에 낮았던 그룹의 아이들은 자유 놀이를 한 아이들이나 이야기를 들은 아이들이나 별 차이가 없었어요. 또한 불안 수준이 높은 그룹의 아이들은 전반적으로 다른 놀이보다도 상상 놀이에 더 오래 참여하는 모습을 보였습니다. 바넷 교수는 이러한 연구 결과들을 토대로 아이들이 불안함 등 부정적 감정을 해소하기 위해 자발적이고 적극적으로 상상 놀이를 활용한다고 해석했어요.

저는 평소 다미의 놀이 선택과 패턴을 유심히 관찰하고 분석해보는 편인데요. 어린이집 적응기 때는 신기하게도 '어린이집에 가는 이야기'를 주제로 노는 빈도가 정말 높았어요. 엄마가 아기를 어린이집에 데려다주었다가 다시 데리러 오는 단순한 놀이를 거의 매일 했지요. 일부러 다미의 적응을 돕기 위해 그렇게 한 게 아니고 다미가 주도했어요. 이런 놀이를 통해 아기는 애착하는 대상과의 이별을 더 감당하기 쉬운 수준으로 반복 경험하고 재회하며 불안을 해소하는 경험을 할 수 있습니다.

또 아기는 상상 놀이를 통해 부정적 감정뿐 아니라 긍정적 감정도 경험합니다. 에릭 에릭슨 교수는 아기들이 상상 놀이를 통해서 자아를 통제한다는 느낌과 자율감을 느낀다고 했어요.[15] 아기는 평소 많은 제약 속에서 살기 때문에 항상 더 통제하고 싶어 하고 마음대로 하고 싶어 하는 욕구가 잠재되어 있어요. 부모가 항상 "안 돼"를 말하기 때문에 아기는 기회만 되면 부모의 통제를 벗어나 마음대로 하고 싶어 하고 마치 반항하는 것처럼 보이기도 하지요. 그런데 상상 놀이 속에서 자신이 원하는 대로 마음껏 해보면서 아기가 억눌린 욕구를 해소할 수 있다는 거예요. 그래서 정서적으로도 더 건강해지고요. 위스콘신대학교의 저명한 아동심리학자인 잉게 브레설톤Inge Bretherton 교수는 이렇게 말했습니다.[16]

"상상 놀이는 정서적 성숙의 수단으로 작용한다."

또한 상상 놀이를 통해 아기들은 감정 조절을 연습할 수 있어요. 아기들은 돌에서 두 돌 사이에 감정을 조절하는 능력을 키워나가는데요. 아기의 감정 조절 능력은 사회성이나 학습 능력 등 다양한 관점에서 매우 중요합니다. 아기들이 감정 조절 능력을 발달시킬 수 있는 환경 중 하나가 바로 상상 놀이 환경이에요. 상상 놀이를 할 때 아기들은 일종의 새로운 규칙을 스스로 부여합니다. "나는 선생님이야!"라고 선언하면 평소의 나처럼 행동하고 싶은 충동을 억누르고 선생님이라면 어떻게 행동할지 생각하고 거기에 맞게 행동해야 하지요. 이 과정에서 충동 억제가 자연스럽게 훈련됩니다. 아동심리학자인 그레타 페인Greta Fein 교수는 상상 놀이에 대한 논문에서 이렇게 말했어요.[17]

> "상상놀이를 하는 아이들은 여러 시나리오를 오가며 그 안에서 느끼게 될 법한 감정을 적절히 조절하는 연습을 한다."

각 시기마다 카테고리별로 추천하는 장난감은 QR코드에서 확인할 수 있습니다. 지속적인 업데이트를 하고 있으니 아기의 월령에 따라 발달을 돕는 장난감을 합리적으로 찾아보면 됩니다.

특별히 피해야 할 장난감이 있을까?

결론부터. 배터리가 들어가는 '전자 장난감'은 아기가 어릴 때는 가급적 피하는 게 좋다고 생각해요.

전자 장난감은 기능이 정해져 있습니다. 누르면 소리가 나거나 불빛이 나는 식이지요. 기능이 정해져 있다는 점에서는 닫힌 장난감과 비슷하지만 다른 점이 있어요. 아기들은 닫힌 장난감을 가지고 놀 때 소근육 스킬을 연마하고 조금 어려운 목표를 스스로의 힘으로 완수해낸다는 목표지향적인 태도를 갖게 됩니다.

하지만 전자 장난감을 가지고 놀 때는 그저 불빛이나 소리 등 화려한 자극을 위해 버튼을 누르는 등의 조작을 하게 됩니다. 조작의 수준은 대부분 아기에게는 너무 쉽고요.

열린 장난감과 비교하면 어떨까요? 열린 장난감의 장점 중 하나는 아기들이 하나의 장난감을 자신의 발달 단계에 적합한 방식으로 가지고 놀 수 있다는 것입니다. 간단한 나무 블록을 가지고 아기들은 탐색이 필요한 시기에는 만져보거나 떨어뜨리면서 놀고, 쌓는 연습이 필요한 시기에는 쌓고, 구조물을 만들 수 있는 시기에는 구조물을 만들며 놀아요. 이 과정에서 자연스럽게 시기별로 필요한 스킬을 익힐 수 있으며 주도적으로 놀이 방법을 생각해내는 능력이나 확산적 사고도 길러지지요. 하지만 전자 장난감은 장난감 제조사가 의도한 방식대로만 가지고 놀게 되기 때문에 이러한 장점들이 사라져요.

뿐만 아니라 화려한 자극을 얻을 수 있는 전자 장난감에만 익숙해진 아기들은 노력해서 숙달해야 하는 닫힌 장난감이나 주도적으로 가지고 노는 열린 장난감에 흥미를 보이지 않을 수도 있어요. 아동심리학자 다이앤 레빈 교수는 "특정 방향으로 작동하는 전자 장난감에 익숙해진 아기들은 어떻게 가지고 노는지 명시적으로 알 수 없는 열린 장난감에는 흥미를 잘 느끼지 못할 수 있다"는 의견을 제시하며 전자 장난감이 아기의 삶에서 점점 더 많은 비중을 차지하고 있는 현실에 우려를 표했어요.[18]

전자 장난감의 또 다른 문제점은 반응 육아를 저해한다는 것입니다. 놀 때도 부모가 놀이에 적극적으로 참여하고 아기에게 반응해주는 것은 중요해요. 〈아동 발달〉에 실린 연구에서는 아기가 생후 36개월 때 IQ에 영향을 줄 수 있는 놀이 관련 요인으로 적절한 장난감이 제공되었는지의 여부와 부모의 놀이 참여도를 꼽기도 했습니다.[19] 미국소아과협회에서 발간된 한 리포트에서는 아기가 놀이를 통해 발달하기 위해서는 어른이 옆에서 적절하게 참여해야 한다고 언급하고 있습니다. 어떻게 하는지 보여주고 적절한 피드백을 주고 너무 어려우면 살짝 도와주는 등의 부모의 참여가 아기의 발달을 돕지요. 그리고 전자 장난감은 이러한 아기와 부모와의 사회적인 상호작용을 줄일 수 있다고 언급했어요.[20]

한편 〈미국의학학회 소아과학〉에 실린 연구에서는 부모가 전자 장난감을 가지고 놀아줄 때와 전통적인 장난감을 가지고 놀아줄 때 언어활동의 수준을 비교했는데요.[21] 역시나 전자 장난감을 가지고 놀아줄 때 부모의 언어활동이 훨씬 줄어들었다고 해요. 그러므로 전자 장난감에 너무 의존하면 부모의 놀이 참여도나 언어활동 수준이 낮아지고 이는 아기의 전인적인 발달에 좋지 않습니다. 그렇다고 해서 전자 장난감을 하나도 남겨서는 안 된다거나 선물받은 장난감을 다 버리라는 뜻은 아니에요. 가끔씩 부모가 쉬거나 화장실에 가거나 할 때 아기에게 전자 장난감을 준다고 해서 큰일 나는 건 아니겠지요. 다만 새로 장난감을 구입할 때 이런 점을 고려한다면 아마 선택지는 크게 달라질 것이고 1년 후 아기의 놀이방 모습은 이 사실을 몰랐을 때와는 사뭇 달라질 거예요.

놀이는 왜 중요할까?

결론부터. 아이를 자유롭고 주도적으로 놀게 하세요. 그것이 취학 전 아이에게 필요한 모든 교육입니다.

아이를 먹이고, 재우는 것이 어느 정도 익숙해지면 슬슬 '교육'에 대한 고민도 조금씩 하게 됩니다. 우리 아이에게 어떤 교육을 시켜야 할지 유아교육 전문가들에게 문의하면 공통으로 돌아오는 답변이 있습니다.

"유아기 교육의 중심은 놀이입니다."

아이들은 노는 게 일입니다. 놀면서 배워요. 아이들이 잠조차 거부해가며 그렇게 열심히 놀려고 하는 데는 다 이유가 있습니다. 아이들의 삶의 목표가 이 세상을 배우는 데 있기 때문이에요. 이토록 열정적인 '플레이어'이자 '러너'인 아이들과 함께 사는 부모들은 많은 시간을 놀이를 하며 보내게 됩니다. 그래서 놀이가 아이들에게 어떤 의미인지 알아두면 좋아요. 아이와의 놀이가 어른 입장에서는 재미있지 않겠지만, 적어도 놀이를 통해 뇌에서는 어떤 능력들이 길러지고 있는 건지 이해한다면 조금 덜 힘들고, 조금 더 보람찰 테니까요.

놀이의 중요성에 대해서는 수많은 학자와 권위 있는 기관에서 반복적으로 입을 모으고 있습니다. 2018년 미국소아과학회에서는 "놀이는 21세기에 꼭 필요한 소프트 파워인 문제 해결 능력, 협동하는 능력, 창의력의 기초가 되며 삶에서 성공하는 데 꼭 필요한 실행 기능을 키워준다"는 보고서를 발표했고요.[22] 같은 해 세계은행이 발간한 보고서에서는 "아이들의 뇌가 새로운 정보를 가장 효율적으로 취하기 위해서는 탐구, 놀이, 친구나 양육자와의 상호작용이 필요하다"고 언급했습니다.[23] 2011년 유럽연합에서는 "놀이는 취학 전 아동의 학습에 결정적인 역할을 한다"고 선언했습니다.[24] 2007년에 미국소아과학회에서는 한 보고서를 발간해 "놀이는 건강한 아동 발달, 특히나 부모와 자녀 간의 유대 관계에 매우 중요하다"고 강조했습니다.[25]

이와 같은 맥락으로, 놀이치료사이자 심리학자인 로렌스 코헨Lawrence Cohen 박사는 저서 《아이와 통하는 부모는 노는 방법이 다르다》(양철북)에서 놀이는 아이와 연결되고 유대감을 쌓을 수 있는 가장 강력한 방법이라고 말했습니다. 아이들의 문제 행동은 종종 자신과 아주 친밀한 유대감을 형성한 누군가가 없다는 고립감에서 비롯되는 경우가 많은데, 부모가 아이와 최선을 다해 놀아주면 문제 행동이 자연스럽게 해결된다는 것입니다. 코헨 박사는 본인이 놀이치료사로서, 부모님들이 해결하지 못한 아이들의 수많은 문제를 아이와 최선을 다해 놀고 웃는 것으로 훌륭하게 치료해낸 임상 경험을 보유하고 있지요.

이렇듯 놀이는 아이의 삶에 아주 중요한 부분을 차지하며 자유 놀이 속에서 아이들은 인지적, 정서적인 면에서 발달할 수 있습니다. 이 부분을 잘 이해한다면 교육 관련된 여러 의사결정들을 더 자신 있게 내릴 수 있어요. 예를 들면, 얼마 전에 어떤 분이 "왜 다미에게 한글을 가르치지 않냐"라고 물어서 이렇게 대답했습니다. "취학 전 한글을 가르치는 것에 부작용이 있다는 근거는 없지만, 다미의 자유 놀이 시간을 빼앗는 게 좀 아까워서요(다미는 현재 네 살입니다)." 한글을 일찍 가르치는 것이 '창의력을 죽인다'는 속설이 있는데, 여기에는 딱히 근거가 없습니다. 다만 문자를 일찍 배운 아이들이 향후 학교에서 더 앞서나가지도 않는다고 보고하는 연구들이 상당해요. 그렇다면 굳이 학교에서 배울 것을, 자유 놀이 시간을 빼앗아가며 가르칠 필요는 없다고 생각했습니다.

놀이가 이토록 중요하다면 '어떻게 놀아줄까?' 고민이 될 텐데요. 부모가 놀이의 구체적인 방법을 다 알고 있을 필요는 별로 없습니다. 그건 아이가 주어진 환경에서 주도적으로 해나가는 부분이니까요. 적당한 수의 장난감, 적당한 공간, 그리고 자유가 주어지면 아이들은 알아서 잘 놀아요. 아이와 어떤 놀이를 할까 고민하는 대신, 좀 더 신경 써야 할 두 가지를 알아볼게요.

놀이는 아이가 주도하게 두기

아이가 놀이를 주도할 수 있게 해주어야 합니다. 놀이의 전문가는 부모가 아닙니다. 아이들이지요. 세계은행 선임 교육전문가를 역임한 교육개혁가 파시 살베리Pasi Sahlberg 교수는 저서 〈아이들을 놀게 하라〉에서, 놀이에 관련된 여러 연구를 면밀히 분석한 후 놀이에도 '양질의 놀이'와 그렇지 않은 놀이가 있는데 '양질의 놀이'의 필수 조건들 중 하나는 아이의 자기주도성이라고 했습니다. 자기주도적으로 노는 아이들은 내재적 동기에 의해 놀이에 더 잘 몰입하고 호기심도 더 많이 자극되며, 이는 향후 자기주도적 학습으로까지 이어진다는 것이지요.

부모는 아이가 놀이를 주도하게 돕고 아이의 세계에 온전히 참여하면 돼요. 그러면 아이는 부모와 노는 걸 좋아하게 되고, 그 속에서 많은 것을 즐겁게 배웁니다. 아이가 자유롭게 놀 수 있도록 두지 않고 부모가 놀이를 주도하려 한다거나, TV를 보며 건성으로 반응한다거나, 아이와의 상호작용이 아닌 화려한 장난감에만 기댄다면, 아이는 부모와의 놀이가 재미없다고 느낄 수 있어요. 차라리 혼자 노는 것을 택하기도 합니다. 부모는 육아가 한결 편해지기야 하겠지만, 아이가 어른과 함께 놀면서 누리는 교육적인 효과는 그만큼 줄어들겠지요.

대부분의 부모는 아이에게 관심을 가지고 아이가 노는 대상에 함께 집중해주며 놀이의 방향에 지나치게 개입하지 않으려는 마음가짐을 가지는 것만으로 충분합니다. 이게 어렵다면 다음 챕터의 '아이가 스스로 잘 안 하려고 해요'라는 부분을 참고해 놀이 도중 부모가 취해야 할 태도를 다시 점검해보기 바랍니다.

이상적인 놀이 환경 조성하기

좋아 보이는 장난감도 한두 개씩 사다 보면 어느새 집 안이 장난감으로 가득

찰 때가 있지요. 이건 경계해야 합니다. 집 안이 너무 혼잡하지 않고 지나치게 많은 장난감에 노출되지 않는 환경이 아기에게는 더 좋아요.

네덜란드 레이던대학교의 연구진은 아기를 돌볼 때 일반적인 거실에서 돌보는 조건과 어질러진 거실에서 돌보는 조건을 나누어서 타액의 스트레스 호르몬을 비교했는데요.[26] 후자의 경우 스트레스 수준이 더 높았다고 해요. 또 집 안이 어질러져 있는 경우 부모가 아기에게 긍정적인 육아를 하기가 더 어려워진다는 점을 시사하는 연구 결과들도 있습니다.[27] 부모마다 성향이 다르겠지만 아마도 육아 중에 한 번씩 경험해보았을 거예요. 장난감이 너무 많다 보니 따라다니면서 치우느라 육아에 집중을 못 했다거나, 장난감 하나하나를 1~2분씩만 가지고 놀다 던져버리고 다른 장난감을 향해 달려가는 아기를 보며 짜증을 감추기 힘들었던 순간들이요.

장난감이 너무 많으면 아기에게도 좋지 않습니다. 미국 털리도대학교의 연구진이 생후 18~30개월 아기들을 대상으로 진행한 연구에서 아기들을 두 그룹으로 나누어 두 종류의 놀이 공간에 데려다놓았는데요.[28] 첫 번째 놀이 공간에는 네 개의 장난감이, 두 번째 놀이 공간에는 열여섯 개의 장난감이 있었어요. 두 공간에서 아기들이 노는 모습을 관찰했더니 네 개의 장난감이 있는 공간에서 논 아기들이 한 장난감에 더 오랫동안 집중했고, 하나의 장난감을 다양한 방법으로 가지고 노는 경향이 있었어요. 장난감이 너무 많으면 일단 분위기가 산만해지고 금방 눈에 보이는 다른 장난감으로 옮겨가게 되기 때문에 하나의 장난감에 집중해서 놀지 않게 된다는 거지요. 18개월 이상의 유아를 대상으로 한 연구지만 영아에게도 해당될 수 있는 내용이라고 생각해요.

그러므로 놀이 공간에는 장난감이 너무 많지 않은 편이 좋습니다. "Less is more simple is best." 제가 모든 집 놀이방에 붙이고 싶은 문구예요. 아기의 놀이 공간을 한번 점검해보세요. 적당한 장난감 수는 아기의 나이마다 다르지만 대체로 4~8개 정도면 충분해요. 나머지는 종류별로 나누어서 박스에 넣으세요. 그중 하나는 기부하거나 버리는 등 '없앨 물건'으로 지정하는 것을 잊지 말고요.

특히 아기에게 너무 쉬운 것, 교육적으로 별로 좋지 않은 것, 더 이상 가지고 놀지 않는 것, 다른 장난감과 중복되는 것 등 필요 없는 장난감 위주로 정리하세요. 놀이방에 꺼내놓은 4~8개의 장난감은 가급적 깔끔하고 아기가 가지고 놀기 좋게 선반이나 교구장 등을 이용해서 정리하면 좋습니다. 선반이나 교구장이 필수는 아니에요. 하지만 아기가 선택하기 좋게 노출되어 있어야 합니다. 박스에 넣기보다는 거실 한 면에 공간을 정해 바닥에 잘 놓아주세요. 인스타그램이나 핀터레스트에 "playroom idea" 등으로 검색해 깔끔한 놀이방을 보고 주기적으로 자극받아보세요. 노출시킨 장난감을 아기가 계속 가지고 논다면 그대로 두고 흥미가 떨어진다면 박스에 있는 다른 장난감 중 하나와 바꿔주면 됩니다. 보통 '로테이션한다'고 표현하지요. 이런 식으로 장난감을 관리하면 장난감 정리도 더 쉽고, 아기도 장난감 하나하나에 집중할 수 있는 환경에서 놀 수 있게 됩니다.

아기 그림책 어떻게 고를까?

결론부터. 나이가 어릴수록 현실에서 크게 벗어나지 않는 내용이 좋아요.

요즘 '책육아'에 대한 관심이 높아지고 있어요. 단순히 책을 많이 산다고 해서 책육아를 잘할 수 있는 것은 아닙니다. 부모가 어떤 책을 선택하고 어떤 식으로 읽어주냐에 따라서 책읽기를 즐기는 아기가 되기도, 아니기도 하고요. 부모와의 풍부한 교감과 상호작용의 시간이 되기도 하고, 단순히 그림만 소비하는 시간이 되기도 해요. 어떻게 하면 책육아를 잘할 수 있는지 부모가 기본 지식을 잘 알아두면 아기와의 책 읽는 시간의 퀄리티를 극대화할 수 있을 뿐 아니라 디지털 시대에 책읽기를 좋아하는 자발적인 독서가로 키우는 데 큰 도움이 될 거예요.

그럼, 책육아를 잘하려면 어떻게 해야 할까요? 거실에서 TV를 치우고 책장을 전집으로 꽉꽉 채우면 좋은 책육아가 될까요?

책육아를 잘하기 위해서는 세 가지 측면에서 접근해보면 좋습니다. 먼저 어떤 책을 구비하면 좋을지를 집중적으로 살펴볼게요. 여기서 어떤 책을 '읽어줄까'가 아니라 어떤 책들을 '구비할까'라고 적은 이유는 어떤 책을 집에 둘지에 대한 환경 구성은 부모가 하지만 어떤 책을 읽을지는 전적으로 아기가 선택하는 것이 바람직하기 때문입니다.

한국 그림책 시장은 부모가 책을 하나하나 보지 않고 브랜드 파워나 입소문에 기반해 한꺼번에 전집의 형태로 구입하는 전집 문화가 형성되어 있습니다. 그러다 보니 어떤 책이 아기에게 좋은지, 어떻게 책을 골라야 하는지 등 그림책에 대한 기준과 안목을 기르기가 쉽지 않습니다. 하지만 앞으로 소개하는 모든 조건을 갖춘 그림책은 아마 거의 존재하지 않을 것이고, 그런 완벽한 책을 찾아 헤맬 필요도 없어요. 가장 중요한 건 아기의 자발적인 흥미 그리고 부모와 아기가 함께 즐거운 시간을 보내며 대화를 나누는 것이라는 점을 기억하고 향후 전달하는 기준은 넘쳐나는 선택지 사이에서 좀 더 자신 있게 그림책을 선별하는 보조 기준으로 활용해주세요.

아기의 발달 단계에 따라 어릴수록 인지능력과 상징적 사고능력이 제한적이기 때문에 다음과 같은 요소를 더 신경 써서 살펴보되, 아기가 커갈수록 이런 기준에서 조금 자유로워진다고 생각하면 됩니다.

그림이 너무 복잡하거나 어렵지 않은가?

〈발달 리뷰〉에 실린 한 논문에서는 그림책을 선택할 때 그림의 복잡도가 아기의 인지 수준에 적절한 난이도인지를 살펴봐야 한다고 언급했습니다.[29] 저명한 교육심리학자 레프 비고츠키Lev Vygotsky의 '근접발달영역이론'에 따르면, 아기는 자극이나 과제가 혼자서 해낼 수 있는 수준보다 약간만 더 어려울 때 가장 효과적으로 배울 수 있고 흥미도 잘 유발한다고 합니다. 그러므로 아기에게 적극적인 참여와 동기를 이끌어내기 위해서는 책의 그림과 텍스트가 아기 수준에 너무 쉽거나 어렵지 않은 적절한 복잡도를 가지고 있어야 합니다.

아기에게 그림책을 읽어줄 때 텍스트는 아기의 발달 단계에 맞게 부모가 얼마든지 조절해서 읽어줄 수 있어요. 특히 3세 미만 아기들은 언어가 하루가 다르게 발달하고 아기마다 편차도 크기 때문에 부모가 책을 읽어줄 때 자연스럽게 아기의 언어 수준에 맞게 조절하는 경향이 있지요. 하지만 그림은 부모가 조절하기 어려워요. 그러므로 그림책을 고를 때 '그림이 너무 어렵지 않은지'를 보아야 합니다.

'어려운 그림'이 뭘까요? 어려운 그림이란 책의 내용을 이해하는 큰 도움이 안 되는 그림입니다. 먼저 그림이 텍스트를 충분히 표현해주지 못하는 경우가 있습니다. 예를 들어, 그림에서 누군가가 공을 손가락으로 가리키고 있다면 아기는 "이제 공 가지고 놀자"라는 문장의 의미를 몰랐다고 하더라도 그림의 도움을 받아 문장의 의미를 이해할 수 있어요. 이 과정에서 언어적인 배움이 일어나고 아기는 책에 더 집중합니다.

반면 누군가가 서 있는 그림에 같은 문장이 있다면, 아기는 그 문장의 의미를 어떻게 해석해야 할지에 대해 충분한 단서를 제공받지 못하겠지요. 이것이 어려운 그림입니다. 아기에게 들리는 문장이 별 의미가 없고 배움이 일어나지 않을 때 아기는 흥미와 집중을 더 쉽게 잃어요.

한 페이지에 그림이 너무 많은 경우도 아기에게 어려울 수 있어요. 영국 수섹스대학교의 연구진이 만 3~5세 사이의 아기들을 대상으로 진행한 연구에서는 책의 두 페이지에 그림이 한 개 있는 책과 두 개 있는 책을 보여주고 단어 습득의 효율을 비교했습니다. 그랬더니 그림이 한 개 있는 책을 읽었을 때 단어를 더 잘 습득했다고 해요.

그림이 두 개 있으면 아기들은 들리는 문장을 어떤 그림에 연결시켜야 하는지 생각해야 하고 이것이 뇌에 일종의 인지적 부담으로 작용해 배움의 효율을 떨어뜨릴 수 있다는 것입니다. 다만 어른이 읽어주면서 어떤 그림을 봐야 하는지 손가락으로 가리켜줬을 때는 단어 습득 효율이 비슷해졌다고 해요. 이 연구가 만 3~5세 아기들을 대상으로 한 연구였으니 1~3세 아기들의 경우 그림이 많을 때 더 어려워할 수 있겠지요?

그러므로 아기가 아직 어리다면 그림이 단순하고 적은 게 좋아요. 그림이 여러 개라면 어디에 집중해야 할지 헷갈리지 않게 그림 속 물체나 캐릭터를 손가락으로 가리켜주는 '포인팅'을 적극적으로 해주는 것이 전반적으로 집중과 배움에 좋습니다. 특히 돌 이전 아기들의 경우 언어 발달 단계상 가장 먼저 이해하게 되는 명사에 포커스를 맞춘 그림이나 내용이면 더 좋아요. 아기들의 첫 발화를 포함한 초기 언어 발달은 명사를 둘러싸고 진행되는 경향이 있습니다.[31] 영어와 중국어, 한국어 등 각 언어권의 아기들에게 그림을 보여주며 새로운 명사와 동사를 습득하도록 했더니 모든 언어권의 아기가, 특히 어릴수록 새로운 명사를 더 쉽게 습득했어요.[32] 물론 커갈수록 다양한 품사가 포함된 문장도 적극적으로 들려주어야겠지요.

한편 〈아동 발달Child Development〉에 실린 한 연구에서는 생후 6개월 된 아기들을 두 그룹으로 나누어 비슷하게 생긴 캐릭터가 반복적으로 등장하는 책을 집에서 3개월간 읽어주도록 했어요.[33] 첫 번째 그룹의 아기들이 받은 책에는 캐릭터들이 다 다른 이름을 가지고 있었어요(개별 라벨링 조건). 두 번째 그룹의 아기들이 받은 책에는 캐릭터들이 다 같은 이름을 가지고 있었어요(카테고리 라벨링 조건). 그리고 비교를 위해 세 번째 그룹의 아기들은 책을 주지 않았어요. 집에서 3개월 동안 각각의 책을 읽은 후 생후 9개월이 되었을 때 그림책에 등장했던 캐릭터를 보여주니 캐릭터의 이름이 개별적으로 명시되었던 책을 읽었던 아기들이 그 캐릭터를 가장 잘 기억하고 더 오랫동안 관심을 가지고 보았어요. 두 번째 그룹과 세 번째 그룹은 보는 시간이나 관심도가 비슷하게 낮았어요.

말하자면 각 페이지마다 비슷하게 생긴 토끼가 나오는데 각각 다른 이름('깡충이' '래빗' 등)을 가진 경우와 동일하게 '토끼'라고 지칭되는 경우 아기들이 전자를 더 잘 이해하더라는 것이지요. 아마도 생후 6~9개월 사이의 아기들은 '토끼' '사람' 등 개별 대상을 아우르는 '카테고리'의 개념을 아직 이해하지 못하고 페이지를 넘기면 나오는 대상이 앞의 그림에 나온 대상과 동일하다는 것을 이해하기에도 인지능력이 부족한 것 같아요. 아직까지는 이 그림은 뭐라고 부르는구나 하는 일대일 대응 정도만 희미하게 할 수 있을 뿐이지요.

제 생각에 생후 9개월 미만의 아기들의 경우 첫 그림책으로는 페이지별로 연관성이나 스토리 라인이 없는 낱말카드와 흡사한 책이 적합해 보여요. 또 영아일수록 '사람의 얼굴'에 본능적인 흥미를 보인다는 연구 결과가 많이 있어요.[34] 그러므로 돌 이전 아기에게는 실사 이미지로 된 사람의 얼굴이 나오는 그림책도 몇 권 있으면 좋습니다. 앞서 이야기했듯 각 사람에게 이름을 지어서 읽어주면 더욱 좋겠지요?

사실성과 현실성이 충분히 있는 책인가?

아기들에게는 표현 방식이나 소재가 최대한 현실적일수록 배움과 흥미를 효과적으로 이끌어낼 수 있어요. 아기들은 현실이 아닌 매체, 즉 영상이나 그림을 통해 배운 지식을 실제 현실에 적용하는 것이 어려울 수 있어요. 그래서 그림이 현실에 가까울수록(궁극적으로는 사진일 때) 새로운 단어나 행동 패턴을 잘 습득한다고 합니다. 성루이스 커뮤니티 칼리지의 소피아 피에로웃사코스Sophia Pierroutsakos 교수의 논문에 따르면 생후 9개월 아기들은 사진을 보고 현실의 무언가를 '상징'한다고 인식한다기보다 다른 물체와 똑같이 다루는 경향이 있다고 합니다.[35] 사진을 들여다보지 않고 구기거나 입에 넣거나 사진 속의 물체를 만지려고 시도하지요. 아기들이 상징을 이해하는 능력은 꾸준히 성장해 생후 18개월 때는 부모의 도움 없이도 그림이나 사진을 상징으로 대하기 시작해요. 사진이나 그림 속 물체를 만지려고 하는 게 헛수고라는 사실, 이 이미지가 어떤 물체를 상징할 뿐이라는 사실을 인지하고 손가락으로 가리키며(포인팅) 이름을 부르는(라벨링) 모습을 볼 수 있어요.

① 그림의 사실성

상징의 개념을 이해하고 그림을 현실에 적용할 수 있는 능력은 아기의 연령에 따라서도 다르지만 그림이 얼마나 사실적이냐에 따라서도 달라집니다. 토론토대학교의 발달심리학자인 패트리샤 가네아Patricia Ganea 교수는 생후 15개월과 18개월 아기들을 각각 세 그룹으로 나누어 그림책을 통해 동일한 내용의 어휘를 가르쳐주는 실험을 했는데요.[36] 첫 번째 그룹은 사진으로 된 책, 두 번째 그룹은 사실감이 풍부한 세밀화로 된 책, 세 번째 그룹은 만화로 된 책을 보면서 단어를 배웠어요.

예를 들어 망고를 배웠다고 할게요. 각 연령의 세 그룹 아기들 모두 책을 읽고 나서 다시 책을 보여주면서 "망고는 어디 있지?" 하고 물어보면 망고를 손가락으로 정확히 짚었어요. 그러나 두 월령 모두 망고의 색깔을 바꾸면 사진이나 세밀화로 배운 경우에만 망고를 인식했고, 만화 그림의 경우에는 인식하지 못했어요. 그림이 약간 달라지면 알아보지 못했다는 것은 그 단어의 개념을 일반화하지 못했다는 뜻이에요. 또한 18개월 아기들은 세 그룹 모두 책에서 배운 망고라는 단어를 현실에 확장 적용할 수 있었어요. 현실에서 여러 과일을 보여주며 "망고는 어디 있어?"라고 했을 때 정확히 짚을 수 있었다는 말이지요. 그러나 15개월 아기들은 사진이나 세밀화가 그려진 책으로 배운 경우에만 현실에서도 망고를 골라낼 수 있었고 만화가 그려진 책으로 배운 아기들은 골라내지 못했다고 해요.

〈발달심리학Developmental Psychology〉에 실린 연구 논문에서는 생후 30개월 된 아기들도 만화화의 수준이 높아지면 배운 단어를 현실에 적용하거나 배운 행동을 현실에서 모방하는 데 어려움을 겪었다고 보고하기도 했어요.[37] 이런 점에서 아직 그림과 현실을 능숙하게 연결 짓지 못하는 어린 아기들일수록 사실성이 떨어지는 그림책을 읽었을 때 배움의 효율이 떨어지기 때문에 연령에 맞게 그림의 사실성을 고려해주면 좋습니다. 아주 어린 아기들은 실사에 가까운 책이 가장 좋겠지요. 앞서 어린 아기들의 경우 그림이 너무 어렵지 않아야 한다고 이야기했는데 지나치게 단순화하거나 추상화한 그림일 경우 어른이 보기에는 쉬워 보여도 아기들에게는 오히려 사실성이 떨어져 어려울 수 있습니다.

②내용의 현실성

그림이 현실과 얼마나 닮아 있느냐를 뜻하는 사실성과 달리 현실성은 그림책의 소재나 내용이 아기의 현실과 얼마나 맞닿아 있는지를 뜻합니다. 만 3세 미만 아기들을 대상으로 그림책의 소재나 내용의 현실성에 대해 상세하게 다룬 연구는 많지 않았는데요. 미국 사우스다코타대학교의 가브리엘 스트라우스Gabrielle Strouse 박사는 논문에서 이렇게 언급했습니다.[38]

> "책 속의 내용이 현실과 닮아 있을수록 아기가 이 세계에 대한 정보를 얻을 수 있는 좋은 수단으로 그림책을 인식하기가 더 용이하다. 어떤 정보가 실제적인지 만들어낸 환상인지 불확실하다고 느낄 때 아기들은 의심하는 태도를 보인다. 책 속의 환상적인 요소들은 아기에게 '이 책에 나오는 정보는 네가 처한 현실과는 다르다'는 메시지를 던진다. 그 결과 아기들은 책에서 배운 정보를 현실에 덜 적용하게 된다."

즉, 책에 나오는 내용이 아기가 매일 겪는 경험과 크게 다를 때 아기는 책에서 배운 내용을 현실에 적용하기 꺼릴 수 있다는 것입니다. 아직 어린 만큼 진짜와 가짜를 구분하기 어려우므로 다 가짜라고 판단해버리는 경향이 있다는 것이지요. 제가 육아 지침으로 도움을 많이 받고 있는 몬테소리 철학 역시 소재나 등장인물이 최대한 아기의 현실과 맞닿아 있는 책이 좋은 그림책이라고 강조하고 있어요.

다미가 11개월 정도일 때 청소기가 등장하는 책이 있었는데요. 제가 옆에 있던 청소기와 책에 나오는 청소기를 번갈아가면서 비교해준 적이 있어요. "이게 청소기야. 봐, 똑같지? 이렇게 바닥을 위잉~하고 청소하는 거야." 그때 다미가 굉장히 흥분하면서 그림과 실물을 번갈아가면서 계속 보고 다음 날부터 하루에도 몇 번씩 그 책을 가져와서 읽어달라고 요청했던 기억이 나네요.

③의인화된 동물이 등장하는 책

아기 책 중에 사람처럼 행동하고 옷을 입은 동물이 등장하는 그림책은 아주 흔합니다. 대체로 아기들이 동물에 관심이 많기 때문이지요. 이에 대해 만 3세 미만 아기들을 대상으로 진행된 연구는 없지만 한 논문에서 만 4~5세 아이들 103명을 대상으로 실험을 했어요. 아기들은 사람이 등장하는 책을 읽었을 때에 비해 의인화된 동물이 등장하는 책을 읽었을 때 스토리 주제를 파악하는 데 어려움을 겪었다고 합니다.[39] 또한 〈발달심리학〉에 실린 또 다른 연구에서는 만 4~6세 아이들에게 '나눔'이라는 교훈을 주는 책을 읽어주었는데 한 그룹은 의인화된 동물이 주인공이었고 다른 한 그룹은 사람이 주인공이었어요. 비교해보니 사람이 주인공인 책을 읽은 아기들이 나눔을 더 잘 실천했다고 합니다.[40]

동물이 사람처럼 말을 하고 옷을 입고 걸어다니는 것은 현실과 다르기 때문에 아기들이 책에서 배운 내용을 현실에 적용하지 않을 것이라는 추측을 해볼 수 있습니다. 위의 연구 결과들은 유치원생을 대상으로 한 연구였으니 현실과 비현실을 구분하기 어려워하는 더 어린 아기에게는 이런 경향이 더욱 강하게 나타날 거라 생각해요. 그러므로 아기가 좋아하는 동물뿐 아니라 사람이 등장인물로 나오는 책도 적극적으로 읽어주면 좋겠지요? 참고로 아기들은 어른보다 어린이가 나오는 책에 그리고 자신과 같은 성별의 아기가 나오는 책에 더 관심을 보이는 경향이 있다고 하네요. 또한 좀 더 큰 아기들에게는 원래 동물은 옷을 입거나 말을 하지 않는데 사람과 비슷하게 표현한 것일 뿐이라는 이야기를 해주면 도움이 된다고 해요.

책 중에는 동물이 나오거나 환상적인 요소가 들어간 비현실적인 그림책이 상당히 많기 때문에 "몇 살부터 비현실적인 책을 보여줘도 되는거지?" "비현실적인 책은 나쁜 걸까?" 하는 의문이 들 수도 있어요. 하지만 아기들을 대상으로 하는 특별한 가이드라인 같은 건 없어요. 그저 몇몇 연구를 종합적으로 보았을 때 어릴수록 우리의 현실과 닮은 책이 학습에 더 유리하고 흥미 유발에도 도움이 된다는 것뿐이지요.

개인적인 경험에 기반해 이야기하자면 아기의 발달 단계에 따라 다르겠으나 만 3세부터는 비현실적인 책도 괜찮다고 생각했어요. 일단 책을 선택할 때 오로지 '배움의 효과'라는 기준만 가지고 선택하기는 어려워요. 아기가 책에 흥미를 가지는 것도 매우 중요하지요. 다미의 경우에도 어릴 때는 현실적이고 사실적인 책을 좋아했어요. 저희 집에는 중고로 산 다양한 전집과 직접 고른 현실적이고 사실적인 단행본 위주의 그림책이 모두 있었는데요. 다미는 두 돌 반까지는 집, 가족, 놀이터, 어린이집 등 일상적인 배경에서 여자아이가 등장하는 책을 가장 선호했던 것 같아요. 다른 책도 보기는 봤지만요. 하지만 세 돌이 조금 넘은 지금은 판타지 요소가 섞인 책도 동등하게 혹은 더 좋아하는 모습을 보여 그런 책도 많이 읽어주고 있어요.

실제로 〈한국어린이문학교육학회〉와 〈아동학회지〉에 실린 두 연구에서 만 3~5세 아이들이 선호하는 그림책을 살펴봤더니 대체로 환상적인 그림책을 더 선호하는 경향이 나타났고 사실적인 그림책에 비해 환상적인 그림책을 읽을 때 아기들이 말을 더 많이 했다고 해요.[41]

그런 점에서 아이가 커가면서 비현실적인 책만 좋아한다고 너무 걱정하거나 현실적인 책을 읽으라고 강요할 필요는 없어요. 어떤 활동이든 아기가 즐겁게 자발적으로 몰입하면서 참여할 수 있는 것이 중요하니까요.

이야기책의 장르도 포함시키면 좋다

이야기책은 집중해서 흐름을 따라갈 수 있는 생후 12개월 이후의 아기들에게 더 적합합니다. 아기들이 읽는 책의 장르는 크게 등장인물과 스토리가 있는 이야기책과 단어나 숫자, 알파벳 개념 등을 가르쳐주는 정보 전달책으로 나눌 수 있는데요. 캐나다 워털루대학교의 연구진은 18~25개월 사이의 아기들에게 부모가 이야기책과 정보 전달책을 읽어줄 때 말하는 방식의 차이에 대해 연구했어요.[42] 책 읽어주기는 부모가 텍스트를 그대로 읽어주는 것뿐 아니라 책의 내용과 관련된 다양한 문장을 추가로 들려줄 때 효과가 극대화될 수 있는데요. 이야기책과 정보 전달책을 읽어줄 때 이 추가적인 문장이 얼마나 다양하고 풍부했는지를 비교한 거예요.

그 결과 부모가 아기에게 이야기책을 읽어줄 때 더 복잡하고 다양한 문장을 구사하는 경향이 있었어요. 예를 들어 이야기책을 읽어줄 때는 "이 다음에 어떻게 되었을까?"(결과를 예측해보도록 하는 말) "토끼는 이렇게 했는데 강아지도 이렇게 했네"(패턴을 파악하게 도와주는 말) 등을 더 자주 할 수 있었어요. 또한 아기의 공감 능력 향상에 도움이 되는 마음 상태에 관한 문장도 더 많이 사용했다고 합니다.

그렇다고 정보 전달책이 나쁘다는 것은 아니에요. 정보 전달책을 읽어줄 때 책에 나오는 단어나 개념을 최대한 다양하게 확장해 들려주려는 노력이 필요하다는 거지요. 우리 집 책장을 살펴보면서 정보 전달책 이외에 이야기책도 균형 있게 갖추어져 있는지 점검해보세요.

제 경험으로는 모든 요소를 만족하는 책이 그리 많지 않더라고요. 사물의 이름을 가르쳐주는 정보 전달책 중에서는 실사나 세밀화로 표현된 책이 좀 있었는데 이야기책의 경우에는 만화화된 이미지를 활용하는 경우가 대부분이었어요. 모든 요소를 동시에 만족하는 책만 고르려고 한다면 너무 어려워집니다. 여기에 아기의 흥미까지 고려하면 읽어줄 만한 책이 별로 없을 수도 있습니다. "이 책은 단순하고 사실적이라는 점이 괜찮네" "이 책은 아기의 일상생활을 다룬 이야기책이라는 점이 괜찮네" 하며 각 요소를 나누어서 접근하는 편이 현실적입니다.

참고로 만 3세 이상 아이들을 대상으로 한 몇몇 연구에서는 이야기책을 읽어줄 때 오히려 부모가 다양한 문장을 덜 구사한다는 결론을 내렸어요. 더 큰 아기들에게 이야기책을 읽어줄 때는 그림책의 글밥이 더 많아지고 아기들의 언어 수준도 텍스트를 이해할 수 있는 정도로 발달하기 때문에, 글자를 그대로 읽어주게 되는 것 같아요. 정보 전달책을 읽어줄 때는 뭔가 '가르친다'는 생각을 하기 때문에 추가적인 말을 해주게 되는 것 같고요.

조작하는 요소가 있는 책은 되도록 적은 편이 좋다

아기들이 어릴 때는 흥미를 유발하기 위해 펼쳐보는 플랩북, 팝업북, 당기면 그림이 바뀌는 책 등 조작하는 요소가 많은 책을 구입하는 경우가 많습니다. 아직 그림책에 흥미를 가질 나이가 아닌 아기를 키울 때 이런 책에 관심을 가지게 되기 쉽지요. 장난감의 하나로 접근하는 것은 나쁘지 않지만 일반 책에 비해서는 언어 습득을 방해하는 경향이 있다고 하니 그런 책만 모으지 않도록 주의하면 좋겠어요.

〈응용발달심리학저널Journal of Applied Development Psychology〉에 실린 한 연구

에서는 생후 18~22개월 사이의 아기들 54명에게 잡아당기는 조작이 있는 책과 조작이 없는 책으로 나누어 보여주면서 새로운 동물의 이름을 가르쳐줬어요.[43] 그 결과 조작이 없는 책으로 배운 아기들은 해당 동물을 사진에서 골라낼 수 있었지만 조작이 있는 책으로 배운 아기들은 이 과제를 잘 해내지 못했다고 합니다. 미국 버지니아대학교의 연구진이 진행한 또 다른 연구에서는 생후 30~36개월 아기들 48명에게 알파벳 책을 보여줬는데 조작 없는 책으로 배운 아기들이 알파벳을 더 잘 배웠어요.[44]

책에 조작하는 기능이 있으면 아기들은 그 책을 어떤 대상을 상징하는 매체로 받아들이기보다 그 자체를 하나의 대상으로, 마치 장난감처럼 인식하게 될 수 있어요. 예를 들어 일반 책에 나오는 오리를 봤을 때는 그림이 상징하고 있는 진짜 오리라는 대상을 인식하기 쉽지만 조작하는 책에 나오는 오리를 봤을 때는 진짜 오리로 연결지어 생각하기가 더 어렵다는 것입니다. 이 책은 무언가를 상징하는 게 아니라 조작해야 할 대상이기 때문이에요. 또한 아직 어린 아기들은 조작하는 데도 상당한 노력을 기울여야 하는데요. 조작하는 책을 읽을 때는 정신적인 노력을 조작과 언어 습득에 나누어서 써야 하기 때문에 언어 습득의 효율이 떨어질 수 있다고 합니다.

반면 〈교육심리학저널Journal of Educational Psychology〉에 실린 한 논문에서는 조작하는 특성이 책에서 전달하고자 하는 특정 개념과 명확히 관계가 있을 때는 배움을 방해하지 않을 수도 있다고 언급했어요.[45] 예를 들어, '길다'라는 개념을 배울 때 실제 해당 그림이 길어지는 것을 시각적으로 볼 수 있게 만든 책이라면 개념을 이해하는 데 도움이 될 수 있겠지요.

그러므로 조작 요소가 있는 책을 구입할 때는 조작하는 요소가 핵심 개념을 전달하는 방식으로 디자인되어 있는지 살펴보면 좋아요. 아기의 흥미를 유발하기 위해서는 조작하는 요소보다 책의 메인 콘텐츠인 그림이 아기의 흥미와 발달 단계를 잘 반영하는지를 우선 체크하는 것이 좋겠지요.

정서 발달에 도움이 되는 책 고르기

앞서 언급했듯 책읽기는 공감 능력이나 정서 이해 등 사회성 증진에도 도움이 될 수 있습니다. 물론 사회성에 도움이 되는 책을 잘 골라서 읽어주어야 그런 효과가 있겠지요.

어린 아기들은 철저히 자기중심적입니다. 자신과 타인을 구분해서 보지 못하지요. 이르면 돌 이후에 자신과 다른 사람의 감정을 구분하는 능력이 서서히 생기고 남의 불행에 공감하거나 연민을 표시하는 모습도 조금씩 나타납니다. 아기의 공감 능력이 발달하는 돌 이후에 부모와 어떤 대화를 하느냐에 따라 아기의 공감 능력이 크게 달라질 수 있어요.

공감을 잘하는 아기들은 따뜻하고 반응적인 부모님의 사랑을 받으면서 안정적으로 애착을 형성한 아기들입니다. 어릴 때부터 자신의 요구에 민감하고 섬세하게 반응해주는 양육자를 경험한 아기들은 이 세상은 어느 정도 자신이 원하는 대로 할 수 있고 안전한 공간이라고 인식하게 됩니다. 일종의 여유까지 생기며 불안해하지 않고 타인의 감정도 돌아볼 수 있게 되지요. 아기들이 어른의 사랑이나 보살핌을 받는 내용이 담긴 그림책이 공감 능력을 키우는 데 도움이 될 수 있다고 해요.[46]

또한 아기들의 감정 이해를 돕는 책도 좋습니다. 미국 피츠버그대학교 연구진은 생후 18~30개월 사이의 아기들에게 부모가 책을 읽어주면서 등장인물이 겪는 감정에 화남, 두려움, 기쁨 등 적절하게 이름을 붙이고 가르쳐주었어요.[47] 그 결과 부모와 등장인물의 감정에 대해 더 많은 이야기를 나눈 아기들이 타인에게 더 공감하고 남을 돕거나 나누는 등 사회적인 행동을 보였다고 합니다. 부모가 단순하게 "다미가 뿌듯해하네" 하고 설명하는 것보다 "아빠가 다미한테 '잘했어요'라고 했을 때 다미는 기분이 어땠을까?"처럼 아기가 스스로 등장인물의 감정을 이해하거나 말할 수 있도록 유도하는 것이 효과가 컸다고 해요. 그러므로 등장인물의 감정을 이해하기 쉬운 스토리와 사실적인 표정, 몸짓 등이 잘 표현된 책을 함께 읽으면서 아기에게 감정에 대해 질문하고 이야기하는 시간을 가지면 아기의 감정 이해와 공감 능력 향상에 도움이 되겠지요?

책을 통해 사회성을 증진시키는 것은 정서가 복잡해지고 대인관계를 적극적으로 경험하기 시작하는 만 3세 이후에 더욱 중요해진다고 합니다.[48] 이때는 다음 내용의 책이 아기의 정서와 사회성 발달에 도움이 된다고 해요.

- 질투, 감사, 용서 등 좀 더 복잡한 감정을 드러내는 이야기
- 등장인물이 자신의 강점을 발견하고 뿌듯해하는 이야기
- 희망적인 미래를 보여주는 이야기
- 다른 사람을 돕는 등 사회적인 교훈을 주는 이야기
- 가족관계나 친구 관계 등 대인관계를 긍정적으로 표현한 이야기

책읽기를 6개월부터 시작하면 좋다고 했지만 이 시기부터 높은 기대치를 가지면 안 돼요. 아기는 책을 읽는다는 개념을 배워가는 중이고 한 권의 책을 처음

부터 끝까지 집중해서 볼 수 있는 주의력이 없어요. 책을 닫아버린다거나 책장을 넘기는 데만 흥미가 있을 수 있는데, 괜찮습니다. 표지만 이야기해도 괜찮고 중간에 한 장만 설명해주어도 돼요. 처음부터 집중해서 읽는 능력은 천천히 형성되기 때문에 너무 조급해 마세요.

다미도 10개월 정도가 되어서야 책에 폭발적으로 관심이 생겼어요. 한 페이지에 물체나 사람이 하나만 있는 아주 단순한 종류의 책으로 시작했고요. 문장은 아기의 언어 발달 수준에 맞게 최대한 쉽고 간단하게 바꿔서 읽어주었어요. 책 속의 그림을 손가락으로 가리키면서 라벨링을 해주는 것만으로도 이 시기 아기들은 충분히 흥미를 가지며 어휘 학습도 돼요. 아기가 아는 단어가 조금씩 생기고 엄마가 읽어주는 문장을 약간은 이해할 수 있을 때 책에 관심을 더 많이 보일 거예요.

아기에게 다양한 책을 보여주다 보면 어떤 책에 흥미를 가지는지 조금씩 보입니다. 저는 중고로 조금씩 책을 구입해서 다미가 흥미를 가질 때까지 이것저것 보여주었고 그러다가 좋아하는 것들이 생기게 되었어요. 처음에는 관심 없어 하다가도 어느 순간 어떤 페이지나 어떤 책에 흥미를 보이더라고요. 아기가 별로 안 좋아하는 것 같다고 너무 빨리 포기할 필요는 없어요. 아기가 조금씩 커가면서 좋아하는 것도 생기고, 그림의 의미도 잘 이해하면서 자신의 상황과 스토리를 연결하는 방법도 알게 되기 때문에 책을 펼쳐보는 것을 좋아할 수 있는 이유가 더 많아집니다.

예를 들어 다미는 평소 관심이 없었던 책의 페이지 중에 아기 동물 여러 마리가 침대에 누워 자는 그림을 보면서 요즘에서야 그게 잠자는 장면이라는 걸 깨달았는지 제가 재울 때 하는 것처럼 자기 가슴을 손으로 토닥토닥 하고 자꾸 그 그림을 보려고 하더라고요.

"내가 할래"라는 자율성이 강해지는 돌 이후의 시기에는 부모가 뭘 하자고 하면(책뿐 아니라 전반적으로) 오히려 관심을 가지지 않는 경우가 많아요. 아기가 책 표지에 흥미를 가지고 펼쳐볼 수 있도록 전면 책장이나 뒤적거리기 쉬운 바구니 등에 대여섯 권 정도의 책을 표지가 잘 보이게 놔두세요. 아기가 특별히 관심을 보이는 표지가 있을 거예요. 예를 들어 아기 얼굴이 크게 그려진 표지일 수도 있고 아기가 좋아하는 자동차나 동물이 그려진 표지일 수도 있고요. 아기가 책을 펼쳐보면 책을 처음부터 읽어주려 하기보다, 책에 손을 대지 않고 아기가 펼친 페이지나 표지의 그림을 손가락으로 가리키면서 "토끼, 사자, 전화기" 이런 식으로 라벨링만 해주고 아기의 관심도가 높아지면 점차 텍스트를 읽어주거나 그림에 대해 문장으로 설명해주거나 하는 식으로 접근해보세요.

아기가 아직 돌도 안 된 경우거나 첫 발화도 이루어지지 않은 경우 아기가 책에 흥미가 없다고 해서 너무 조바심 내거나 새로운 책을 찾아 헤맬 필요는 없어요(다만 낱말책 등 쉬운 책이 없는 경우 구입해보는 건 추천해요). 저도 한때 계속해서 책을 읽어달라며 가지고 오는 다미를 보며 '몇 개월 전에는 책에 관심이 없어 걱정했던 때도 있었지' 하는 생각이 들더라고요.

책육아에 관심을 가지다 보면 자연관찰, 수과학, 창작, 인성 등 다양한 테마로 구성된 전집을 마주하게 됩니다. 이런 다양한 전집을 읽어주는 것이 아기 발달에 도움이 된다고 알려진 바는 딱히 없어요. 전집을 들이는 이유는 대체로 간편함이지요. 전집을 만드는 회사에서 아기들이 잘 보고 반응이 좋다고 하는 것들을 골라서 구성해놓은 걸 그대로 구입하기만 하면 되니까요. 특히 아기가 자연관찰 책에 흥미를 보인다면 그런 내용만 모아놓은 전집을 구입해서 보여주면 아기도 부모도 적극적이고 즐겁게 책읽기 활동을 할 수 있으니 좋고요.

중고거래를 할 때도 전집 위주로 판매가 되다 보니 전집 위주로 구매하게 되긴 하더라고요. 중고 마켓에 전집이 워낙 저렴하게 나와 있기 때문에 저는 여러 개 구입하고 그중에 괜찮다 싶은 것들을 나름 기준을 가지고 큐레이션해 책장에 꽂아두고 보여주고 있습니다. 전집을 꼭 들이지 않더라도 아기와 자주 도서관에 갈 수 있다든가 단행본을 꼼꼼히 살펴보고 구입할 수 있다면 그 역시 좋은 옵션이라고 생각해요.

책을 어떻게 읽어줘야 할까?

결론부터. 아이 주도, 반복, 단계별 접근. 학습의 '국룰'은 책읽기에도 해당됩니다.

책육아를 할 때 아이가 어떤 종류의 책을 얼마나 여러 권 읽느냐에 관심을 갖기 쉽지만, 사실은 어떻게 읽느냐가 더 중요해요. 하버드대학교의 한 연구진은《아이들에게 책을 읽어주는 것에 대하여On Reading Books To Children : Parents And Teachers》라는 학술서에서 이렇게 말했습니다.[49] 아이의 언어 발달을 비롯한 책육아의 효과적 측면에서 볼 때 아이에게 책을 읽어준 횟수보다 책을 읽는 동안 이루어지는 언어활동의 질이 더 중요하다고 합니다. 특히 만 1~3세 사이의 아기들에게요.

그만큼 부모가 아기에게 책 읽어주는 법만 잘 알고 실천해도, 어떤 사교육보다도 훨씬 큰 교육 효과를 누릴 수 있어요. 대부분의 부모는 아기가 흥미를 가질 만한 방식으로 책을 읽어주려고 노력합니다. 하지만 조금 더 유익한 책읽기를 원한다면 그 방식을 다시 점검해보면 더 좋겠지요. 특히 생후 15개월이 지났고(그전에는 발달 단계상 책읽기에 흥미를 가지기 어려울 수 있어요), 부모가 지속적으로 시도했는데도 책읽기에 영 흥미가 없는 경우에는 읽어주는 방식에 개선이 필요한지 다시 살펴볼 필요가 있습니다.

여기서는 크게 세 가지 원칙을 토대로 간략히 정리해볼게요(더 자세한 소개는 후반부에 큐알 코드를 확인해주세요).

아이가 주도하는 책읽기를 하라

초기문학학습센터CELL, Center for Early Literacy Learning에서 발간한 자료에서는 책읽기에 대한 21개의 논문을 종합분석해 효과적인 책읽기 전략을 도출해냈는데요.[50] 아이가 주도하는 방식을 부모가 따라가는 것이 중요한 요소 중 하나라는 사실을 밝혔어요. 아이가 직접 책을 고를 수 있는 환경을 만들어주고(전면 책장을 활용), 아이가 골라오는 책 위주로 읽어주며, 아이가 도중에 관심이 사라지면 책읽기를 중단하고, 아이가 다른 페이지를 먼저 보고 싶어 하면 그 페이지부터 볼 수 있게 해주는 식입니다. 전적으로 아이가 책읽기를 리드할 수 있어야 전반적으로 책읽기에 더 많은 관심과 흥미를 보였으며 책을 읽는 시간도 더 늘어났다고 해요.

종종 받는 질문인데, 아이가 책읽기에 관심이 없고 페이지를 넘기는 데만 집중하더라도 마찬가지입니다. 그런 아이들도 결국에는 책의 내용에 관심을 가지기 시작해요. 아이가 책의 물리적인 특성들을 자율적으로 탐색할 수 있게 지지하고 기다려주세요.

반복을 두려워하지 마라

아이들이 뭔가 반복하려고 할 때에는 이유가 있습니다. 그 행동을 반복함으로써 얻어가는 배움이 가장 많다고 판단하기 때문이에요. 아이들은 자신이 어떤 행동을 통해 가장 많이 배울 수 있는지 잘 알고 있어요. 책읽기도 마찬가지입니다. 아이들이 몇몇 책을 지겹다 싶을 정도로 반복해서 읽어달라고 할 때가 있는데요. 이러한 현상은 전혀 걱정할 필요가 없을 뿐 아니라, 오히려 아이가 몇 권의 책을 반복해서 읽을 수 있도록 부모가 환경을 조성해주어야 합니다. 예를 들어 책장에 수많은 책을 빽빽하게 꽂아놓기보다 아이가 흥미를 가지는 소수의 책을 잘 배치해놓는 것을 추천해요. 다른 책도 읽었으면 하는 마음에 자꾸 새로운 책을 권유하거나, 많이 읽은 책을 일부러 숨긴다거나 하지 않는 편이 좋습니다.

3단계로 읽어줘라

효과적인 책읽기는 아이의 연령에 따라, 그리고 그 책의 반복 횟수에 따라 크게 3단계로 나뉩니다.

1단계, 포인팅과 라벨링하기
2단계, 텍스트 읽어주기
3단계, 대화하며 읽기

아이가 어리고 그 책을 충분히 반복하지 않았을 때는 주로 1단계로 읽어주다가, 개월 수가 늘고 책에 익숙해짐에 따라 점차적으로 2단계, 그리고 3단계로 넘어가면 돼요. 이 과정을 통해 아이에게 단계적으로 책에 대한 흥미를 이끌어낼 수 있고, 어휘를 습득하는 데 효과적인 전략이 될 수 있어요. 참고로 이러한 책읽기 스타일은 만 1~3세 사이의 영유아들에게 효과적인 방법입니다.

위의 소개한 책읽기 전략에 대한 자세한 내용은 QR코드를 참고해주세요.

효과적인 책읽기 방법은 실제로 적용해보면 어렵지 않고 아이가 큰 흥미를 가지고 참여하는지를 느낄 수 있어 부모도 즐거운 시간이 될 거예요. 저도 이런 방식으로 다미와 책을 읽었지만, 어렵다거나 인위적인 교육을 하는 시간처럼 느껴지지 않았어요. 지금도 책읽기는 다미와 함께하는 활동 중 상당히 많은 시간을 차지하고, 즐겁게 대화하고 교감하는 시간입니다.

가끔 "아이를 위해 목에서 피가 나는 것 같이 힘든데도 하루 종일 기계처럼 책을 읽어줬다"는 이야기를 듣습니다. 물론 그 과정에서도 아이가 많은 것을 배울 수 있겠지만 길게 봤을 때는 아이와 부모 모두가 즐겁고 행복한 대화와 교감을 나누는 시간이 되는 것이 중요해요. 그래야 부모도 책육아를 지속할 수 있고, 아이도 따뜻하고 긍정적인 경험들이 쌓여 책을 사랑하는 사람으로 자랄 수 있을 거예요. '부모도, 아이도 행복한 책읽기 시간'이라는 본질적인 목표에 도움이 되도록 각자의 상황에 맞는 전략을 활용해보기 바랍니다.

피할 수 없는 영상 시청, 현명하게 하는 방법은?

결론부터. 영상 시청 시간을 제한하고, 학습을 위한 방법이라는 기준으로 접근하면 도움이 됩니다. 단, 부정적인 감정을 해소하는 용도로 사용하는 것은 금물!

영유아들에게 영상 시청이 '독'이라는 것은 이미 널리 알려진 사실입니다. 하지만 현실적으로 영상을 아예 배제하고 육아를 하기가 쉽지 않지요. 그래서 일대일 육아를 하는 요즘의 부모들에게 영상을 '절대 보여주지 말라'는 지침은 조금 가혹하게 느껴지기도 합니다.

영상 시청은 어린 아기들에게는 득이 될 것 없는 활동이기 때문에 그 시간에 아기의 발달에 유익한 다른 활동을 한다면 좋겠지만, 영상을 조금이라도 보여주면 뇌가 손상된다거나 ADHD를 유발하는 것은 아닙니다. 영상 시청의 부작용에 대해서는 마지막 챕터에서 팩트 체크를 했으니 참고해주세요. 물론 영상을 보여주지 않아도 육아에 지장이 없다면 보여주지 않는 게 좋습니다. 하지만 육아에 도움이 되는 선에서 조금 활용해보기로 마음먹었다면 어떻게 보여줄지, 무엇을 보여줄지에 대해 살펴봐야겠지요.

영상 시청 시간 제한하기

워싱턴대학교의 데이빗 레비David Levy 교수는 한 언론매체에서 '팝콘 브레인Popcorn Brain'이란 용어를 소개했는데요. 스크린 앞에서 지나치게 많은 시간을 보내는 사람들이 빠르고 자극적인 디지털 세계에 너무 익숙해져 현실을 지루하게 느끼고 무감각해지는 현상을 말해요. 팝콘 브레인은 스마트폰 사용 기간이 과도한 성인들을 설명하는 용어로 제안되었으며, 영상 시청 시간이 평균적으로 적은 영유아의 팝콘 브레인에 대해서는 밝혀진 바가 없습니다. 학술적 개념이라기보다 시사 용어에 가까워요. 하지만 미디어의 과도한 사용이 성인이든 유아든 문제를 일으킬 수 있다는 것은 의심의 여지가 없을 거예요. 흔하게는 스마트폰 중독으로 연결될 수 있겠지요.

아기도 마찬가지입니다. 영상 시청이 길어지면 아기가 현실 상호작용에 관심을 덜 가질 수도 있어요. 아기가 영상이 아닌 현실의 놀이에는 흥미를 보이지 않고 계속해서 영상만 보여달라고 조른다면 영상을 보여주는 시간을 줄이거나 끊는 게 좋을 수도 있어요. 다행히 인간의 뇌는 가소성이 있어 환경과 경험에 맞게 적응하기 때문에 아기가 영상에 중독된 것 같다거나 팝콘 브레인인 것처럼 보인다고 해서 지나치게 걱정할 필요는 없습니다. 하지만 영상 시청은 아기의 소중한 발달 기회를 빼앗는 시간이기 때문에 필요한 수준으로만 제한하는 게 좋습니다. 이런 원칙을 세우지 않으면 영상 시청 시간은 부모에게도 너무 달콤한 휴식의 시간이기 때문에 나도 모르는 사이에 10분이 30분이 되고, 30분이 1시간이 되며 서서히 길어지게 되거든요.

영상을 보여주는 상황이나 시간을 규칙으로 만드는 게 좋다고 생각해요. 예를 들어 저희 집에서는 다미가 먼저 식사를 하고 저희 부부가 따로 식사를 하게 되는 경우에 영상을 보여줬어요. 저희 부부가 조금 더 여유롭게 식사를 하기 위해서요. 하지만 규칙 없이 무분별하게 영상을 보여주다 보면 어른도 그렇듯 아기도 영상에 중독되기 쉽다는 것을 깨달았어요. 어린 아기일수록 매일 반복되는 루틴과 패턴이 중요하니까요. 아기가 이해하기 쉽고 명료한 영상 시청의 규칙을 만들어서 적용해보세요.

- 영상은 엄마와 둘이 차를 타고 갈 때만 본다.
- 영상은 손에 들지 않고 거치대에 올려서 본다.
- 영상은 낮잠 자고 나서 20분 동안만 본다.

이런 규칙을 엄격하게 지키면서 어른도 모범을 보인다면 아기가 의사 표현을 할 수 있는 나이가 되더라도 어릴 때부터 지켜온 집 안의 관행을 쉽게 무시하지 못할 거예요. 참고로 영상 규칙에는 '무언가를 먹을 때'는 배제시키는 게 좋습니다. 사람이 무언가 먹으면서 영상 시청을 하면 배부름을 인지하지 못하고 무의식 중에 더 많이 먹게 되고 이는 건강하지 못한 식습관과 소아 비만으로 이어질 수 있기 때문이에요. 먹을 때는 먹는 행위 자체와 배부름이라는 신호에 집중하는 것이 건강한 식습관을 형성하는 데 가장 좋습니다. 식당에서 아기를 붙잡아둬야 한다면 아기의 식사는 먼저 끝내고 보여주는 것이 좋습니다.

부모와 함께 보기

영상 속의 말소리는 아기의 언어 발달로 이어지지 않는다는 '전이 결손Transfer deficit' 현상이 학계에서 반복적으로 보고된 바 있어요. 언어는 영상이 아닌 현실 속 상호작용을 통해 발달하기 때문이지요. 그래서 영상에 과하게 노출된 아기일수록 오히려 부모와의 상호작용 시간이 줄어들어 언어 발달 지연을 야기하게 됩니다. 그런데 아동전문기관 제로투스리에서는 여러 연구 결과를 인용하며 '함께 보기Co-view'가 영상 시청의 단점을 줄일 수 있고 심지어 장점으로 바꿀 수도 있다는 점을 언급하고 있었어요.[51]

좀 더 구체적으로 보면 12개월 이전의 영아들이 영상 시청을 할 때 부모가 함께 보면서 언어적으로 활발하게 상호작용해주는 경우 언어 발달 지연이라는 부작용이 감소하거나 오히려 언어 발달에 도움이 될 수 있다는 연구 결과가 있었어요. 12~18개월 사이 유아들은 부모가 옆에서 적절한 언어적 도움을 줄 때만 영상을 통해 어휘를 학습할 수 있었습니다. 6~18개월 사이의 아기들은 부모가 영상의 내용에 대해 적절하게 설명해줄 때 더욱 영상에 집중했고, 춤을 추는 등의 몸짓을 하는 방식으로 더 높은 반응성을 보였다고 해요. 영상에 나오는 물체의 이름도 말해주고, 영상에서 무슨 일이 벌어지고 있는지 설명해주고, 함께 신체 활동을 한다거나 대화를 한다면 영상의 부작용은 최소화하고 오히려 학습의 토대로 삼을 수 있습니다.

아기와 단둘이 있으면서 장난감과 집 안 도구만으로 상호작용해주는 것이 너무 어렵다고 느꼈다면, 엄마도 단조로운 육아 환경에 스트레스를 받고 있다면 아기에게 너무 자극적이지 않은 영상을 함께 보면서 말과 몸으로 다양하게 표현해보는 시간을 가져보세요.

반복 시청하기

아기들은 처음 영상을 접하면 밝은 색감이나 빠른 화면의 전환, 음향효과, 노래와 같은 자극에 먼저 집중하게 됩니다. 내용에 집중하는 게 아니기 때문에 즉각적인 학습 효과가 거의 없어요. 그러나 반복적으로 같은 영상을 보면 처음 자극에는 점차 익숙해지고 영상의 구조나 흐름을 대충 예측하게 되지요. 그러고 나면 영상에서 전달하고자 하는 핵심 개념이나 언어적인 인풋에 주의를 돌리고 결국에는 학습으로 이어질 수 있다고 해요.[52]

〈발달 리뷰〉에 실린 한 논문에서는 영상 반복 시청이 아기들의 학습에 미치는 효과에 대한 여러 연구를 살펴봤어요.[53] 생후 13개월이 된 아기들의 경우 같은 영상을 4주 동안 반복 시청했을 때 영상 속 행동을 모방하지 못했지만 생후

20개월 된 아기들은 반복 시청 후에 성공적으로 모방할 수 있었습니다. 조금 큰 아기들의 경우 반복 시청을 했을 때 어느 정도는 학습이 가능하다는 것이지요. 또한 생후 8개월부터 특정 영상을 반복적으로 시청한 아기들은 생후 15개월 되었을 때 그 영상에 나오는 단어를 더 잘 학습했다고 합니다. 이런 연구를 보면 어린 아기일수록 영상에서 무언가를 학습하기 위해 여러 번의 반복이 필요하다는 걸 알 수 있어요. 인지 능력이 발달한 아기라면 적은 반복 혹은 반복이 없더라도 학습이 가능한 것 같고요.

요즘은 유튜브에서 몇 번만 클릭하면 새로운 영상이 무궁무진하게 쏟아지고 있어요. 이미 이 사실을 아는 아기들은 똑같은 영상을 반복해서 보기를 거부해요. 매번 '새로운 거'를 틀어달라고 하지요. 그렇다면 영상 시청 환경을 조금 옛날 방식으로 바꿔보는 건 어떨까요? 저도 결국 DVD 플레이어와 DVD 여러 장을 구매했어요. 화질은 좀 나쁘지만 한정된 선택지 안에서 반복해서 시청하게 된다는 점이 장점이 되더라고요. 영어 영상 보여주기에도 좋고요(유튜브로 보면 결국에는 한국어 영상을 요구해요. 그게 유튜브에 있다는 걸 아니까요).

TV 틀어놓지 않기

앞서 아기의 발달에 가장 중요한 것은 현실에서의 대면 상호작용이라고 이야기했는데요. 집에서 상시로 어른용 TV가 틀어져 있는 경우 부모는 아기와의 상호작용 수준이 떨어지는 경향이 있습니다. TV가 어른의 주의를 끌기 때문에 아기에게 오롯이 집중하지 못하기 때문이지요. 아기에게 주는 언어 인풋도 줄어들고 장난감이나 집 안의 물건을 가지고 탐색하는 놀이 활동도 더 적게 하게 된다고 해요.[54]

캐나다 메모리얼대학교의 연구진이 진행한 실험에 따르면 부모뿐 아니라 아기들 역시 TV가 틀어져 있는 경우에 주의가 흐트러지고 가지고 노는 장난감에 집중하는 시간이 더 짧아졌다고 해요.[55] 전두엽이 미숙한 아기들은 아직 무언가에 주의력을 집중시키는 능력Effortful Control이 부족해 외부 자극에 쉽게 주의를 빼앗기거든요. 백그라운드에 틀어져 있는 TV가 아기의 삶에 영향을 미치는 것 같지 않더라도 실제로는 매 순간 놀이를 통해 뭔가 배우고 있는 아기의 학습 효율을 떨어뜨리는 것이지요.

또한 TV가 틀어져 있으면 아기들은 영유아에 적합한 잔잔한 영상보다는 장면 전환이 빠르고 폭력적일 수도 있는 어른용 영상에 노출될 가능성이 높아지는데요. 장면 전환이 빠른 영상에 노출된 아기들은 실행기능이 저하된다는 연구 결과가 있어요(뒤에서 더 자세히 살펴볼 거예요).[56]

저녁 시간에 보여주지 않기

영상 시청이 수면을 방해할 수 있다는 것은 많은 연구로 밝혀진 사실입니다. 〈소아과학〉에 실린 연구에 따르면 영상 시청 시간이 길수록 아기의 수면의 질이 나빴고요.[57] 특히 저녁에 영상을 시청하면 수면을 방해하는 정도가 더 심했다고 합니다. 잠들기 두세 시간 전, 즉 어두워지고 나면 영상을 보지 않는 게 좋아요.

부정적인 감정 해소용으로 활용하지 않기

아기들이 울면 부모가 달래줍니다. 안아서 토닥토닥해주거나 "이거 뭐지?" 하면서 다른 데 주의를 돌리기도 해요. 이런 과정을 통해 아기들은 자신의 감정을 조절하는 법을 배웁니다. '사랑하는 사람에게 안기면 기분이 좀 나아지는구나' '다른 데 주의를 돌리면 짜증이 좀 가라앉는구나' 이런 식으로요. 감정을 조절하는 방식을 가르쳐주는 사회화 과정이지요.

그런데 아기의 부정적인 감정이나 짜증을 영상으로 달래준다면 어떨까요? 아기는 스스로의 감정과 충동을 조절하는 법을 배우지 못하게 될 수도 있습니다. 부모가 감정 조절 방식을 가르쳐주고 아기가 활용할 수 있어야 하는데, 부모가 주의 돌리기를 자주 해준 경우에는 짜증나는 상황에서 벗어나기 위해 스스로 주의를 다른 데로 돌려볼 수 있어요. 부모가 많이 안아주고 안심시켜준 경우에 스스로를 위로한다든가 부모에게 안긴다거나 더 크면 대화를 요청할 수도 있지요.

하지만 영상처럼 화려한 자극을 통해서만 감정을 해소해온 아기라면 어떨까요? 영상만이 부정적인 감정을 해소하는 유일한 도구가 된다면 그 자체로 문제겠지요. 그래서 부모가 매번 영상을 활용하여 감정을 달래다 보면 아기는 스스로 감정을 처리하고 해소하는 기회를 빼앗기게 됩니다.

어떤 영상을 보여줘야 할까?

결론부터. 전개가 느리고 화면 전환이 적으며 현실을 반영한 영상이 좋아요. 언어 발달을 촉진할 수 있는 영상을 소개할게요.

영상을 통해 언어 발달을 비롯한 학습이 잘 이루어지지 않는 이유에는 여러 가지가 제시되고 있는데요. 이러한 이유를 이해하고 학습을 방해하는 요소를 최대한 줄인 영상을 선택한다면 좀 더 유익하게 활용할 수 있습니다. 현실에서의 상호작용을 완전히 대체할 수 있는 영상이란 존재하지 않겠지만요.

기본적인 원칙은 아기도 영상을 어느 정도 '이해할 수 있어야 한다'는 것입니다. 영상은 크게 화면이나 소리 같은 '시청각적인 자극'과 '전달하는 내용' 두 가지로 나누어볼 수 있어요. 영상에서 전달하는 내용에 아기가 집중할 수 있는 환경이 되고 그 내용을 아기가 어느 정도 이해할 수 있다면 학습에 도움이 되지요. 하지만 아직 어린 아기들은 인지적인 능력이 부족한 탓에 시청각적인 자극을 처리하기에도 뇌가 바쁩니다. 그래서 아기가 멍하니 영상을 바라보고 있으면 어른이 보기에 그 내용을 이해하고 습득하고 있는 것 같지만 화려한 자극에만 마음이 팔려 있을 수 있어요. 따라서 최대한 시청각적 자극이 적고 내용을 이해할 수 있도록 도와주는 인지적 힌트가 많은 영상을 선택한다면 아기는 조금 더 집중하고 이해할 수 있게 되고 결과적으로 학습도 어느 정도 이루어질 수 있을 거예요. 그러면 구체적으로 어떤 영상이 그런 영상인지 살펴보겠습니다.

전개가 느리고 장면 전환이 적은 영상 선택하기

〈소아청소년의학아카이브The Archives of Pediatrics&Adolescent Medicine〉에 실린 연구 논문에 따르면 전개가 빠르고 장면 전환이 잦은 영상은 영유아는 물론이고 더 큰 아동에게도 적합하지 않을 수 있다고 합니다. 물 흐르듯이 흘러가는 현실 세계와 달리 편집에 의해 한 컷에서 다른 컷으로 갑작스럽게 넘어가기 때문이에요.[58]

드라마 장면을 상상해볼게요. 두 명이 서 있는데 카메라가 자연스럽게 한 사람을 비추고 있다가 서서히 다음 사람으로 옮겨갑니다. 이런 방식으로 촬영된 영상을 보고 있는 아기는 '이 사람 앞에 이 사람이 서 있구나' 라는 것을 알 수 있습니다. 현실에서 보고 경험한 것과 똑같지요. 하지만 드라마 장면은 모두 한 컷으로 이루어지지 않습니다. 여러 컷을 잘라서 이어 붙여요. 이번에는 컷이 편집된 장면을 상상해보세요. 카메라가 한 사람을 비춘 컷에서 뚝 끊기고 다음 사람을 비춘 컷으로 바로 넘어가요. 이런 방식으로 전환된 경우 아기는 사전에 가진 지식을 활용해서 두 컷 사이의 공백을 추리해내야 합니다.

어른들은 이런 방식의 영상에 익숙하고 생략된 장면을 스스로 채울 수 있는 인지능력이 있지만 아직 어린 아기들의 경우 생략된 장면들을 추리해내는 것이 어렵거나 뇌에 인지적인 부담으로 작용하게 된다는 것이에요. 그래서 어린 아기들용 교육 프로그램을 만들 때는 너무 잦은 장면전환을 사용하지 않는 전략을 택하는 경우가 많다고 해요. 예를 들어 미국에서 유명한 고전적인 아동용 교육TV 프로그램인 〈블루스 클루스Blue's Clues〉는 30분 동안 평균 세 번의 컷이 사용된다고 합니다. 반면 최근 나오는 유아용 영상을 보면 1분에 수차례 이상의 컷을 사용해 장면 전환이 지나치게 잦은 것을 알게 될 거예요.

이와 관련해서 〈소아과학저널〉에 실린 한 연구에서는 생후 8~16개월 사이에 컷이 잦은 상업적인 DVD를 본 아기들은 2세 때 언어 발달이 조금 늦었지만 교육용 TV 프로그램을 본 아기들은 언어 발달이 늦지 않았다고 보고하고 있습니다.[59] 장면 전환이 빠른 상업용 영상을 볼 때 아기들의 뇌에 과부화가 걸리고 영상을 잘 이해하지 못해 학습 효율이 떨어졌기 때문일 수 있겠지요. 전개가 빠르고 장면 전환이 잦은 영상이 영유아의 인지능력에 직접적으로 어떤 영향을 주는지에 대해서는 아직 연구를 통해 밝혀지지는 않았지만 그 가능성을 살펴볼 수 있는 연구가 몇 개 있습니다.

조지타운대학교의 심리학자인 레이첼 바Rachel Barr 교수팀은 1세 때 주로 아동용 프로그램에 노출된 아기들과 어른용 프로그램에 노출된 아기들이 4세가 되었을 때 실행기능을 비교하는 연구를 했어요.[60] 그 결과 TV에 거의 노출되지 않은 아기들과 비교해 아동용 프로그램에 노출된 아기들은 실행기능에 차이가 없었지만, 어른용 프로그램에 노출된 아기들은 실행기능이 더 낮았어요. 물론 아동용과 어른용 영상의 차이는 빠른 속도와 잦은 장면 전환만이 아니지만 주요한 가능성 중 하나로 꼽고 있습니다.

조금 더 직접적으로 실험한 연구도 있어요. 〈소아과학〉에 실린 한 연구에서는 4세가 된 아기들을 세 그룹으로 나누었습니다.[61] 9분의 동안 첫번째 그룹의 아기들은 빠른 속도와 잦은 장면 전환이 특징인 〈네모네모 스펀지밥〉이라는 영상을 보도록 했고요. 두 번째 그룹의 아기들은 느리고 장면 전환도 더 적은 〈까이유〉라는 영상을 보도록 했고, 세 번째 그룹의 아기들은 그림을 그리게 했어요.

그 직후에 실행기능을 검사하는 여러 테스트를 시행했는데요. 그 결과 〈네모네모 스펀지밥〉을 본 아기들의 실행기능은 현저히 떨어졌지만 〈까이유〉를 본 아기들과 그림을 그린 아기들은 이전과 차이가 없었다고 합니다. 연구자들은 잦은 장면 전환으로 인해 어린 아기들의 뇌에 일종의 과부하가 걸리면서 그 직후 실행기능 테스트에서 뇌의 리소스를 충분히 활용하지 못했을 것이라고 설명하고 있어요.

물론 이 실험은 단기적인 효과만을 연구한 실험이라는 점이 가장 큰 한계점입니다. 그러나 시사점도 있지요. 빠른 속도의 영상을 보고 나면 영상을 끈 이후에도 아기들의 뇌 기능이 일시적으로 저하될 수 있고 이는 학습 능력에도 영향을 줄 수 있다는 것이지요. 두 번째 한계점은 두 프로그램의 차이가 단순히 속도만은 아니라는 점입니다. 실제로 연구자들도 〈네모네모 스펀지밥〉이 〈까이유〉에 비해 등장인물이나 배경이 비현실적이라는 점이 아기들의 실행기능에 영향을 주는 변수가 될 수 있다고 인정하고 있습니다.

현실성이 있는 영상을 선택하기

레이첼 바 교수는 몇몇 연구를 통해 아기들의 경우 그림책과 영상 모두 보이는 이미지가 현실과 닮아 있을수록 더 학습을 잘하게 된다고 주장했어요.[62] 어른들은 허구적인 요소가 많은 영상이나 책을 보더라도 어떤 부분이 실제이고 어떤 부분이 허구인지 분리해서 인식할 수 있지요. 〈해리 포터〉를 읽었다고 해서 킹스 크로스 역에서 카트를 벽에 들이받지는 않아요. 그러나 영유아들은 실제와 허구를 구분하지 못해서 아예 다 버리는 경향이 있고, 그래서 학습이 발생하지 않는다는 원리예요. 그러니 현실을 반영한 그림체나 영상을 선택하는 것이 좋습니다.

영상의 포맷 또한 중요해요. 퍼듀대학교의 데보라 라인바겔 부교수는 영상의 어떤 요소가 영유아에게 어떤 영향을 미치는지에 대해 연구해온 전문가인데요. 그의 연구에 따르면 3세 미만의 아기들은 서사Narrative, 즉 스토리를 따라가는 영상을 통해 더 잘 배울 수 있다고 합니다.[63] 잘 생각해보면 현실 세계는 하나의 큰 스토리거든요. 미국에서 한때 유행했던 〈베이비 아인슈타인〉이라는 영유아 교육 DVD가 있는데요. 이걸 만든 회사에서 주장한 바와는 달리 영유아를 대상으로 교육 효과가 없음이 밝혀졌어요. 영상 구조가 서사성이 없고 현실과 동떨어져 있으며 너무 많은 정보가 산발적으로 제시되기 때문에 아기들이 이해하기 쉽지 않았습니다. 실제 현실에서 눈앞의 세상이 완전히 다른 맥락으로 갑자기 바뀌면서 정보가 제시된다고 생각해보세요. 어른도 상당히 혼란스러울 거예요.

정리하면, 월령이 어릴수록 전개가 빠르고 비현실적인 영상보다는 속도가 느리고 현실적인 영상이 더 적합합니다. 아기가 장면 전환도 빠르고 비현실적인 요소들이 등장하는 영상을 볼 때는 신기하고 새롭기 때문에 자동적으로 집중하게 돼요. 많은 부모가 아기의 집중을 붙잡아놓는 도구로 영상을 활용하기 때문에 유튜브를 비롯한 많은 상업용 영상이 이런 형태를 띠고 있지요. 그러나 이런 영상은 영유아가 받아들이기에는 어려워요. 어쩌면 영상을 잘 받아들이고 좋아하며 보기보다, 이해하려고 애쓰며 시선을 고정시킨 거라고 보는 게 더 적절할 거예요. 이제 언어 발달에 조금이라도 더 도움이 되는 영상의 특징을 알아볼게요.

'사회적인 큐'가 풍부한 영상

라인바겔 교수는 영상으로 언어를 습득하기 어려운 이유가 '사회적인 큐'가 부족하기 때문이라고 설명합니다.[64] 아기는 현실 세계에서 부모와 상호작용하면서 언어를 가장 잘 습득할 수 있는데요. 부모가 아기에게 말을 걸 때는 여러 '사회적인 큐'를 사용합니다. '큐'는 촬영 시작할 때 감독이 보내는 "큐" 사인처럼 어떤 신호를 주는 것을 뜻해요. "밥 먹자"라고 말할 때 밥숟가락을 보여주는 행동, "이리 와"라고 말할 때 두 팔을 벌리는 제스처, "이건 사과야"라고 말할 때 사과를 가리키는 행동, 감정을 표현할 때 표정이 동반되는 것, 말하는 톤이나 강도, 스킨십 등 여러 가지 신호와 함께 아기의 주의를 끌고 특정 맥락이나 사물과 단어를 연결 지을 수 있게 도와줍니다.

반면 영상에서는 이러한 사회적인 큐가 부족해요. 그래서 최대한 많은 사회적인 큐를 제공할 수 있도록 스토리가 단순하고 직관적이면서 몸짓이나 말투, 표정 등이 과장되게 표현되는 영유아용 영상을 고르는 게 좋습니다. 라인바겔 교수는 〈아서Arthur〉와 〈곰돌이 푸Winnie the Pooh〉를 사례로 들었어요.

비슷한 세팅과 캐릭터 포맷이 반복되는 영상

혹시 어렸을 때 〈텔레토비〉 보셨나요? 똑같은 포맷이 반복되고 한 영상 안에서도 등장인물이 똑같은 행동을 두 번씩 반복하지요. 지금 보면 지나친 반복이 너무 지루할 텐데 인지능력이 부족한 아기에게는 이런 반복이 도움이 됩니다.

〈미디어사이콜로지Media Psychology〉에 실린 연구에서는 생후 21개월 된 아기들을 두 조건으로 나누어 한 그룹에게는 처음 보는 캐릭터가 나와서 설명하는 영상을, 다른 한 그룹에게는 아기에게 익숙한 캐릭터가 나와서 설명하는 영상을 보여주며 기본적인 수의 개념을 가르쳐줬어요.[65] 그 결과 이미 익숙한 캐릭터가 설명하는 영상을 보여줄 때 아기들이 더 잘 학습했다고 합니다.

익숙한 현실 세계와 달리 영상 속에는 낯선 요소가 너무 많아요. 낯선 배경과 캐릭터가 나오는 영상을 볼 때 아기들은 낯선 요소에 적응하는 데 뇌의 리소스를 많이 써버리기 때문에 학습해야 하는 개념이나 언어적인 인풋에는 리소스를 덜 할당하게 된다고 합니다. 반면 반복적인 노출을 통해 배경, 캐릭터에 익숙해지고 난 다음에는 주의를 언어 인풋에 돌릴 수 있게 되고요. 그래서 아는 캐릭터가 등장했을 때 더 잘 몰입하고 학습도 더 잘됩니다.

따라서 아기가 영상을 통해 언어를 배우기 위해서는 배경이나 캐릭터 포맷이 잘 바뀌지 않는 하나의 시리즈를 정해놓고 에피소드를 반복적으로 시청하는 게 도움이 되겠지요.

상호작용을 적극적으로 장려하는 영상

라인바겔 교수는 한 논문에서 다양한 영유아용 프로그램이 언어 발달에 미치는 영향을 비교 분석했는데요.[66] 이 중 〈도라 디 익스플로러Dora the Explorer〉라는 프로그램과 〈블루스 클루스Blue's Clues〉가 프로그램이 언어 발달 측면에서 좋은 평가를 받았어요. 이 두 영상의 공통적인 특징은 시청자가 적극적으로 콘텐츠에 개입할 수 있는 장치들이 있다는 것입니다. 시청자에게 직접적으로 눈맞춤을 하면서 말을 걸고 실제인 것처럼 잠깐 여유를 주고 그에 대한 피드백을 주는 방식으로 상호작용을 촉진합니다. 연구에 따르면 이러한 스타일의 영상을 생후 6~30개월 사이에 많이 본 아기들은 표현 언어 발달 측면에서 긍정적인 효과가 있었다고 합니다.

배경음악은 적고 노래는 잘 활용하는 영상

어른들은 영상에 배경음악이 있어도 내용을 이해하는 데 별 영향을 받지 않습니다. 하지만 아기들은 영상에서 배경음악과 말소리를 분리해 말소리에만 선택적으로 집중하는 것이 좀 더 어려울 수 있어요. 레이첼 바 교수는 한 논문에서 생후 6~18개월 사이의 아기들을 둘로 나누어 한 그룹에게는 현실 상호작용을 통해, 다른 한 그룹에게는 영상을 통해 특정 행동을 모방하도록 가르쳤어요.[67] 각 그룹은 악기로 연주하는 배경음악이 있는 경우와 없는 경우로 다시 나누어졌지요. 그 결과 현실 상호작용 조건의 아기들은 배경음악의 유무가 학습에 영향을 끼치지 않았지만 영상 조건의 아기들은 배경음악이 있을 때 학습의 효율이 떨어졌다고 합니다.

반면 앞서 소개한 또 다른 논문에서는 학습한 내용에 대해 노래로 다시 한번 제시하는 전략이 언어 발달에 있어 효과적이라고 밝히고 있어요.[68] 노래를 따라 부름으로써 몰입도와 상호작용 수준을 높일 수 있고 반복 학습도 됩니다. 배경음악은 과하지 않되 노래는 적절히 활용하는 교육적인 영상을 고르면 언어 발달에 도움이 됩니다.

영상통화에 대하여

영상통화를 통한 상호작용은 당연히 현실에서의 상호작용에 비해 부족한 점이 있습니다. 화질과 소리 전달의 한계가 있고요. 직접적인 피부 접촉이 없으며, 카메라 위치 때문에 눈맞춤이 완벽하게 되지 않지요. 그럼에도 불구하고 통화 중에 주고받는 상호작용 때문에 비디오에 비해 전이 결손 현상(영상 속 말소리가 언어발달에 기여하지 않는 현상)이 적게 나타납니다.

한 연구에 따르면 생후 24~30개월의 아기들은 실제 상호작용과 비슷한 수준으로 영상통화를 통해 학습할 수 있었어요. 또 다른 연구에서는 생후 12~25개월의 아기들이 영상통화를 할 때 영상 시청에 비해서 더 효과적으로 특정 단어나 행동을 배울 수 있었다고 보고했어요.[69] 보통 영상통화는 부모가 옆에서 함께 적극적으로 상호작용을 해주고 통화하는 상대가 늘 비슷할 확률이 높기 때문에 '함께 본다' '반복 시청한다' 등 학습에 더 유리할 수 있는 요소를 많이 갖췄어요. 제 생각에는 두 돌 전에는 영상통화를 너무 많이 하는 건 좋지 않겠으나 적절하게 이루어진다면 괜찮을 것 같고 두 돌부터는 조금 덜 걱정해도 괜찮을 것 같습니다.

부모라면 아기 이유식에 최대한 간을 하지 않으면서도 아기가 잘 먹도록 항상 노력하지요? 영상을 보여줄 때도 이러한 노력이 필요해요. 너무 자극적이거나 인공적이지 않으면서 언어 발달에 도움되는 영양소가 충분히 들어가야 해요. 물론 자극적인 영상에 익숙해진 아기들은 이런 좋은 영상을 덜 좋아할 수는 있어요. 음식과 마찬가지지요. 그래서 더 어린 나이에는 자극적인 영상을 먼저 보여주지 않고, 교육적인 영상 위주로 조금씩 보여주기를 권장합니다. 영상 시청 중독을 막는 데도 도움이 될 거예요.

두 돌 미만의 아기들에게 보여줄 영상으로 가장 좋은 영상은 엄마 아빠의 휴대폰에 저장된 동영상이라고 생각해요. 아기 입장에서 가장 현실감 있는 영상이지요. 다른 영상을 보여주기 전에 최대한 휴대폰에 저장된 영상을 활용해보세요.

어느 시점에는 흥미를 잃긴 하겠지만 그전까지는 부담 없이 보여줄 수 있는 좋은 옵션이에요. 돌이 지나면 서서히 아기가 좋아하는 대상이 뚜렷해지기 시작하지요? 그 대상을 영상으로 촬영해놓으세요. 예를 들어 다미는 동물을 보면 흥분하면서 좋아해요. 그래서 제 휴대폰에 있는 반려묘 영상이나 공원 갔다가 찍은 청설모 영상을 보여주면 좋아하면서 잘 봅니다. 동물이 나오는 다큐멘터리도 나쁘지 않은데 어른용 영상이다 보니 장면 전환이 너무 빠른 것들도 있더라고요.

가능하다면 휴대폰으로 촬영한 소스들을 이용해서 직접 영상을 만들어보는 것도 좋아요. 핸드폰만으로 손쉽게 영상을 잘라 붙이고 간단한 효과도 넣을 수 있는 앱이 많이 있거든요. 아기가 흥미를 보일 만한 주제나 대상을 찍은 영상들을 가능하면 장면 전환이 적도록 잘라 붙이고 흥미를 유발할 수 있도록 시각 효과나 효과음 등도 과하지 않은 선에서 넣어보면 필요한 순간에 적절히 활용할 수 있을 거예요. 이런 영상들을 보여줄 때는 "청설모가 손에 뭔가를 들고 먹고 있네" "엄마랑 아빠랑 공원에 가서 청설모 봤지" 하며 계속 상호작용해주면 좋습니다.

하지만 이런 영상 활용이 한계에 부딪히면 다른 영유아용 영상들을 찾아야 하는데요. 어린이용 콘텐츠에 대해 전문가들과 부모가 평가를 내리고 추천하는 커먼 센스 미디어Common sense media라는 홈페이지가 있어요. 여기서 만 2~3세 이상에게 추천하고 있는 영상 중 제가 판단하기에 아래의 조건을 중심으로 2세 미만 아기들에게도 괜찮다고 생각되는 최대한 정적이고 부드럽고 말랑말랑한 영상으로 골라봤어요.

- 화면 전환이 적고 속도감이 느린가?
- 스토리가 단순하고 대화가 쉬운가?
- 정보만 담거나 뮤직비디오 형태의 현실감 적은 영상이 아닌 스토리 기반 영상인가?
- 표정이나 제스처 등 사회적인 신호가 풍부해 언어 학습에 도움이 되는가?
- 교육적 요소들을 효과적으로 잘 전달하는 콘텐츠인가?

베싸TV 추천 영상 리스트는 QR코드를 확인해주세요.

CHAPTER 5.

행복한 육아를 위한
발달과 훈육의 핵심

아기가 말이 늦는 것 같다면?

결론부터. 아기가 말이 늦는 것 같아 스트레스라면 일찌감치 언어 발달 전문가를 찾아가는 게 가장 속시원합니다. 하지만 사전 지식 먼저 알면 더 좋겠지요.

'말 늦은 아기late Talker'는 주로 표현 언어가 다른 발달 영역에 비해 그리고 또래에 비해 느린 아기를 이르는 말입니다. 말을 듣고 이해할 수 있는 능력인 수용 언어와 달리, 말을 만들고 표현하는 능력인 표현 언어의 지연에 초점을 맞추므로 더 넓은 범위의 '언어 지연Language Delay'보다는 '말 늦음Late Talking, Speech Delay'으로 표현하겠습니다. 말이 늦는 것은 다른 아기와의 차이가 가장 극명하게 드러나는 부분이기 때문에 평가하기가 쉽습니다. '엄마라고 말하는가?' '단어를 몇 개 아는가?' 하는 질문에는 답이 딱 나오니까요. '시선을 잘 맞추는가?' '일상생활에서 불안을 지나치게 느끼는가?' 등 평가하기 애매한 다른 발달 분야를 체크하는 것보다 훨씬 쉬워요.

하지만 일괄적으로 적용되는 기준으로 '어떤 것이 우려할 만한 언어 지연이다'라고 딱 잘라 말하기는 어려워요. 전문가 상담이 필요한 이유지요. 그러니 앞으로의 내용이 절대적인 기준이라 생각하고 걱정하거나 반대로 안심하기보다 대략적으로 참고한 후에 아이를 살펴보세요.

미국소아과학회 아티클에 따르면 미국에서는 다섯 명 중 한 명은 언어 발달 지연이라 할 수 있는 상태라고 합니다.[1] 해당 아티클에서는 언어 발달 지연 중에서도 말 늦음이 육아에 미치는 영향 중 하나로 '아기의 짜증 증가'를 들고 있었어요. 다른 발달 영역은 정상적인데 표현 언어 부분이 지연되는 경우에 원하는 말을 잘 표현하지 못하기 때문에 아기들이 좌절감을 겪고 짜증을 내게 되는 경우가 많다는 것이지요. 이는 아기에게도 스트레스지만 부모에게도 상당한 스트레스 요인이 될 수 있어요.

아기의 말 늦음에 대해 고민을 나누다 보면 "나중에 입이 터지면 금방 다 따라잡는다"는 식의 위로를 많이 듣게 됩니다. 이건 사실일까요? 그렇기도 하고 아니기도 합니다. 즉, 따라잡는 아기도 있고 아닌 아기도 있습니다. 아동언어장애 전문가인 레아 폴Rhea Paul 교수는 1996년 한 연구에서 만 2세가 된 말 늦은 아기들 31명을 대상으로 '그저 지켜보는Watch and See' 방식을 택하게 한 뒤 장기적인 결과를 추적했습니다.[2] 그중 74퍼센트에 달하는 23명의 아기들이 초등학교 1학년이 되었을 때 언어 지연을 극복했다고 해요. 이 아기들은 언어의 문법이나 어휘 수준, 읽기나 독해 능력 등에 있어 만 2세 때 정상적으로 발화했던 아기들과 차이가 없었습니다.

'우리 아기는 절대 26퍼센트가 아닐 거야'라고 생각하고 '나도 그냥 개입하지 않고 두어야겠다'라고 생각하는 부모는 없을 거예요. 말 늦음 현상이 나타나는 이유는 아기마다 제각각이며 개입이 필요한 경우도, 아닌 경우도 있어요. 때로는 개입을 하더라도 문제가 해결되지 않는 경우도 있습니다. 우리 아기가 어떤 케이스일지는 부모가 언어 발달 전문가가 아닌 이상 명확히 판단하기 어려워요. 그렇기 때문에 말 늦음 현상이 나타난다면 20~30퍼센트의 확률로 초등학교 때까지도 언어적인 어려움이 지속될 수 있기 때문에 전문가의 상담이 필요해요. 제 경험상 고민글에 대한 댓글 답변이나 지인들의 코멘트는 "괜찮다. 걱정하지 마라"는 논조로 치우치는 경우가 많았어요. 대체로 착한 사람이 되고 싶어 하는 마음이 객관적인 정보를 전달하려는 마음보다 크기 때문인 것 같아요. 그러므로 부모가 듣기 좋은 말에만 귀를 기울이기보다 필요할 때는 결단력을 발휘해 전문가 상담을 받아보길 바랍니다. 시기별로 약간 차이는 있으나 전문가들이 말하는 대략적인 '위험 신호'를 이해하는 것도 도움이 되겠지요. 다음 내용은 유타대학교 병원 홈페이지의 소아과 전문의인 신디 겔너Cindy Gellner와 인터뷰한 아티클을 참고했습니다.[3]

생후 12개월 이전

아기가 '주변의 환경과 연관된 발성'을 하는지 살펴보세요. 환경이나 의도와 무관하게 옹알이를 하는 것 말고, 무언가에 반응하고 원하는 것을 얻기 위해 소리를 내는 등 커뮤니케이션을 위한 소리를 내는 것을 뜻합니다. 옹알이는 언어의 전단계입니다. 아기들은 커가면서 소리를 합쳐보고 다양한 톤의 소리를 내보기도 하면서 목과 성대를 가지고 일종의 실험을 합니다. 그리고 "엄마" "아빠" "맘마" 등 쉽고 자주 듣는 소리를 모방해서 말하기 시작합니다. 물론 그 의미는 아직까지 잘 모를 수 있어요. 9개월 정도가 되면 자신의 이름을 불렸을 때 더 잘 반응해요. 만약 9개월 때까지 말소리를 포함한 이런저런 소리에 반응하지 않거나 발성을 하지 않는 영아라면 걱정할 필요가 있습니다. 이 경우 청력 검사를 해볼 필요도 있어요.

일반적으로 아기들은 12개월이 되기 전에 다른 어떤 소리에 비해 말소리에 더 주의를 기울이는 모습이 관찰되며 일상적으로 보는 물건의 이름을 인식할 수 있습니다. 예를 들어 "기저귀"라고 말하면 기저귀를 쳐다봅니다. 이런 모습이 관찰되는지 잘 살펴보세요.

만약 아기가 생후 12개월까지 손가락으로 가리키는 행동이나 빠이빠이 등 몸짓으로 소통하려는 시도를 하지 않는다면 걱정할 필요가 있습니다. 12개월 때는 보통 '말이 늦다'는 진단을 내리기 좀 이른 시기이기는 합니다. 24개월 전까지는 언어발달센터나 소아정신과 등에 방문해도 "일단은 좀 두고 보자"는 말을 들을 가능성이 높아요. 그래도 청력이나 사회성과 같이 생각지 못했던 영역에서도 점검을 받을 수 있는 좋은 기회이니 '걱정할 필요가 있다'는 표지가 나타난 아기라면 너무 주저하지 말고 한번 방문해보세요. 또한 아기의 언어 발달에 이상적인 환경이 어떤 것인지 진지하게 공부하고 적용하면 좋습니다. 아기가 어릴수록 부모의 노력이 더 의미가 있습니다.

생후 12~18개월

아기들은 이제 다양한 소리를 낼 수 있습니다. 보통 "엄마" "아빠" "다다" "나나" 등의 소리를 내기 시작하고요. 가족 구성원이 내는 소리나 단어를 좀 더 적극적으로 모방하고 보통 "엄마"와 "아빠" 외에 한 개 이상의 단어를 말할 수 있게 됩니다. "아가" "맘마" 등 명사형 단어를 먼저 말하지만 "우와" "아니" 등의 말을 먼저 하는 경우도 흔합니다.

만약 18개월까지 단어를 만들거나 소리 내는 것보다 몸짓 언어만을 선호하거나 부모가 들려주는 쉬운 말을 모방하지 못하거나 간단한 요청("이리 와" "기저귀 가져 와" "저기 봐" 등)을 이해하지 못하는 아기라면 걱정할 필요가 있습니다.

생후 18~24개월

이 시기부터는 표현 언어에 있어 아기들마다 큰 차이가 나타나요. 보통 '언어 폭발'이라고 부르는 시기지요. 대부분의 유아는 18개월이 될 때까지 20개 정도의 단어를, 24개월이 될 때까지 50개 이상의 단어를 말합니다.

24개월 정도가 되면 아기들은 두 개의 단어를 이어서 문장으로 말할 수 있습니다("엄마 안아"). 두 돌 이후 아기들은 일상적인 물체의 이름을 구별할 수 있고요. 부모가 그림책을 보면서 아기가 아는 그림을 손가락으로 가리키면 그 물체의 이름을 말합니다. 또한 이 때의 아기들은 눈, 코, 입 등 얼굴의 구성 요소들을 손가락으로 가리킬 수 있으며 두 단계로 구성된 명령을 이해할 수 있습니다("저쪽에 가서 컵 가져 와"). 만약 24개월인데 아래 내용에 해당된다면 전문가의 상담을 받을 필요가 있습니다.

- 아기가 소리나 행동을 모방할 수는 있으나 단어나 간단한 문장을 만들지 못함
- 특정 몇 가지 단어만 말할 줄 알고 그 단어만 반복적으로 말함
- 간단한 요구나 지시를 따르지 못함
- 콧소리가 심하게 섞인 소리 등 일반적이지 않은 톤의 목소리를 냄
- 그 나이대 아기들에 비해 이해력이 많이 떨어짐

생후 24~36개월

이 시기에도 언어 표현이 크게 늘어납니다. 이 시기 아기의 어휘는 무척 다양해지며 세 개 이상의 단어를 연합해 말할 수 있습니다("엄마 이리 와" "아빠 이거 주세요"). 언어 이해력도 크게 증가해요. 만 3세 아기는 무언가를 테이블 '위'에 놓는다거나, 침대 '밑'에 넣는 것이 무엇인지 이해할 수 있어야 하며 간단한 색을 구별하고 '크다' '작다' 등의 서술적인 개념을 이해합니다.

아기가 36개월이 되었는데 세 개의 단어로 된 문장을 말하지 못하고 '나'와 '너' 등의 대명사를 적절히 쓰지 못하고 물건을 지칭하며 요구하지 못한다면, 혹은 부모가 아기의 말을 잘 알아듣지 못한다고 느껴진다면 전문가 상담을 받을 필요가 있습니다. 만약 아기의 표현 언어에 문제가 있다는 것이 발견되었다면 전문

가 상담 외에 어떤 점을 신경 써주면 좋을까요?

첫째, 아기와 어떤 방식으로든 '소통'하는 경험을 많이 해주세요. 수용 언어는 되는데 표현 언어는 안 된다는 것은 아기에게 소통에 대한 동기가 충분하지 않다는 뜻이기도 합니다. 소통은 신생아 때부터도 할 수 있어요. 아기와 눈을 맞추며 말을 걸어주는 것도 소통이지요. 아기가 눈을 맞추기 싫어 고개를 홱 돌릴 때 "싫었구나" 하고 의사를 존중해주는 것도 소통이고요. 아기가 울 때 달래주는 것도 아기의 신호에 화답하는 소통입니다.

부모가 아기의 옹알이에 적극적으로 반응해주는 것이 아기의 소통 욕구를 이끌어내는 데 중요하다는 점을 시사하는 연구가 하나 있습니다. 아이오와대학교의 심리학자인 줄리 그로스-루이스 부교수는 부모가 아기의 옹알이에 화답하는 정도와 아기의 옹알이 수준의 관계를 살펴봤는데요.[4] 부모가 아기의 옹알이에 섬세하게 반응해줄수록 아기가 부모를 향해 옹알이(소통 시도)를 하는 횟수가 증가했어요. 뿐만 아니라 더 이른 시기에 더 복잡한 발성을 할 수 있었다고 합니다.

보통 아기의 언어 발달을 위해서는 '말소리'를 많이 들려줘야 한다고 생각하는 경우가 많아요. 영상을 보여주면 언어 발달이 될 거라고 착각하는 것도 이런 사고방식에서 나온 결론이지요. 하지만 언어의 본질은 소통이에요. 아기들의 마음속에 '엄마 아빠와 소통하고 싶다는 동기'라는 새싹에 어릴 때부터 꾸준히 물을 주는 거라고 생각하면 좋아요. 바로 반응을 통해서요(무엇을 공부해도 절반 정도는 결국에는 반응 육아로 회귀하게 됩니다).

둘째, 앞서 이야기했던 책육아에 관심을 가져보세요. 표현 언어를 높일 수 있는 방법 중 가장 많이 연구된 것이 바로 책 읽어주기입니다. 책 읽어주기는 영상을 보여주는 것처럼 단순히 말소리를 아기 귀에 들려준다고 생각할 수도 있지만 부모와 아기 사이에 풍부한 소통의 장이 될 수 있습니다.

셋째, 아기에게 말을 해야 하는 '이유'를 충분히 주고 있는지 돌이켜 보세요. 약간 다른 이야기이긴 한데 다미는 기어 다니지 않았어요. 바로 걷는 단계로 건너뛰었는데요. 그때는 다미가 기어 다니지 않은 이유를 잘 몰랐는데 나중에 생각해보니 알겠더라고요. 제가 다미 옆에 항상 붙어 있었고 다미가 뭔가를 손으로 가리키면 안아서 거기까지 데려다주는 일이 많았기 때문이었던 것 같아요. '기어가고 싶다'고 느낄 만한 동기가 부족했던 거지요.

'말'도 마찬가지입니다. 말을 하지 않아도 몸짓과 표정만으로 부모가 요구를 바로 들어주면 말을 할 동기가 부족해집니다. 이것은 반응과는 다른 문제이고요. 반응을 해주되 요구사항을 말로 끌어낼 수 있도록 도와주어야 해요. 말을 만들어낸다는 것은 어른에겐 쉬워 보이지만 아기에겐 어려운 일이에요. 우리가 없는 근육을 키울 때 팔이 아플 정도로 운동을 해야 근육이 만들어지듯 말하는 능력도 어려움과 불편함을 감수해가며 시도하고 연습해야 조금씩 성장합니다. "말을 하고 싶어!"라는 동기가 필요하다는 말이지요. 그러려면 소통에 대한 긍정적인 경험을 갖게 해주고 부모와 친밀한 관계를 유지하는 것이 매우 중요해요. 당연히 일상생활에서 아기에게 말을 해야만 하는 상황을 충분히 만들어주는 것도 중요합니다.

외국어를 사용할 때의 상황을 생각해보세요. 영어를 어느 정도 알아도 입 밖으로 표현하는 일은 어려워하는 사람들이 많지요? 그런데 외국에 가게 되면 필요에 의해 의사소통을 해야 하므로 어쩔 수 없이 말을 해야 합니다. 그래서 해외에 나가는 게 외국어 실력 향상에 가장 효율적이라고 하는 거예요. 아기들도 말이나 제스처를 통해 소통을 시도할 수 있도록 부모가 상황을 만들어주는 것이 표현 언어 발달에 이상적입니다.

예를 들어 아기에게 우유를 주면서 "우유 먹자"라고 한다면 아기는 '이게 우유구나' 하며 단어에 대한 이해력이 생기겠지만, 말을 하고 싶은 동기는 줄어듭니다. 말을 안 해도 엄마가 우유를 주니까요. 그런데 뭔가 먹고 싶을 때 엄마에게 적극적으로 소통을 시도하니 엄마가 우유를 준다면 '아, 내가 먼저 요청하니 우유를 주는구나' 하며 소통에 대한 개념이 생기고 이는 적극적으로 말을 하려는 동기를 배가시킵니다. 그래서 말 늦은 아기에게 표현 언어를 이끌어내는 전략에 대해 서술한 한 논문에서는 부모에게 이런 전략을 추천하고 있어요.[5]

① 아기에게 뭔가 해주기 전에 의사를 물어보기
"주스 열어줄까?"
② 아기에게 뭔가 해주기 전에 요청하라고 말하기
"'주스 주세요' 하면 줄게"
③ 아기에게 선택지를 주기
"주스 먹을래, 우유 먹을래?"

이런 식으로 아기에게 말이든 제스처든 본인의 의사를 표현할 수 있도록 계속 장려해주는 것이 아기의 표현 언어를 촉진하는 데 도움이 된다고 해요. 또한 부모가 서너 번 말하고 아기가 한 번 말하는 구조보다 가급적 아기가 한 번 말하면 부모가 한 번 말하고 다음 말을 하기 전에 아기가 말할 수 있는 기회와 시간을 충분히 주는 식으로 균형 있는 소통이 핑퐁식으로 이루어질 수 있도록 신경을 써주면 좋습니다.

베싸&다미 이야기

다미가 무의미한 옹알이 외에 대상을 표현하기 위해 처음으로 한 발화는 "아빠"였어요. 그다음이 "엄마" 그다음이 "맘마"였지요. 저와 하루 종일 있었던 다미에게 가장 기다려지는 시간이 퇴근한 아빠를 보는 시간이었거든요. 그래서 아빠를 보고 싶다거나 아빠와 소통하고 싶은 마음이 컸던 게 아닐까 싶어요. 그다음엔 자연스럽게 시간을 많이 보내는 엄마를 말했고요.

제가 항상 "맘마 먹자"라고 말하고 이유식을 줘서 그런지 배가 고플 때 혹은 이유식을 준비하는 저를 보고 빨리 달라는 식으로 "맘마"라는 말을 하더라고요. 돌이켜 보면 자신한테 꼭 필요한 말부터 한 거였네요.

아기가 다른 사람을 때리거나 꼬집을 때는?

결론부터. 아기가 공격적인 성향을 드러내는 시기가 있습니다. 너무 걱정하지 말고 앞으로 더 많이 생길 훈육 상황을 미리 예행 연습한다 생각하면서 조금 여유롭게 대처해보세요.

돌 이후 특히 18개월에서 36개월 사이 아기들 중에 동생이나 부모, 친구, 사촌동생 등 다른 사람을 때리거나 꼬집는 등 공격적인 행동을 보여 '우리 아기가 공격적인가?' 걱정하는 부모들이 꽤 있는데요. 아직 어린 아기들의 공격적인 행동은 아기들의 성격적인 결함이나 타고난 공격성을 의미하는 것은 아닙니다. 오히려 자연스러운 현상으로 보입니다.

생후 18~36개월 사이는 아기들에게 있어 굉장히 신나는 시기입니다. 자기가 부모로부터 분리된 존재라는 것을 인지하며 자아를 굳혀가고 자기주장을 강하게 해보고 싶어 하는 시기이고 '좋다' 혹은 '아니다'를 강하게 표현하게 돼요. 그래서 유난히 "아니야"를 많이 외치기도 하는데 자신이 부모와 분리된 자아를 가지고 있다는 것을 확인하기 위해 일부러 반항하려는 동기가 생긴다고 보기도 해요.

자아는 폭발적인 속도로 형성되는 반면 언어로 커뮤니케이션하는 능력과 감정, 충동을 조절하는 능력은 더 서서히 발달하는 경향이 있어요. 아직까지는 감성이 이성을 뛰어넘지요. 그래서 자신의 감정이나 주장을 표현할 때 말보다는 행동으로 표현하게 되고 이 과정에서 어른이 보기에 공격적인 행동이 수반될 수 있어요. 즉, 부모가 '우리 아기가 공격적이다'라고 인식하고 지나치게 걱정하기보다 '아직 조절하고 표현하는 법을 배워가는 중이구나'라고 바라봐주는 것이 필요해요. 말로 표현하는 능력과 자기 조절력이 생기면서 대부분 자연스럽게 극복됩니다. 그럼 아기들의 공격적 행동에 부모는 어떻게 대처해야 할까요?

아기의 상황을 파악하기

아기가 아무 이유 없이 공격적인 행동을 하는 것은 아닙니다. 행동의 뒤에는 감정이 있지요. 아기가 부정적인 감정을 느낀 데는 어떤 이유가 있었을 거예요. 굉장히 피곤하다거나 배가 고프다거나 한 활동에서 다음 활동으로 넘어가고 싶지 않다거나 장난감을 공유하기 싫다거나 부모가 다른 아기에게 관심을 보여서 기분이 나빴다거나 등 다양한 상황 속에서 아기는 스스로는 다스리기 어려운 부정적 감정을 느낄 수 있어요. 아기가 느끼는 힘든 감정들을 이해하고 행동을 파악해주세요.

부정적인 감정의 상황 피하기

부정적인 감정을 경험하는 상황은 감정 조절과 성숙한 감정 표현을 배우는 좋은 기회가 됩니다. 하지만 이 '훈련 기회'는 너무 많아도 좋지 않아요. 부정적인 감정을 아예 느끼지 않도록 감싸고 피하기만 할 필요는 없지만 아기가 감당 가능한 수준으로 조절해줘야 합니다. 부정적인 감정을 느끼는 상황이 자주 있으면 아기의 자제력이 바닥나서 공격 행동이 더욱 심해질 수도 있고, 부모도 스트레스를 견디기 어려워 긍정적인 육아를 하기 어려워지기도 하지요.

그러므로 아기가 부정적 감정을 자주 느낀다면, 특히 아기가 감정을 잘 다룰 수 있는 준비가 되지 않았다면 환경을 좀 바꿔보세요. 예를 들어 아기가 질투심이 굉장히 강한 시기인데 조카와 매일 만나서 조카를 예뻐해준다면 어떨까요. 혹은 아기가 뭐든 다 만져보고 꺼내보고 싶어 하는 시기인데 얌전하게 행동해야 하는 카페에서 아기와 두세 시간 머무르며 이것저것 만지는 아기에게 "안 돼!"로 일관한다면 어떨까요. 아기에겐 조금 힘들 수도 있겠지요.

피해자를 먼저 케어하기

아기가 누군가를 공격한 경우 즉각적으로 피해자를 케어해주세요. 아기들은 발달 단계상 기본적으로 자기중심적이기 때문에 '내가 기분이 나빠서 때리면 저 사람이 어떨까'라는 역지사지의 사고를 하지 못합니다. 이 능력은 서서히 배워가는 거예요. 그러려면 '공격당한 사람'을 향해 주의를 집중시킬 수 있도록 부모가 도와주어야 해요. 아기를 나무라기에 앞서 피해를 당한 사람한테 먼저 위로해주고 케어해주는 모습을 보여주는 거예요. 그렇게 하면 아기는 자신의 행동에 대한 결과를 좀 더 명확히 알 수 있고, 공격했을 때 부정적인 관심이 자신에게 집중되는 것에 만족하며 계속 공격적으로 행동하게 되는 일도 예방할 수 있습니다. 어떤 아이들은 부정적인 관심이라도 받기 위해 특정 행동을 하기도 하거든요.[6]

아기와 유대감을 갖고 감정 살펴주기

아기가 부정적인 감정을 다스리지 못해 공격을 하고, 울거나 생떼를 부리는 경우 부모가 꼭 해야 할 것이 있습니다. 바로 아기와 유대의 끈을 놓지 않는Stay Connected 거지요. "나는 네 적이나 너를 혼내려는 사람이 아니라 네 편이고 네가 부정적인 감정을 다스리는 것을 도와주려는 사람이야"라는 메시지를 전달하는 거예요. 아기와 연결되어 있지 않으면 아기의 부정적인 감정을 다스리는 것을 도와주기도 어렵고 아기에게 "때리면 안 된다"는 훈육의 메시지를 제대로 전달할 수 없습니다.

실천 방법은 쉬워요. 아기의 감정을 '인정'해주고 '공감'해주는 거예요. 물론 아기가 반응이 궁금해서 이유 없이 때리거나 깨물거나 할 때도 없는 감정을 만들어서 공감해줄 필요는 없습니다. 상황을 보고 아기가 부정적인 감정을 다스리지 못해 공격적인 행동으로 표출된 상황이라고 느껴진다면 감정에 공감해주라는 거예요. "엄마가 다른 아기를 예뻐해줘서 속상했지"라고요.

많은 경우 부모가 자신의 편에 서주고 자신의 감정을 인정해주는 것만으로도 아기의 부정적인 감정이 금세 해소됩니다. 그 뒤에 아기에게 짧게 "때리면 안 돼"라고 무섭지는 않지만 단호한 말투로 말해주는 거예요. 그다음에는 아주 어린 아기의 경우 다른 곳으로 관심을 돌리고 말을 더 잘 알아듣는 아기의 경우 "화가 나면 친구가 아니라 이걸 바닥에 살짝 던지면 어때?" 하고 대안적인 감정 표출을 알려주면 더 좋습니다. 아기는 감정 표출 그 자체가 나쁜 게 아니라는 것도 알아야 하거든요. 중요한 건 감정을 건강하게 표출하는 것이지요. 그러기 위해서는 아기에게 '그러면 안 돼'까지만 알려주기보다 '이건 괜찮아'까지 알려주는 편이 좋습니다.

긍정적 피드백도 잊지 않기

아기가 잘못된 행동을 했을 때 "아니야"라고 말해주는 것은 중요합니다. 부모가 아기에게 규칙과 삶의 구조를 만들어주는 것이 중요하다는 이야기는 앞서 '구조 만들기'에 대해 다루며 살펴봤습니다. 하지만 '안 되는 것'만 알려주기보다 '되는 것'도 함께 알려주는 게 훨씬 효과가 좋습니다. 이렇게 한번 생각해보세요. 새로운 회사에 입사해서 새로운 업무를 맡았는데 어떻게 하는 게 잘하는 거고 어떻게 하는 게 잘못하는 건지 전혀 감이 없는 상태입니다. 그런데 어쩌다 잘했을 때는 아무도 잘했다는 말을 안 해주는데 뭘 잘못했을 때만 "그건 아니야"라고 말해줍니다. 그러면 이 사람은 어떻게 일하는 게 잘하는 건지 감을 잡을 수 있을까요? 물론 언젠가는 알겠지요. "아니야"의 항목을 하나씩 제외시키며 올바른 방향을 찾아가면 되니까요. 하지만 누가 "그건 잘한 거야"라고도 말해줬더라면 훨씬 더 빨리 올바른 방향으로 들어설 수 있지 않을까요.

캘리포니아대학교의 심리학자인 다니엘라 오웬Daniela Owen 조교수는 훈계와 칭찬이 아기의 협조성에 미치는 영향을 연구한 논문에서 이렇게 말했습니다.[7]

"연구에서는 아기에 대한 부정적 반응(훈계, 굳은 표정, 단호한 목소리 등)은 단독으로도 아기의 협조성을 이끌어내는 데 분명 효과가 있지만 부정적 반응과 긍정적 반응(칭찬, 미소, 안아주기 등)이 함께 결합되어 사용했을 때만큼 효과적이지는 않다는 점을 시사한다."

그러므로 아기가 누군가를 공격했을 때 "그러면 안 돼"라고 부정적인 피드백만 하기보다 화가 나는 상황에서도 행동이 앞서는 것을 잘 참았을 때, 부정적인 감정이 드는 상황에서 바람직하게 행동하는 순간을 포착해 긍정적인 피드백도 함께해주면 훨씬 더 효과적인 훈육을 할 수 있습니다. 이건 전반적인 훈육에 있어 중요한 포인트예요.

훈육은 그저 "아기의 부정적인 행동을 소거한다"는 간단한 차원의 문제가 아니에요. 훈육하는 부모와 아기 사이의 긍정적인 관계 형성이 선행되지 않으면 아기는 부모의 훈육 메시지를 기꺼이 수용하려는 동기가 떨어져요. 아기와의 유대의 끈을 놓지 않기 위해 아기의 감정에 공감해주고 아기가 뭔가 잘했을 때 놓치지 않고 긍정적인 피드백을 주는 것은 부모와 아기의 관계를 긍정적으로 만드는 데 도움이 됩니다. 긍정적인 피드백이 반복되면 어느 새 한두 번만 말해도 잘 따라주는 협조적인 아기로 자라게 되며 육아가 한결 수월해질 거예요.

다미는 1년 빨리 태어난 사촌 오빠가 있는데요. 만 3세 전후로 한동안 다미에게 질투 섞인 공격적인 행동을 보였어요. 일단 그런 행동을 할 때 공격한 오빠에게 법석 떨면서 너무 큰 관심을 주지 않으려고 노력했어요. 일단 어른들이 차분하게 행동하는 게 우선입니다. 일단 저와 언니가 다미를 살펴주고, 그다음에 조카의 팔을 잡고 눈을 보면서 "엄마가 다미를 예뻐해서 화가 났니? 그래도 동생을 때리면 안 돼" 하고 떼어놓았어요. 어쩌다 다미를 건드리려다 말 때는 칭찬을 해줬고요. 유독 다미를 때리려고 하는 날에는 어른들이 다미보다 조카에게 관심을 더 많이 주려고 노력했어요. 지금은요? 함께 평화롭게 놀면서 심지어 애정 표현도 하는 사이랍니다.

아기가 집중력이 낮아 보이면 ADHD일까?

결론부터. 아주 어린 아기라면 아마도 정상일 거예요.

많은 부모가 우리 아기가 집중력이 짧은 것 같다며 아기의 '집중력'에 대해 걱정합니다. "몇 분 정도 집중할 수 있어야 정상인가요?"라는 질문도 종종 받지요. 하지만 집중하는 대상이 아기에게 얼마나 흥미로운지, 새롭거나 익숙한지, 집중을 방해하는 요소가 없는지, 옆에 애착이 잘 형성된 부모가 함께 있는지, 부모가 칭찬과 반응을 적극적으로 하는지 등 많은 변수에 의해 집중하는 시간이 크게 달라질 수 있어요. 물론 아기의 컨디션과 연령에 따라서도 달라지고요.

아리조나대학교의 연구진이 진행한 연구에서는 생후 18개월 아기들과 30개월 아기들에게 각각 발달 난이도에 맞는 블록 쌓기와 구슬 꿰기 놀이를 하게 했는데요.[8] 18개월 아기들은 평균 111초 동안, 30개월 아기들은 143초 동안 집중했다고 해요.

블록 쌓기와 구슬 꿰기 활동에 아기들이 집중하는 시간이 2분 전후로 아주 짧지요? 아기가 5분, 10분씩 무언가에 집중하지 않는다고 해서 우려할 필요가 전혀 없다는 말입니다. 아기들은 선택적으로 무언가에 집중하거나 외부의 방해 요소를 의식적으로 억제하는 뇌의 기능이 충분히 발달하지 않았기 때문에 집중할 수 있는 시간이 매우 짧고 금방 산만해지기 마련이에요.

또 한 연구에서는 30개월, 36개월, 42개월 때 아기들의 집중력을 다양한 방법으로 측정했는데요.[9] 30개월 아기들은 과제마다 상황마다 집중하는 정도가 달라서 집중력이 '좋다' '나쁘다'를 판단하기 어려운 경우가 많았어요. 즉, 집중력에 변동이 많았어요. 반면 36~42개월 아기들의 경우 상황이 달라져도 큰 변동 없이 안정적으로 집중력을 평가할 수 있었어요. 아기들은 36개월 이전에는 '의도적으로' 무언가에 집중할 수 있는 전두엽 발달이 미숙해요. 그래서 집중을 하더라도 아기의 '집중력'이 좋아서가 아니라 외부적인 자극이나 환경에 이끌려 집중하게 되는 경우가 많다는 거예요. 집중에 최적화된 환경이 아닐 때는 문제가 있는 것처럼 보일 수도 있고요. 반면 36개월 이후부터는 전두엽이 본격적으로 성숙해요. 그 결과 의도적으로 무언가에 집중할 수 있는 '내적인 힘effortful control'이 길러지기 시작하고 과제나 환경에 관계없이 집중을 더 잘 유지할 수 있게 되는 거지요.

ADHD란?

많이들 걱정하는 ADHD에 대해 미리 알아둔다면 선부른 걱정을 잠재울 수도 적절히 대처할 수도 있습니다. ADHD는 자폐와 마찬가지로 선천적인 요인 혹은 물리적으로 뇌에 영향을 줄 수 있는 환경적인 요인에 의해 발생하는 뇌 기능의 결함이 원인으로 지목됩니다. 또한 ADHD는 단순히 집중력만의 문제가 아닌 인지, 언어, 대근육, 소근육 등 전반적인 발달 지연Global Developmental Delay의 양상으로 나타나는 경우가 많아요.

〈주의장애Journal of Attention Disorders〉에 실린 연구에 따르면 영아기에 다음과 같은 위험 요인을 보유한 아기들이 향후 ADHD 발생률이 더 높았다고 해요.[10]

-출산 시 엄마의 나이가 많은 경우

-엄마의 낮은 학력

-ADHD 가족력

-까다로운 기질

-(생후 3~18개월) 머리 둘레 백분위의 감소(예 : 상위 20% → 상위 40%)

-(생후 9~18개월) 운동 및 언어 발달의 지연

한 의료 정보 미디어에 따르면 ADHD로 진단하기 위해서는 만 4세 이후 아기가 6개월 이상 아래와 같은 행동을 집, 유치원 등 여러 환경에서 일관적으로 보여야 합니다.

-가만히 있지 못함

-쉬지 않고 돌아다니고 기어오르고 점프함

-항상 움직일 준비가 되어 있음

-끊임없이 말을 함

-오랫동안 상대의 말을 듣지 못함

-진정하거나 낮잠 자거나 앉아서 식사를 못 함

만 4세라고 했는데 그전의 아기들은 어떨까요? ADHD라고 판단 내리기 어려운 걸까요? 그렇기도 하고 아니기도 합니다. 만 4세 전에도 주의가 산만하거나 충동적이고 공격적인 행동을 많이 보인 아기들이 향후 ADHD로 진단받을 가능성이 더 높아요.[11] 다만 이 시기의 행동 패턴만으로는 명확하게 ADHD인지 정상 범위의 활발함인지 정확히 알기 어렵다는 점이 문제지요. 특히 두 돌 전후의 아기들은 영어로 "terrible twos"라는 표현이 있을 정도로 짧은 집중력, 충동성, 떼쓰기, 이랬다저랬다 하기, 높은 에너지 레벨 등의 행동 패턴을 보이곤 하는데 이는 발달 단계상 정상적인 모습이에요. 그래서 아기가 ADHD인가 하는 의심이 들더라도 많은 의료기관에서는 만 4세 이하의 아기에게 ADHD라는 진단을 내리지 않아요. 부모들이 판단하는 '집중력이 낮은 것 같다'는 걱정은 많은 경우 그 시기 아기들에게 지극히 정상적인 모습이기 때문이지요.

하지만 ADHD의 유병률은 약 5퍼센트로 아주 낮은 편도 아니에요.[12] 아기의 평소 모습을 보고 '우리 아기가 ADHD인가?' 하고 걱정하는 부모들 열 명 중 적어도 한 명 혹은 그 이상은 ADHD로 진단받을 수 있어요. 조기 발견과 개입이 중요한 분야이니만큼 아기가 어떤 환경에서도 지나치게 충동적이고 과잉행동을 하는 것처럼 느껴진다면 그저 손 놓고 있어서는 안 되겠지요.

따뜻하고 긍정적인 육아 태도

아기들은 원래 주의집중력이 부족해요. 나이가 들면서 자연스럽게 주의집중력과 관련된 뇌의 영역이 발달해야 하는데 ADHD인 아기들은 이 부분이 더 더디게 발달합니다. 그렇기 때문에 부모가 너무 또래와 비교하며 높은 기대치를 가지기보다 아기의 특성에 맞게 배려하고 전략적으로 접근할 필요가 있어요. 이러한 노력은 ADHD인 아기를 키우는 부모뿐 아니라 주의집중력이 부족한 아기를 키우는 모든 부모에게도 도움이 돼요. ADHD 진단을 받았든 아니든 좋은 육아 방식의 방향성은 비슷하니까요. 한국에서 육아대통령이라고 불릴 정도로 육아 멘토로 인정받고 있는 오은영 박사는 원래 ADHD를 전문으로 공부한 분이지만

ADHD가 아닌 대다수의 아기를 어떻게 대해야 하는지도 아주 잘 알잖아요.

ADHD 진단을 받으면 약물 치료도 가능하긴 하지만 아직 어린 아기들에게는 약물 치료보다는 부모 교육이 중심이 됩니다. ADHD 증상 완화에 부모의 양육 태도가 큰 영향을 끼친다는 뜻이에요. 기본적으로는 '따뜻하고 섬세하게 지지하는 육아'가 이루어져야 합니다. 물론 육아하는 부모라면 누구나 추구해야 할 기본적인 방향성이지만 ADHD이거나 ADHD 리스크가 높은 아이라면 긍정적인 육아는 더더욱 중요합니다. 피츠버그대학교의 소아정신과 조교수 헤더 조셉Heather Joseph은 부모의 육아 스타일이 향후 학교에서 선생님이 평가한 ADHD 관련 행동의 빈도와 관계가 있는지를 살펴봤는데요.[13] 따뜻하고 지지하는 육아를 받은 아기들은 'ADHD스러운' 행동의 빈도가 덜 보고되었지만 너무 엄격하거나 강하게 훈육하는 육아 방식은 그런 행동의 빈도가 더 높게 보고되었어요.

아기가 ADHD인지 의심된다면 부모는 이미 상당한 스트레스를 받고 있을 거예요. 주의집중력이 부족하다는 것은 단순히 장난감을 얼마나 오래 가지고 노느냐의 문제가 아닙니다. 부모가 어떤 메시지를 전달할 때 그 내용에 주의를 기울이는 것도 상당한 주의집중력이 필요해요. ADHD인 아기들은 주의집중력이 떨어지기 때문에 협조성도 떨어지고 아무리 말해도 '듣는 척도 안 하는 것'처럼 느껴질 수밖에 없습니다. 그래서 부모들은 좌절감을 느끼게 되는 상황을 자주 경험하지요. 그러면 부모도 자제심을 잃고 부정적인 육아의 길로 들어서기가 쉽습니다. "올라가지 마. 올라가지 마. 내가 거기 올라가지 말랬지!"

하지만 ADHD인 아이들은 부모가 생각하는 것보다 더 많은 어려움을 겪고 있을 가능성이 높아요. 부모가 기대하는 것처럼 "올라가지 마"라는 말을 바로 행동으로 옮길 수 있는 정신적 능력이 부족할 수도 있어요. 그 말이 아기의 주의 시스템 안에 들어오지 않고 그냥 귀를 스쳐 지나갈 뿐이지요.

이런 점을 부모가 잘 이해하지 못하고 '애가 말을 듣지 않는다'고만 생각하고 더더욱 엄하고 강하게 훈육할 때 아기는 자신의 어려움에 대해 공감이나 배려를 받지 못한다고 느낄 거예요. 부모와의 소통 속에서 부정적인 정서를 자주 경험할 가능성이 높고 부모에게 협조할 동기가 더욱 줄어들지요. 부모가 최대한 따뜻하고 섬세하게 '우리 아이는 이런 부분이 부족하구나'라고 인정하고 아이 편에 서서 도와주려고 노력할 때 아기는 비로소 '안전하다' '내 편이 있다'고 느끼며 기꺼이 부모에게 협조하고자 할 거예요. 그리고 부모와의 긍정적 소통의 경험은 학교에서도 사회에서도 되풀이됩니다.

ADHD 성향인 아이와 어떻게 소통해야 할까?

결론부터. 주의력이 부족한 아이에게는 즉각적인 피드백을 주며 단계별로 세밀하게 칭찬해주어야 해요. 꼭 필요한 경우에 명확하게 훈육하는 것도 필요하고요.

미국 워싱턴대학교의 임상심리학자인 캐롤린 웹스터-스트래튼Carolyn Webster-Stratton 교수가 개발해서 전 세계 20개 이상의 국가에서 진행하는 성공적인 부모 교육 프로그램(인크레더블 이어즈Incredible Years)이 있는데요.[14] 이 프로그램에서 가르치는 ADHD나 주의집중력이 부족한 아이를 대하는 방법들을 통해서 소통 전략을 살펴보겠습니다.[15] 이런 문제가 없더라도 주의집중력을 길러야 하는 영유아 시기에도 유용하니 참고해보세요.

아기의 주의집중력에 대해 피드백을 준다

이 프로그램에서는 '끈기 코칭Persistence Coaching'이라고 표현하는데요. 산만하고 충동 억제가 안 되는 아기와 놀이를 할 때 아기가 차분하게 기다리고, 차례를 지키며, 집중해서 어려운 과제를 해내는 것처럼 다소 어려운 일을 해냈을 때 그 부분을 놓치지 않고 긍정적으로 피드백을 해줍니다. "그 탑을 집중해서 끝까지 쌓았구나." "자꾸 떨어지는데도 포기하지 않고 열심히 했구나." "우리 OO 아주 침착하네." "집중하고 있구나." 이러한 멘트가 어색하고 인위적인 느낌이 들 수 있는데요. 아기들은 '침착하고 집중하는 모습'이 뭔지 잘 몰라요. 어쩌다 그런 모습을 보일 때 부모가 긍정적인 톤으로 언급해주면 '침착하고 집중하는 모습'을 의식하게 됩니다. 내가 침착함을 잃고 마구 행동할 때와 침착하고 절제된 상태일 때의 차이를 인지하고 구분하는 것조차 아기들에게는 어려운 일일 수 있어요. 그걸 구분하고 인식할 수 있도록 부모가 도와주는 거예요.

감정 코칭을 한다

ADHD 성향의 아이들은 주의를 조절하고 충동을 억제하는 능력이 부족하므로 감정 조절도 더 어려워요. 학교에 다니기 시작하면 사회성에 문제를 보이고 친구들에게 환영받지 못하는 이유가 바로 이것이지요. 그래서 부모가 감정 코칭에 대해 공부하고 적용해줄 필요가 있습니다. ADHD 아이들은 일상에서 부정적 감정을 자주 느끼기 때문에 부모가 감정 코칭을 연습할 기회도 충분할 거예요(감정 코칭은 43쪽을 참조하세요).

칭찬에 더욱 신경 쓴다

ADHD 성향의 아이들은 일상에서 칭찬이나 격려를 덜 받는 경향이 있다고 합니다. 부모의 잘못이라기보다는 어쩔 수 없는 결과이기도 해요. 부모가 아이에게 칭찬을 해주었는데 아이가 들은 체 만 체 가버리면 어떤가요? 아기에게 칭찬과 격려를 해줄 동기가 떨어지겠지요. ADHD 아이들은 주의집중력이 부족하기 때문에 어떤 활동을 하는데 옆에서 부모가 칭찬의 말을 건네도 그 말에 주의를 기울이지 않는 경우가 많아요. 그래서 조금 과장된 칭찬을 해줄 필요가 있다고 합니다. 그냥 "차례를 잘 기다렸네"라고 하는 게 아니라 아기에게 가까이 가서 눈을 보고 팔이나 등을 가볍게 만지면서 아이의 주의를 끌고 그다음에 환한 미소를 보여주며 칭찬해야 한다는 것이지요.

또한 ADHD 성향의 아이를 둔 부모들은 쉬워 보이는 일이라도 그걸 스텝 바이 스텝으로 나누고 각각의 단계를 일일이 칭찬해야 할 수도 있어요. 예를 들어 일반적인 유치원생 아이들은 유치원에 갔다가 돌아왔을 때 신발을 벗고 잠바를 후크에 걸고 가방을 정리하는 루틴을 한번에 잘 해낼 수 있습니다. 부모는 한 번만 칭찬해주면 되지요. 아기가 모든 과정을 자연스럽게 할 수 있어서 칭찬을 그만해도 되는 날이 금방 올 수도 있고요.

반면 ADHD 성향의 아이나 아직 어린 영유아에겐 이 쉬운 루틴도 한번에 다 하기에 어려울 수 있어요. 그래서 부모들은 한 단계씩 나누어서 인정해주고 칭찬해줄 수 있게 트레이닝을 받습니다. 신발을 벗고 나서는 "집에 오자마자 현관에서 스스로 신발을 잘 벗었네" 잠바를 걸고 나서는 "잠바를 후크에 걸어줘서 고마워" 가방을 정리하고 나서는 "바로 가방을 정리해줬구나" 하는 식으로요. 당연히 해야 하는 일 하나하나를 칭찬해주는 게 어색하게 느껴질 수도 있지만 디테일한 칭찬과 코칭이 큰 도움이 된다고 해요. 아이가 체계적으로 자신이 해야 할 일을 기억하고 집중력을 잃지 않고 해결해나가는 방법을 배우게 된다고 합니다.

시각적인 자료를 활용한다

시각적인 자료란 뭔가 잘 해냈을 때 스티커를 붙여주는 스티커 보드나 외출 준비 루틴을 그림으로 그려놓은 루틴 차트 같은 것을 뜻해요. ADHD 성향의 아이뿐 아니라 어린 아기들은 집안일을 한다거나 외출에 필요한 루틴에 따른다거나 하는 등 어떤 하나의 활동을 끝까지 해내는 데 집중을 유지하지 못할 가능성이 높습니다. 그리고 활동 전환을 어려워하는 경향이 있지요. 한 활동을 마무리하고 다음 활동으로 넘어간다는 것은 지금 주의를 기울이고 있는 활동에서 인위적으로 주의를 거두고 다음에 해야 하는 활동에 할당해야 하는 주의 조절 능력이 필요한 일이거든요. 그래서 그림으로 그린 차트 같은 것이 여러 단계로 이루어진 활동을 끝까지 마치거나 다음 활동으로 넘어가는 데 도움이 됩니다.

명확하게 요청한다

ADHD 아기들은 부모의 요청을 듣고 이해하고 행동으로 옮기는 데 많은 주의력을 쓰기 어렵기 때문에 이 점을 배려해 최대한 쉽고 명확하게 전달하도록 더 신경 쓸 필요가 있습니다. 말하는 톤도 명확하고 구체적이고 긍정적으로 유지하며 요청해야 합니다. "너 이렇게 밥도 안 먹고 자꾸 돌아다니면 키 작아진다" 하고 말하면 아기는 문장 속에서 어떤 부분에 집중해야 할지 알기 어렵고 밥을 안 먹는 게 문제인지 돌아다니는 게 문제인지 헷갈릴 수도 있어요. "여기 와서 앉자" "밥은 앉아서 먹자" 등 간단하고 명확하게, 부정어를 쓰지 않고 요청하는 게 좋아요.

또 아기에게 소리를 지르거나 많은 요청을 계속해서 말하는 것도 주의하세요.

같은 이야기를 계속 듣다 보면 일종의 배경 소음같이 되어버릴 수 있어요. '아기가 부모의 요청을 듣고 무시하는 일'의 빈도 자체를 줄이는 것을 목표로 해보세요. 그러려면 당분간은 '꼭 필요한 요청'만 하는 게 좋습니다. 아기에게 꼭 가르쳐야 하는 게 산더미처럼 쌓여 있더라도 당장은 우선순위가 높은 것에 집중하는 거예요. 아기가 요청에 협조적으로 나오면 바로 칭찬하세요. 협조적으로 나오지 않는다면 계속 설득하기보다 다소 강제성을 발휘해서라도 행동으로 밀고 나가는 것이 좋다고 합니다. '부모가 요청했을 때는 내가 주의를 기울이고 그에 맞게 행동하기를 기대하는 것이구나'라는 인식을 심어주기 위해서요.

예를 들어 "밥은 앉아서 먹자"라고 했을 때 와서 앉으면 "한번에 말 들어줘서 고마워"라고 긍정적인 피드백을 주는 거예요. 안 앉고 계속 돌아다니면 실랑이를 멈추고 아기 손을 잡고 식탁에 와서 앉게 해주는 식으로 부모의 요청을 밀고 나갑니다. 최대한 강압적이지 않은 방식으로요. '밀고 나간다'는 부분이 섬세하지 않게 느낄 수도 있을 것 같은데요. ADHD 성향의 아이들은 자신의 행동이 미래에 가져올 결과를 생각해보고 행동하는 걸 어려워하고 설득에 끝까지 주의를 기울이지 않는 경향이 있으므로 요청에 협조하지 않았을 때 설득하며 실랑이를 하기보다 바로 행동하는 게 더 효과적일 수 있다고 합니다. 대신 이런 상황이 너무 많으면 안 좋겠지요. 그래서 아기에게 하는 요청 자체를 가급적 꼭 필요한 것 위주로 줄일 필요가 있습니다.

기대치를 낮추고 필요한 경우에만 명확하게 훈육한다

부모는 ADHD 성향을 보이는 아이에게 적절한 기대치를 가져야 합니다. 예를 들어 아이가 산만하거나 과잉행동을 하거나 시끄럽게 할 때마다 일일이 "그러지 말고 가만히 앉아라" 하고 훈육하는 것은 아기에게 많은 것을 기대하는 것일 수 있겠지요. 그러나 안 되는 행동에 대해서는 그 행동이 강화되지 않도록 짧고 명확하게 훈육해야 합니다. 아기가 부적절하게 행동할 때 ADHD인 아이들에게 가장 좋은 방법은 그 행동에 따른 즉각적인 결과를 보여주는 거예요. 그게 왜 안 되는지 일장 연설을 늘어놓으면 아이의 주의력은 금방 딴 데로 가버립니다. 아기가 가위를 가지고 위험하게 논다면 가위를 즉시 치웁니다. 예를 들어 아이가 물감으로 바닥을 엉망으로 만들었으면 바닥을 닦을 때까지는 물감을 다시 주지 않습니다.

ADHD가 의심되는 아기를 키우는 부모들에게 아기가 아직 어리다고 해서 그저 "기다려보라"라고 말하고 싶지 않아요. 당장 약물 치료를 할 수 없더라도 부모가 알아야 할 지식들, 일상에 적용할 수 있는 전략들이 얼마나 많은데요. 마지막으로 아기가 정말 ADHD라고 의심이 된다면 조지 두파울George DuPaul 교수의 《ADHD 유아의 조기 발견과 중재》(시그마프레스)라는 책도 읽어보면 좋습니다. 소아정신과 상담도 받아보고 조언을 구해도 물론 좋고요. 부모의 육아 지식은 이 세상의 모든 아기가 잘 자라는 데 도움이 되지만 ADHD와 같은 특별한 상황일 때 더 큰 차이를 가져올 수 있답니다.

거부하는 아기를 설득하는 전략은?

결론부터. 거부하는 아기에게도 자발적인 협조를 이끌어낼 수 있습니다. 전략을 잘 안다면요.

어린 아기도 자아를 지닌 독립된 인격체입니다. 당연한 사실임에도 육아를 하다 보면 바로 그 자아 때문에 힘들 때가 있지요. 바로 아기가 '거부'를 할 때입니다. 육아는 부모와 아기가 한편이 되어야 수월한데, 아기가 거부하기 시작하면 서로 반대편에 서서 실랑이하게 되는 일이 늘어납니다. 기저귀를 안 차겠다며 떼를 쓰고, 잠을 거부하고, 수시로 반항하는 아이 탓에 육아 스트레스는 쌓여가지요.

육아를 하면서 장착해두면 좋을 '모드'를 하나 소개합니다. 바로 "그럴 수 있다" 모드입니다. 현실적으로 아기를 대할 때 항상 이 마음으로 일관할 순 없어요. 그래서 모드라고 이야기한 거예요. 평소 내 모습에서 그 모드로 잠시 바꿨다가, 다시 원래의 나로 돌아오라는 의미로요. 사람의 마음은 참 신기해서 "내 모드가 지금 탁 바뀐다!"고 상상하면, 바뀌기 전의 나를 객관적으로 바라볼 수 있게 된답니다. 아기가 이것도 싫고 저것도 싫다고 거부하고, 부모는 당장 나가야 해서 마음은 급해지고 이해할 수 없어 폭발하려고 할 때, 모드를 탁 바꿔본다고 생각하는 거예요. "그럴 수 있다."

아기가 '싫다'는 자기주장을 하는 것은 결코 나쁜 것도, 이상한 것도 아닙니다. 그저 발달 단계상 아주 흔하고 자연스러우며 심지어 바람직한 현상이지요. 이 사실을 인정하기 위해 "그럴 수 있다"라고 스스로에게 말해주는 거예요. 우리 아기가 자기주장이 있구나. 스스로 하고 싶은 대로 하고자 하는 건강한 욕구가 있고 그 욕구를 말로 표현할 수 있구나. 잘 크고 있구나. 이렇게 모드를 바꿔야만 아기에게 감정적으로 행동하지 않고, 차분하게 지금 상황에 가장 잘 맞는 전략을 찾을 수 있는 준비가 됩니다.

1부에서 제시한 육아 원칙 중 '자율성 육아'의 한 요소인 '협조 얻기'를 떠올려보세요. 부모의 의지와 아기의 의지가 충돌할 때, 아기의 자율적인 협조를 얻어내는 방향으로 가야만 장기적으로 육아가 수월해진다고 했어요.

부모가 아기에게 요구한 것을 거부당했을 때, 부모의 눈에는 아기의 거부하는 '행동'만 보입니다. '자기 멋대로 하려고만 하네.' 하지만 찬찬히 들여다보면, 아이에게도 내가 좋아하는 부모를 기쁘게 하기 위해 협조하고 싶은 마음이 있을 거예요. 아기는 늘 부모와 유대감을 형성하고 있으니까요. 세계적으로 알려진 교육심리학자인 데이비드 월시David Walsh 박사는 《스마트 브레인》(비아북)에서 다음과 같이 말했습니다.

"안정적인 유대감은 훈육과 자기 절제력의 근본이 된다. 아이들에게는 부모와의 유대감을 온전하게 유지하고 싶은 동기가 있다. 그러므로 자신의 행동이 부모를 기쁘게 하는지 아닌지가 매우 중요하다. 만약 유대감이 없다면 내 행동을 부모가 좋아하든 말든 하나도 중요하지 않을 것이다."

즉, 아기에게도 '협조하고 싶은 마음'이 있습니다. 다만 그것보다 하기 싫은 거부감이 더 클 뿐이지요. 그러므로 아기의 협조를 얻어내기 위해서는 아기의 거부감을 낮추거나 협조하고 싶은 마음을 높이는 식으로 다른 마음 간의 차이를 줄이려는 부모의 노력이 필요한 거예요. 그리고 부모와의 유대 관계가 강할수록 노

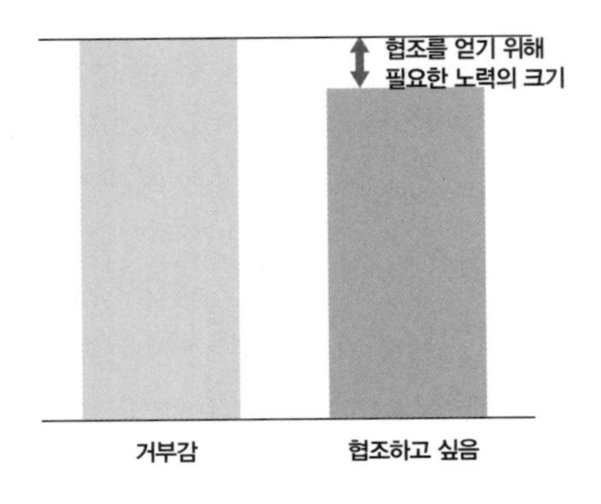

〈유대감이 강한 경우〉

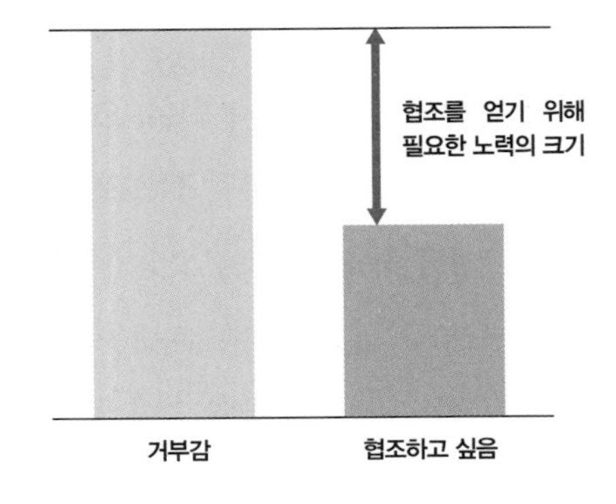

〈유대감이 약한 경우〉

력은 수월해져요.

이 두 마음의 차이를 줄이려는 '노력'에는 세 가지 방향이 있습니다. 거부감을 줄이거나, 협조하고 싶은 마음을 키우거나, 이 둘을 동시에 하는 것입니다.

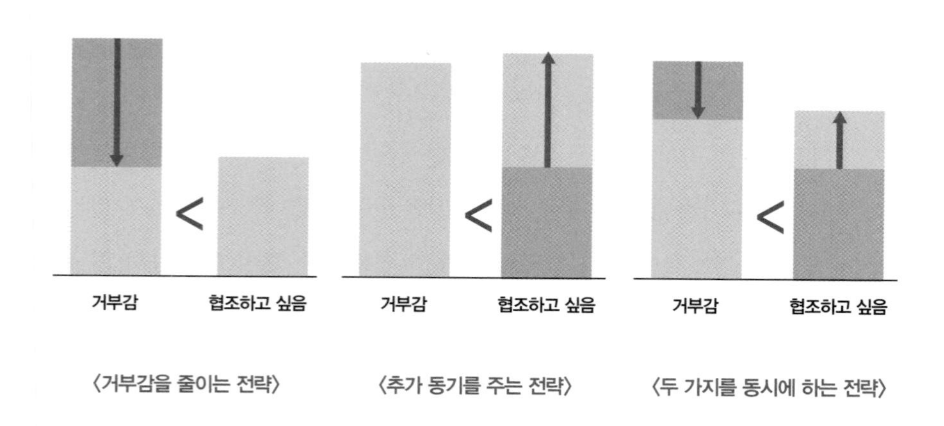

아기의 거부감을 줄이는 전략

첫 번째 방향은 아기의 거부감을 줄이는 전략들입니다.

상황 1. 밖에 나가야 하는데 나가기 싫다고 거부하는 아기

◇ 거부하는 마음에 적극적으로 공감해주는 전략

"지금 하고 있는 놀이가 너무 재밌어서 나가기 싫은 거야? 계속 엄마랑 집에서 놀고 싶었구나. 다미는 엄마랑 노는 게 가장 좋지?"

⟿ 아기가 엄마와 놀고 싶은 마음에 적극적으로 공감해주면 거부하고 싶은 마음은 조금 수그러듭니다. 아무도 자신의 마음을 몰라줄 때 반항심은 더욱 커지기 마련이지요. 아기에게 공감해주고 아기와 연결된 상태를 유지

하는 것은 갈등을 대하는 모든 순간의 우선 과제입니다.

◇ 거부감을 줄여주는 추가 제안을 하는 전략

"그런데 지금 나가야 되거든. 장난감은 이대로 놓고 나갔다 와서 다시 하자. 알았지?"

⟿ 아기들은 미래를 예측하고 '나중에 다시 하면 되지 뭐' 하고 타협하지 않습니다. 현재를 사는 존재들이지요. 아기에게 다녀와서 언제든지 다시 할 수 있다는 것을 명확하게 알려주고 "여기다 딱 두고 나가자"고 안심시켜주면서 추가 제안을 해보세요. 부모의 제안이 그렇게 나빠 보이지 않을 수 있고 거부감이 약간 줄어듭니다.

◇ 놀이를 통해 거부감을 줄여주는 전략

"우리 다미가 어제부터 밖에 나가길 계속 싫어하네. 혹시 어제 밖에서 큰 소리를 들어서 무서웠니? 우리 그 소리 들었던 놀이해볼까? 이게 다미고 이게 엄마야. 빵! 아이고, 깜짝이야! 다미가 깜짝 놀라서 이렇게 엄마한테 꼭 안겼지. 그리고 무서워서 뛰어서 집에 들어왔지. 그렇지?"

⟿ 아기들은 인지능력이 생기면서 무서운 게 많아져요. 특히 기질적으로 겁이 많고 위험을 회피하는 성향의 아기들은 부모가 보기에 별것 아닌 이유로도 생존에 위협을 받았을 때와 비슷한 정도의 두려움을 느끼기도 해요. 그래서 밖에 나간다거나 물에 들어간다거나 차를 탄다거나 하는 일상적인 행동을 거부할 수 있어요. 이런 때는 아기가 두려워하는 감정을 받아들일 수 있는 수준으로 낮추어서 반복적으로 경험해볼 수 있게 놀이로 풀어보면 도움이 됩니다. 놀이를 하다 보면 두려움이 줄어들고 아기의 거부감도 줄어들어요. 상황이 심각하다면 놀이치료를 받아야겠지만 많은 경우 집에서 충분히 간단

한 놀이들로 해결할 수 있습니다.

추가적인 동기를 주는 전략

두 번째 방향은 부모의 제안에 협조하고 싶은 마음을 키우는 전략입니다. 아기에게 일종의 추가적인 동기를 주는 거예요. 여기서 주의할 것은 아기의 동기를 이끌어낼 때 간식이나 영상 같은 자극적이고 그 행동과 무관한 보상을 사용하면 좋지 않습니다. "젤리 줄게 집에 가자." 정말 급할 때 가끔 사용하는 것은 큰 문제는 없겠지만 이러한 뜬금없는 보상 주기가 반복되면 아기는 어떤 상황에서든 보상을 받아내기 전까지는 버티는 행동을 보일 수도 있어요. 그래서 아기에게 협조를 얻어내려는 행동 자체와 관련이 있는 동기를 충분히 주어야 해요.

앞서 다루었던 식사 거부나 수면 거부를 해결할 때는 강력한 동기를 활용할 수 있습니다. 바로 배고픔과 졸림이라는 본능적인 동기이지요. 사람은 배고프면 먹게 되어 있고 졸리면 자게 되어 있습니다. 이 강력한 욕구를 활용하면 거부감을 그리 어렵지 않게 해결할 수 있어요. 제가 소개한 솔루션도 모두 그런 원리였지요. 아기가 충분히 졸릴 때까지 깨어 있게 한다거나 충분히 배고픈 상태에서 식사를 하게 했지요. 부모와 함께 먹는다거나 하는 등의 사회적인 동기를 추가하기도 했고요. 추가적인 동기를 이끌어내는 일에는 어느 정도 창의성이 필요합니다. 예를 들어 아기가 친사회적으로 행동하고자 하는 동기를 활용할 수도 있어요. 여러 연구에서는 돌 정도로 어린 아기들도 남을 도울 수 있는 상황에서 자신의 불편을 감수하고라도 기꺼이 남을 도와주려는 이타적인 행동을 보인다는 점을 밝혔어요.[16]

상황 2. 샤워를 싫어하는 아기

◇ 친사회적 욕구를 자극시키는 전략

"엄마는 깨끗하게 샤워를 하고 싶은데 어떻게 해야 하는지 잘 모르겠어. 다미가 엄마 좀 도와줄 수 있어?"

⟶ 보통 아기들은 부모를 돕는 것을 좋아해요. 아기가 싫어하는 것을 할 때 도와달라고 하면서 참여를 유도할 수 있습니다.

"엄마는 다미와 샤워가 하고 싶어서 계속 부르면서 기다렸는데 다미가 안 와서 속상했어."

⟶ 아기가 협조해주지 않았을 때 느꼈던 감정을 솔직하게 이야기하면 아기가 더 협조적으로 나오기도 합니다.

"아빠가 다미가 깨끗이 씻은 모습을 너무 보고 싶다는데? 다미가 지난번에 깨끗하게 씻고 나왔을 때 정말 향기롭고 좋았거든."

⟶ 단 "네가 씻어야 아빠가 널 좋아한다"처럼 조건부 사랑을 제시하는 말은 피하세요. "깨끗이 씻으면 향기로워서 기분이 좋아진다"와 같이 씻기와 관련 있는 적절한 이유를 대면서 친사회적 욕구를 자극하는 거예요.

◇ 싫어하는 행위의 긍정적 부분에 초점을 맞추는 전략

"몸에 비누를 칠하고 물로 씻어내면 다미 몸에 세균들이 으악 하고 도망간대. 세균들은 비누를 싫어하거든."

⟶ 양치나 목욕할 때 하는 단골 멘트지요. 다만 세균에 혐오증이나 공포증을 가지게 될 정도로 과하게 말하지 않도록 주의해주세요. 아기가 싫어하는 행위의 긍정적인 부분에 초점을 맞추어서 설득하는 것이 핵심입니다.

"샤워하고 나면 이 예쁜 샤워 가운을 입을 수 있는데 이 샤워 가운은 다미가 입어주기만 하루 종일 기다렸대."

~~~~> 샤워했을 때만 입을 수 있는 특별한 아이템을 활용해 동기를 부여하는 방법도 있어요. "샤워 가운이 날 좀 입어달라고 했다"는 말은 아기의 친사회적 동기를 자극할 수도 있으니 일석이조겠지요. 샤워 가운 입장에서 엉엉 우는 척을 하며 놀이처럼 접근하면 효과가 더 좋습니다. 긍정적이고 재미있는 분위기에서 아기들은 협조하고 싶은 마음이 더 커지거든요.

◇ 시각적 자료로 추가 동기를 주는 전략

"저녁을 다 먹었으니 이제 뭐 할 차례지? 다미가 알려줄래? 아하 샤워할 차례구나!"

~~~~> 책과 같이 시각적인 외부 자료를 적극 활용하는 방법도 좋습니다. 외출 준비나 수면의식 등 매일 반복되는 일상의 루틴 속에서 아기의 거부를 해결해나가는 데 유용합니다. 아기에게 왜 지금 샤워를 해야 하는지 조금 더 명확한 이유를 줄 수 있어요.

◇ 칭찬하는 전략

"(샤워 후에) 다미가 오늘 샤워하기 싫었는데 엄마가 도와달라고 하니까 함께 들어와서 샤워했지? 싫어도 참고 씩씩하게 샤워하는 모습 정말 멋졌어."

~~~~> 거부하는 상황에 바로 적용할 수는 없지만 향후 같은 상황에서 협조하고자 하는 동기를 높일 수 있는 전략입니다. 과정이 얼마나 순탄했는지에 관계없이 거부감을 극복하고 무언가 해냈다면 꼭 칭찬해주세요. '싫어하는 걸 꾹 참고 해낼 줄 아는 것'이 얼마나 훌륭한 것인지 알려줄 수 있는 흔치 않은 기회입니다.
~~~~

결국 협조를 얻어내지 못했을 때 사용할 수 있는 '책임지게 하기'도 있습니다. 이건 아무 때나 쓸 수 있는 전략은 아니지만 가능할 때 사용하면 매우 효과적이에요. 아기가 자신의 행동에 대한 결과를 직접 경험하게 되거든요. 다만 행동의 결과가 부모가 아닌 아기에게 의미 있는 결과여야 하기 때문에 사용할 수 있는 상황이 정해져 있지요.

"(아기가 카시트에 앉기를 거부해서 한 시간 동안 실랑이를 한 상황) 오늘은 키즈 카페에 갈 수가 없게 되었네. 여기서 실랑이하는 동안 시간이 지나서 키즈 카페가 끝났대. 키즈 카페는 다음에 가자."

→ 중요한 건 아기가 아무리 울고 속상해해도 결정을 번복하지 않는 것입니다. 키즈 카페가 아닌 부모가 원하는 곳에 가려던 상황이었다면 이 전략은 아기에게 별 의미가 없겠지요. 다음에 아기가 원하는 곳(키즈 카페)에 갈 때 이때의 경험을 되살리며 자발적으로 카시트를 타게 해주세요. 적극적으로 칭찬해주면서요. 이렇게 하다 보면 카시트 자체에 대한 경험이 긍정적으로 형성되는 데 도움이 될 수 있어요.

거부감을 줄이고 협조의 동기 주기

아기의 거부감을 줄이고 협조하고 싶은 마음을 높이는 두 가지를 동시에 하는 전략도 있습니다. 그만큼 효과적이지요.

상황 3. 키즈 카페에서 집에 안 가겠다고 거부하는 아기

◇ 아기가 좋아하는 선택지를 주는 전략

"우리 이제 나갈 건데 신발 신는 데까지 잡기 놀이 할까? 다미가 엄마 잡을래,

엄마가 다미 잡을까?"

⟿ 선택지 주기는 자율성 지지 육아의 기본 중 기본이며 아기를 다루는 법을 가르쳐주는 실용 육아서에서 꼭 소개하는 단골 메뉴예요. 부모가 아기에게 선택지를 주면 아기는 통제권의 일부를 넘겨받기 때문에 거부감이 조금 줄어듭니다. 동시에 자신의 자율성을 발휘할 수 있는 '선택'이라는 행위를 하고 싶은 동기가 생기고 기꺼이 나서기도 합니다. 선택지는 가급적 아기가 좋아하는 것으로 주는 게 좋겠지요("그냥 잘래, 혼나고 잘래?" 이건 선택지 주기가 아닙니다!).

◇ 한발 물러서면서 타협점을 제시하기

"집에 가기 싫었구나. 그럼 10분만 더 놀자. 엄마가 10분 뒤에 다시 부를게. 대신 그게 마지막이야. 그 뒤에는 무슨 일이 있어도 집에 가는 거야."

⟿ 일단 부모가 자신의 입장을 무조건 고수하는 게 아니라 아기의 욕구를 고려해 한발 물러서는 모범을 보입니다. 자신의 욕구를 인정받은 아기도 마음이 좀 누그러지고 거부감이 줄어들어요. 또한 부모가 타협하는 모범을 보였기 때문에 아기도 협조적으로 행동하고 싶은 마음이 생깁니다. 물론 10분 뒤에도 아기가 거부할 수 있지만 협조적으로 나올 가능성은 약간 높아집니다. 10분 뒤에도 거부하면 "그럴 수도 있지" 모드를 켜고 너무 설득하려 하지 말고 집에 가면 돼요. 마지막이라고 못을 박았기 때문에 더 시간을 주는 건 좋지 않아요. '버티는 게 의미가 있구나'를 알게 될 테니까요. 아기가 울더라도 "더 놀고 싶었구나. 내일 또 놀자" 하고 달래주면서 집에 가면 됩니다.

애초부터 그냥 가는 것과 뭐가 다르냐고요? 부모가 더 놀고 싶은 아기의 마음을 알아주었고 10분 더 놀고 간다는 명확한 제한 사항을 언급한 뒤에 합리적으로 실행한 것이기 때문에 부모와 아기의 관계가 나빠지지 않습니다. 그냥 갔다면 아기는 억울했겠지요. 더 놀고 싶은 마음을 알아주지 않는 부모가 원망스러웠을 것이고요. 왜 집에 가야 하는지 이해도 되지 않을 거예요. 하지만 부모가 한발 물러서서 10분을 주었기 때문에 부모는 아기 입장을 고려해서 10분을 더 허락해준 고마운 부모가 되었고 집에 가야 하는 이유도 명확해졌습니다.

마지막으로 싫은 이유를 파악하고 문제를 해결할 수 있습니다.

《아이의 감정이 우선입니다》의 저자 조애나 페이버Joanna Faber의 엄마인 아델 페이버Adele Faber는 세계적인 베스트셀러 육아서의 저자로 이 '문제 해결하기' 기법을 조안나가 어렸을 때부터 가정에서 실천했다고 합니다. 이 방법은 아이의 언어 수준이 발달된 뒤에 할 수 있는 방법이에요. 거부하는 행위에 대해 그게 왜 싫은지 이야기를 나누고 양쪽 모두 수용할 수 있는 해결책을 찾기 위해 브레인스토밍을 합니다. 나온 방법들을 종이에 다 적어요. 보통 부모가 적는데 아이가 글을 모른다면 그림으로 간단히 그려줄 수도 있어요. 그중 절대 받아들일 수 없는 선택지는 지우고 둘 다 합의 가능한 선택지로 고르는 거예요.

상황4. 친구네 가족이 집에 놀러 오기 전 장난감을 친구가 만질까 봐 거부하는 아기

"다미야, 오늘 OO가 집에 놀러 오기로 했어. 우리 집을 깨끗이 좀 치울까?"

"OO 집에 오는 거 싫어요. 내 장난감 가지고 노니까."

"네 장난감을 친구가 만지는 게 싫구나(공유하기 싫다는 아기에게 "같이 가지고 놀아야지" 하면 99% 역효과만 납니다). 어떻게 하면 좋을지 생각해볼까? 엄마가 여기다가 적어볼게. 친구가 자기 장난감을 하나 가지고 오면 어떨까?"

"내 장난감이 재밌어서 만진다고 하면 어떡해?"

"그럴 수도 있지. 일단 적어놓을게. 아니면…"

"친구는 빼놓고 이모랑 삼촌만 우리 집에 온다."

"그것도 적을게. 그다음에는 우리가 친구 집에 간다."

"친구가 장난감을 못 만지게 방에 넣어버리고 방문을 잠근다."

"좋아."

"이제 여기서 골라보자. 일단 엄마가 뺄게. 친구는 빼고 이모랑 삼촌만 온다. 이건 안 돼. 친구는 아직 어려서 집에 혼자 있으면 무섭거든."

"친구가 장난감을 가지고 오는 거 싫어. 그래도 다미 장난감이 재밌어서 만질 수도 있으니까."

"그럼 두 개 남았네. 이 둘 중엔 뭐가 좋을까?"

"우리가 친구 집에 가요."

"그것도 괜찮고. 장난감을 다 방에 정리하고 문을 잠그는 건 어때?"

"그것도 괜찮아요."

"그럼 엄마 생각에는 장난감을 정리하는 걸로 고르는 게 좋겠는데. 왜냐하면 이모랑 삼촌이 다미가 새로 산 침대를 보고 싶다고 했거든. 우리가 친구 집으로 가면 다미 침대를 못 보여주잖아. 이모랑 삼촌한테만 다미 방을 보여주고 그동안 친구는 엄마 아빠랑 놀고 있으면 어떨까?"

"좋아요."

아직 소통이 자유롭지 않은 아기들에게는 어려운 과정일 수 있겠지요? 하지만 집에서 발생할 수 있는 갈등 상황을 어릴 때부터 논리적이고 평화로운 방법으로 해결하는 것은 아주 좋은 교육이 됩니다. 부모가 선택지를 주는 것보다 발전된 방법이고 아기에게 더 강력한 자율성을 부여하는 방법이에요. 아이도 선택지를 내니까요. 이런 경험을 통해 문제 해결력을 기를 수 있고 갈등이 발생했을 때 꼭 누군가가 이기고 지는 게 아니라 양쪽 모두 함께할 수 있다는 소중한 교훈을 배울 수 있습니다. 가끔 아이가 터무니없는 선택지를 낸다면 부모가 매번 거절할 수밖에 없으니 부모가 번갈아내면서 다듬어주세요.

아기의 거부 다루기. 혹시 '방법이 없다'거나 '우리 아기는 유별나서 참 힘들다'고만 생각했나요? 우리 아기에게 가장 잘 맞는 방법을 '아직' 못 찾은 것은 아닐까요. 마법같이 통하는 전략을 찾는 것이 쉽진 않겠지만 부모가 노력하는 과정에서 자신의 욕구를 들어주고 타협하려는 마음가짐을 내보이는 것만으로 아이들에게 예상치 못한 영향력을 발휘할 수도 있답니다. 한번 믿어보세요. 부모로서 길러온 나의 문제 해결 능력과 아이와 꾸준히 쌓아온 유대감의 힘을요.

저는 다미에게 욕구를 절제하는 것보다 표현하는 것을 가르치고자 했어요. 제 개인적인 경험에 기반한 것이기도 한데 저는 둘째이기도 했고 원래 성격이 그랬는지 갖고 싶은 게 있어도 속으로만 생각하거나 포기하는 성격이었거든요. 제가 어렴풋이 기억하는 아주 어린 시절부터 그랬어요. 아마 어렸을 때는 부모님을 기쁘게 하고 싶었던 마음이 컸던 것 같아요. 나중에는 그게 성격의 일부가 되었고요.

그런데 자라다 보니 절제하거나 포기하는 게 주변 사람을 편하게 할 수는 있지만 나에게는 그리 좋은 것만은 아니더라고요. 항상 '좋은 사람'이 될 수는 있었지만 가장 좋은 선택지는 늘 제 것이 아니었어요. 만약 제가 이런 성격이 아니었다면 아마 유학을 다녀왔을 거예요. 부모님이 유학비를 못 주는 것을 미안해할 것을 알기에 말도 못 꺼냈고 '벌어서 가자'라고 생각하다가 육아휴직을 하게 되었지요.

그래도 저는 행복하게 잘 살긴 했지만(유학을 갔다면 다미와 베싸TV도 없었겠지요?) 내 욕구를 스스로가 인정하는 것, 남에게 피해를 주지 않는 범위 내에서 표현하고 행동할 줄 아는 것도 중요하다고 생각해요. 그래서 다미가 원하는 게 있으면 "안 되는 건 안 되는 거야"라는 말로 포기하게 만들고 무작정 절제만을 좋은 것으로 인식하기보다 원하는 것을 포기하지 않으면서도 가질 수 있는 방법을 스스로 고민하게 만들고 싶었어요. 그 첫걸음이 부모와의 타협을 가르치는 거였어요. 아기들은 원하는 것을 얻고자 할 때 대체로 부모에게 의존해야 하잖아요. 어떻게 하면 상대방이 수락할까? 이걸 고민해보고 원하는 것만 밀어붙이기보다 타협안을 제시하는 것은 상당히 발전된 형태의 사회성이에요.

그래서 제가 뭘 제안했을 때 다미가 거부하면 제 의견을 끝까지 관철하거나 다미가 원하는 대로 해주기보다 제3의 선택지를 자주 제시하는 편이에요. 다미는 집에 가고 싶고 저는 안 가고 싶으면 "그럼 여기에 있는 대신 OO을 하면 어때?" "그럼 한 바퀴만 더 돌고 가면 어때?" "그럼 집에 가지 말고 OO에 가면 어때? 거기 가면 OO도 있대." 이런 식으로 제안하는 것이지요. 저희 부부 모두 이런 해결책을 자주 쓰는 편인데 그러다 보니 이제 다미가 먼저 타협안을 제시하더라고요. 아이스크림을 먹고 싶은데 엄마 아빠가 "오늘은 간식을 많이 먹어서 안 될 것 같은데"라고 하면 포기하기보다 이렇게 말하곤 하지요. "그럼 오늘 사서 냉동실에 넣어놨다가 내일 아침 먹고 먹을까?" 가끔은 저희가 받아들일 만한 타협안을 생각해내서 깜짝 놀라기도 한답니다.

어디서 읽은 이야기인데요. 어떤 집에서 초등학생 아이가 아이패드를 꼭 갖고 싶었대요. 그래서 오빠와 의논했더니 오빠가 파워포인트 만드는 법을 동생에게 알려주며 부모님께 프레젠테이션을 해보라고 했답니다. 그래서 아이가 몇 주 동안 인터넷과 책을 뒤져가며 파워포인트를 만들고 부모와 오빠에게 '내가 아이패드를 가져야 하는 이유'에 대해 프레젠테이션을 했대요. 그리고 그 자리에서 아이패드 사용에 대한 룰을 함께 만들고 어떤 식으로 사용하면 아이패드 소유권을 박탈당하는지에 대해 정하고 서명하고 난 뒤에 아이패드를 사러 갔대요. 마침내 아이패드를 손에 넣은 아이의 성취감은 얼마나 컸을까요. 저는 다미가 "저는 아이패드 없어도 돼요. 엄마" 하고 먼저 눈치보고 포기하기보다 서툰 솜씨로 만든 파워포인트를 켜고 '내가 아이패드가 필요한 이유'에 대해 프레젠테이션 하는 모습이 더 보고 싶답니다.

아기의 생떼는 어떻게 접근해야 할까?

결론부터. 아기의 생떼 뒤에 숨은 진짜 감정을 이해하고 어떤 경우에 생떼를 부리는지 알아두세요. 그래야 아기가 겪는 감정의 소용돌이 앞에서 차분하고 우아하게 대처할 수 있어요.

소아정신과에서는 분노발작이라고도 표현하는, 호환 마마보다 무섭다는 생떼Temper Tantrum는 흔히 만 2~3세 사이에 나타나지만 이르면 생후 12개월, 늦으면 만 4세까지도 나타날 수 있는 정상적인 발달 현상 중 하나입니다. 정상적인 발달 단계지만 초보 부모라면 당황하기 쉽지요. 생떼는 원하는 게 있지만 이룰 수 없을 때 아기가 극심한 좌절감을 컨트롤하지 못해 나타납니다. 주로 소리를 지르거나 울거나 드러눕거나 자신이나 주변 사람을 때리거나 발로 차는 등의 분노를 표출하는 모습이에요. 그냥 "뭐 해줘" 하는 귀여운 떼 말고 부모를 당황스럽게 할 정도로 어떤 말과 논리도 통하지 않는 감정의 홍수 상태가 생떼입니다.

아기가 생떼를 부릴 때 많은 부모들이 "얘가 왜 이래!" 하면서 스트레스를 받고 똑같이 감정적으로 대처하게 돼요. 하지만 "얘는 정말 왜 이러는 걸까?" 하고 진지하게 고민해보면 어떨까요. 아기의 마음속에 어떤 일이 일어나고 있는지에 진심으로 관심을 가져보는 거예요. 그런 고민이 거듭될수록 초보 부모라도 아이의 생떼에 멋지게 대처할 수 있는 내공이 쌓이게 될 거예요.

생떼를 쓰지 않는 아기도 있지만 정도의 차이가 있을 뿐 대부분의 부모는 아기가 생떼를 쓰는 것을 경험하게 돼요. 그렇다면 아기들은 왜 생떼를 쓰는 걸까요? 앞서 이야기했던 것처럼 생떼는 자기주장이 강해지는 시기에 볼 수 있는 정상적인 발달 현상 중 하나로 아기가 '좌절'을 경험할 때 나타납니다. 아기가 성장할수록 원하는 것은 많아지는데 손에 넣지 못하는 일이 늘어나거든요. 이 세상에 대해 아직 잘 모르는 아기들이 '내가 원한다고 다 되는 것이 아니구나' 하는 교훈을 힘들게 배워가고 있는 중이라고 볼 수 있어요.

물론 원하는 것을 부모가 들어주지 않을 때만 좌절감을 느끼는 것은 아니에요. 예를 들어 외출했을 때, 온갖 자극으로 굉장히 피곤하거나 배가 고플 때는 자신도 왜 짜증이 나는지 이해가 안 되고, 엄마 아빠에게 상황을 설명하고 요구사항을 전달하기도 어렵습니다. 이럴 때도 아기들은 좌절감을 경험해요. 내가 왜 힘든지 이해하지 못한 것에 대한 좌절감, 힘든 감정을 부모에게 제대로 전달하지 못하는 것에 대한 좌절감, 나의 상황을 부모가 마법같이 알아주지 못하는 것에 대한 좌절감이지요.

이런 상황이 합쳐지면 생떼가 발생할 가능성이 대단히 높아져요. 주로 피곤하거나 배고프거나 육체적으로 힘든 상황에서, 원하는 것을 달성하지 못하면 생떼가 발생합니다. 백화점이나 마트, 아웃렛 같은 곳에서 자주 보이는데요. 부모가 오랫동안 아기를 데리고 돌아다녀서 피곤해진 아기가 만지고 싶고, 사고 싶고, 갖고 놀고 싶은 물건은 못 만지도록 계속해서 제지당하니까요.

아기들은 아직 부정적인 감정을 조절할 수 있는 뇌의 영역이 발달하지 않았습니다. 그래서 잘 울고 짜증을 내는 거지요. 어른이 원하는 것을 할 수 없다고 매일 울고 짜증낸다면 그 사람은 정상적인 감정 조절 능력에 문제가 있는 사람이에요. 그렇지만 아기들은 달라요. 아직 뇌가 미숙하니까요.

UCLA 소아정신과 교수인 대니얼 시겔Daniel Siegel은 《아직도 내 아이를 모른다》에서 사람의 뇌를 '상위 뇌'와 '하위 뇌'로 나누었어요. 이건 해부학적이 아닌 개념적인 구분입니다. 상위 뇌는 논리적이고 인지적인 부분을 담당하는, 좀 더 문화적이고 교양 있는 뇌입니다. 하위 뇌는 생존이나 공포, 분노 등 좀 더 원시적인 부분을 담당하는 뇌입니다. 뇌는 하위 뇌부터 먼저 발달하고 점차 상위 뇌가 발달합니다. 아기들은 아직 상위 뇌가 발달하지 않았기 때문에 하위 뇌의 지배를 받기 쉬워요. 쉽게 말하면 '뚜껑이 열리기 쉽다'는 거지요. 어른이 보기에는 별것 아닌 이유로 뚜껑이 열리는 것 같지만, 조절 능력이 부족한 아기 입장에서는 감정에 압도되어 통제 불가능한 상태가 되는 것이 무서운 일일 수 있습니다.

플로리다대학교의 발달심리학자인 밀리 페러Millie Ferrer 박사는 생떼 부리는 아기의 심정을 다음과 같이 표현했어요.[17]

> "아기는 당신을 힘들게 하려고 생떼를 쓰는 것이 아니다. 감정의 홍수에 휩쓸리는 것은 아기 스스로에게도 아마 무서운 경험일 것이다. 아기가 다른 감정 표현 방식을 잘 몰라서 그렇다는 것을 이해해라."

위스콘신대학교의 심리학자인 마이클 포테갈Michael Potegal 교수팀이 생떼를 부리는 아동의 울음소리를 녹음해 분석해보니 생떼 도중에 아기들은 두 가지 감정을 느낀다는 결론을 내렸어요.[18] 바로 분노와 슬픔입니다. 생떼 초반에는 분노가 더 우세합니다. 분노는 생떼가 시작되는 초기에 정점을 찍고 서서히 감소하는 모습을 보인다고 해요. 분노는 "왜 내 요구를 안 들어주는 거야. 들어줘!" 하는 표현이에요. 언어능력과 인지능력이 더 발달된 아기들은 자신의 요구를 전달하기 위해 부모에게 어떤 말을 할까 고민하고 협상을 시도할 테지만 아직 어린 아기들은 이런 능력이 없기 때문에 자기 요구를 들어달라고 소리를 지르는 거예요.

그러다가 '아, 내가 아무리 소리를 질러도 내 요구를 들어주지 않네'라고 깨닫게 되면 감정은 슬픔으로 바뀌어갑니다. 마이클 포테갈 교수의 연구에서 관찰한 생떼의 75퍼센트가 1.5~5분 사이에 분포되어 있었다고 해요. 흔하진 않지만 30분에서 1시간씩 지속되는 생떼도 있습니다. 긴 생떼는 분노보다는 슬픔의 기간이 길다고 해요.

분노는 소리 지르거나 드러눕거나 발로 차거나 던지고 때리고 발을 구르는 등의 행위로 나타나고 슬픔은 주로 울음으로 나타납니다. 아기가 생떼를 쓸 때 가장 중요한 건 부모가 이성적이고 침착하게 대응하는 거예요. 사람이 부정적인 감정을 경험할 때 "나는 지금 화가 많이 났어" "나는 지금 절망했어" 등 내 감정에 이름을 붙이고 말하는 것만으로 화가 어느 정도 누그러진다고 해요.

화난 상대방을 마주했을 때도 "너는 지금 화가 났구나" "너는 지금 슬프구나" 하며 겉으로 보이는 행위 뒤에 자리 잡은 감정에 이름을 붙여보는 것만으로 상대방의 부정적 감정에 휩쓸려 함께 흥분하지 않고 이성적인 거리를 둘 수 있습니다. 그래서 아기가 생떼를 쓸 때 "난리 좀 그만 피워!"라며 아기의 행위 자체에 집중하기보다 "너 화가 많이 났구나!" "너 많이 슬프구나!" 등 적절하게 감정을 짚어주면 아기의 감정이 누그러지는 것은 물론 부모가 진정하는 데 역시 도움이 될 수 있어요.

생떼를 자주 쓰는 아기들의 특징은?

결론부터. 아기의 기질이나 언어 발달의 이유도 있지만, 부모의 대응 방식, 양육 태도 등이 영향을 줍니다.

앞서 생떼는 발달 단계상 정상적이고 흔한 현상이라고 이야기했는데요. 그럼에도 불구하고 어떤 아기들은 생떼를 더 자주 심하게 씁니다. 왜 그럴까요?

기질적인 이유

뉴질랜드 오클랜드대학교의 인지심리학자 엘리자베스 피터슨Elizabeth Peterson 부교수는 한 연구에서 기질과 생떼를 포함한 유아기 문제 행동에 대해 살펴보았어요.[19] 크게 세 가지 타고난 기질로 향후 생떼의 빈도를 예측했습니다.

① 부정적 정서성Negativity
② 주의 돌리기 능력Orienting Capacity
③ 정열성Positive Affect/Surgency

기질적으로 어떤 아기들은 잘 운다거나 좌절을 잘 하는 등 부정적인 정서성에 약간 취약해요. 이런 아기일수록 당연히 생떼를 부릴 가능성도 높아집니다. 좌절감을 잘 경험하고 이것이 생떼로 이어지는 것이지요. 또 주의 돌리기 능력이 부족한 아기들이 생떼를 더 쓸 가능성이 높다고 해요. 부정적인 감정을 유발하는 대상에서 주의를 쉽게 돌릴 수 있어야 감정이 잘 조절되고 생떼로 이어지지 않거든요. 잘 우는 아기들도 생떼를 잘 쓰지만 반대로 에너지 넘치고 활발하며 잘 웃는 아기들도 생떼를 잘 쓴다고 합니다. 활발하고 에너지 넘치는, 즉 정열성이 높은 아기들일수록 감정 변동의 폭이 커서 그럴 수 있다고 보여요.

표현 언어 발달이 느린 아기

언어로 표현하지 못하는 경우 생떼는 최후의 수단이 됩니다. 부모가 뭔가 "안 돼"라고 했을 때 내가 뭘 원하는지 말로 전달하고 협상해보면서 상황을 개선시킬 수 있다면 왜 굳이 힘들게 울며불며 땅바닥을 구르겠어요.

표현 언어 발달이 다른 발달 영역에 비해 상대적으로 느린 아기들은 한 번 좌절감을 느끼면 해결할 수 있는 수단이 부족합니다. 그래서 표현 언어 발달이 느린 아기들은 생떼를 자주 쓰고 그 강도도 심한 경향이 있어요. 실제로 말이 늦은 아기들이 말이 늦지 않은 아기들보다 강도 높은 생떼를 부릴 확률이 두 배나 된다고 합니다.[20]

생떼에 대한 부모의 대응 방식

심리학자인 마이클 스툴밀러Michael Stoolmiller 박사는 한 논문에서 부모의 부적절한 훈육과 생떼 간의 관계를 언급했는데요.[21] 아기가 생떼를 부릴 때마다 부모가 바로 요구를 들어주는 등 부적절하게 반응할 경우 아기에게 생떼는 '원하는 것을 얻어내기 위한 유용한 도구'가 되어버린다는 점을 지적했어요. 원래 만 4세 정도가 되면 자기조절능력과 언어능력이 발달하면서 자연스럽게 사라지기 마련인 생떼가 유용한 도구가 되면서 초등학생, 심지어 중학생이 될 때까지도 지속되는 사례도 있다는 거예요.

부모의 양육 태도

일상에서의 부정적 양육 태도가 문제일 수도 있습니다. 호주 퀸즐랜드대학교의 연구진이 진행한 연구에서는 지나치게 강압적이거나 지나치게 허용하는 극단적 양육 태도가 아기의 생떼를 비롯한 문제 행동을 증가시키는 경향이 있다는 사실을 밝혔어요.[22]

유명한 '바움린드의 네 가지 양육 태도'는 아기에게 감정적으로 애정을 담아 따뜻하게 대해주는지(따뜻함), 아기의 행동을 부모가 어느 정도 통제하거나 특정 기준을 요구하려는 의지가 있는지(통제)의 두 가지 요소를 조합해 네 가지로 도출됩니다.

특히 네 가지 중 강압적인 육아 방식(권위주의형)이 생떼 등 문제 행동의 가능성을 높인다는 것이 많은 연구 결과로 입증되었어요. 그다음으로 허용적이거나 방임적 육아 방식 역시 좋지 않다는 게 밝혀졌고요. 즉, 장기적으로 생떼를 줄이

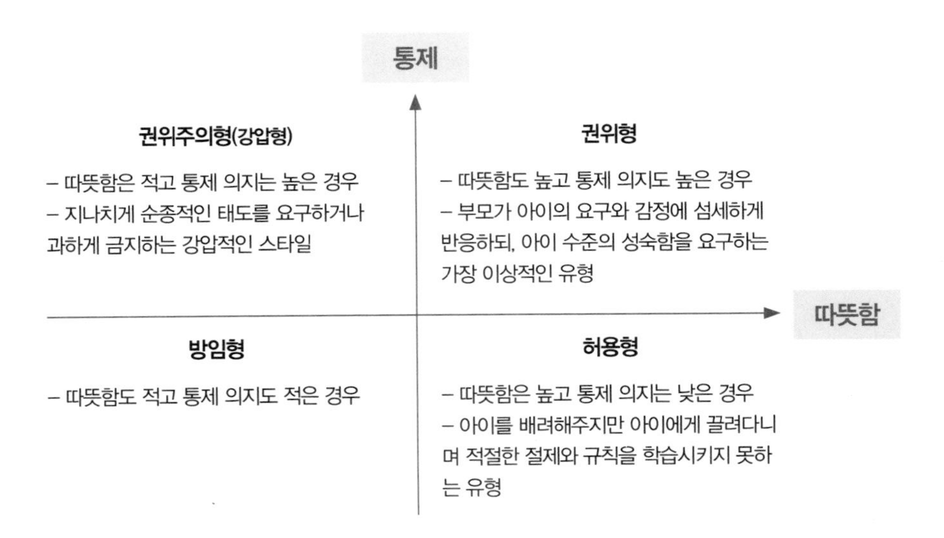

기 위해서는 아기의 입장에서 생각하는 따뜻한 부모여야 하지만 권위와 통제력도 잃지 않아야 합니다.

아기 울음에 대한 부모의 반응

부모가 반응 육아를 잘 못하는 경우 아기의 생떼가 늘 수 있습니다. 콜롬비아 대학교 소아정신과의 에얄 아브라함Eyal Abraham 조교수는 부모가 아기의 부정적인 감정에 반응해주는 반응 육아가 장기적으로 아기의 생떼와 스트레스 대처 능력에 미치는 영향에 대해 연구했습니다.[23] 아기의 울음소리에 반응하는 부모들의 뇌 영상을 촬영해보니 어떤 부모들은 아기의 울음에 뇌의 여러 부위가 활발하게 활성화되고, 어떤 부모들은 그런 경향이 덜했다고 합니다. 아브라함 교수는 아기의 울음에 부모의 뇌가 격렬하게 반응하는 현상을 "부모와 아기의 뇌가 연결되었다"고 표현했어요. 이러한 부모일수록 아기가 부정적인 감정을 경험하며 울 때 더 적절하게 반응해줄 수 있습니다.

그렇다면 부모와 아기의 뇌와 잘 연결되지 않았다는 건 어떤 경우일까요? 예를 들어볼게요. 한번은 어느 백화점 수유실에서 다미에게 이유식을 주고 있었는데요. 한 엄마가 아기의 기저귀를 갈고 누워 있는 아기에게 높은 목소리로 말을 걸며 계속 자극을 주더라고요. 귀여워서 보고 있었는데 아기가 고개를 옆으로 확 돌렸어요. 제가 보기엔 그 시점에 부모의 자극이 지나쳐서 피곤했던 것 같았어요. 아기에게 부모의 말과 얼굴은 가장 선호하는 자극이지만 지나치면 피곤할 수 있거든요. 섬세하게 반응하는 부모는 아기의 행동을 보면 "좀 피곤하구나" 하고 본인의 행동을 조절합니다. 이 경우라면 아기에게 말 걸기를 그만두거나 아기를 안아주면 되겠지요. 그런데 이 엄마는 계속 아기 눈앞에 딸랑이를 흔들고 고개를 엄마 쪽으로 돌리게 하면서 아기와의 소통을 시도하는 거예요. 결국 아기는 울음을 터뜨렸습니다. 그런데도 아기를 편안하게 안아서 살살 흔들어주며 달래주지 않고 계속 딸랑이를 귀 가까이에 대고 흔들며 울음을 멈추게 시도하더라고요. 아마도 아기가 울었을 때 그 딸랑이가 잘 통하는 경험을 했던 게 아닐까 싶었어요.

또 이런 모습도 많이 봤어요. 특히 아빠들이 이런 경우가 많은데 아기가 울면 졸린지 배고픈지 심심한지 뭐 만지고 싶은 게 있는지 확인해서 그에 맞게 섬세하게 반응하며 아기를 달래줘야 하는데 바로 아기띠 안에 아기를 넣은 채로 몸을 흔드는 거예요. 아기는 더 울고 결국 멀리서 엄마가 달려오곤 하는 모습, 혹 익숙한가요?

아브라함 교수의 연구에서는 아기의 울음에 섬세하게 반응해주지 못한 부모와 아기를 장기적으로 추적했습니다. 그 결과 아기는 스트레스 대처 능력이 약하고 감정을 절제하는 능력도 낮았다고 보고하고 있어요. 이런 아기들은 부정적 감정을 잘 다스리지 못하고 폭발해버리는 생떼도 더욱 자주 씁니다.

스트레스에 대처하고 감정을 다스리는 능력은 나이가 든다고 저절로 길러지는 게 아닙니다. 생애 초기 부모의 역할이 상당히 중요해요. 어릴 때는 감정 조절 능력이 거의 없어 전적으로 부모라는 외부의 존재에 의존합니다. 부모가 아기를 잘 달래주고 적절히 돌봐주면 아기는 '감정은 언제든지 잘 다스릴 수 있는 거구나'라는 인식을 갖게 돼요. 이는 부정적인 감정을 스스로 다스려보려는 노력으로 이어지고 그 노력이 성공을 거둘수록 스스로를 달래는 힘은 점차 튼튼해지는 거예요. 반대로 내 신호를 부모가 잘 파악하지 못하면 아기는 외부의 힘에 의해서든 내부의 힘에 의해서든 감정을 성공적으로 다스려본 경험이 적겠지요. 부정적인 감정에 압도당한 경험이 더 많을 거예요. 그래서 부정적인 감정에 맞서 싸우고 다스리려는 노력 자체를 더 적게 하게 됩니다. 내 감정을 내가 잘 다스릴 수 있다는 통제감이 약한 거지요. 즉, 아기가 부정적인 감정을 경험할 때 부모가 섬세하게 반응해주는 일이 많을수록 좌절감과 스트레스를 조절하는 능력이 잘 발달합니다. 당연히 생떼가 발생하는 빈도도 줄어들겠지요.

부모의 긍정적 관심 부족

미국전문간호학회지에 실린 생떼 예방에 관한 한 논문에서는 아기에게 주는 한 번의 부정적 관심당 다섯 번의 긍정적 관심을 주라고 조언하고 있어요.[24] 부모는 아기가 크면서 점차 "안 돼"라는 말을 해야 하는 순간이 많아지지요? 이건 부정적인 관심입니다. 부모가 아기에게 긍정적인 관심을 주지 않거나 관심을 아예 주지 않거나 부정적인 관심만 주는 경우 아기들은 부정적인 관심이라도 받으려고 노력하게 됩니다. 물론 아기들은 긍정적인 관심을 가장 좋아하나 긍정적인 관심이 부재할 때는 차라리 부정적인 관심이라도 받으려고 해요. 그만큼 관심을 원하는 존재라는 것이지요.

그래서 부모가 아기에게 긍정적 관심을 충분히 제공하지 않으면 아기는 생떼를 통해 부모의 관심을 끌려고 하는 빈도가 높아질 수 있어요. 그러므로 평소 아기에게 긍정적인 관심을 많이 주어야 합니다. 꼭 칭찬이 아니더라도 말을 많이 걸어주고 같이 놀면서 상호작용해주면 되는 거예요. 아기들은 부모님의 관심 속에 자라는 존재입니다. 심지어 아기가 적극적인 관심을 요청하지 않고 혼자 잘 논다고 해도 긍정적인 관심을 많이 주는 것은 꼭 필요해요(반응 육아, 아시지요?).

정상 생떼 vs. 비정상 생떼

생떼는 누구에게나 나타날 수 있지만 그 정도가 심하다면 아기가 정서적으로 불안정하다거나 건강상의 문제가 있다거나 향후 지속적인 문제 행동으로 이어지는 등 더 심각해질 수도 있기 때문에 검사를 받아볼 필요가 있습니다. 의료인들

을 위한 자료에서는 정상 생떼와 비정상 생떼를 다음과 같이 구분하고 있어요.[25]

구분	정상	비정상
나이	생후 12개월~만 4세	만 4세 이후까지 지속
행동	울음, 팔과 다리 휘두르기, 드러눕기, 밀기, 당기기, 물기	스스로나 타인을 해함
정상	15분까지	15분 이상
빈도	하루에 5번 미만	하루에 5번 이상
아이의 정서	생떼와 생떼 사이에는 기분이 괜찮음	생떼와 생떼 사이에도 지속적으로 부정적 정서 경험

참고로 위 요소 중 하나만 해당된다고 '비정상'이라고 진단할 수 있는 건 아닙니다. 심각한 수준일 수 있음을 나타내는 지표라고 보면 되고요. 위와 같은 요소들이 두세 개 이상 복합적으로 나타나면서 수면 문제, 극심한 불안이나 공격적 행동 등이 수반된다면 소아정신과 상담을 받아볼 필요가 있습니다. 비정상 생떼는 아기와 부모의 정신건강과 육아에 영향을 끼칠 수 있기 때문에 가볍게 여기지 않았으면 좋겠어요.

한편 생떼와 비슷한 모습으로 나타나는 현상이 있는데 자폐 스펙트럼 징후가 있는 아기들이 종종 보이는 멜트다운, 감각 붕괴 현상이라고 하는 것입니다.[26] 생떼는 원하는 것을 얻지 못하는 좌절감에서 오는 것이라면 멜트다운은 감각이 과민한 아기들이 과한 감각적 자극을 받았을 때 견디지 못하고 폭발하는 현상을 뜻해요. 두 경우 모두 아기는 소리 지르고 울고 공격적으로 행동하며 부모가 진정시키려고 해도 잘 진정되지 않습니다. 아기가 부정적인 감정이 폭발하는 것처럼 보일 때 어떤 상황이 아기를 그런 행동으로 이끌었는지 생각해보세요. 주로 피곤하고 컨디션이 안 좋을 때, 아기가 원하는 것을 이루지 못했을 때 발생하는 것은 생떼입니다.

만약 아기가 원하는 게 딱히 없는 상황에서 갑자기 과한 자극(사람이 너무 많다거나 시끄러운 소리 등)을 견디지 못해 발생했다면 의학적인 검사가 필요한 멜트다운일 수도 있습니다. 자폐인식개선센터 홈페이지에는 "명확히 기준을 세우자면 생떼는 목적지향성이 있고 멜트다운은 목적지향성이 없다"라고 명시합니다. 어떤 목적을 이루기 위한 행동인지 아닌지를 판단하면 된다는 것이지요. 물론 한두 번의 에피소드만으로 판단할 수 없으니 이런 내용을 참고한 후 우려가 될 경우에 소아정신과 상담을 받아보면 좋습니다.

생떼를 미리 예방하는 방법이 있을까?

결론부터. 환경의 조성, 적절한 전략, 그리고 올바른 태도로 생떼를 예방하고 평화롭게 육아해봅시다.

생떼는 완벽히 예방할 수는 없습니다. 발달적으로 정상적인 현상이기 때문이지요. 하지만 일상에서 생떼의 빈도가 너무 높다면 부모와 아기가 부정적인 상호작용을 할 확률이 높고, 양쪽 모두에게 스트레스 요소로 작용할 수 있기 때문에 적당히 예방하는 것은 중요합니다. 예방책은 크게 세 가지로 나눌 수 있어요.

일관성 있는 환경 조성

첫째, 생떼를 예방하기 위해서는 일관성 있는 환경이 필요합니다. 아기마다 정도의 차이는 있지만 대체로 환경이 자주 바뀌는 것보다 일관적인 것을 선호합니다. 생존 능력이 부족한 아기들에게 세상은 아직 불안한 곳이에요. 그래서 비슷한 시간에 낮잠을 자고 식사하는 것, 공간이 너무 자주 바뀌지 않는 것, 양육자가 자주 바뀌지 않는 것만 지켜도 아기는 이 세상의 상당 부분을 예측할 수 있게 됩니다. 예측 가능한 일상이 아기들에게 더 편안하며 스트레스도 덜 받고 결과적으로 가장 잘 발달할 수 있다는 것이 많은 연구 결과로 뒷받침되고 있어요.

특히 여행이나 외출을 할 때 이런 환경의 일관성을 주의해야 해요. 반복되는 육아 일상에 권태감을 느끼기 쉬운 부모들은 주말에는 기분 전환 겸 아기와 외출하는 일이 많지요? 일단 평소와 환경 자체가 달라지니 아기는 기본적으로 더 힘들고 생떼를 쓰기 쉬운 상태가 될 수 있어요. 그러므로 바뀐 환경을 제외한 나머지 환경은 최대한 일관성을 유지하는 데 신경 써주면 좋습니다. 가급적 식사 시간과 낮잠 시간을 평소처럼 잘 지키고 장소가 바뀐 만큼 돌봐주는 사람은 바뀌지 않는 편이 좋고 평소 사용하던 물병이나 인형, 애착 담요 등이 있다면 가지고 나가는 것도 좋아요.

둘째, 육아를 하며 "안 돼"를 자주 해야 하는 환경인지 점검해보세요. 예를 들어 아기가 자꾸 찬장에 들어가려고 해서 그때마다 "안 돼"라는 말을 한다고 해볼게요. 찬장은 어떤 이유로 아기에게 너무나 매력적일 수 있습니다. 아기들은 이 세상을 배우려는 열정으로 가득 찬 존재이기 때문이에요. 그런데 매력적인 찬장이 눈앞에 보이는데 아기에게 "안 돼!"라고 제지하기만 하면 아기가 좌절한다는 것도 이해할 필요가 있어요. 아기는 아직 찬장에 들어가면 안 되는 이유를 논리적으로 이해할 수 없으니까요.

그러므로 아기에게 "안 돼"라고 말했는데도 그 행동을 자꾸 할 때 허용해줄 수 있는 상황이 아니라면 아기에게 충동을 불러일으키는 대상을 아예 안 보이게 없애거나 바꾸는 식으로 환경을 바꿀 수 있을지 생각해보세요.

환경을 바꾸기 어렵다면 '허용하는 공간Yes Space'를 만들 것을 추천해요. 예를 들어 찬장을 집에서 없애버리긴 쉽지 않을 수 있겠지요. 그러면 일부분을 허용하는 공간으로 정하는 거예요. 찬장이 세 개라면 "두 개의 찬장은 들어가면 안 돼. 대신 이 찬장을 비워놓을 테니 들어가고 싶으면 여기에만 들어가자"라고 해주는 거지요. 1번 찬장, 2번 찬장은 허용하지 않는 공간, 3번 찬장은 허용하는 공간이지요. 아기에게 무조건 안 된다고만 하면 좌절감을 느낄 수 있기 때문에 들어가고 싶은 욕구를 인정해주고 그 욕구를 어떤 식으로든 해소할 수 있는 타협점을 만드는 방법이에요.

아기들은 배움의 내적 충동 때문에 어른들이 이해할 수 없는 특정 행동을 반복할 때가 있어요. 부모가 아무리 하지 말라고 해도요. 이럴 때 부모들은 이성을 잃기 쉽습니다.《우리 아이는 지금 무슨 생각을 할까?》(빈티지하우스, 려원기 저)라는 책에서 인상 깊게 읽어서 지금까지도 다미가 하지 말라는 행동을 할 때 늘 생각나는 에피소드가 하나 있어요. 정신과 의사인 저자는 LP판을 모으는 취미가 있는데 아이가 LP판에 관심을 보였다고 해요. 아이가 만지려고 할 때마다 저자는 그걸 못 만지게 했지요. 그런데 어느 날 아이가 LP판을 만지다가 저자에게 혼이 났어요. 아이가 그때 저자에게 이렇게 말했다고 해요. "아빠, 아기 손에서 나쁜 냄새가 나요(이 집의 아이는 본인을 '아기'라고 지칭했다고 합니다)". 아이의 말이 정신과 의사인 저자에게는 이렇게 들렸다고 해요. "제 나름대로는 열심히 참아보려고 했지만 좀처럼 제어가 안 되어서 슬퍼요." 자기 손이 나쁜 손이 된 것 같다는 말을 '나쁜 냄새'로 표현한 게 아닐까 하고요. 아이는 스스로도 LP판을 만지고 싶은 내적 충동과 열심히 싸우고 있었던 거예요.

결국 저자는 아이에게 만질 수 있는 LP판 하나를 정해주고 그건 얼마든지 만져도 되지만 다른 것은 만지면 안 된다는 규칙을 만들어주었다고 해요. 타협해서 허용해줄 수 있는 공간을 주면서 한계도 명확히 정해준 것이지요(이 책을 읽고 저는 다미에게 아이패드용 키보드를 두드리는 것을 허락했답니다).

물론 규칙을 정했다고 아이가 그날부터 정해진 LP판만 만지진 않았을 거예요. 그걸 주로 만지되 가끔은 다른 것도 만지려고 했겠지요. 그렇다 해도 부모가 다시 규칙을 상기시키며 부드럽게 제지해주고 "내가 너에게 이 범위만큼은 허용해줬고 여기가 너의 한계다"라는 사실을 계속 알려준다면 점차 절제하는 모습을 보여줄 거예요.

아기의 생떼에 대응하는 전략

아기의 생떼가 일어나기 쉬운 상황에서도 적절한 전략을 잘 사용한다면 생떼로 이어지지 않고 부드럽게 넘어갈 수 있습니다. 먼저 아기가 좌절감을 느끼기 전의 단계, 좌절감은 느꼈지만 생떼로 번지기 전 두 단계로 나눠볼 수 있어요.

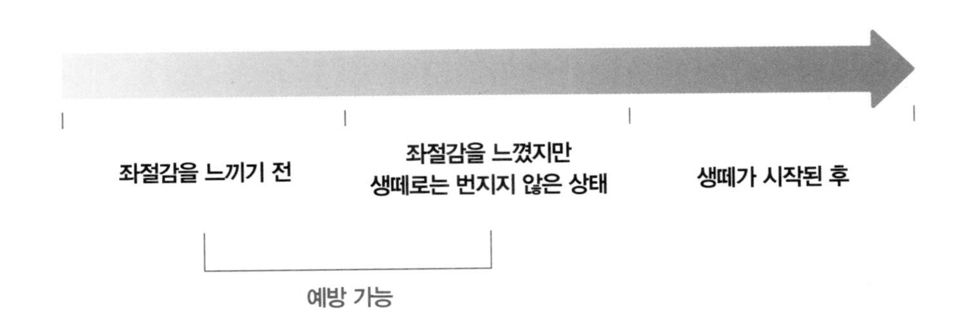

좌절감을 느끼기 전

먼저 아기가 좌절감을 겪지 않도록 도와주는 것이 가장 중요합니다. 아기들이 싫어하는 것을 어쩔 수 없이 시킬 수 밖에 없는 상황은 하루에도 몇 번씩 발생해요. 이때 아기들은 자신에게 선택지가 없다는 사실에 좌절감을 느낄 수 있습니다. 생떼를 잘 쓰는 시기에는 뭐든 자기 맘대로 하고 싶은 욕구가 가장 강해요. 이 욕구를 부모가 충분히 존중해주지 않으면 아기들은 생떼로 보답하지요. 부모가 내린 결정에 아기가 무조건 따를 것을 강요하기보다 아기의 '싫다'는 욕구를 충분히 존중해주면서 아기의 저항감을 최소화하는 부드러운 접근 방식을 택하면 같은 상황에서도 아기가 좌절을 경험하지 않아 생떼로 이어지는 것을 예방할 수 있습니다.

앞서 바움린드의 네 가지 양육 태도 중 강압형(권위주의형) 육아를 하면 아기들의 생떼와 문제 행동이 더 많이 발생한다고 이야기했어요. 놀이터에서 노는 아기에게 부모가 가자고 할 때 강압적인 육아를 하는 부모와 권위적인 육아를 하는 부모의 선택이 어떻게 다른지 살펴볼게요.

◇ 강압적인 육아 스타일

"안 돼. 이제 집에 가야 돼! 너 안 오면 엄마 혼자 갈 거야!"

→ 집에 가기 싫고 하고 싶은 대로 하려는 아기의 욕구를 충분히 인정해주지 않는 것입니다.

◇ 권위적인 육아 스타일

"우리 그네 세 번만 더 타고 가자."

→ 억지로 하지 않고 놀이터에서 더 놀고 싶은 아기의 욕구를 일단

인정해줍니다. 어떻게 부드럽게 아기의 저항감을 최소화하며 '집에 가기'라는 미션에 성공할 것인지 고민하는 거예요(참고로 집에 가는 걸 포기하고 아기에게만 맞춰준다면 허용형 육아에 가깝습니다). 이 상황에서 부모가 쓸 수 있는 전략은 미리 알려주기, 선택지 제시하기 등 다양한데요. 앞서 '거부하는 아기'에게 대처하는 방법에서 상세히 다룬 전략들을 잘 활용하면 됩니다.

좌절감을 느꼈지만 아직 생떼로 번지기 전

아기가 절대 좌절하지 않도록 부모가 다 막아줄 수는 없어요. 아기들은 어떤 상황에서는 좌절감을 느끼게 마련이고 그 과정에서도 배우는 게 있을 거예요. 부모가 먼저 나서서 아기가 좌절하지 않도록 열심히 막아준다면 아기는 좌절감을 극복하는 방법도 결코 배울 수 없겠지요. 아기가 좌절하는 상황을 줄이는 것도 중요하지만 좌절감을 겪은 이후 부모가 그 감정을 어떻게 극복할 수 있는지 가르쳐주는 것도 중요합니다. 그래야 장기적으로 아기가 좌절감을 겪더라도 스스로 극복해서 생떼로 이어지지 않을 수 있어요.

아기가 이런저런 상황에서 좌절감을 겪을 때 부모가 사용할 수 있는 가장 효과적인 방법은 '주의 돌리기'와 '재구성하기' 전략입니다. 오스트리아 빈대학교의 한 연구진은 아기가 좌절감을 극복하기 위해 하는 행동 중 어떤 것이 효과적인지를 살펴봤어요.[27]

실험에서는 투명하고 구멍이 뚫린 박스 안에 장난감이 들어 있는데, 이 구멍에 손을 넣어 장난감을 꺼내려고 할 때 장난감이 구멍보다 커서 꺼내지지 않는 상황을 설정했어요. 아기들은 여러 번 시도하다가 짜증을 내고 좌절감을 경험하게 되는데 이때 다양한 전략을 사용해서 이 좌절감을 해소하려고 시도하는 모습이 관찰되었어요.

아직 어린 아기들의 경우 가장 효과적인 전략은 '다른 곳으로 주의 돌리기' 전략이었어요. 박스에서 의도적으로 관심을 거두고 다른 곳에 관심을 돌리는 거지요. 더 큰 아기들의 경우 '역할놀이하기' 전략이 효과가 컸어요. 박스 안 장난감한테 말을 걸거나 "나오고 싶지? 영차, 영차" 하는 식으로 역할놀이를 하면서 그 상황을 새로운 시각으로 접근한 거예요.

구분	아이의 전략
어린 아기(영아)	주의 돌리기
큰 아이(유아)	역할놀이하기

흥미로운 것은 부모가 아기를 달래주거나 좌절감을 해소해주기 위해 사용하는 효과적인 전략 역시 이러한 전략과 비슷했다는 거예요. 아기가 울 때 상당수의 부모는 "이거 봐봐. 뭐지?" 하는 식으로 아기의 관심을 돌리는 모습이 관찰되었고요. 유아의 부모 중 능숙한 부모들은 아이의 감정을 달래기 위해 상황을 새로운 시각에서 접근하는 '재구성하기' 전략을 사용했어요. 예를 들어 장난감이 안 나오면 "장난감이 박스에서 나오기 무서워서 그러나?" 등 조금 다른 시각에서 놀이처럼 접근해보는 거예요.

구분	아이의 전략	부모의 전략
어린 아기(영아)	주의 돌리기	주의 돌려주기
큰 아이(유아)	역할놀이하기	재구성하기

연구진은 이에 대해 아기가 부모로부터 좌절감을 해소하는 방법을 학습하는 '사회화'가 일어나는 것이라고 설명했어요. 감정을 다루는 법도 아기가 태어나면

서부터 가지고 태어나거나 뇌 발달 과정에서 자연스럽게 생겨나는 게 아니라 부모를 보면서 배운다는 것이지요. 부모가 아기의 주의를 돌려주는 식으로 도와주다 보면 아기들은 '아, 기분이 나쁠 때는 다른 데 주의를 돌려볼까?' 하는 식으로 주의 돌리기 전략을 사용하고 부모가 새로운 시각으로 접근하는 식으로 도와주다 보면 아기들 역시 그 상황을 긍정적이고 재미있는 상황으로 인식하기 위해 역할놀이를 하며 좌절감 해소 전략을 사용하게 된다는 거예요.

그러나 한 가지 유의할 것은 위의 전략은 아기의 좌절감이 낮은 수준이고 아직 생떼로 이어지지 않았을 때만 유효하다는 거예요. 좌절감이 극심해지고 이미 생떼가 시작되었다면 아무리 다른 장난감을 줘도 부정적인 감정에서 빠져나오기는 쉽지 않습니다. 아기들의 생떼 패턴을 면밀히 분석한 마이클 포테갈 교수의 연구에서도 특정 포인트 이전에는 부모의 개입이 효과적일 수 있으나 아기의 좌절감이 극에 달한 이후에는 부모의 개입이 효과가 없다고 했어요.[28] 그러므로 아기의 좌절감이 극에 달하기 전에 아기의 관심을 다른 데로 돌려주거나 상황을 재구성하는 전략을 사용하면 좋겠지요.

부모의 평상시 태도

생떼 예방을 위해 평소에 부모가 신경 써야 할 태도가 있어요. 먼저 긍정적인 상호작용을 많이 해주세요. 부모로부터 긍정적인 관심을 충분히 받지 못한 아기들은 부정적인 관심이라도 받길 바라며 생떼를 쓸 수 있습니다. 앞서 이미 다루었던 내용이지요. 그리고 좋은 감정 조절의 모범을 보여주세요. 이 또한 머리로는 알고 있지만 육아하다 보면 가장 지키기 어려운 포인트이기도 하지요. 아기가 이유식을 먹다가 숟가락을 쳐서 음식이 날아갈 때 욱하는 그 마음 저도 알아요. 하지만 부모가 하는 행동 하나하나에서 아기는 감정을 표출하는 방식을 배운다는 것을 항상 기억하고 심호흡 한번 크게 하고 소리 지르지 않고 말로 부모의 감정을 표현해주세요. 아기가 말을 알아듣지 못할 만큼 어려도 마찬가지예요. 아기들은 주 양육자의 감정과 상태에 굉장히 민감하기 때문에 부모가 화가 났다는 걸 금방 캐치할 수 있어요. 중요한 건 부모가 화가 났구나 인지하고 부모가 화를 내지 않고 말로 표현하는 것을 아기가 지켜보고 이를 통해 이상적인 감정 표현 방법을 배우는 거예요.

신체적인 체벌은 생떼를 포함해 어떤 형태의 문제 행동이든 악화시키기 때문에 아기들 대상으로는 하지 않는 게 좋습니다. 이건 미국소아과학회를 비롯한 육아 관련 권위 있는 기관과 전문가의 일치된 조언이에요.

지금까지의 '생떼 예방책'은 소아과의 전문 간호사Nurse Practicitioner들을 위한 교육 자료,[29] 플로리다대학교에서 부모를 위해 만든 교육 자료,[30] 미국 전국학교심리학자협회에서 발간한 부모 교육 자료[31]를 참고했습니다.

저는 다미가 두 돌 정도 되었을 때, 이사를 했는데요. '환경의 일관성과 예측 가능성'이 아이에게 얼마나 중요한지 제대로 느꼈어요. 집의 배치도 달라지고, 어린이집도, 다미를 돌봐주시는 시터님도 바뀌었어요. 예전과 달리 가까이 계시는 조부모님을 더 자주 뵙게 되어 생활 패턴이나 잠자는 시간도 조금씩 달라졌지요. 다미가 바뀐 환경에 잘 적응할 수 있도록 최대한 일관성을 유지하려고 노력했지만, 다미는 예전보다 자주 좌절감을 느끼며 생떼로 번지는 일이 빈번해졌어요. 그래서 몇 주간 다른 일은 미뤄두고, 다미의 옆에 있으면서 적응을 도와줘야 했어요. 아이들은 어른의 기대보다 훨씬 더 환경의 변화에 예민하다는 사실이 피부로 와닿았지요. 생떼를 예방하고 대처하는 연습도 이때 많이 했답니다.

생떼가 발생했다면 어떻게 대처해야 할까?

결론부터. 아기의 감정이 진정될 때까지 차분함을 유지하면서 다소 거리를 두고 아기의 안전을 지켜보세요.

아기의 생떼를 예방하는 것도 중요하지만, 생떼가 발생했을 때 부모의 대처도 중요합니다. 발달심리학자인 마이클 스툴밀러 박사는 부모의 생떼에 대한 부적절한 대응이 왜 생떼를 강화시키고 지속시키는지에 대해 아동 문제 행동 전문가인 제럴드 패터슨Gerald R. Patterson 박사의 '강압 이론'을 바탕으로 분석했습니다.[32] 강압 이론에 따르면 다음과 같은 에피소드가 반복되면 아기의 생떼는 점점 심해지고 향후 사회에 나갔을 때 반사회적 행동으로까지 이어질 수 있습니다.

1. 어른이 아기의 행동을 바꾸려고 시도한다.

2. 아기가 짜증이 나 생떼 등으로 저항한다. 일단 생떼를 부리기 시작하면 아기에게 무슨 말을 해도 소용이 없으며 이 과정에서 부모도 감정적으로 대처하거나 강압적으로 아기의 행동을 바꾸려고 시도하게 되고, 누군가 이길 때까지 갈등은 지속된다.

↓

3. 부모가 결국 요구를 철회한다(굴복).

↓

4. 아기는 저항을 중지한다.

이 사이클이 반복되면서 아기는 '내가 원하는 것을 얻어내려면 생떼를 부리는 방법밖에 없다'는 것을 배우며 생떼를 더욱 자주 부리게 되고 부모와의 갈등은 빈번해집니다. 애초에 갈등을 적당한 타협으로 해소하는 법을 배우지 못했기 때문에 사소한 일에도 매사 반항적인 태도로 대처할 가능성이 높아지고요. 일정 나이가 되면 정상적으로 사라져야 할 생떼가 계속 유지되고 가정뿐 아니라 친구, 선생님과의 관계에서도 반사회적인 행동 패턴을 보이게 돼요. 이러한 반사회적 경향은 심지어 30년 뒤까지 영향을 주는 모습이 장기 추적 연구에서 관찰되었어요.

이런 악순환을 끊기 위해서 가장 좋은 것은 생떼로 이어지기 전에 부모가 아기의 욕구를 인정하면서 타협하는 해결 방식을 아기가 최대한 많이 경험할 수 있게 도와주는 것입니다. 타협에 성공하는 경험을 통해 아기들은 마음속에 이런 인식이 생기게 되지요. "내가 원하는 것을 밀어붙이지 않아도 부모님은 내 욕구를 인정해주고 어느 정도 해소해주려고 노력하는구나. 타협하는 것도 괜찮네?"

그럼에도 불구하고 이미 생떼가 발생했다면 어떻게 대처해야 할까요? 강압 이론을 살펴보면 답은 명확합니다. 가장 중요한 것은 아기의 생떼에 부모가 굴복해서는 안 된다는 것입니다. 이건 '생떼'라는 주제로 조사하며 읽었던 모든 자료와 전문가 의견에서 공통적으로 강조하고 있는 포인트였어요. 아기에게 생떼는 무언가를 얻어낼 수 있는 수단이어서는 절대 안 됩니다. 아기가 양치를 하기 싫다고 난리를 친다고 해서 부드럽게든 화난 모습으로든 "그래 양치하지 마!"라고 하면 곤란해요.

앞서 생떼를 예방하기 위해 부모가 타협하고 부드럽게 다가가는 전략에 대해 이야기했지요. 그래서 어떤 부모들은 '아, 아기에게 부드럽게 대해야 하는구나'라는 생각에 아기가 생떼를 부릴 때도 맞춰주려고 할 수 있어요. 애초에 아기가 무언가 거부했을 때 생떼로 이어지기 전에 상황에 따라 아기의 요구를 들어주어도 무방한 경우도 있습니다. 부모가 아기에게 요청했던 것이 식사 예절이나 수면 시간과 같이 꼭 지켜야 하는 것이 아니라 부모가 양보할 수 있는 거라면 져주는 것도 괜찮을 때가 있어요. 하지만 생떼가 발생해버렸다면? 이야기는 달라집니다. 생떼 후에 부모가 아기의 요구를 들어줘버린다면 아기가 '생떼는 유용한 도구구나'라고 생각하기 때문이지요. 아기들이 아무것도 모르는 것 같아도 합리적 전략이 무엇인지 수많은 경험을 통해 알아간답니다.

특히나 부모가 버티고 버티다가 결국에 굴복하지 않도록 조심해야 합니다. 아기의 생떼가 길어질수록 부모는 마음을 단단히 다잡고 여기서 굴복하면 절대 안 된다고 각오해야 해요. 버티다 결국 부모가 굴복하면 아기는 그 경험으로부터 이런 교훈을 얻기 때문이지요. "내가 오래 끌면 결국엔 원하는 걸 얻을 수 있구나." 이런 경험을 몇 번 하다 보면 예전에는 5분이면 생떼가 통하지 않는 것을 인정하고 진정되었을 상황에서 10분, 20분씩 생떼를 부리게 될 수 있어요. 그러므로 꼭 끝까지 굴복하지 않아야 합니다. 이와 관련해서 여러 전문가가 강조한 내용을 짧게 소개할게요.

> "아기가 생떼를 쓴다고 'no'를 'yes'로 바꾸지 말아라. 이렇게 하면 아기가 파워를 가지게 되며 육아에 있어 규칙을 시행하는 것이 더욱 어려워질 뿐이다. 아기들은 규칙을 시행할 수 있는 부모 밑에서 잘 자란다."[33]

"아기들이 침대에 가기 싫어서 생떼를 쓴다고 해서 '그래. 안 자도 돼' 라고 달래준다면 아기는 부모가 자신의 요구사항에 굴복할 수 있다는 사실을 깨닫게 될 것이다. 부정적인 강화가 되기 때문에 생떼에 굴복하면 안 된다."[34]

"절대 어떠한 상황에서도 생떼에 굴복하지 말라. 그러한 반응은 생떼의 강도와 빈도를 증가시키기만 할 뿐이다."[35]

그렇다면 생떼를 부리며 울고 뒤로 벌러덩 누워버리는 아기에게 굴복하지 않으려면 어떻게 하는 게 좋을까요? 이에 대해서는 전문가마다 다소 의견이 다릅니다. 제 의견을 밝히자면 다음과 같아요.

-처벌하는 것처럼 느껴지지 않도록 곁에 있어주기
-냉담하지는 않되 아기를 달래거나 진정시키려고 지나치게 개입하지 않기
-끝까지 기다려주기

차분하고 이성적으로 앉아서 "네가 침착해질 때까지 기다릴게. 준비가 되면 엄마에게 와" 하고 말해주는 정도의 대처지요.

리틀 오터스라는 미국의 가족상담 전문 기업에서 소아정신과 의사 세 명과 이 주제로 인터뷰를 했는데요.[36] 모두 아기가 생떼를 부릴 때 "너무 개입하지 않는 것이 좋다"라는 조언을 주고 있었어요. 생떼를 부리기 시작한 아기에게 너무 감정적으로 다가가거나 말을 많이 해주거나 깊이 개입하려고 하는 것은 전혀 효과가 없을 뿐 아니라 관심을 받기 위한 유용한 도구로 생떼를 인식하게 되는 부작용까지 있다는 것입니다.

"아기가 우는데 달래주지 않고 무시하는 건 방치 아니야?" 하고 오해할 수 있

는데요. 일단 명확히 할 것은 이 '무시하라'는 조언은 아기가 어떤 목적을 달성하지 못해 분노가 극에 달한 상태인 생떼가 시작된 경우에만 해당하는 것입니다. 아직 달랠 수 있는 단계에서는 주의 돌리기 등의 방법 등으로 달래주어야 하고 아직 생떼를 부릴 시기가 아닌 돌 전의 아기들은 울면 바로 달래주는 것이 오히려 감정 조절 능력을 키워주는 데 필수적입니다. 어쨌든 본격적으로 생떼를 쓴다는 판단이 든다면 어느 정도 무시하라는 뜻이에요.

소아정신과 의사들은 이렇게 조언했습니다. "무시한다고 생각하지 말고 '관심을 선택적으로 준다'고 생각하라"고요. 아기의 행동에는 관심을 주지 말아야 할 부분이 있고 관심을 주어야 할 부분이 있는데 생떼라는 행위는 부모가 관심을 주어야 할 행동이 아니라는 거예요. 부모가 이런저런 방식으로 개입해서 달래주고 싶어도 꾹 참는 것 그 자체가 가장 이상적인 개입의 방식이라는 것입니다.

하버드대학교 홈페이지의 한 아티클에서는 이런 비유를 들었어요.[37] 아기의 상태를 장미와 잡초로 가득한 정원이라고 생각할 때 장미는 아기가 적극적으로 가꾸어야 할 것, 잡초는 생떼와 같이 부적절한 것이지요. 어른이 아기의 생떼를 무시할 때 아기를 무시하는 게 아닙니다. 즉, 정원 속의 잡초를 무시하고 거기에 물을 주지 않는 것이지 정원을 무시하는 게 아니라는 거예요.

아기가 생떼를 쓸 때는 평소와 다름없는 차분한 상태를 유지하는 것이 최우선입니다. 마치 아기의 생떼가 별것 아니라는 것처럼 행동하세요. 부모가 아기의 생떼에 영향받고 흔들리는 모습을 보인다면 아기도 금방 알아차려요. 생떼를 쓰는 아기에게 화를 내거나, 훈육이나 체벌을 하거나, 감정적으로 연결하거나, 스킨십을 하고 눈을 맞추고 다정하게 말을 걸지 마세요. 아기가 진정될 때까지 부모도 차분함을 유지하면서 다소 거리를 두고 아기의 안전을 지켜보면 됩니다.

부모가 차분하게 대처해야 아기에게 '생떼는 문제를 해결하는 좋은 방법이 아니야'라는 메시지를 줄 수 있어요. 아기는 다음번에 생떼를 부릴 수도 있는 상황에서 스스로 감정을 조절하려는 노력이나 부모의 타협안을 받아들이는 등 다른 옵션을 선택할 가능성이 더 높아집니다.

상황별로 알아보는 생떼 대처법

①밖에서 생떼를 부릴 때

생떼의 상황은 주로 밖에서 발생하기 쉽습니다. 예를 들어 마트에서 아기가 원하는 것을 얻지 못해 생떼를 부릴 수 있지요. 그럴 때는 일단 주변 사람에게 피해가 되지 않도록 자동차 안이나 사람이 없는 곳으로 이동한 뒤 아기가 진정할 때까지 지켜봐주세요.

②자신이나 남을 공격할 때

아기가 타인을 공격하는 행동을 하는 순간은 단호하게 "안 돼"라고 훈육해야 합니다. "안 돼"는 이런 중요한 순간을 위해 남겨두어야 하지요. 그러나 본격적인 생떼가 시작될 때는 아기가 본인이나 타인을 해하지 못하도록 꼭 붙잡고 차분한 태도로 말해주세요. "화가 나도 다른 사람(또는 너 자신)을 때리게 둘 수 없어. 네가 진정할 때까지 이렇게 잡고 있을게. 엄마 여기 있어." 그리고 아기가 진정할 때까지 가능하면 말을 걸지 마세요.

③부모가 차분함을 유지하기 어려울 때

아기의 옆에 있어주면서 차분함을 유지하는 게 좋지만 부모가 자꾸 흥분하게 된다면 잠시 방을 나가는 것이 도움이 된다고 전문가들은 조언하고 있습니다. 심호흡을 하거나 상황을 재구성하면서 "떼쓰는 아기에게 시달리고 있는 시간이 아니라, 아기에게 적절한 사회적 대처 방식을 길러주는 훈련 시간이야"라고 말해보는 것도 괜찮은 방법이에요.

④ 양육자가 여럿일 때

생떼에 대처하고 있을 때 다른 양육자가 끼어들어서 상황을 악화시킬 수 있습니다. 예를 들어 아기가 우는데 정황을 잘 모르는 가족이 와서 달래주려고 한다거나 아기의 요구를 들어주려고 할 수 있어요. 이때는 개입을 저지하고 상황을 설명하세요. 물론 생떼 대처 방식에 대해 미리 이야기하는 시간을 가지는 것이 좋겠지요. 개인적인 경험상 다미가 떼를 쓰다가도 아빠가 "그래 다미야, 아빠 생각에도 그건 안 될 것 같다"라고 엄마와 같은 편에 서서 말해주면 더 쉽게 멈추더라고요.

주의할 점이 한 가지 더 있습니다. 아기의 생떼를 멈추기 위해 영상을 보여준다거나 사탕을 주는 등의 보상은 절대 안 됩니다. 연구에 따르면 이런 식으로 아기의 생떼를 멈추는 경우 생떼가 보상과 연결되어 오히려 빈도가 증가할 수 있어요.[38] 생떼에는 부모의 관심이나 애정을 포함한 어떤 형태의 보상도 주지 않는 편이 좋아요. 특히 강력한 영상 자극을 사용해서 생떼를 잠재우는 경우 영상 없이는 아기가 감정을 추스를 수 없게 되므로 주의해야 합니다. 외부의 도움 없이 좌절감이라는 고통 속에서 스스로 벗어나는 경험도 아기에게 필요할 수 있다는 거 기억해두세요.

아기가 부정적인 감정에서 어느 정도 진정되었다면 사후 처리도 중요해요. 이때는 부드럽게 훈육을 해야 합니다. 아기가 원한다면 안아주고 감정에 대해 이야기를 나누고 생떼를 부리는 것이 적절하지 않은 행동이라고 말해주세요. 이런 식이 되겠지요. "과자를 먹고 싶은데 못 먹어서 화가 났지? 그래도 소리를 지르고 엄마를 때리면 안 돼. 다음엔 '엄마, 맛있는 거 먹고 싶어요' 하고 말해보자. 엄마가 과자 말고 줄 수 있는 게 뭐가 있나 찾아봐줄게."

여기서도 주의할 점이 있는데요. 아기가 화낸 방식이 아니라 화낸 것 자체에 대해 창피를 주거나 부끄럽게 생각하게 하는 것은 좋지 않습니다. 부모가 이런 식으로 아기의 감정 자체를 부정하거나 축소하는 방식으로 커뮤니케이션할 경우 아기들이 자신의 힘든 감정을 타인에게 잘 털어놓지 않으려고 하는 경향이 생길 수 있어요. 아기가 화난 이유가 별것 아닌 것처럼 보이더라도 "그런 것 때문에 화내지 마"라고 하기보다 "화가 났구나, 화가 나면 이렇게 표현하는 게 좋아"라고 커뮤니케이션해주세요.

물론 아기는 하루아침에 바뀌지 않습니다. 그렇지만 장기적으로는 아기의 생떼가 크게 줄어들었다는 사실과 아기가 놀랍게도 감정 조절하는 능력을 익히고 자신이 얼마나 화가 났는지 서툴게라도 표현하기 시작했다는 사실에 감동을 받을 날이 분명 있을 거예요. 아기들이 비슷한 시기에 가볍게라도 생떼를 부리는 기간이 나타나는 현상은 어쩌면 이 사회에 적응하고 자신의 욕구를 억누르는 훈련을 시킬 수 있도록 부모에게 주어지는 일종의 미션 같은 것일지도 모릅니다.

아기가 스스로 안 하려고 한다면?

결론부터. 적절한 난이도의 과제 제시, 부모의 스캐폴딩, 실수 수용하기의 전략이 필요합니다.

육아를 하다 보면 아기의 주도성이나 독립성이 중요하다는 이야기를 여기저기서 듣게 됩니다. 그러고 나서 우리 아기를 보면 자꾸 엄마한테, 아빠한테 해달라고 하는 모습이 보이지요. "괜찮나?" 하고 걱정이 되기 시작할 거예요. 아기가 스스로 하지 않으려는 이유는 크게 세 가지입니다. 하나씩 살펴보며 개선할 수 있는 전략을 소개할게요.

부모가 조급해하며 기대할 때

예를 들어 두 돌이 안 된 아기에게 레고 블록을 사줬는데 엄마한테 만들어달라고만 하고 스스로 만들려고 하질 않아 걱정이라는 댓글 상담을 받은 적이 있어요. 아기와 놀면서 이런 일은 비일비재하게 일어납니다. "다른 집 아기들은 몇 개월 때 잘 가지고 놀았다는데 우리 아기는 왜 못 놀지? 왜 만들어달라고만 하지?"

너무 걱정할 필요 없습니다. 몇 개월 때 잘 가지고 놀았다는 그 아기도 그 장난감을 어떻게 가지고 노는지 배울 시간은 필요했을 거예요. 어떻게 배우나요? 다른 사람, 즉 부모가 어떻게 가지고 노는지 보면서 배우지요. 처음에는 아기가 엄마나 아빠에게 만들어달라고 합니다. 어떻게 하는지 잘 모르고 자신감이 없으니까 보면서 배우려는 거예요. 그러면 '왜 만들어달라고만 하지' 하고 조급하게 생각하는 대신 아기 앞에서 하나씩 만들어주면서 함께 놀면 돼요. 부모가 만들어주는 과정을 아기는 다 보고 있습니다. 아기가 '나도 할 수 있겠는데?'라는 생각이 들 때까지 도와주면 되지요. 사람마다 배우는 속도는 다 다릅니다. 그 과정에 필요한 소근육도 충분히 발달되고 뭔가 만든다는 개념이 이런저런 경험을 통해 잘 쌓인 아기라면 하루 이틀 엄마 아빠가 하는 것을 보고 금세 따라할 수도 있을 거예요. 하지만 장난감을 가지고 놀 만큼 소근육이 충분히 발달되지 않았고 뭔가를 '만든다'라는 개념이 아직 아리송한 아기라면 며칠 혹은 몇 달이 걸릴 수도 있겠지요. 아기가 잘 못 노는 것 같다면 그 장난감은 잠시 넣어두었다가 2주 뒤에 다시 꺼내보세요.

부모가 스캐폴딩을 제대로 하지 못할 때

앞에서도 소개했지만 스캐폴딩이란 부모가 아기를 적절하게 도와주는 행동을 뜻해요. 사회적인 존재인 인간은 공동체 내에서 자신보다 유능한 사람의 도움을 받으며 무언가를 배워나갑니다. 아기들은 주로 부모에게 많은 도움을 받지요. 앞의 블록 만들기 예를 다시 들면 부모가 아기 앞에서 뭔가 만드는 모습을 보여주는 것도 스캐폴딩입니다. 아기에게 "이것과 이것을 이렇게 끼우면 끼워진다" 하면서 손에 쥐어주는 행동이나 "그건 거기에 안 맞는 것 같은데?" 하며 말로 힌트를 주는 것도 포함됩니다.

아기들은 장난감을 가지고 놀거나 옷을 입고, 신발을 신는 등 수많은 활동이 아직 낯설고 어려워요. 그래서 부모가 옆에서 아기에게 관심을 기울이며 적절하게 도움을 주는 것이 중요합니다. 어른도 무언가를 하려고 했는데 너무 어려워서 좌절감을 겪다 보면 시도조차 하기 싫어지잖아요. 학창 시절 수업 시간에 선생님이 하는 말이 무슨 말인지 전혀 모르겠는데 옆에서 도와주는 사람도 없어 공부에 흥미를 잃은 기억 혹시 없나요? 이때 누군가 옆에서 차근차근 잘 설명해주며 따라갈 수 있게 도와주면 자신감이 붙지요. 이렇게 부모가 스캐폴딩을 잘해줄 때 아기들은 할 수 있다는 자신감으로 뭐든 시도해보려고 합니다.

그러면 스캐폴딩은 어떻게 해야 할까요? 구체적으로 알아볼게요.

① 지나치게 개입하지 않기

부모가 아기에게 주도권을 주면서 도움만 줘야 되는데 주도권 자체를 빼앗아오면 안 됩니다. 문제를 푸는 방법만 가르쳐줘야 하는데 문제를 다 풀어주는 거예요. 그러면 아기는 스스로 '뭔가 해냈다'는 성취감을 경험할 기회가 적어지고 시도할 동기 자체가 줄어들게 됩니다. 실제로 부모가 아기의 삶에 지나치게 개입하는 경우가 상당히 있습니다. 아기가 스스로 신발을 신어도 되는데 굳이 신겨주고요. 걸어가도 되는데 굳이 안아주고요. 쓰레기를 버리라고 해도 되는데 굳이 다 받아줍니다. 무의식적으로 다 해주다가 어느 날 정신을 차려보니 아기가 (당연히도) 부모에게 그냥 다 해달라고 하는 거예요. 그래서 갑자기 "너 스스로 해!" 하면 아기 입장에서는 좀 억울하지요.

② 지나치게 방관하지 않기

위와 반대로 아기의 주도성과 독립성을 장려해준다는 이유로 아기가 어려워하든 말든 신경도 안 쓰고 쳐다보고만 있는 부모들도 있어요. 아기가 혼자서 할 수 있는 것에 대해서는 물론 개입하지 않는 게 맞겠지요. 하지만 아기에게 조금 어려워 보이는 일이라면 아기가 해볼 만한 수준으로 만들어주기 위해 약간의 도움을 주어야 할 때도 있습니다. 아기를 옆에서 지켜보면서 아기가 하는 활동의 난이도를 평가하고 적절한 수준의 스캐폴딩을 해주어야 합니다. 그래야 아기가 뭐든 자신감을 가지고 시도해볼 수 있게 돼요. 옆에서 기꺼이 관심을 가지고 도와주는 사람이 있다는 것만으로도 아기들은 자신감을 가지고 혼자서 해볼 용기가 생깁니다. 아기가 좀 크면 스스로 난이도를 평가해서 부모에게 "도와달라" "이건 도와주지 말라"라고 말하기도 합니다.

③ 쉬운 난이도의 모델링

'모델링', 즉 시범을 보이는 것도 스캐폴딩의 중요한 부분입니다. 시범을 보일 때는 아기 눈높이에 맞춰주세요. 예를 들어 두 돌 아기 앞에서 부모가 레고 블록으로 멋지고 커다란 에펠탑을 만들었다고 할게요. 아기 눈에 레고 블록은 자신이

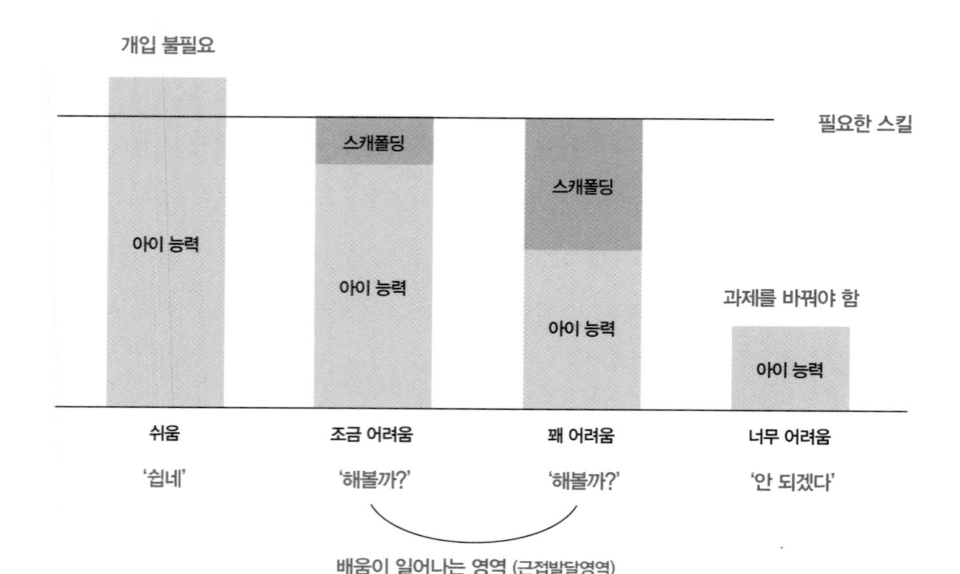

가지고 놀 만한 수준의 놀잇감으로 보일까요? 아닐 수 있겠지요. 아기들은 '이건 내가 해낼 수 있겠다'라는 어떤 활동의 난이도를 포함해 다양한 것들에 대해 판단을 내릴 때 부모의 행동 방식이나 반응을 유심히 보고 참고합니다. 학술 용어로는 '사회적 참조Social Referencing'라고 해요. 그래서 부모가 아기 앞에서 시범을 보일 때는 되도록 쉬운 난이도로 보이도록 해야 합니다. 레고 놀이로 적당한 시범을 보여주려면 네모난 조각 두 개를 끼우는 것부터 시작하세요. 미술놀이를 한다면 디테일이 살아 있는 동물을 그리기보다 아기가 그릴 수 있는 수준 혹은 그것보다 아주 약간만 어려운 것을 그리고요(저는 초반에는 주로 흐물거리는 동그라미나 직선 그리기, 점 찍기를 많이 했어요).

반대로 난이도를 조절하기 어려운 활동일 경우에는 어떨까요? 이때는 부모가 얼마나 손쉽게 해내는지가 아기의 의욕에 영향을 미칠 수 있습니다. 〈네이처

인간행동 저널Nature Human Behavior〉에 실린 연구에서 이를 잘 보여주는데요.[39] 실험에서 18개월 아기들에게 장난감이 든 무거운 통을 자기 쪽으로 끌어당기라고 과제를 줍니다. 어른이 시범을 보여주는 방식에 따라 아기들은 세 그룹으로 나누어졌어요.

그룹 1: 쉬운 조건(어른이 쉽게 끌어당기는 모습)

그룹 2: 어려운 조건(어른이 좀 어렵지만 열심히 끌어당기는 모습)

그룹 3: 불가능 조건(어른이 아무리 애써도 끌어당기지 못하는 모습)

모든 그룹의 아기가 과제를 시도했을 때 결과적으로는 이 통을 끌어당기지 못하게 되어 있습니다. 처음 당겨봤더니 잘 안 당겨지겠지요. 이후에 아기들이 금방 포기하는지 아니면 잘 안 돼도 끝까지 끈기 있게 시도하는지를 살펴봤습니다. 어떤 결과가 나왔을까요? 어려운 조건의 아기들이 가장 끈기 있게 시도했고 쉬운 조건과 불가능 조건의 아기들은 금방 포기했어요. 또한 쉬운 조건의 아기들이 가장 높은 비율로 어른에게 먼저 도움을 요청했습니다. 연구자들은 18개월밖에 안 된 어린 아기들도 굉장히 합리적으로 의사결정을 하는 존재라는 결론을 내렸어요. 왜 그럴까요?

쉬운 조건의 아기들은 어른이 손쉽게 하는 걸 보고 자기도 시도해봤지만 잘 안 됐어요. 그러면 아기 입장에서 생각해보세요. 딱 당겨보니 나보다 어른이 훨씬 잘할 것처럼 보여요. 그럼 내가 굳이 노력해야 할 필요가 있을까요? 그냥 바로 해달라고 요청하는 게 당연히 더 효율적이고 성공 가능성이 높은 의사 결정이겠지요. 반면 어려운 조건의 아기들은 어른이 힘들지만 노력하니 성공하는 모습을 봤습니다. 자기가 한 번 시도해보니 잘 안 됐지만 이 상황에서 바로 포기하거나 어른에게 도움을 요청할 이유는 없지요. 어른은 10의 노력을 들여서 했는데 내가 1

을 해봤더니 잘 안 됐다면 5까지 노력해서 더 잘 해낼 수도 있는 거잖아요. 끈기 있게 시도해볼 이유가 있는 거지요. 그러면 불가능 조건의 아기들은 어떨까요? 어른이 결국 못 해낸 일이에요. 나도 한 번 해보긴 했는데 잘 안 되지요. '아, 이건 애초에 불가능한 거구나'라고 판단하고 금방 포기하게 됩니다.

이 실험 결과에서 아기들이 무언가 '어려워 보인다'고 인지하는 과제에 대해 부모가 어떤 식으로 시범을 보여주는 것이 좋을지 유용한 인사이트를 얻어낼 수 있습니다. 아기 앞에서 뭐든 너무 쉽게 해내기보다 조금 낑낑대다 간신히 성공하는 모습을 보이는 게 좋을 수 있다는 것이지요.

부모가 아기의 실수에 너그럽지 않을 때

아기들은 실수로부터 배웁니다. 흘리고 넘어지고 떨어뜨리고 실패하는 과정에서 조금씩 자신의 행동을 수정하고 어떤 스킬에 숙달해져요. 그런데 어떤 부모들은(주로 어릴 때 실수하면 많이 혼나는 경험을 했던 경우) 아기의 실수를 쉽게 용납하지 못합니다. 예를 들어 아기가 숟가락으로 혼자 떠먹기를 원한다면 혼자 떠먹다가 옷에 흘리는 것도 가만히 지켜볼 줄 아는 부모가 되어야 합니다. 아기가 흘릴 때마다 법석을 떨며 닦아주고 무의식중에 한숨이나 미세한 표정, 말투로 부정적인 메시지를 전달한다면 아기는 점차 실수를 두려워하게 됩니다. 아기에게 부모의 이러한 부정적인 표정이나 말투 등은 큰 영향력이 있거든요. 결국 스스로 떠먹지 않고 부모에게 떠먹여달라고 요구하게 됩니다.

저는 아기가 '해보고 싶다'는 마음을 가지도록 돕는 것이 중요하다고 생각해요. 그건 아기가 작은 성공의 경험을 한 뒤 뿌듯함을 느끼는 데서 조금씩 출발합니다. 예를 들어 공부를 못하는 아이라면 쉬운 수학 문제부터 스스로 풀어보고 거기에 뿌듯함을 느낄 수 있게 해주면 좋겠지요. 그러면 더 어려운 문제에도 도전해보고 싶어지고, 그 성공 경험이 또 다음 도전으로 이어지고요.

아직 어린 아기들은 무언가를 해내고 뿌듯해하는 느낌, 자랑스러워하는 느낌을 제대로 느껴보지 못했을 수 있어요. 그런 '감정' 역시 조금씩 배워가는 중이라고 생각하면 좋을 것 같아요. 예를 들어 아기가 모자를 벗어보았다면, "모자를 혼자서 벗었네" 하며 적극적으로 칭찬해보세요. "어? 혼자 하는 게 좋은 건가?" 하는 생각의 씨앗이 뿌려집니다. 부모가 어떤 일을 한 뒤 아기에게 자랑스럽게 "나는 이거 혼자서 할 수 있어"라고 말할 수도 있겠고요. 이런 과정에서 "혼자 해내는 건 뿌듯하고 좋은 일"이라는 인식이 점점 자라나며 이를 통해 이뤄지는 작은 시도가 작은 성공으로 이어졌다가 점차 눈덩이가 구르듯 성공과 자신감으로 커질 거예요.

아기들은 기본적으로 자율성에 대한 의지가 있고 세상에서 제일 좋아하는 엄마 아빠의 모습처럼 스스로 뭐든 해보고 싶어 하는 마음이 있습니다. 부모가 아기의 난이도에 적절한 과제를 주고 옆에서 관심을 가지며 스캐폴딩을 제대로 해주세요. 그리고 실수에 너그럽게 반응한다면 어린 아기라도 분명 스스로 해보려는 동기가 점차 높아질 거예요. 다만 이런 변화는 하루아침에 일어나는 건 아니겠지요. 이때까지 어떤 경험을 해왔느냐에 따라, 그리고 기질적으로 신중한 아기인지 아닌지에 따라 스스로 하려는 모습은 천천히 관찰될 수도 있습니다. 부모가 올바른 방향만 알고 있다면 결국엔 아기에게 좋은 길로 가게 될 테니 너무 걱정마세요.

베싸&다미 이야기

다미가 해보지도 않고 뭔가 해달라고 하면 전 입버릇처럼 이렇게 말하곤 했습니다. "다미가 한번 해보고 안 되면 엄마가 도와줄게." 그러면 스스로 해볼 때도 있는데 대충 해본 뒤 또 해달라고 하거나, 열심히 해보고 안 된다고 할 때도 있어요. 어느 경우든 이때는 제가 살짝 도와줍니다. 다미가 명백히 혼자 할 수 있는 것은 도와주는 척만 할 때도 있어요. 제 도움으로 성공하고 나서는 "다시 혼자 해봐" 이런 식의 명령은 하지 않고 그냥 지나가는 편입니다. 그 활동을 자기가 어느 정도 할 수 있다는 자신감만 있다면 다음번에는 처음부터 스스로 해보더라고요. 그럴 때는 잊지 않고 말해주지요.

"지난번에는 엄마가 도와줘야만 할 수 있었는데 이번에는 혼자서 다 했네? 연습하니까 늘었네!"

아기가 노는 모습이 걱정이 될 때는?

결론부터. 자신 있게 이야기할게요. 잘못된 놀이는 없습니다. 그 놀이를 잘못된 것으로 생각하는 부모가 문제일 뿐!

아기들의 '놀이'에 대해 많은 연구가 있었습니다. 그중 상당수의 연구자들이 놀이는 어떤 감정이나 욕구를 자연스럽게 표현하고 해소하는 도구라는 점을 밝혔어요. 아기들은 세상에 적응하고 새로운 것을 깨달으며 다양한 욕구를 가지게 되고 한계에 부딪히면서 감정적으로 어려움을 느끼기도 하는데 이를 '놀이'를 통해 열심히 해소한다는 것이지요.

그런데 아기와 매일 지내는 부모 입장에서는 아기의 특정 놀이 패턴이 걱정스러울 때가 있습니다. 예를 들어 아기가 인형의 몸을 조각조각 떼어놓으며 놀기, 장난감을 바닥에 세게 집어 던지기, 갑자기 더 어린 아기처럼 행동하기, 인형이나 부모를 앞에 두고 자신이 혼내는 척을 하기 등 아기가 이런 놀이를 할 때 부모들은 덜컥 걱정이 되곤 합니다. "우리 아기에게 정서적으로 문제가 있나?" "이런 놀이는 못하게 해야 하는 것 아닌가?"

하지만 다시 한번 생각해보세요. 아기들이 반복적으로 어떤 놀이를 할 때 그 뒤에는 심리적인 욕구가 자리 잡고 있습니다. 놀이는 아기들이 심리적 욕구를 해소하는 수단이에요. 공격적인 놀이를 하는 아기는 모든 동물의 본성 중 하나이기도 한 공격성을 그 누구에게도 피해를 주지 않는 방식으로 건전하게 해소하고 있는 거예요. 아기처럼 행동하며 노는 아기는 인간이라는 존재가 작고 연약하게 태어나 엄마 아빠처럼 큰 성인으로 자란다는 사실을 어느 순간 깨닫고 너무 놀라운 나머지 자기도 한때 말 못 하는 아기였다는 사실을 이해하려 애쓰고 있는 과정일 수도 있고요. 어린 아기에게 쏟아지는 관심을 자기도 받고 싶은 마음을 그런 식으로 표현하는 것일 수도 있어요. 인형을 줄 세워놓고 혼내는 아기는 항상 어른들의 통제 아래에 있어야 하는 처지에서 벗어나 남들에게 통제권을 행사해보고 싶은 욕구를 건전하게 표출하고 있는 것일 수도 있겠지요.

부모가 괜한 우려로 아기의 놀이를 애써 막을 필요는 없어요. 공격적인 놀이를 못 하게 해봤자 부모의 눈에 공격적인 행동이 보이지 않으니 일시적으로 마음만 편해질 뿐 아기의 공격적 욕구는 마음속에 그대로 있을 거예요. 그리고 이 욕구는 절대 '이상하고' '금지시켜야 할' 대상이 아닙니다. 다른 누구도 아닌 부모가 이 사실을 부정하면 아기의 욕구와 감정은 갈 곳을 잃고 마음속 후미진 곳으로 숨어버려요. 오히려 이렇게 생각해보면 어떨까요. "어떤 욕구와 감정을 해소하기 위해 놀이를 활용하고 있구나. 자랑스럽다 우리 아가. 응원한다."

우리가 부모로서 더 연습해야 할 부분은 아기의 능력을 믿고 아기의 모습을 있는 그대로 인정해주는 것입니다. 아기의 미래에 대한 기대치(공격적인 행동이 없고 성숙한 모습)는 내려놓고 아기의 현재를 온전히 수용해보는 거예요. 어떤 판단도 걱정도 하지 않은 채로요. 우리 아기가 지금은 공격적으로 놀고 싶구나 하고요. 그냥 그뿐이에요. 아기가 공격적인 어른이 될까 하는 걱정 없이요.

공격하고 싶고 통제하고 싶고 관심받고 싶은 다양한 욕구는 지나치게 억눌려서 마음속에 꽁꽁 숨어버리지 않는다면 사회화 과정을 통해 자연스럽게 다듬어집니다. 더 성장하면 놀이 대신에 그 나이에 맞는 적절한 방법과 형태로 표출하는 법을 익히고 살아갈 것입니다. 물론 건강하고 정상적인 모습으로요. 다만 아기가 사물이 아니라 사람이나 동물을 대상으로 공격적인 놀이를 하고자 한다면 이는 저지해주어야 합니다. 어떤 행동이 허용되고 안 되는지에 대해 명확히 경계를 그어주어야 해요. 하지만 타인에게 피해를 끼치지 않고 사회적으로 문제를 일으키지 않는 한 놀이 공간 안에서는 뭐든 용납해도 괜찮아요. 놀이 공간은 그런 안전지대가 되어야 해요.

놀이를 연구하는 심리학자이자 놀이치료사인 로렌스 코헨 박사는《아이와 통하는 부모는 노는 방법이 다르다》에서 이런 일화를 언급하고 있습니다. 어떤 부모가 코헨 박사에게 이렇게 물었다고 해요. "아기가 인형 머리를 떼어서 2층 계단 위에서 아래로 던지는 공격적인 놀이를 자꾸 하는데 어떻게 대처해야 하지요?" 이에 대한 코헨 박사의 대답은 많은 부모에게는 다소 경악스럽게 느껴질 정도입니다. "옆에서 함께 머리를 떼어서 신나게 던지며 놀아주세요."

잘못된 놀이는 없습니다. 그 놀이를 잘못된 것으로 생각하는 부모가 문제일 뿐. "아기들은 이렇게 놀아야 정상이야"라는 편견을 걷어내고 우리 아기의 놀이를 있는 그대로 바라봐주고 그에 담긴 아기의 욕구를 힘껏 끌어안아주세요. 아기가 스스로를 '이상한 사람'이라고 생각하지 않고 자연스러운 욕구를 건강한 형태로 배출하는 것을 지지해주기 위해 함께 놀며 웃어주세요.

다미는 한동안 아기 흉내를 내며 놀곤 했습니다. 한 달 정도는 매일같이 그랬고 그 뒤로도 한 달 정도 빈도는 좀 낮았지만 여전히 계속되었지요. 저희 부부는 다미가 왜 그럴까 의아했어요. 남편은 때로는 "다미는 언니잖아" 하는 식으로 아기 놀이를 그만하도록 유도하기도 했고요. 하지만 아기 놀이는 여전했어요.

나름대로 이런저런 이유를 생각해봤어요. 한 가지 추측되는 이유는 어린이집 선생님이었어요. 다미가 신학기가 되어 반이 바뀌면서 그런 행동이 나타나기 시작했거든요. 담임선생님이 바뀌고 이전 반 선생님은 어린 아기들 반으로 가고 다미는 언니 반이 되어 새로운 선생님을 만나게 되었지요. 아마도 이전 반 선생님이 그리워서 아가 반이 되고 싶었던 게 아닐까 싶어요. 그 선생님을 만나러 예전 교실로 갔을 때 "다미야, 여긴 아가 반이야"라는 말을 수없이 들었을 거예요.

또 다른 추측은 다소 철학적인 이유인데요. 다미가 아기 놀이를 했던 즈음 한창 '삶과 죽음'에 관심을 보였던 때였어요. 엄마와 아빠가 결혼해서 다미가 아가로 태어났고 그 아가가 커서 다미가 되었다는 이야기에 엄청난 흥미를 보였고 죽은 개미를 한참 지켜보다 "죽으면 어떻게 돼?" "엄마도 죽어?" 등의 질문을 하곤 했지요. 옷 안에 인형을 넣고 아기를 낳는 놀이를 하거나 제 티셔츠 밑으로 들어가서 자신을 "낳아달라"고 하는 놀이도 많이 했고요. 어릴 때 사진을 보면 "이게 다미야?" 하면서 더 보여달라고 조르기도 했어요. 자신이 아주 작은 아기였고 조금 커서 지금의 자신이 되었고 더 크면 엄마 아빠처럼 커질 것이며 그 뒤에는 죽기도 한다는 인간의 탄생과 성장, 나이듦, 죽음의 개념을 이해하려 나름 애쓴 게 아닌가 싶어요. 그 과정에서 아기도 되어봤다가 어른도 되는 놀이를 했던 것이지요. 발달심리학자 수전 엥겔Susan Engel은 《아이의 생각은 어떻게 만들어지는가》(EBS BOOKS)에서 아기들도 삶이나 죽음 같은 고차원적인 개념에 관심을 가지며 이러한 개념을 이해하기 위해 상당히 지적인 사유를 시도한다고 적고 있어요. 이 책을 읽은 뒤로 다미가 그런 개념을 이해하려고 노력하고 있다고 생각하게 되었어요. 놀이는 그 도구였던 셈이고요.

그 이후로 저희 부부는 더 이상 다미의 아기 놀이를 막지 않았고 오히려 적극적으로 동참해주었어요. 다미는 잠들기 전에 아기 놀이를 하다가 문득 "어린이집에서는 선생님이 아기 놀이 못 하게 해"라고 슬픈 표정으로 말하곤 했는데요. 그때 저는 이렇게 말해주었지요. "아기 놀이는 엄마 아빠랑 하는 특별한 놀이로 아껴놓자."

CHAPTER 6.

불확실한 육아 정보를 선별하는 베싸의 팩트 체크

노란 콧물이 나오면 항생제를 써야 할까?

결론부터. 감기에 항생제가 꼭 필요한 경우는 별로 없습니다. 예방 차원일 뿐.

한국의 소아과에서는 감기에 항생제를 처방하는 경우가 많습니다. 감기가 '세게' 걸렸다거나 '노란 콧물이 나오면' 항생제를 먹어야 한다고 생각하는 부모들도 상당하고요. 하지만 아기가 어릴 때는 항생제 복용을 쉽게 생각하면 안 됩니다.

항생제는 뭘까요? 쉽게 말하면 세균을 죽이는 약입니다. 감기는 보통 감기 바이러스가 몸에 침입해 발생하는데 항생제를 먹는다고 이 바이러스가 없어지는 건 아닙니다. 이 세상 그 어떤 약을 먹어도 감기가 빨리 낫지는 않아요(항생제로 바이러스가 죽는다면 코로나에도 항생제를 처방하면 쉽겠지요?). 항생제를 처방하는 이유는 줄줄 흐르지 않고 코에 걸려 있는 노랗고 진득한 콧물 때문에 콧속에 세균이 증식하기 쉬운 환경이 되고 그 결과 축농증이 올 가능성이 있기 때문입니다. 세균이 증식하지 못하도록 축농증을 '예방'하는 것이지요.

그럼 노란 콧물이 나오면 혹은 축농증으로 번지면 항생제를 먹어야 하겠네요? 그것도 아닙니다. 먹어도 되지만 안 먹는 편이 더 좋을 수도 있어요. 왜냐하면 항생제 복용에는 대가가 따르기 때문입니다.

하버드대학교 의학전문대학원의 건강정보 홈페이지에서는 영유아에게 항생제 사용이 어떤 영향을 미치는지 상세히 설명하고 있어요.[1] 우리 몸에는, 특히 장에 많은 세균이 살고 있는데 이 세균들은 유익균과 유해균으로 나누어집니다.

사실 이 세상의 모든 세균에는 유익균도 있고 유해균도 있어요. 다만 유익균의 유익함을 잘 알아차리기 어려운 반면 식중독 등을 유발하는 유해균의 유해성은 알아차리기 쉬울 뿐이지요. 아기가 어릴 때는 몸속에 장내 미생물들이 자리 잡는 시기이므로 유해균을 없애는 데 지나치게 집착하다가 유익균도 죽이고 아기의 장내 미생물의 다양성이 줄어들게 되는 일이 없도록 신경 써야 합니다.

〈비만Obesity〉지에 실린 30만 명 이상의 아기들을 대상으로 연구에 따르면 생애 첫 2년간 항생제를 복용한 경험이 있는 아기와 그렇지 않은 아기를 비교했을 때 항생제를 복용한 아기들이 비만이 될 확률이 26퍼센트 더 높았습니다.[2] 물론 항생제 복용량이 증가할수록 비만이 될 확률이 더 높아졌지요. 최근 국내에서도 3만 명 이상의 아기들을 대상으로 항생제 복용과 소아비만 사이의 상관관계를 밝힌 연구가 있었고요.[3] 국내 연구를 이끈 서울대학교병원 박상민 교수팀은 한 기사에서 국내 24개월 미만 영유아를 대상으로 항생제 처방률이 99퍼센트에 달한다고 언급했습니다.[4]

항생제로 인해 악화될 수 있는 장내 미생물 환경은 비만에만 영향을 주는 것이 아닙니다. 장내 미생물 환경이 다양하고 유익균이 많을수록 우리 몸의 면역력이 좋아지고 아토피나 음식 알레르기 등 다양한 면역질환을 일으킬 가능성이 줄어들어요. 한국질병관리본부에서 낸 통계에 따르면 2010년 기준 6~7세 소아의 10퍼센트가 천식을, 37.7퍼센트가 알레르기 비염을, 35.5퍼센트가 아토피 피부염을 경험하고 있었습니다.[5] 상당한 수치지요.

장내 미생물 환경은 배변 활동에도 영향을 미치는 것은 물론 다양한 호르몬이나 대사 물질을 분비해 지능, 기분, 사회성, 문제 행동, 피부, 심지어는 성격 등 뇌와 관련된 다양한 영역에 영향을 미칠 수 있어요(베싸TV 영상을 참고해주세요).

미국 질병통제예방센터의 홈페이지에서는 항생제가 필요한 경우와 아닌 경우를 소개하는 자료를 배포했습니다.[6] 질병을 일으키는 유해 미생물은 크게 박테리아와 바이러스로 나뉘는데요. 박테리아는 우리가 "'휴대폰이나 돈에서 화장실 변기에 맞먹는 세균이 검출된다"고 말할 때의 세균을 뜻합니다. 숙주가 없어도 자가 증식할 수 있는 미생물이며 따뜻하고 축축한 환경에서 잘 번식하지요. 장내 미생물도 박테리아고요. 반면 바이러스는 감기나 코로나 등 전염병의 원인이 되는 것으로 숙주의 힘을 빌어서 증식하는 미생물을 뜻합니다. 이 중 항생제는 박테리아를 죽이는 것이며 우리 몸 어딘가에 박테리아가 증식할 때는 항생제를 사용할 필요가 있습니다. 그러나 감기같은 바이러스성 질환은 항생제가 효과가 없어요. 병원에서 감기에 항생제를 처방하는 이유는 앞서 이야기했듯 축농증이라든가 폐렴 등의 박테리아성 질환이 발생할 가능성이 조금 높아질 수 있는데 이를 예방하기 위함이에요.

일반적 질환	일반적 원인			항생제가 필요한가요?
	박테리아	박테리아 또는 바이러스	바이러스	
패혈증 인두염	V			○
백일해	V			○
요로감염	V			○
축농증		V		△
중이염		V		△
기관지염/기침 감기(다른 증상이 없는 어린이나 어른의 경우)		V		×

일반 감기/콧물			V	×
목의 통증(연쇄상구균 제외)			V	×
독감			V	×

★ 다른 증상이 없는 어린이나 성인에게는 기관지염에 처방하는 항생제가 회복에 도움이 되지 않는다는 연구가 있습니다.

위 자료에서 볼 수 있듯 축농증이나 중이염 또한 무조건 항생제 복용이 필요한 것은 아닙니다. 병원에서 박테리아성이냐 바이러스성이냐 신중하게 판단을 내릴 필요가 있지요. 부모 입장에서는 애초에 항생제 처방을 가벼이 하지 않고 꼭 필요한 경우에만 하는 곳으로 골라서 내원하는 편을 추천해요. 처방은 부모가 임의로 판단할 수 없는 영역이며 의료인에게 의존해야 하니까요.

그런 소아과를 찾지 못했다면 내원해 약 처방을 받을 때 "꼭 필요한 경우가 아니라면 항생제는 빼주세요. 며칠 더 지켜보고 결정할게요"라고 말해보세요. 기본적으로 의사 선생님들도 항생제가 좋은 게 아니라는 것을 알기 때문에 원치 않는데도 굳이 강요하는 곳은 없을 거예요.

만약 의료인이 "이건 항생제가 꼭 필요하다"라고 의견을 밝힌다면 고집부리면 안 되겠지요. 또한 항생제가 꼭 필요한 경우라서 처방을 받았다면 복용 중에 증상이 나아졌다고 중단해서는 안 됩니다. 항생제에 내성이 강한 균들만 살아남아 증식하게 될 수 있으며 항생제가 꼭 필요한 상황이 왔을 때 효과가 줄어들 수 있다고 해요. 그러니 이런 경우에는 의료인의 지시대로 끝까지 먹이는 게 좋습니다.

베싸&다미 이야기

다미가 세 돌 가까이 되었을 때 처음으로 항생제를 먹어야 할 일이 있었는데 약간 속이 쓰리긴 했지만 '항생제에 대한 지식이 있었기에 여기까지 버텼구나, 몰랐으면 진작 먹였겠지' 하는 생각에 위안이 되었어요. 항생제를 먹이냐 안 먹이냐보다 얼마나 자주 혹은 오래 먹이냐, 얼마나 다양한 종류를 먹이냐가 장내 미생물 환경에 영향을 준다고 하니 꼭 먹여야 하는 상황에서는 너무 좌절하지 마세요. 지식을 알고 부모로서 할 수 있는 만큼 했다는 게 중요하니까요.

어릴 때 영상 시청을 하면 뇌가 망가질까?

결론부터. 영상은 아기들의 발달에 안 좋습니다. 하지만 어떻게 보여줄지, 무엇을 보여줄지 신경 쓰면 효과를 볼 수도 있어요. 물론 안 보여준다면 가장 좋고요.

영상은 절대 안 보여주겠다고 결심했지만 육아를 하다 보면 아기를 5분, 10분이라도 붙들어놓아야 하는 필요를 느낄 때가 있지요. 특히 일대일 육아를 할 때는요. 많은 분이 영상 시청이 아기의 뇌에 악영향을 준다는 말에 겁을 먹고 영상 활용을 두려워합니다. "두 돌 이전에는 절대 안 된다"라는 말에 두 돌까지 꾹 참기도 하지요. 그런데 영상 시청이 나쁘다는 건 알겠는데 구체적으로 얼마나 나쁜 걸까요? 정말 필요할 때 한 번도 안 될까요? 5분만 보여줘도 아기의 뇌가 돌이킬 수 없게 망가질까요?

영유아 영상 시청과 관련해 흔히 인용되는 것은 미국소아과학회에서 2016년에 만든 지침입니다.[7]

- 생후 18개월 이전에는 영상을 보여주지 않는 것이 좋다.
- 생후 18~24개월 사이에는 보여주더라도 어른과 함께 보면서 능동적으로 시청하고 연령대에 맞는 고품질의 교육적인 영상을 보여주는 것이 좋다.
- 생후 24개월에서 5세까지는 적정 시청 시간을 하루 한 시간 이하로 제한하고 가능하면 함께 보되 연령대에 맞는 고품질의 교육적인 영상을 보여주는 것이 좋다.

영유아의 미디어 노출의 부작용에 관한 연구들은 TV가 가정에 널리 보급되기 시작한 이래로 꾸준히 진행되었어요. 〈발달 리뷰〉에 실린 한 논문에서는 TV를 많이 본 아기들과 발달 간의 상관관계에 대한 여러 연구를 소개하고 있어요.[8] 논문에 따르면 TV를 많이 본 아기들이 집중력 저하, 발달 지연 특히 언어 발달의 지연, 전두엽에서 담당하는 고차원적인 인지 기능인 실행기능의 저하 등 뇌와 관련된 문제가 나타났다고 하는데요. 하지만 "TV를 많이 본 아기들의 발달이 느리다"라는 말과 "TV를 조금이라도 보면 뇌에 부작용이 있다"는 말은 동일한 말은 아닙니다. TV 시청과 발달 지연 간 상관관계는 대중적으로 널리 알려진 믿음처럼 정말 영상 자체가 뇌에 나쁜 영향을 주기 때문에 성립되는 걸까요?

조금 다른 각도에서 접근하는 자료를 하나 볼게요. 미국소아과학회 지침 발표 이후인 2019년에 영국왕립보건소아과학회에서는 〈스크린 시청의 영향: 의료인과 부모들을 위한 가이드〉라는 책자에서 다음과 같은 입장을 밝히고 있습니다.[9]

"안전한 수준의 영상 시청은 없다. 아마도 이렇게 생각하는 게 나을 것이다. 영상 시청은 수면이나 가족과의 상호작용 시간, 신체 활동 등 아동 발달에 필요한 활동의 시간을 확보하는 데 방해 요소가 될 수 있다. 영상 시청과 상관관계가 있다고 밝혀진 부작용들은 영상 시청 시간으로 인해 희생된 긍정적인 활동(사회적인 상호작용, 신체 활동, 수면)을 강화함으로써 상쇄될 수 있다.

미국소아과학회 및 캐나다소아과회의 연령별 시청 시간에 대한 가이드라인은 그 근거가 충분하지 않고 영상 시청의 잠재적인 베네핏보다 리스크에만 초점을 둔 것으로 비판받았다. 아기와 부모에게 영상 시청 시간의 적절한 수준을 설정하는 데 필요한 근거는 희박하다. 우리는 아기에게 적합한 영상 시청 시간을 추천하는 것이 불가능하다고 판단한다."

즉, 영상 자체가 특정 연령대 아기들의 뇌를 망가뜨린다는 제대로 된 근거는 없으므로 이런 개념으로 접근하기보다 영상 시청으로 인해 아기들의 뇌 발달에 필수적인 활동에 쏟는 시간이 줄어들 수 있기 때문에 발달이 지연되고 뇌기능이 떨어질 수 있다는 개념으로 접근해야 한다는 것입니다.

미국소아과협회의 가이드라인이 혹시나 발생할 수 있는 리스크에 집중해 보수적으로 보여주지 말라고 권고하고 있다면 영국왕립보건소아과학회의 가이드라인은 명확한 근거가 없는 부작용에 대해 과하게 걱정하거나 죄책감을 가질 필요가 없으며 상황에 맞게 유연하게 대처하라고 권고하고 있어요. 이제까지 들어왔던 이야기와는 조금 다르지요?

그런데 미국소아과학회에서도 '두 돌 전 영상 시청 금지' 지침을 내리고는 있지만 뇌에 악영향이 있다고 말하지는 않습니다. 이런 기관에서는 근거 없는 말을 하지 않지요. 미국소아과학회의 〈소아과학〉에 실린 공식 성명서에서는 "영상 노출이 뇌에 직접적으로 미치는 영향에 대해서는 아직 밝혀지지 않았고 부모와의 상호작용이 줄어드는 효과 또 가족 기능이 약한 집에서 전반적으로 TV를 많이 보는 경향이 있는데 이 경향 때문에 발달이 지연되었을 수 있다"라고 인정합니다.[10]

영상 시청이 발달에 나쁜 이유

영상 시청이 발달에 나쁜 이유를 이해하기 위해서는 영유아들이 영상을 시청할 때 저하될 수 있는 '이 활동'이 뇌 발달과 학습에 미치는 영향에 대해 이해할 필요가 있습니다. 바로 현실 세계에서의 상호작용입니다.

아기들이 이 세상을 학습하고 뇌를 발달시키는 과정에 있어 중요한 두 가지 원칙이 있습니다. 이 원칙은 어릴수록 중요하고, 더 큰 아기들은 조금씩 이 원칙에 벗어난 활동을 통해서도 학습과 발달이 이루어질 수 있습니다(하지만 나이가 아무리 들더라도 이 원칙에 부합하는 활동이 학습과 발달에 더 효과적이에요).

① 현실 세계에서 배운다

아기들은 영상 속이 아닌 현실 세계에서 많은 시간을 보내고 활동할 때 발달이 촉진됩니다. 공신력 있는 아동발달기관인 제로투스리에서는 24개월 미만의 아기들은 스크린이라는 2D 공간에서 배운 지식을 현실 세계에 적응하는 데 어려움을 겪는다고 말합니다.[11] 그 이유는 아기들이 현실 세계와 가상 세계가 별개의 세계라고 인지하기 때문이에요. 그래서 가상 세계에서 배운 것을 현실 세계에 적용할 수 있는 '진짜 지식'으로 여기지 않고 걸러버립니다. 이를 '전이 결손 Transfer Deficit'이라고 해요.

미국 밴더빌트대학교의 심리학자인 조진 트로세스Georgene Troseth 교수는 24개월 된 아기들을 두 그룹으로 나누어 실험을 했어요.[12] 한 그룹에게는 아기가 있는 방 안에서 사람이 아기가 좋아하는 장난감을 숨기는 모습이 녹화된 비디오를 보여줬어요. 다른 한 그룹에게는 그 방에서 사람이 장난감을 숨기는 모습을 실제로 보여줬고요. 그 결과 비디오를 본 아기들은 대부분 장난감을 못 찾은 반면 실제로 보여준 아기들은 잘 찾았다고 해요. 아기들이 가상 세계에서 얻은 지식을 현실에 활용하지 못한다는 것을 보여주는 실험이지요.

또한 생후 24개월 미만의 아기들은 녹음된 영상이나 소리를 통해 언어 발달이나 대부분의 학습을 잘 해내지 못한다는 사실도 많은 연구 결과를 통해 밝혀졌어요. 이 때문에 미국소아과학회에서 "24개월 미만 영상 시청 금지"라는 지침을 내린 것이지요.[13] 생후 24~30개월 이후 아기들의 경우에는 가상 세계에서도 학습이 가능하기는 하나 여전히 현실 세계에서 학습하는 것보다는 효율이 떨어지는 것으로 밝혀졌습니다.

②상호작용으로 배운다

아기들은 어른과 대면해 상호작용을 하며 배웁니다. 유아교육을 조금이라도 접해본 분이라면 아기들의 정서 · 지능 · 언어 발달에 있어 가장 중요한 것 한 가지로 '주 양육자와의 상호작용'을 꼽을 거예요. 가장 편안하고 신뢰하는 상대인 주 양육자의 반응과 직접적인 상호작용은 아기의 발달에 정말 중요합니다.

미네소타대학교의 발달심리학자인 스테파니 칼슨Stephanie Carlson 교수는 논문에서 "대면 상호작용이 아기들의 실행기능 발달에 주는 영향"에 대해 설명하고 있습니다.[14] 실행기능이란 한마디로 말하면 전두엽의 발달로 인해 동작하는 고차원적인 수준의 인지 능력으로 정보를 기억하고 유연하게 사고하고 충동을 조절하는 능력입니다. 집중력, 인지 발달, 언어 발달, 사회성 발달 등 모든 발달 영역과 밀접하게 연결되어 있고요. 향후 학업 성적이나 사회적인 성공에도 매우 중요한 능력이에요. 실행기능은 돌 정도 되면 서서히 생기기 시작해 3~8세 사이에 크게 발달한다고 합니다. 특히 24개월 이전에는 부모와 활발하게 상호작용하면서 발달해요.

그래서 부모가 아기의 신호에 잘 반응해주어야 합니다. 아기에게 있어 부모는 곧 세상입니다. 아기의 행동이나 신호에 부모가 세심하게 반응해주는 경험을 반복하면서 아기는 "세상은 예측 가능한 곳이고 나의 행동이 일정한 패턴대로 세상에 영향을 미칠 수 있구나"라는 신념을 가지게 되고 자신의 행동을 스스로 컨트롤하려는 동기를 가지게 됩니다.

예를 들어 아기가 뭘 만지고 싶어서 자꾸 엄마를 부릅니다. 반응성이 좋은 엄마는 바로 아기의 요구를 들어줍니다. 아기가 원하는 것을 건네주거나 아기를 안아서 그 물체를 만질 수 있게 해줘요. 이런 경험을 주로 하는 아기들은 실행기능이 잘 발달해요. 의욕을 가지고 노력하면 목적을 이룰 수 있다는 믿음이 있기에 스스로를 컨트롤해보려고 노력하면서 실행기능이 발달하지요. 그러나 반응성이 나쁜 엄마는 "지지" 하면서 만지는 행동을 못 하게 하거나 아기의 요구를 놓칩니다. 이런 경험을 주로 한 아기들은 실행기능이 덜 발달합니다. 부모가 반응 육아를 잘하면 ADHD와 같은 리스크를 타고난 아기들도 그 증상이 훨씬 덜 나타난다고 해요.[15] 그만큼 부모의 섬세한 반응은 아기들의 정신적인 능력의 개발에 중요하지요.

부모가 아기의 도전을 도와주는 '스캐폴딩'도 비슷한 맥락에서 중요합니다. 부모의 적절한 지원을 통해 아기는 문제 해결 과정에서 자신감과 동기를 가지게 되고 이는 실행기능의 발달로 이어집니다. 그리고 이 스캐폴딩은 부모와 아기의 대면 상호작용 환경에서만 일어나지요.

이러한 측면에서 봤을 때 영상 시청은 현실 세계에서의 경험도, 상호작용을 수반하는 경험도 아니기 때문에 영상 시청 시간이 길어질수록 발달의 기회가 줄어들어요. 하루는 누구에게나 똑같이 24시간이니까요. 다미가 12개월 때 저와 보낸 하루 일과를 계산해보니, 흘러가는 시간을 제외하고 하루 여섯 시간 정도 온전히 상호작용을 할 수 있는 시간이 있었어요. 생각보다는 많지 않지요? 이 중 한 시간씩만 영상 시청에 쓴다고 하면 영상 시청을 하루 한 시간씩 한 아기와 안 한 아기는 1년이 지나면 2개월 치의 차이가 날 거예요(물론 실제로는 이렇게 단순하게 돌아가는 건 아니지만요).

영상이 집중력을 저하시킬까?

한편 과도한 영상 노출이 집중력이나 ADHD 유사 행동에 영향을 줄 수 있다는 주장이 오래 전부터 제기된 바 있어요. 하지만 이에 대한 근거는 결정적이지 못합니다. 2018년에 〈미국국립과학원회보PNAS〉에 실린 한 논문에서는 영유아의 TV 시청과 집중력 간의 관계를 살펴본 수많은 기존 연구들을 면밀히 분석했는데요.[16] 영유아의 TV 시청과 향후 집중력 결핍 사이의 인과관계를 명확히 밝히는 데 대부분의 연구자가 실패했다고 적고 있습니다. 특히 TV 시청과 ADHD 유사 행동 간에 연관성이 있는 것처럼 보이지만, TV 시청 자체가 집중력 결핍으로 이어진다기보다, ADHD와 유사한 증상을 보이는 아이들을 키우는 부모들이 영상이라는 도구에 더 쉽게 의존하기 때문에 그러한 상관관계가 있는 것처럼 보일 수 있다는 점을 지적하고 있습니다.

또 〈아동 발달Child Development〉에 실린 한 연구에서는 만 1~3세 시기에 하루 영상 시청 시간이 7시간 이상으로 극단적인 경우에는 향후 집중력 결핍으로 이어졌지만, 그 이하의 영상 시청 시간과 집중력 결핍 간에는 관계가 없었다는 결론을 내리고 있었어요.[17]

그렇다면 영상 시청은 어떻게 접근하는 게 좋을까요? 일차적으로는 최대한 제한하는 것이 맞습니다. 발달에 득이 되지 않으며 영유아기에는 영어 학습조차 효과를 논하기 어렵다면 더욱 부정적인 생각이 들 수 있습니다. 아마도 출산을 준비 중인 예비 부모이거나 돌 전의 어린 아기를 키우고 있는 부모라면 '영상 시청은 애초에 하지 않는 게 좋겠다!'라고 생각할 거예요.

하지만 돌이 지난 아기를 혼자서 힘들게 육아하고 있다면 생각이 다를 수도 있습니다. 육아를 하다 보면 영상이 좋은 도구로 쓰일 때가 있어요. 특히 혼자 아기를 보는 중에 아기의 주의를 잠깐씩 끌어야 할 때가 있습니다. 아기와 단둘이 차를 탄다거나 엄마가 아기의 방해 없이 뭔가에 집중해야 하는 상황이라거나 잠깐의 휴식이 필요할 때요. 그 순간에 영상에 의지하지 않으려고 노력하는 분들도 있지만 영상이 아기에게 나쁠 수 있다는 걸 알면서도 어쩔 수 없이 영상을 보여주면서 죄책감을 느끼는 분들도 있을 거예요.

물론 영상을 보여주지 않고도 부모가 아기에게 계속 활발하게 상호작용을 해줄 수 있다면 그게 최고의 방법이겠지요. 그러나 아기와 하루 종일 시간을 보내다가 한숨 돌리고 싶은데 그렇게 하지 못해 힘든 부모가 영상을 잠깐 보여주는 게 그리 나쁠까요? 저는 그렇지 않다고 생각합니다. 영상이라는 도구는 지나치게 사용하면 물론 좋지 않지만 평소에 부모가 아기와 충분히 상호작용을 해주면서 현명하게 활용한다면 부작용을 줄일 수 있다고 생각해요.

사실 저는 영상에 대해 좋은 감정을 가지고 리서치를 시작하지 않았어요. 당연히 나쁠 거라 생각했지요. 그러나 좀 더 꼼꼼하게 리서치를 하고 나니 "아기들에게 보여주는 영상이 패스트푸드가 아닌 흰쌀밥 같은 거구나"라고 생각하게 됐어요. 패스트푸드는 명백히 몸에 나빠요. 흰쌀밥은요? 몸에 나쁘진 않습니다. 하지만 영양소는 별로 없이 칼로리를 채우지요. 흰쌀밥만 너무 많이 먹으면 배가 불러 영양소가 풍부한 다른 반찬을 못 먹게 됩니다. 영상도 마찬가지입니다. 물론 "영상 노출이 나쁘다는 확실한 근거는 없다"는 것이지 "영상 노출은 나쁘지 않다"는 건 아니기 때문에 영상이 패스트푸드일 가능성도 아직까지 배제할 수 없습니다. 그러나 TV 등장 이후 몇십 년간 연구가 진행되었음에도 불구하고 아직까지 영유아 영상 노출과 뇌 기능 간 인과관계가 제대로 입증되지 못했다는 점을 생각하면 대중매체에서 묘사되는 것만큼 정말 해로울까 하는 의문이 듭니다.

베싸&다미 이야기

저희 집은 기본적으로 '꼭 필요한 상황에만 활용하되, 어쩔 수 없을 땐 너무 스트레스받지 말자'는 기조를 유지했습니다. 예를 들어 저와 남편이 가끔 오붓하게 식사하고 싶을 때나 너무 지쳤을 때는 영상을 활용했어요. 그리고 조부모님 댁에 갔을 때 어쩔 수 없이 영상에 노출되는 순간에는 자주 있는 일이 아니니 마음을 좀 내려놓기도 했어요. 하지만 집에 TV는 두지 않았고, 가급적 발달에 좋은 활동 위주로 시간을 보내려고 노력했습니다. 30개월 무렵부터는 선별한 영어 영상을 조금씩 보여주기 시작했으나 특별한 때를 제외하고는 하루 30분은 넘기지 않았습니다.

성조숙증 위험을 높이는 음식이 있을까?

결론부터. 성조숙증 위험을 높이는 음식은 없다고 보아도 무방합니다.

최근 부모들 사이에서 성조숙증에 대한 관심이 높습니다. "OO 먹으면 성조숙증 온다던데" 하는 속설, 팩트 체크해보겠습니다. 먼저 성조숙증이 무엇인지부터 알아야겠지요? 성조숙증은 신체적인 사춘기를 경험하는 시기가 정상보다 빨라지는 것을 뜻해요. 여아들의 경우 만 8~13세 사이, 남아들의 경우 만 10~15세 사이에 사춘기가 오면 정상으로 봅니다. 의학적으로는 성조숙증이라고 하면 만 8~9세 이전에 이차성징이 나타나는 걸 뜻하지만 정상과 비정상을 가르는 것은 아닙니다. 전 세계적으로 사춘기가 앞당겨지는 현상 자체가 문제로 지적되고 있기 때문에[18] 쉽게 보면 '사춘기가 빨리 오는 현상'이라고 생각해주면 되겠어요. 참고로 만 8~9세를 기준으로 하는 진짜 성조숙증의 발병률은 5,000~10,000명당 한 명꼴이고 여아에게서 열 배 정도 흔하다고 합니다.

성조숙증이라고 하면 단순히 이차성징이 빨리 오는 것, 즉 신체적인 것으로만 생각하기 쉬운데요. 사실은 좀 더 복잡한 문제입니다. 정신은 가만히 있고 신체만 성숙하지 않거든요. 성조숙증이라는 것은 정신적인 사춘기도 조금 더 일찍 온다는 뜻이요. 이에 따라 아기의 정신 건강이나 학습 능력, 교우 관계 그리고 많은 분들이 궁금해하는 키 역시 성조숙증 발생 여부에 따라 달라질 수 있습니다.

한국을 포함해 전 세계적으로 아이들의 사춘기가 빨라지는 이유로 가장 많은 학자들이 공통적으로 꼽고 있는 요인이 바로 영양 상태의 개선이에요. 선진국에서는 오히려 '과영양' 상태에 있는 아이들도 많지요. 특히 어릴 때 몸무게 급증을 겪은 아기들이나 전반적으로 비만 상태에 있는 아기들은 성조숙증이 올 가능성이 높아집니다. 과영양이나 운동 부족 등 다양한 이유로 나이 대비 몸무게가 너무 빨리 늘어나면 뇌는 우리 몸이 어른이 될 준비를 마쳤다고 판단하게 됩니다. 쉽게 말하면 사람의 뇌는 자기 몸이 자손을 생산할 수 있는 준비가 되었는지 아닌지를 몸의 영양 상태나 지방의 정도를 기준으로 판단한다는 거예요. '이 정도면 자손을 낳을 수 있겠는데?' 하는 판단이 들면 특정 뉴런이 개입해서 성호르몬을 분비하게 하고 이차성징이 시작되는 것이지요.

그러면 흔한 속설처럼 특정 음식이 성조숙증을 유발할 수는 있을까요? 제가 댓글로 가장 빈번하게 질문받은 순서대로 나열하면 콩류, 우유, 블루베리, 홍삼 순서였는데요. 결론적으로 말하면 위 음식을 아기들이 매일 먹었다고 성조숙증이 생긴다는 사실은 과학적으로 입증되지는 않았습니다.

우유와 고기

과학계에서 그나마 가장 논란이 있었던 것은 우유와 고기입니다. 둘 다 동물성 단백질의 공급원인데요. 우유와 고기를 많이 섭취하는 아기들에게 성조숙증이 생긴다는 연구 결과들이 있어요. 〈플로스 원〉에 실린 한 연구에서는 5~12세 사이 미국 여아 2,000명 이상을 대상으로 한 연구에서 높은 수준의 유제품 섭취와 이른 초경 간 약하지만 상관관계가 있다고 보고했고요.[19] 반면 〈소아과학〉에 실린 연구에서는 홍콩의 7,000명 이상의 아이들을 대상으로 생후 6개월, 3세, 5세 때 우유 섭취와 성조숙증 간의 관계를 살펴봤는데 우유 섭취와 성조숙증 간에는 상관관계가 없다는 결론을 내렸어요.[20] 고기의 경우도 마찬가지로 충돌되는 연구 결과가 공존하고 있습니다.

인종의 차이일 수도 있고 실험 대상 연령의 차이일 수도 있겠지요. 얼마나 먹는 게 과한 건지에 대한 기준이 다를 수도 있겠고요. 하지만 어찌 되었든 다양한 연구에서 우유나 고기를 매일 섭취하는 것이 성조숙증으로 이어진다는 뚜렷한 경향성을 발견할 수는 없었으며 권위 있는 기관에서는 대체로 우유와 성조숙증 간의 관계를 인정하지 않아요. 대부분의 소아 전문 기관에서 칼슘, 마그네슘과 지방 등을 충분히 먹이기 위해 아기가 유제품을 매일 섭취할 것을 권고하고 있기도 하고요. 또한 성조숙증 때문에 우유를 안 먹인다는 분들은 아기들의 분유 중 대다수가 우유를 베이스로 만들어진다는 사실도 생각해보아야 할 거예요. 사실 우유냐 고기냐의 문제에 앞서 특정 시기에 과한 단백질 섭취가 문제라는 지적도 있습니다.

단백질 함량이 높은 분유를 먹는 아기는 저단백 분유를 먹는 아기들에 비해 비만으로 이어지기 쉽다는 연구 결과가 있는데요.[21] 단백질, 특히 동물성 단백질의 섭취는 키나 몸무게 등의 성장에 중요한 역할을 하거든요. 단백질은 부족하게 먹어서도 안 되지만 생애 초기에 과하게 먹으면 비만 체질이 되는 데 영향을 줄 수 있어요. 옛날에 어려웠던 시절에는 고기 반찬을 잘 먹는 게 아기의 성장에 매우 중요했다는 데는 의심의 여지가 없지만 요즘처럼 과영양으로 가기 좋은 환경에서는 적당히 제한할 필요도 있다는 것이지요.

〈영양 리뷰Nutrition Reviews〉에 실린 연구에서는 식단과 성조숙증 간의 관계에 대한 기존 연구들을 종합적으로 분석했는데요.[22] 대체로 아동의 과도한 동물성 단백질 섭취와 성조숙증 간에 상관관계가 있다는 결론을 내리고 있었습니다. 우유나 고기 모두 동물성 단백질의 공급원이지요. 그렇다고 해서 우유나 고기를 먹이지 말라고 권고하는 기관이나 전문가는 없습니다. 극단적으로 아기의 식단에서 우유와 고기를 빼버려야 한다고 생각하지는 마세요. 뭐든 과하게 먹으면 독이 되기 마련이지요. 특정 음식을 과하게 먹지 않고, 지나치게 동물성 식단 위주로 먹지 않도록 주의하며 '골고루' 먹는 것이 혹시 모를 리스크를 낮추는 방법이 될 거예요.

〈영앙소 저널〉에 실린 논문에서는 평균 8세 정도 된 아이들을 5년간 추적 연구했는데요. 소고기를 하루에 두 번 이상 먹는 아기들이 일주일에 네 번 이하로 먹는 아기들에 비해 사춘기가 빨랐어요.[23] 또 생선을 일주일에 두 번 이상 먹는 아기들이 한 달에 한 번 이하로 먹는 아기들에 비해 사춘기가 느렸고요. 저는 여기서 소고기를 먹일지 생선을 먹일지가 아니라 아기의 식단이 얼마나 다양한지가 중요한 변수라고 생각했어요. 소고기를 하루에 두 번 이상 먹는 아기들, 생선을 한 달에 한 번 이하로 먹는 아기들은 대체로 식단의 다양성이 낮을 것 같지 않나요? 같은 단백질이라도 소고기도 먹고 닭고기도 먹고 콜린이 풍부한 달걀도 먹고 DHA가 풍부한 생선도 먹고 다양하게 먹는 게 좋겠지요. 또한 식단에서 단백질이 차지하는 비중이 너무 높아지지 않게 채소와 곡류의 섭취도 신경 써야 할 거예요.

실제로 〈영양소 저널〉에 실린 논문에서는 전반적인 영양 퀄리티가 낮은 경우, 즉 편식한다거나 영양가가 낮은 간식 위주로 먹는다거나 하는 경우 성조숙증이 올 가능성이 더 높다는 연구 결과를 내놓기도 했습니다.[24]

콩류와 블루베리, 홍삼

콩류와 블루베리, 홍삼의 경우 좀 더 쉬워요. 성조숙증과 관련이 없다는 쪽으로 확실하게 기울어지고 있거든요. 콩류와 블루베리가 의심받는 이유는 각각 이소플라본 리그난이라고 하는 식물성 에스트로겐Phytoestrogen 때문인데요. 에스트로겐은 여성호르몬의 한 종류인데 식물성 에스트로겐은 식물에 있는 성분으로 여성호르몬과 유사한 작용을 해요.

〈플로스 원〉에 실린 콩류와 성조숙증 간의 관계에 대한 많은 연구를 종합 분석한 연구 논문에 따르면 두유와 같은 콩류와 성조숙증 간의 상관관계는 없는 것 같습니다.[25] 예를 들어 한국에서도 조제식과 조제유 사이에서 한창 말이 많았던 내용인데 분유 중 상당수가 두유를 기본 베이스로 하고 있다는 사실 아시나요? 쉽게 말하면 조제식은 두유가 기본 베이스이고 조제유는 우유가 기본 베이스인데요. 조제유는 모유 수유 대용식이기 때문에 모유 수유 권고 차원에서 법적으로 광고가 제한되어 있어요. 그래서 시중에 광고하는 분유 제품 중에는 두유를 베이스로 하는 조제식이 많습니다. 〈유럽영양학저널〉에 실린 연구에서는 오히려 콩류와 같은 식물성 단백질의 섭취량이 많은 아기가 사춘기가 더 늦어지는 경향(성조숙증의 반대)이 있다고 보고하기도 했어요.[26]

사람들이 성호르몬의 역할을 한다고 걱정하는 이소플라본에 대해 영양 및 대사 분야 전문가이자 오르솔랴 팔라치오스는 논문에서 이렇게 설명했습니다.[27] 이소플라본과 같은 식물성 에스트로겐은 우리 몸에서 생산되는 진짜 에스트로겐에 비하면 성호르몬처럼 작용하는 효과가 약 4,000~400만 배까지 적다고 해요. 물론 절대적인 섭취량도 매우 적고요.

블루베리에 들어 있는 리그난이라고 하는 식물성 에스트로겐의 경우에도 마찬가지라고 합니다. 즉, 블루베리든 두유든 특정 식품을 통해 섭취하는 식물성 에스트로겐이 실제 성조숙증에 영향을 주는 여지는 아주 미미하다는 것이지요. 조선대학교와 영남대학교에서 이루어진 한국 아기들을 대상으로 한 두 연구에서도 콩 음식이나 우유, 육류 등 전반적인 식단과 성조숙증 간의 관계에 대한 주장에는 근거가 부족하다고 결론 내리고 있었습니다.[28]

홍삼이나 한약

홍삼이나 한약에 대해서는 관련 자료나 전문가 주장을 전혀 찾아볼 수 없었기 때문에 걱정할 필요는 별로 없다고 생각해요. 하지만 너무 많은 재료가 농축된 것을 어린 아기가 과하게 장기간 섭취하면 위험할 수도 있습니다.

정리하면, 성조숙증 예방을 위해 특별히 먹어야 할 음식이나 먹지 말아야 할 음식은 없는 것 같습니다. 뭐든 너무 과하게 먹지 않고 다양한 식품군을 골고루 먹는 것이 좋습니다. 앞서 비만이 성조숙증의 주요 원인이라고 이야기한 만큼 가공식품이나 패스트푸드, 당이 많은 음식 등 비만에 기여할 수 있는 식품도 당연히 줄여야겠지요?

제가 아기를 키우다 보니 특히 우려되는 것은 당 섭취예요. 아기가 아주 어릴 때는 당 섭취를 조심하는데 커서 가공식품을 하나둘씩 먹기 시작하면 걷잡을 수 없이 당 섭취량이 높아지는 경우도 있더라고요. 실제로 동국대학교병원 소아과와 국립암센터 소아과의 공동 연구 논문에서도 아기들의 액상과당 섭취를 줄이는 것이 성조숙증의 중요한 예방책이라는 조언을 하고 있습니다.[29] 과한 당 섭취는 장내 미생물 환경에도 나쁘고요. 좋을 것 하나 없지요.

현실적으로 당 첨가 식품을 아예 먹이지 않는 게 어렵다는 것은 저도 잘 알지만 중금속이나 환경호르몬 걱정하듯 당 함량 정도는 꼭 체크하고 먹이면 좋겠습니다. 사람들의 인식은 그렇지 않지만 실제로는 엄격한 규제 수준 아래에 있는 중금속이나 환경호르몬보다 지나친 당 섭취가 더 큰 문제일 수 있거든요.

아기에게 필요한 가습기는 어떤 걸로 고를까?

결론부터. 정말 안전한 걸 찾는다면 자연기화식이나 가열식으로. 물탱크 관리를 잘할 자신이 있다면 초음파식도 OK.

면역력이 약해 감기에 걸리기 쉬운 아기들. 가습기를 틀고 싶은데 종류가 너무 많아서 고민이 됩니다. 저희 집도 가습기를 사용하지 않다가 아기를 키우게 되니 필요할 것 같아 하나 장만했는데요. 아기가 있는 집에서 가습기를 구매할 때 어떤 점을 고려하면 좋을까요?

사실 아기를 키우는 집에서 가습기를 어떻게 선택하라는 명확한 지침이 있는 것은 아닙니다. 가습기 살균제 사건과 같이 법적 규제를 벗어난 잘못된 제품에 의한 사고가 아니라면 특정 형태의 가습기 그 자체가 아기의 건강에 영향을 미친다는 근거가 부족하기 때문이에요. 대체로 어떤 제품이든 크게 걱정할 필요가 없습니다. 다만 가습기 관련해 신경 쓰일 수 있는 이야기들이 있어 좀 더 안심하고 사용할 수 있도록 크게 두 가지 포인트를 조사해보았습니다. 미세플라스틱과 공기 중 미네랄 입자 논란에 대해 살펴볼게요.

미세플라스틱

미세플라스틱 관련해 많은 분이 언론을 보고 걱정을 합니다. 특히 제가 종종 들었던 질문은 "PP 소재 젖병에서 미세플라스틱이 나온다는데 PP 플라스틱이 사용되는 가습기를 사용하면 미세플라스틱이 공중으로 방출되는 거 아니냐"라는 질문이었어요.

미세플라스틱은 아직 신생 연구 분야이기 때문에 주의해서 볼 필요가 있긴 합니다. 저는 연구가 시작된 지 오래되었는데도 유해성이 밝혀지지 않은 분야는 대체로 안전하다고 결론 내리는 편인데요. 예를 들어 불소 섭취의 유해성이라든가 유제품 섭취의 유해성은 수십 년 전에 제기된 논란이고 많은 전문가와 기관에서 거금을 들여 연구했음에도 유해성을 제대로 입증하지 못했고, 이 정도면 이제 안전한 범위에 있다고 생각해요. 하지만 미세플라스틱은 아직 연구 자체가 초기 단계이기 때문에 유해하다 아니다 판단을 내리기 어렵습니다. 잠재적 유해성의 가능성을 충분히 제외시키지 못했다는 뜻이지요.

미세플라스틱이 건강에 영향을 '준다'는 연구는 아직 없지만 '줄지도 모른다'는 실마리를 잡을 수 있는 정도의 연구들은 좀 나왔어요. 〈종합환경과학지〉에서 2020년에 나온 논문에서는 미세플라스틱이 염증 반응이나 면역체계 손상 등 인체의 세포 수준에 영향을 줄 가능성도 배제할 수 없다고 언급했습니다.[30]

하지만 "PP 소재 젖병에서 미세플라스틱이 나왔다"에서 "PP 소재 가습기는 위험하다"라는 결론으로 넘어가기에는 무리가 있습니다. 일단 PP 소재 젖병에 분유를 탈 때 미세플라스틱이 검출되었다는 연구를 보면 PP 소재 젖병을 고온의 물에 넣고 열탕 소독하거나 분유를 타는 과정에서 고온에 약한 미세플라스틱 입자가 젖병에서 떨어져 나와 젖병 내부에 존재하게 된다는 내용입니다.[31] 그러면 가열식 가습기로 인해 증기가 가습기의 플라스틱 부분을 스쳐 지나가면서 미세플라스틱 입자가 떨어져 나오고 이 입자가 증기를 타고 공기 중으로 이동할 수 있을 만큼 가벼울까요? 이건 해당 조건으로 실험을 해보기 전에는 알기 어렵습니다만 근거는 아직까지 없습니다. 저는 성급한 비약이라고 생각해요. 판단은 개인의 몫이지만요.

참고로 공기 중의 미세플라스틱은 합성섬유 및 기타 플라스틱 물건들을 다루면서 마찰에 의해 자연스럽게 발생하며 폐에 들어갈 정도로 작습니다. 아직 그 유해성이 밝혀지지 않았으나 실내 환기에 신경을 써주는 건 중요해요.

공기 중 미네랄 입자 논란

초음파식 가습기가 칼슘 등 물속의 미네랄을 분해해 공중으로 흩뿌린다는 사실은 이미 밝혀진 바 있습니다. 그래서 미네랄이 포함된 물을 넣은 가습기를 틀고 그 근처에서 미세먼지를 측정하면 미세먼지 수치가 높게 나온다고 하지요. 미네랄 입자가 인체에 어떤 영향을 미치는지에 대한 믿을 만한 근거는 아직 나오지 않았습니다. 하지만 〈소아과학〉에서 신생아를 대상으로 한 폐 손상 임상 케이스가 보고된 적 있어요[32](다만 한두 건의 임상 케이스는 그 자체만으로 위험성을 단정할 수 있는 근거는 아닙니다). 몇몇 학자와 의료인은 초음파식 가습기를 통해 뿌려지는 미네랄 입자가 아직 통계적으로 밝혀지지는 않았으나 잠재적인 건강상의 위험성이 있으므로 초음파 가습기를 쓸 때는 미네랄이 적은 물을 사용하는 게 좋겠다는 의견을 남겼고요.[33]

그래서 아직 명확한 부작용은 없지만 아기가 아직 어리니 가급적 조심하는 게 좋다는 점을 감안하면 초음파식 가습기를 사용하지 않거나 초음파식 가습기를 사용한다면 미네랄이 적은 증류수나 역삼투압식 정수기로 거른 물을 사용하는 게 좋겠지요.

다만 증류수나 역삼투압식 정수기로 거른 물을 사용할 때의 단점이 하나 있습니다. 바로 가습기 물통 내부에서 세균이 번식하기 좋다는 것이지요. 초음파 가습기는 물속의 세균마저 잘게 쪼개어 공중에 흩뿌릴 수 있습니다. 공기를 통한 세균 감염은 심하면 폐렴이나 기관지염 등의 원인이 될 수도 있다고 해요. 그래서 많은 가습기 제조사에서는 가습기에 수돗물을 사용할 것을 권장하는데 수돗물에는 염소가 포함되어 있어 세균 번식을 어느 정도 막아주기 때문이에요.[34] 하지만 수돗물을 사용하면 미네랄 입자의 문제가 있어 양날의 검이지요.

가습기와 물의 조합을 구분해 안전상의 장단점을 정리해보았습니다. 가격이나 가습 성능 등 다른 요소도 함께 고려해 선택하면 됩니다. 요즘에는 기술이 좋아져서 제조사에서 자체적으로 단점을 보완하기도 하니 브랜드별로 잘 따져보세요.

<table>
<tr><th>연번</th><th>1</th><th>2</th><th>3</th><th>4</th><th>5</th><th>6</th></tr>
<tr><td>가습기 종류</td><td colspan="4">초음파식 가습기</td><td>가열식 가습기</td><td>자연기화식 가습기</td></tr>
<tr><td>물 종류</td><td>수돗물</td><td>증류수 혹은 역삼투압식 정수기로 거른 물</td><td>직수형 정수기로 거른 정수기물(직수형 필터는 역삼투압 필터보다 거르는 성능이 약함)</td><td>생수</td><td colspan="2">아무 물이나 무관함</td></tr>
<tr><td>장점</td><td>세균 없음</td><td>공기 중에 흩뿌려지는 미네랄 입자가 없음</td><td>미네랄이 줄어들어 공기 중 미네랄 입자가 적어짐</td><td>미네랄 수치가 낮은 걸로 고를 수 있음</td><td colspan="2">세균, 미네랄 걱정 없음</td></tr>
<tr><td>단점</td><td>미네랄 입자</td><td>세균이 공기 중에 흩뿌려질 수 있음. 정수기 물탱크, 가습기 물탱크 이중 관리 필요함</td><td>세균이 공기 중에 흩뿌려질 수 있음</td><td>세균이 공기 중에 흩뿌려질 수 있음</td><td colspan="2">미세플라스틱 우려</td></tr>
</table>

판단	안전 순위 5위 (비추천)	안전 순위 3위	안전 순위 4위 지만 직수형 정수기가 있다면 괜찮다고 생각됨	생수 브랜드에 따라 다름(미네랄 수치 차이)	안전 순위 2위	안전 순위 1위
비고	물탱크 관리를 매일 할 수 있다거나 살균 기능이 강력한 가습기라면 단점 상쇄 가능				미세플라스틱 방출, 밝혀지지 않음	

사실 제가 무언가를 구매할 때 이렇게까지 따지지는 않는 편이기는 합니다. 많은 분이 고민하고 있는 내용을 리서치하기도 하는데 가습기가 바로 그런 주제였지요.

저희 집에는 다미가 태어나기 전부터 있었던 공기청정기 겸 초음파 가습기가 하나 있는데요. 습도가 표시되는데 웬만하면 40퍼센트 밑으로 잘 안 떨어지더라고요. 그래서 잘 쓰진 않았어요. 건조한 건 장기적으로 건강상의 유해성이 없지만 미네랄 입자가 폐에 들어갈 수 있다고 생각하니 꼭 필요할 때가 아니면 안 써지더라고요. 정말 건조해서 아기 피부가 거칠어지는 게 눈에 보인다거나 환절기 때 밤에 코막힘 없이 잘 자라고 짧은 시간만 틀어주었어요. 저희 집은 직수형 정수기가 있어서 직수형 정수기 물을 받아 사용했고 자주 세척했습니다.

가습기 세척 방법[35]

① 매일 물통을 비우고 흐르는 물로 씻고 잘 건조시키기

② 일주일에 한 번(매일 쓰는 경우) '물 9스푼 + 구연산 1스푼'을 넣고 흔든 뒤 30분 정도 두기

③ 미네랄 찌꺼기가 없어지고 미생물 증식이 억제됨

만 3세 이전에는 절대 훈육하지 말아야 할까?

결론부터. 정해진 답은 없습니다. 전문가마다 의견이 달라요. 그리고 이 의견들은 주관성이 다분합니다.

"훈육은 몇 개월부터 해도 되나요?" "'안 돼'라는 말은 언제부터 하면 되나요?" 이 두 가지는 제가 가장 많이 받는 질문들입니다.

육아를 하며 빠지기 쉬운 함정은 '시기'에 집착하는 것입니다. 시기로 구분하면 편하고 따라 하기 쉬운 가이드라인이 되거든요. "만 2세 이전까지는 '안 돼'라는 말이 목구멍까지 나와도 꾹 참고 그 이후부터 마음껏 쓴다"라는 지침이 있다면, 얼마나 쉬울까요? 하지만 우리가 아는 유명한 전문가들이 시기에 대해 칼같이 조언했다고 해도 안타깝지만 그것은 정답이 아닙니다. 왜냐하면 전 세계적으로 수많은 전문가가 훈육의 시기에 대해서는 모두 다른 답변을 내놓았으며 과학적으로 뒷받침할 만한 명확한 근거는 없거든요. 대부분 주관성이 다분한 의견이라는 뜻이지요. 신뢰할 만한 공식적 지침이나 시기를 특정할 수 있는 연구 결과를 찾기 어려워요.

"몇 개월부터 훈육을 해도 되나요?"라는 질문 자체를 다시 점검해봐야 합니다. 정확한 답이 없는 잘못된 질문이기 때문에 정답을 찾아 헤매는 건 모래밭에서 진짜 모래를 찾아다니는 것과 마찬가지예요. 아마도 훈육의 주제는 '대부분

허용하는 쪽'에서 '허용하면 안 되는 것에 대해 알려주는 쪽'으로 서서히 넘어가는 것이 맞다고 생각해요. 아직 신생아 때라서 자신의 행동이 어떤 결과를 가져올 수 있다는 기본 개념조차도 모르는 아기에게 "그렇게 하면 안 돼" 하며 무서운 표정을 지어봤자 돌변한 부모의 표정에 겁만 먹을 뿐이겠지요. 반면 (세 돌이 지날 즈음) 웬만한 말은 다 통하는 아기인데도 이 세상에 어떤 것은 마음대로 되지 않는다는 것을 전혀 가르쳐주지 않는다면 아기는 무엇이든 내 마음대로 해도 된다는 인식을 가지고 살아가게 될 겁니다. 아기의 발달 단계에 따라 서서히 물들여 가듯 조절하는 것이 관건입니다.

미국소아과학회에서는 훈육의 시기를 특정하지 않고, 긍정적인 훈육을 하는 것이 중요하다고 강조하고 있어요.[36] 언제 하느냐보다, 어떻게 하느냐가 중요하다는 것이지요. 긍정적인 훈육을 위해서는 아기가 어릴수록 안전에 관계된, 정말 필요한 경우가 아니라면 아기의 행동을 가급적 금지하고 제한하지 않는 편이 권장되고요. 아직 말을 잘 이해하지 못하는 아기일 경우에는 명시적으로 제한하고 금지하기보다는 주의를 다른 곳으로 돌리는 전략을 사용하는 것이 좋아요. 말을 어느 정도 알아듣기 시작하면 아기가 납득할 수 있는 설득이나 타협 등의 전략을 사용하는 것이 좋습니다.

아기가 클수록 이해할 수 있는 규칙의 범위가 넓어질 것이고 이에 따라 아기에게 적용되는 규칙도 점차 많아질 거예요. 아기가 지켜야 하는 규칙이 지나치게 과한 것도 좋지 않습니다. 한계 설정을 과도하게 하는 것, 적게 하는 것 모두 아기의 자기 조절력과 사회성에 좋지 않은 영향을 미쳐요.

어디까지 허용해줘야 할까

아기에게 어디까지 허용해줄지 고민될 때 이런 점을 생각해보면 도움이 됩니다.

-아기의 행동을 왜 허용해줘야 하는가?

-왜 제한해야 하는가?

앞서 '플러스 육아 원칙' 중 반응 육아와 자율성 지지 육아에 대해 이야기했습니다. 이를 위해 부모가 아기의 욕구를 인정하고, 그 욕구를 행동으로 옮길 수 있게 도와주어야 해요. 허용은 이 과정에서 중요한 의미를 가집니다. 물론 그렇다고 뭐든 허용해야 하는 건 아니에요. 제한해야 하는 이유도 있습니다. 대표적인 경우는 안전과 관련된 행동이지요. 안전을 위협할 수 있는 행동은 아기의 생존을 위해 제한하는 게 당연합니다. 다만 걸음마하는 아기가 무릎이 까질까 봐 걷지도 못하게 하는 과도한 제한은 안전의 영역이라기보다 과잉보호의 영역으로 들어갈 테니 이 역시 부모가 잘 판단할 필요가 있습니다. 또 사회적으로 허용되지 않는 행동도 제한의 영역입니다. 아기가 소리를 지른다면 "소리 지르지 말자"라고 이야기해주거나 단호한 눈빛을 보내면서 '그건 좋지 않은 행동'이라는 걸 알려주어야겠지요. '구조 만들기 육아'에서 이야기했던 것처럼요.

즉, 허용과 제한은 모두 중요합니다. 부모가 허용과 제한이 어떤 의미인지 알고 있다면, 상황에 따라 고민하고 결정할 수 있을 거예요. 그러다 보면 나름의 기준이 생기고 "언제부터 '안 돼'를 해도 되나요?"와 같은 질문은 의미가 없어집니다. 스스로 '지금은 안 된다고 할 때구나' '지금은 허용해도 되겠어' 등의 판단을 내릴 수 있거든요. 다른 부모나 전문가의 말에 이리저리 흔들리지 않게 됩니다.

때로는 제한의 기준에 '나는 이걸 참을 수가 없어'라는 부모의 육아 스트레스를 결정하는 개인적인 이유도 정당한 사유로 인정해주세요. 부모에게 견딜 수 없는 스트레스를 주는 행동이라면 제한할 필요가 있습니다. 부모와 아기는 어쨌든 공생해야 하는 관계예요. 예를 들어 아기가 소리 지르는 걸 허용할 수 있는 부모도 있지만 어떤 부모는 너무나 싫을 수도 있을 거예요. 아기 입장에서 생각해보려고 애써도 허용이 안 된다면 허용해주려고 너무 애쓸 필요는 없다고 생각해요. 허용해주지 못하는 부분만큼, 다른 영역에서 풀어줘도 되지요.

다만 "나는 왜 아기가 소리지르는 걸 싫어할까?" 하고 자신의 내면에 대해 탐색하는 시간도 가져보세요. 어릴 때 아빠가 소리를 질러서 너무 무서웠거나, 아기가 소리를 지르면 나의 권위에 도전하는 것 같아 화가 난다거나, 다양한 내면의 목소리를 발견할 수도 있어요. 이게 에고입니다. "소리를 지르면 안 돼"라고 말하는 내면의 에고 말이에요. '내 안에 이런 면이 있네?' 하고 깨닫는 순간, 소리 지르는 아기에게 너그러워질 수 있는 마음의 힘이 생길 거예요. '소리 지르는 아이가 불편한 건 나의 에고 때문이야'라고 인식할 때마다, 에고에 휘둘리지 않고 아이 입장에서 한 번 더 생각해볼 수 있을 거예요. 이 모든 과정이 바로 부모로서 한 걸음씩 성장하는 단계입니다.

저는 세 돌이 지난 다미가 식사 시간에 한 번씩 일어나서 돌아다니는 것에는 아주 엄격하지 않습니다. 제게 있어 그건 천천히 가르쳐도 되는 예절이고, 자기 조절력이 더 좋아지면 자연스럽게 고쳐질 영역이라서 허용하는 편이지요.

그런데 어떤 부모들은 식사 예절을 아주 중요하게 생각해서 돌 된 아기가 돌아다니는 것에 매우 스트레스를 받을 수도 있습니다. 그리고 '일어나면 식사 종료'라는 규칙을 만듭니다. 둘 중 누가 옳다고 할 수 있을까요? 저는 이런 문제는 가정 내에서 문화를 만들어나가면 되는 문제라고 생각해요. 명확히 도덕적 이유가 있거나 남에게 해를 끼치는 게 아니라면요.

혹시 우리 집만의 규칙 때문에 아기가 기관에서 적응을 못할까 봐 걱정이 되나요? 글쎄요. 아기들은 각 환경마다 다르게 적용되는 자신의 한계를 명확히 인지할 수 있어요. 집에서 식사 중 돌아다니는 다미도 어린이집에서는 돌아다니지 않고 잘 먹습니다. 이건 대부분의 부모가 기관을 보낸 후 깨닫게 되는 사례지요.

부모의 어떤 잘못이 애착 문제로 이어질까?

결론부터. 아기와의 애착 관계는 생애 초기에 신경을 써야 하는 건 맞지만, 중요한 건 방향성이며 한두 번의 잘못으로 망가지는 건 아닙니다.

아기를 키울 때 양육자로서 안정적인 애착 관계를 형성하는 게 중요하다는 사실은 부모라면 많이들 숙지하고 있는데요. 그러다 보니 애착 관계 형성을 과제로 느끼고 부담을 가지는 분들이 많습니다. 나는 아기와 애착을 잘 형성하고 있을까, 나의 행동이 애착을 방해하는 건 아닐까 하는 걱정이 불쑥 올라옵니다. 그래서 아기가 '엄마 껌딱지'처럼 달라붙는 시기에도, 반대로 부모에게 무심한 것 같다는 느낌이 들 때처럼 흔히 일어날 수 있는 상황에서도 '우리 아이가 불안정 애착인가' 하는 생각이 들게 되지요.

이런 의문이 생기는 이유는 한 가지입니다. 애착이 어떤 과정을 거쳐 형성되는지 확실하게 알지 못해서입니다. 애착의 개념을 제대로 이해하고 나면 이런 근거 없는 불안감이 크게 줄어들게 될 거예요.

애착이 형성되는 과정

애착은 주 양육자에 대해 아기가 느끼는 신뢰감의 정도입니다. 어렸을 때부터 부모가 아기의 신호에 섬세하고 따뜻하고 일관적으로 반응해주면 아기는 점차 부모에 대한 어떤 표상 이미지를 가지게 됩니다. '엄마는 나의 생존을 보장해주는 사람이야.' '엄마는 내가 힘들 때 달려와주는 사람이야.' '엄마는 나를 안전하게 지켜줘.' '엄마와 함께 있다면 두려워할 필요 없어.' 이렇게 아기가 부모에게 신뢰를 가지게 된 경우에 '안정 애착'이라고 하고, 그 반대의 경우에 '불안정 애착'이라고 해요.

생애 초기 2년 동안은 애착 형성에 있어서 상당히 중요한 시기로 인식됩니다.[37] 아기들은 이 시기 동안 '내적 작동 모델'이라는 것을 만들어내요. 이 모델은 아기가 부모와 상호작용을 하면서 나와 타인은 어떤 존재이고 인간관계란 어떤 것인지에 일종의 사고의 틀을 만드는 것이에요. 아기가 본인과 타인에 대한 긍정적인 기대를 가진다면 타인에게 접근할 때 긍정적이고 자신감 있게 행동하겠지요. 반면에 사람은 예측할 수 없으며 갑자기 화를 낼 수도 있는 존재라고 인식한다면 긴장하고 불안해질 것이고요. 그러므로 초기 애착을 통해 긍정적인 내적 작동 모델을 형성하는 것은 인생 전반에 걸쳐 매우 중요한 과제입니다.[38]

이런 말을 듣고 우리 아기는 아직 두 돌 전이니까 내가 뭘 잘못해서 아기가 애착 형성이 잘 안 될까 봐 노심초사하면서 육아할 필요는 없습니다. 애착은 부모가 아기를 100퍼센트 케어해야 형성되는 것도, 생후 며칠간 모자동실을 해야 잘 형성되는 것도, 아기에게 적절하게 반응해주지 못한 한두 번의 에피소드 때문에 망가지는 것도 아니거든요. 앞서 이야기했듯 애착은 아기와 부모와의 경험 속에서 만들어가는 '부모에 대한 전반적인 이미지'예요. 아기가 부모와의 상호작용 경험을 통해 "우리 엄마 아빠는 날 중요하게 생각해"라고 지속적으로 느낄 수 있는 환경이라면 한두 번 그러한 믿음에 배반하는 사건이 일어나더라도 애착 형성에 실패하지는 않아요.

〈아동 발달〉에 실린 논문에서는 이런 내용을 발표했어요.[39] 부모가 아기의 신호에 50퍼센트 이상만 적절하게 반응해줘도 성공적으로 안정 애착 관계를 맺을 수 있다고요. 물론 반응 육아는 안정 애착 형성만이 목적이 아니기 때문에 아기에게 전반적으로 섬세하게 반응해주려고 노력하는 건 중요합니다. 하지만 전반적으로 반응 육아라는 큰 방향성에 따라 실천하는 부모라면 한 번쯤 아기에게 섬세하게 반응하지 못하는 순간이 있었다고 해서, 아기에게 하루 화를 좀 냈다고 해서 너무 자책하거나 걱정할 필요는 없어요. '요즘 내가 아기에게 한 행동으로 불안정 애착이 되었을까?' '이제 돌이킬 수 없을까?' 이런 개념이 아니에요. 아기와 함께 보낸 1분 1초의 시간들이 모여서 아기는 부모에 대한 이미지를 만드는 거예요. 평소 아기에게 반응적으로 행동하려고 노력했다면 아기는 다 알아요. 부모는 자신을 세상에서 가장 위하는 존재라는 걸. 오늘 자신을 서글프게 했더라도 말이에요.

다만 부모가 아기에게 섬세하게 반응하지 못하는 경험이 쌓이다 보면 아기와 애착 관계를 회복하기는 어려워질 거예요. 하지만 그렇다고 해서 불안정 애착을 형성한 아기가 애착을 회복할 수 없는 것은 아닙니다. 애착을 일종의 찰흙 공이라고 생각해보면 좋을 것 같아요. 이 찰흙 공은 아기가 부모와의 관계를 경험할수록, 즉 시간이 지날수록 조금씩 굳어 딱딱해집니다. 부모와의 소통 경험이 자꾸만 쌓여서 마음속 부모의 표상이나 이미지에 대한 확신이 점점 강해지는 거예요. 일주일 정도 만난 남자친구가 갑자기 다르게 행동하면 어떨까요? '어 이런 면모도 있었네?' 하겠지요. 그런데 20년 만난 남편이 갑자기 다르게 행동하면? '뭐야, 갑자기 왜 이래?' 할 거예요. 그만큼 상대방에 대해 가지고 있는 이미지가 강하고 분명해서 잘 바뀌기 힘든 거지요. 하지만 20년 만난 남편이 오늘도 내일도 다음 주도 다음 달도 그다음 해에도 계속해서 다르게 행동하면 어떨까요? 의심은 점점 사그라들고 '이 사람은 변했구나'라고 생각하게 되겠지요.

아기가 부모에게 가지는 애착 관계도 마찬가지예요. 모든 사람은 상대방과의 경험을 기반으로 마음속에 그 사람의 이미지를 그려갑니다. 경험이 '충분히' 쌓이면 불안정 애착이었던 사람도 안정 애착이 될 수 있고 그 반대도 될 수 있어요. 하지만 그전에 쌓인 경험이 많다면 반대의 경험이 더더욱 많이 쌓여야 서서히 변하겠지요.

불안정 애착이 걱정될 때

아기의 애착은 대체로 잘 변하지 않는 것으로 보고되고 있는데요.[40] 앞서 이야기했듯 아기의 마음속에 이미 부모에 대한 이미지가 어떤 식으로 자리 잡고 나면 그걸 바꾸려면 더 많은 노력이 필요하기도 하고요. 애초에 불안정 애착을 형성하게 되는 요인이 잘 바뀌지 않기 때문이기도 해요. 예를 들어 부모의 육아 방식이나 아기의 기질은 잘 안 바뀌는 경향이 있습니다. 아기가 예민한 기질이고 부정적 정서가 강하면 육아 스트레스를 많이 받는 부모는 부정적 육아를 하기 쉽고 불안정 애착이 형성되기 쉽지요. 뿐만 아니라 부정적 육아의 굴레에 한번 빠져들면 벗어나기는 쉽지 않습니다. 애착 관계가 안 좋을수록 아기는 문제 행동을 더 많이 보일 가능성이 높고, 부모는 계속 힘들어져서 더 부정적인 육아를 하게 되어 악순환이 반복되거든요.

하지만 불안정 애착인 아기를 키운다고 계속 그렇게 살아야 할 수밖에 없다는 뜻은 아니겠지요? 보통은 애착을 둘러싼 환경이 잘 변하지 않으므로 똑같이 지속될 '가능성'이 높다는 거예요. 극심한 스트레스 때문에 아기에게 반응을 잘 해주지 못한 부모라도 괜찮아요. 이제 반응 육아가 중요하다는 사실을 알고 어린이집이나 시터님, 조부모님 등 도움을 적당히 받으면서 본인도 챙기고 아기에게 더 긍정적인 육아를 할 수 있지요. 물론 하루 아침에 바뀌지 않겠지만 점차 바뀔 거예요. 영유아기는 경험을 통해 뇌가 계속 변하는 시기입니다. 처음에 부모를 안전기지로 여기지 않았더라도 부모와의 새로운 경험이 쌓이다 보면 부모는 안전기지가 돼요. 이렇게 천천히 애착 관계가 만들어질 수도 있습니다. 애착 관계 형성이란 부모가 잘하면 애착이고 못하면 불안정 애착이라고 단순하게 나눌 수 있는 문제가 아니라 부모와 아기와 환경이 서로 상호작용하며 영향을 주고받는 다이나믹한 프로세스로 이해하면 좋습니다.

간혹 갑자기 껌딱지가 된 아기 때문에 애착 문제가 있는 건지 걱정이 생기는데요. 보통 엄마 등 특정인에 대한 애착은 생후 7~9개월 사이에 나타납니다. 애착 관계를 형성할 수 있는 기본적인 인지능력이 갖추어지는 것이지요. 이 시기 이후 아기들은 분리불안을 경험하며 껌딱지 현상이 심해지기도 합니다. 어떤 부모들은 누구한테나 잘 안기던 아기가 갑자기 낯가림이 심해지고 분리불안을 보이며 엄마와 떨어지지 않으려고 하니 "애착에 문제가 있는 건가요?"라는 질문을 하기도 해요. 하지만 이는 발달 단계상 지극히 정상적인 현상이에요.

그러니까 '우리 아기와 내가 불안정 애착인가' 여부에 연연해하며 걱정하지 마세요. 반응 육아의 중요성을 알고 그걸 실천하려고 노력한다면 충분히 아기와 안정 애착을 형성하고 있을 것이고요. 반응 육아의 중요성을 잘 몰랐거나 아기나 부모가 너무 예민하거나 육아 상황이 열악해서 잘 반응해주지 못했다면 이제부터 노력하면 됩니다. 애착 형성은 현재진행형이니까요. 100퍼센트는 할 수 없겠지만 50퍼센트 이상을 반응해주는 부모는 될 수 있을 것 같지 않은가요?

언어 발달을 위해 어른들 간의 대화를 들려줘야 할까?

결론부터. 아기를 포함하지 않은 제3자간의 대화를 들려주는 것은 언어 발달에 별로 효과가 없습니다.

한 유명 소아과 원장님의 유튜브와 육아서에서 언급된 이 이야기가 상당히 많은 부모에게 영향력을 끼치며 회자되고 있습니다.

> "언어 발달을 위해 아기 옆에서 엄마 아빠의 대화를 들려주는 것이 매우 중요합니다. 하루 대여섯 시간 들려주는 어른들끼리의 대화가 모국어 발달에 필수입니다."

많은 부모에게 여러 번 질문을 받았던 내용이었어요. 특히 코로나로 인해 다른 어른들의 방문이 조심스러운 상황에서 아기와 둘만 시간을 보내게 되는 많은 부모의 걱정이었지요. 하지만 이건 사실이 아닙니다. 아기와 열심히 상호작용해주고 집중해주며 말을 걸어주기도 부족할 시간에 아기를 옆에 두고 타인과 대화를 나누려고 노력한다면 오히려 아기의 언어 발달에는 해로울 가능성이 높아요.

이는 아기를 관찰하고 분석한 수많은 언어 발달 전문가가 일관적으로 하는 말입니다. 특별히 서울대학교 아동가족학과장님인 최나야 교수(언어학과 아동학을 전공, 국내에서 이 주제에 가장 좋은 조언을 줄 수 있는 대표적인 분이에요)에게 이 주장에 대한 의견을 직접 문의하여 받은 답변입니다.

"두 돌 이전 영아기가 언어 습득에 중요한 기간인 것은 맞습니다. 이 시기 풍부한 모국어 노출이 필요한 것도 맞고요. 양육자가 아기를 반응적인 태도로 돌봐주면서 아기를 향한 언어를 써주는 게 중요합니다. 'Child-directed language'라고 하는데 엄마어, 아기지향어라고도 합니다. 이것이 영아의 초기 언어 습득에 매우 중요합니다. 특히 발음과 관련된 음운론적 발달과 초기 어휘 발달에요. 단어도 양육자와 아기가 동일한 대상에 관심을 기울이는 '함께 집중하기Joint Attention'를 통해서 습득하게 됩니다.

이 시기에 성인 간의 대화를 하루 최소 5~6시간 들려주어야 한다는 것은 언어 발달 분야에서 처음 듣는 주장입니다. 연구에 기반을 둔 과학적 근거가 무엇인지 모르겠습니다. 그런 대화가 아기의 관심에서 벗어나 있다면 TV나 라디오를 틀어둔 것과 무엇이 다를까요? 인간은 그런 일방적 방식으로는 언어를 습득할 수 없다고 알려져 있습니다.

관찰을 통한 대리학습은 일부 가능하지만 본인을 뺀 대화는 상호작용이 아니기 때문에 제한점이 큽니다. 이런 성인 간의 대화 시간을 확보하기 위해 일부러 엄마가 아기를 데리고 카페로 외출한다는 말은 어이없는 상황이라고 판단됩니다."

같은 의견으로 이화여대 언어학자 임동선 교수는 한 논문에서 생후 18~36개월 사이의 말이 늦은 유아와 정상 유아를 대상으로 직접 발화(아기에게 직접 말을 건네는 것)와 간접 발화(아기를 옆에 두고 성인 간에 대화를 나누는 것)의 빈도를 비교했어요.[41] 이 연구의 샘플은 그룹당 16쌍으로 적은 편이기는 합니다.

말이 늦은 아기	정상 아기
–부모의 직접 발화 빈도와 간접 발화 빈도가 비슷 (하루 평균 12시간 깨어 있다면, 6시간만 직접 발화의 기회를 얻음)	–부모의 직접 발화 빈도가 간접 발화 빈도의 두 배 이상

마찬가지로 〈소아과학〉에 실린 연구에서도 생후 2개월에서 48개월 사이의 영유아를 대상으로 어른과 아기가 주고받는 대화를 하는 것이 언어 발달에 가장 중요하다는 결론을 내리고 있습니다.[42] 아기들이 대화에 능동적으로 참여하는 게 중요하며 단순히 듣는 것만으로는 언어 발달이 되지 않는다는 것이지요. 즉, 아기가 하는 말과 행동에 부모가 함께 집중해주고 반응해주는 상호작용을 잘 해야 아기가 말이 늦어지지 않으며 아기를 옆에 두고 타인과 대화하는 것은 그리 바람직한 전략이 아니겠지요. 아동 언어 발달에 간접 발화가 중요하다는 주장을 담은 언어 발달 전문가의 논문이나 아티클은 찾을 수 없었습니다.

부모의 직접 발화가 더 좋은 이유

명망 있는 발달심리학자이자 아동 언어 습득 전문가인 로베르타 골린코프 Roberta Golinkoff 교수는 한 논문에서 직접 발화가 왜 좋은지에 대해 다음과 같이

설명하고 있습니다.[43]

첫째, 아기들은 집중력을 컨트롤할 수 있는 능력이 부족하기 때문입니다. 부모가 특정 대상에 아기의 집중을 유도하기 위해 손가락으로 가리키면서 "봐봐" 하는 행동 혹은 아기와 눈을 맞추고 몸을 앞으로 빼는 행동을 통해 아기는 '아, 여기에 집중해야 하는구나' 하고 본능적으로 알게 됩니다. 사람은 사회적인 동물이거든요. 누가 자기한테 말을 걸면 본능적으로 집중해요. 그리고 본인이 대화의 일부로 참여할 수 있으면 더 집중하지요.

아기의 발화를 부모가 다시 말로 풀어서 들려주거나 확장해서 들려주는 등 본인이 참여해서 주고받는 대화 속에서 아기는 언어 경험에 제대로 몰입할 수 있습니다. 타인끼리의 대화는 아기에게 얼마나 흥미로운 주제이고 쉬운 말이냐에 따라 다르겠지만 집중하기가 어려워요. 아기 앞에서 부모들이 대화할 때 아기가 아마도 집중해서 잘 듣지 않을 거예요. 다른 데 정신이 팔려 있거나 좀 큰 아기들은 부모의 관심을 끌기 위해 노력하거나 대화를 그만하라고 짜증을 내기도 하지요.

둘째, 남의 대화를 듣는 것은 사회적이고 인지적으로 어려운 일이기 때문입니다. 엄마가 아빠한테 "나 물 마시고 싶어"라고 말했다고 칠게요. 아기들은 아직 타인의 상태에 대해 그 사람 입장에서 생각해보는 능력이 부족합니다. 굉장히 자기중심적인 발달 단계에 있어요. 아직 어린 아기들이 '엄마가 목이 마른 상태이고 물을 달라는 목적을 가지고 한 말이구나' 하고 이해하는 건 쉬운 일이 아닙니다. 반면 본인이 주인공인 대화는 훨씬 쉽습니다. 아기는 본인이 처한 상황과 흥미, 의도, 느끼는 감정을 그냥 말소리와 연결시키기만 하면 되거든요. 타인의 입장을 이해할 필요가 없지요.

셋째, 어른들끼리 하는 말과 어른이 아기에게 하는 말은 성격이 다릅니다. 아기에게 하는 말은 아기가 직접 경험하는 것에 대한 내용이고 억양은 좀 더 과장되며 아기가 이해할 수 있는 수준의 문법이에요. 제스처나 표정 등 사회적 신호도 더욱 풍부하지요. 특히 사회적 신호는 아기들이 언어를 배울 때 적극적으로 활용하는 힌트 중 하나입니다. 대화가 오고가는 과정에 직접 관여해서 이런 사회적 신호들을 민감하게 캐치하지 않으면 아기들은 이해하기 어렵습니다. 특히 맥락 없는 대화로부터 의미를 이해하는 것은 어린 아기들에게 불가능한 일이라고 로베르타 교수는 말하고 있었어요.

> "타인 간의 대화는 초기 언어 발달에 도움이 되지 않는다. 그 이유는 언어 성장을 위해서는 말소리들이 아기의 귀를 스쳐 지나가는 것보다 훨씬 많은 것이 필요하기 때문이다."
>
> "아기에게 직접 건네는 말이 언어뿐 아니라 여러 가지 발달에 장점이 있다는 것에는 의심의 여지가 없다. (중략) 하지만 어른에게 관심 있는 주제에 대한 대화를 듣는 것은 절대로, 아기들에게 중요하고 의미 있는 것에 대한 대화에 직접 반응하며 참여시키는 것만큼 언어 학습에 효과적일 수 없다."

따라서 "성인간의 대화를 들어야 아기들이 오고 가는 대화의 개념을 배울 수 있다"는 주장은 근거가 명확치 않은 이야기로 보입니다. 단순히 아이가 "엄마" "아빠"를 언제 말하고, 몇 개월에 단어를 몇 개 말하는지를 위해 아기에게 좋은 언어 환경을 만들어주어야 하는 게 아니에요.

골린코프 교수는 생애 초기 언어 발달의 중요성에 대해 상세하게 설명해주고 있는데요. 유치원생만 되어도 아이들의 언어 수준은 크게 격차가 나타나는데, 이 격차는 향후 초등학생 때 모든 과목에서 학업 성취도를 예측하는 가장 강력한 요인이라고 하는 연구들이 많이 있고요. 언어능력이 일찍부터 뛰어난 아이들은 자기조절능력도 더 뛰어나고, 스스로 할 수 있게 자율성을 주는 부모의 육아 태도로부터 수혜를 더 많이 입고, 향후 사회적 성공에 큰 자산이 되는 실행 기능 역시 더 잘 발달한다고 합니다. 이 언어 격차는 다른 다양한 영역의 능력에 영향을 미치며, 시간이 갈수록 점점 더 좁히기 힘든 격차로 작용할 수 있습니다.

가정에서 아동의 언어 발달을 촉진해주는 것은 돈이 드는 것도 아니고 그렇게 어려운 일도 아닙니다. 부모가 큰 원칙과 방향성을 제대로 아느냐 모르느냐가 중요합니다. 부모가 아기에게 말을 건네면서 상호작용해준다는 것이 아기의 언어 발달에 가장 중요하다는 것을 이해하기만 하면 돼요. 일상생활과 딱히 동떨어진 것도 아니지요. 아기가 경험하는 것을 말로 표현만 해주면 되는 거예요.

아기에게 하루 종일 말을 들려주느라 타인과 대화할 시간을 다 없애버릴 필요는 없겠지만 잘못된 지식으로 아기를 위한다고 생각하면서 아기에게 주어야 할 관심과 집중 언어 자극을 일부러 타인에게 돌리는 일은 없어야 합니다. 비단 언어에 국한된 이야기도 아닙니다. 아기가 어른들의 대화를 하루에 여섯 시간이나 들어야만 하는 환경은 부모가 아기의 정서 사회성 발달을 비롯한 모든 발달 영역에 중요한 '주 양육자와 아기 간 상호작용'을 해치기 쉬운 환경이라고 생각해요. 부모가 타인과 이야기하느라 아기에게 집중을 못 하고 적절히 반응해주지 못할 가능성이 높기 때문입니다.

특히 코로나 상황에서 하루에 여섯 시간씩 타인과의 대화를 들려줄 수 있었던 부모는 많지 않았을 거라 생각하지만 그렇게 하지 못해서 마음이 무거웠던 분들이라면 한시름 놓아도 괜찮을 것 같네요.

베싸&다미 이야기

다미는 두 돌 전까지는 성인 간의 대화를 경험할 기회가 그리 많지 않았습니다. 친정과 시댁에서 거리가 있는 곳에서 살며 혼자 육아를 했고 다른 어른과 만나는 일이 별로 없었거든요. 남편이 퇴근 후에 나누는 짧은 대화가 전부였고, 주말에도 다미 앞에서 저와 남편이 많은 대화를 나누지는 않았어요. 오히려 저희가 다미에게 건네는 말의 비중이 훨씬 높았지요. 다미의 언어 발달은 빠른 편입니다.

아기 있는 집은 반려동물 NO?

결론부터. 계속 키워도 됩니다. 반려동물도 가족이지요!

고양이나 강아지 등 반려동물을 키우다가 아기를 낳게 되면 따가운 잔소리에 직면할 수도 있습니다. "털 날려서 안 좋다"는 종류의 이야기지요. 듣다 보면 부모도 슬쩍 걱정이 될 거예요. 반려동물의 털이 아기의 건강에 정말 영향을 미칠까요?

동물의 털이 호흡기를 통해 아기의 폐에 들어갈 수 있다는 주장에는 명확한 근거가 없습니다. 〈소아청소년의학아카이브〉에 실린 연구에서는 반려동물이 있는 집과 없는 집 아기들이 만 3세가 되었을 때 폐 기능을 검사했는데 차이가 없었다고 보고했습니다.[44]

애초에 반려동물의 털이나 각질이 사람의 기관지로 넘어갈 수 있는 가능성이 존재한다면 반려동물을 키우는 어른 역시 건강이 좋지 않아야 마땅하겠지요. 참고로 반려동물을 키우는 사람들이 더 건강하다거나 수명이 길다는 연구 결과는 상당합니다. 수명이 더 길다는 것은 주로 정신적인 이유긴 하지만 어쨌든 털이 사람의 기관지나 건강에 눈에 띄는 영향을 주지 않는다고 추측할 수 있을 것 같네요. 반려동물의 털이 사람의 머리카락보다 더 건강에 나쁠 만한 이유는 없습니다. 알레르기가 있는 경우를 제외하고요.

한편 오하이오대학교 수의과에서 발행한 자료에 따르면 가족 구성원 중에 동물 털에 알레르기가 있는 경우 다른 가족들도 알레르기 반응이 나타날 확률은 더 높다고 합니다.[45] 알레르기 자체가 유전되어 아기가 100퍼센트 알레르기 반응을 보이는 것은 아니나 알레르기를 유발할 수 있는 신체적인 특성들이 유전되는 것이지요. 그러므로 부모가 동물 털에 알레르기가 있다면 다른 아기보다는 알레르기 발생 가능성이 높다고 볼 수 있겠으나 100퍼센트는 아닙니다. 아기가 신생아일 때는 혹시 모르니 가급적 접촉을 막고 좀 크면 알레르기 여부를 확인해볼 필요는 있을 것 같네요.

의료 정보를 다루는 미디어인 〈헬스라인〉에서는 아기와 고양이를 같이 키울 때 유의해야 할 점으로 털이 호흡기로 넘어가는 점에 대해서는 다루고 있지 않습니다.[46] 아기가 고양이 털에 알레르기가 있는 것, 아기가 잘 때 고양이 때문에 질식의 위험이 있는 것, 고양이 똥과 아기가 접촉함으로써 옮을 수 있는 세균성 질병(톡소플라스마증), 고양이가 아기를 질투해서 사납게 굴거나 하는 것 등을 신경 써야 할 건강상의 포인트로 다루고 있었습니다.

반려동물과 아기를 같이 키울 때의 건강상 이점이 하나 있습니다. 〈마이크로바이옴Microbiome〉에 실린 연구에서는 고양이나 강아지 등 털이 있는 동물을 키운 집 아기들과 반려동물을 키우지 않는 집 아기들의 장내 미생물 환경을 비교했는데요.[47] 동물을 키운 집 아기들이 장내 미생물 환경에 다양성이 더 높았다고 합니다.

다미를 낳기 전부터 키우던 고양이가 한 마리 있는데요. 가장 걱정되었던 것은 신생아인 다미 위에 고양이가 올라가거나 꾹꾹이(고양이가 기분 좋을 때 부드러운 부위에 앞발을 대고 꾹꾹 누르는 것)를 하는 것이었어요. 저희 고양이가 상당히 무거웠거든요. 아기가 누워 있을 때는 눈을 떼지 않도록 조심하고 고양이가 아기 방에 들어가지 못하게 방묘문 등을 설치해야 합니다. 강아지도 마찬가지이고요. 지금은 다미와 고양이가 잘 지내고 있답니다.

만 3세까지는 무조건 가정 보육이 답일까?

결론부터. 그런 건 아닙니다. 시설 보육이 아기에게 스트레스가 될 수 있다는 사실을 이해하고 상황에 맞게 계획을 세웁시다.

많은 전문가가 아기를 어린이집에 보내는 시기에 대해서는 대략 생후 36개월 정도를 기준점으로 제시합니다. 저도 마찬가지로 "만 3세 이하 아기를 어린이

집에 보내면 스트레스가 과다할 수 있으며 향후 문제 행동을 일으킬 가능성이 높아진다"라는 요지의 유튜브 영상을 업로드하기도 했지요. 그런데 만 3세라는 기준점은 어떤 의미로 받아들여야 할까요? 가능하면 만 3세까지 가정 보육을 하는 게 더 좋다는 걸까요?

아닙니다. 일단 만 3세 전 아기들이 어린이집에서 어떤 경험을 하는지에 대해 이해한 후에 좀 더 넓은 관점으로 "어린이집에 언제 보낼까"에 대한 질문을 다시 곱씹어보도록 할게요.

시설 보육이 아기에게 끼치는 영향

우리 몸의 코르티솔이라는 호르몬은 스트레스가 높으면 많이 분비되는 경향이 있기 때문에 스트레스 호르몬이라고도 불려요. 보통 하루 중 발생하는 스트레스에 대비하기 위해 아침에 일어났을 때 코르티솔 수치가 가장 높고 밤까지 서서히 떨어지는 패턴을 보여요. 스트레스를 받으면 코르티솔에 노출되는 것은 아기도 마찬가지인데요. 미국에서는 아기들이 너무 어릴 때부터 어린이집 등 양육시설에 맡기는 것에 대한 우려가 있어 아기들이 양육시설에서 스트레스를 얼마나 받는지에 대한 연구가 활발히 이루어졌어요.

〈초기아동연구Early Childhood Research Quarterly〉에 실린 연구에서는 어린이집 같은 보육시설에 맡긴 아기들의 코르티솔 분비 패턴을 살펴본 아홉 개의 논문을 종합적으로 분석했습니다.[48] 그 결과 양육시설에 맡긴 아기들 중 생후 36개월 미만의 아기들의 경우 일반적인 경우처럼 하루 중 코르티솔이 서서히 감소하지 않고 코르티솔 수치가 계속 높은 수치로 지속되거나 오히려 증가하는 이상 패턴을 보였다는 사실을 밝혀냈어요. 아침에 분비되었던 코르티솔로 스트레스가 해소되지 못할 정도로 스트레스가 지속되어 코르티솔이 추가로 분비되었다는 의미예요. 즉, 양육시설에 맡긴 아기들은 시설에 있는 동안 지속적인 스트레스 자극에 노출된다는 뜻이지요.

그렇다면 아기들이 어릴 때부터 시설 보육을 한 경우에 실질적으로 어떤 문제점들이 발견되었을까요? 미국 국립아동보건발달연구소National Institute of Child Health and Human Development에서 1,000명 이상의 영유아들을 대상으로 조사한 대규모 연구가 있는데요.[49] 이 연구에 따르면 만 3세 미만의 아기들이 주 30시간 이상 부모가 아닌 누군가에게 맡겨져서 양육되었을 때, 집에서 양육된 아기들에 비해 공격성, 비협조성 등의 문제가 발현될 가능성이 높았다고 합니다. 시설에 들어가는 나이가 더 어릴수록 문제 행동을 일으킬 가능성은 더 높았고요.

또한 캐나다 퀘벡주에서 1997년부터 단계적으로 시행한 어린이집 보조금 정책의 효과에 대한 보고서가 하나 있어요.[50] 이 정책은 나이에 상관없이 모든 아기의 부모가 하루 5달러만 부담하면 어린이집을 이용할 수 있도록 한 정책인데요. 이 프로그램으로 인해 퀘벡주의 어린이집 이용률이 30퍼센트가량 증가했어요. 그런데 프로그램 도입 후 만 3세 이전의 퀘벡주 아기들과 캐나다 내 다른 주의 아기들을 비교했을 때 퀘벡주 아기들이 전반적으로 과잉행동, 산만함, 정서불안, 공격성 등 문제 행동이 나타날 가능성이 더 높았다고 합니다. 만 2세 이전에 어린이집에 다닌 경우에는 추가로 운동 및 사회성 발달이 더 늦을 가능성이 높았고요.

장기 추적 연구를 해보니 이러한 문제는 아기들이 학교에 들어가고 10대가 되어서도 지속되거나 더 심각해지는 경향을 보였다고 합니다.[51] 이 프로그램의 직접적인 영향이라고 단언할 수는 없지만 이 프로그램 시행 이후로 퀘벡주의 10대 범죄율이 약 4.6퍼센트 높아졌고요. 또한 퀘벡 어린이집 정책 도입 이후 퀘벡의 영유아를 키우는 부모들은 더 호전적이고 비일관적인 양육 태도를 가지게 되고 육아 스트레스가 증가해 건강이 나빠지고 부부 관계가 악화되는 경험을 할 가능성이 오히려 높아졌습니다. 어린이집을 보내면 부모님의 삶의 질이 좋아졌어야 할 텐데 왜 그럴까요? 아기가 집에서 공격적이고 비협조적이라면 육아는 훨씬 더 힘들어지지요. 그 결과 부모의 태도가 아기에게 다시 악영향을 미치고 육아는 더욱 힘들어지는 악순환이 반복되는 것입니다.

어린이집을 보낼 때 유의할 점

그러면 36개월 미만의 아기들은 어린이집에 보내면 안 되는 걸까요? 성급하게 결론 지을 필요는 없습니다. 36개월 이전의 아기를 어린이집에 맡길 때 다양한 이유가 있을 거예요. 아기가 경험하는 스트레스의 수준만으로 의사결정을 내릴 수는 없어요. 맞벌이 부모라면 어린이집에 맡기는 것은 큰 도움이 됩니다. 다만 부득이한 경우가 아니라면 어린이집의 장단점을 좀 더 꼼꼼히 비교해보고 의사 결정을 내릴 수는 있겠지요.

〈어린이집과 스트레스 사이의 관계에 대해 알기 전 의사 결정〉

보내는 이유	보내야 하는 필요성	안 보내야 하는 필요성	의사 결정
복직을 해야 한다	100	10	보낸다
육아가 너무 힘들다	70	10	보낸다
다양한 활동이 필요할 것 같다	30	10	보낸다
사회성 증진에 도움이 될 것 같다	30	10	보낸다
그냥 다들 보내니까	10	10	잘 모르겠다

〈어린이집과 스트레스 사이의 관계에 대해 안 이후 의사 결정〉

보내는 이유	보내야 하는 필요성	안 보내야 하는 필요성	의사 결정
복직을 해야 한다	100	50	보낸다
육아가 너무 힘들다	70	50	보낸다
다양한 활동이 필요할 것 같다	30	50	안 보낸다
사회성 증진에 도움이 될 것 같다	30	50	안 보낸다
그냥 다들 보내니까	10	50	안 보낸다

더 중요한 것은 기관을 선택할지 말지 두 가지 극단적인 선택지 사이에서만 고민할 필요는 없다는 거예요. 연구에서는 맡기는 그룹과 안 맡기는 그룹으로만 나누어서 비교했지만 현실에서는 어떻게 맡기느냐에 따라 선택지가 더 다양해져요. 앞에서 언급한 미 국립아동보건발달연구소 연구 자료에 따르면 다음을 신경 쓰며 어린이집에 보내는 것과 신경 쓰지 않고 어린이집에 보내는 것 사이에는 큰 차이가 있을 수 있습니다.

①시간 조율하기

시설에 맡기는 시간이 너무 길지 않게 조율할 수 있습니다. 시설에서의 양육 시간이 일주일에 30시간 미만이면 스트레스에 노출되는 시간이 줄어들고 문제 행동으로 이어질 가능성도 낮아진다고 합니다. 30시간 안에는 낮잠 시간이 포함되는 것으로 추측할 수 있고요. 한국 아기들을 대상으로도 어린이집의 재원 시간이 길수록 스트레스 수준이 높아진다는 연구 결과가 〈대한가정학회지〉에 실린 바 있습니다.[53]

② 부모의 양육 태도

가정 양육의 태도에 더욱 신경을 써야 합니다. 미국 국립아동보건발달소 자료에서는 시설에서의 양육 여부도 아기 정서와 스트레스 관리에 중요하지만 부모가 집에서 얼마나 아기를 따뜻하게 돌보아주고 아기에게 즉각적으로 반응해주고 적절한 자극을 제공하느냐가 더욱 중요한 변수라는 결론을 내렸어요. 어린 나이에 시설 보육을 하더라도 부모의 노력 여하에 따라 아기의 정서 발달은 얼마든지 향상될 수 있다는 것이지요. 어린이집을 보내야 하는 상황 자체에 스트레스 받아도 달라지는 건 없으니 육아의 퀄리티 자체를 끌어올리려고 열심히 노력하는 게 하나의 해답이 되지 않을까 합니다.

③ 시설 환경 체크하기

어린이집의 환경에 신경을 쓰는 것도 중요합니다. 어린이집의 환경은 아기의 스트레스 수준에 영향을 줄 수 있습니다. 다행히 앞에서 소개한 미국과 캐나다의 연구는 2000년대 초반에 진행된 연구로 지금 한국의 어린이집 환경은 연구가 진행되었던 수준보다는 나아졌어요.[54] 어린이집의 환경 중 가장 중요한 것으로 지목되는 것이 바로 교사 대 아동의 비율입니다. 교사 대 아동의 비율이 적을수록 교사는 아기에게 '반응 보육'을 할 수 있고 더 섬세하게 케어해줄 수 있으니까요.

아기가 따뜻하고 반응을 잘해주는 어린이집 교사와 안정적인 애착 관계를 형성할 수 있다면 시설 보육을 하더라도 아기의 스트레스 수준 조절에 도움이 된다고 해요.[55] 앞서 안정적인 애착 관계는 양육자가 아기에게 일관적이고 섬세하고 따뜻한 반응을 해주면 잘 형성된다고 이야기했지요? 아기는 주 양육자와 애착 관계를 형성한 후 다양한 양육자와 애착 관계를 맺을 수 있는데요. 교사 대 아동 비율이 낮을수록 교사는 낮은 스트레스 수준을 유지하며 아기의 다양한 신호에 섬세하게 반응해줄 수 있기 때문에 아기와의 안정 애착 관계를 형성할 가능성이 더 높아요. 따라서 어린이집에 다니는 아기의 스트레스 수준 조절에 도움이 되겠지요. 또한 교사와 아이 간의 질 높은 상호작용은 인지, 사회성, 정서 발달에 긍정적인 영향을 미치는 중요한 요소이며 아이들 관계의 친밀도는 아기의 친사회성 및 긍정적 정서에 영향을 미친다는 연구 결과도 있습니다.[56] 그러므로 가급적 교사 대 아동 비율이 높지 않은 곳을 선택하고 교사 역시 아기에게 친밀하게 상호작용해줄 수 있는 분인지 잘 판단하면 좋겠지요.

위의 요소를 충분히 신경 쓴다면 36개월 미만의 아기라도 크게 문제 없이 시설 보육을 할 수도 있다고 생각해요. 시설 보육을 한다고 해서 100퍼센트 성격에 문제가 생긴다면 어떻게든 나라 정책으로 반영해야 할 심각한 문제겠지요. 시설 보육을 할 경우 스트레스를 많이 받을 여지가 있는 아기들이 있으며, 그런 아기들은 36개월 이전에 가정 보육을 했다면 겪지 않았을 부작용을 겪을 수도 있다는 정도로 이해해주세요.

저는 엄마가 아기를 위해 모든 걸 희생해야 한다고 생각하지 않습니다. 행복하게 가정 보육을 할 수 있다면 그게 가장 좋지요. 하지만 24시간 아기와 부대끼면서 매일 행복한 엄마는 많지 않을 거예요. 저도 다미를 혼자 돌보면서 힘들어서 울기도 하고 육아휴직을 해야 하는 상황에 짜증이 난 적도 있었어요. 엄마가 스트레스받으면서 본인도 돌아보지 않고 아기만을 위해 사는 것은 장기적으로 좋지 않아요. 아기는 양육자의 스트레스 수치를 굉장히 예민하게 캐치하고 함께 스트레스를 받습니다. 엄마의 눈치를 더 많이 보게 되고 자신감도 떨어지고요. '36개월 기준설'을 접하면서 아기를 어린이집에 보내지 말아야 하나 고민하는 분들이라면 내가 행복하게 가정 보육을 할 수 있는가에 대해서도 진지한 고민을 해보길 바랍니다.

저는 다미가 14개월 때부터 어린이집에 보냈어요. 원래는 어린이집에 적응시키고 바로 복직할 예정이었는데 고민 후에 육아휴직을 1년 연장했고 대신 유튜브를 본격적으로 해보기로 했어요(1년 동안 전업 육아를 하고 나서 더는 전업 육아를 할 수 없다고 생각했거든요). 어린이집에 보낼 때는 아기가 감당할 만한 수준 이상으로 시설 보육 시간이 길어지지 않도록 늘 신경 썼어요. 적응 기간도 천천히 가졌고 수개월 동안 10시에 등원해서 점심 먹고 12시 반 정도에 하원하는 일정을 유지했지요.

다미의 어린이집은 집에서 거리가 좀 있었는데 아침에 택시로 다미를 등원시키고 근처 카페에서 유튜브 영상 제작을 위한 리서치를 하거나 댓글을 달다가 12시 반에 다미를 데리고 집에 가서 낮잠을 재웠어요. 오후에 저와 시간을 조금 보내다 보면 시터님이 오셨고 재택근무를 재개했지요. 이런 식의 스케줄은 이래저래 불편했지만 하루 종일 시터를 고용하기에는 경제적 부담이 너무 컸고 어린이집에 있는 시간이 길지 않도록 제 나름대로 내린 타협안이었어요.

다미가 자라면서 하원 시간도 2시, 3시, 3시 반으로 점차 늦어져서 30개월 이후부터는 10시 전후에 등원해서 3시 반에 하원하는 스케줄을 유지하고 있어요. 다미가 아직 두 돌 전이었을 때 평소보다 늦은 3시에 다미를 데리러 간 적이 있었는데 하루 종일 다미가 짜증스럽다는 걸 느꼈어요. '오늘 어린이집에 너무 오래 있어서 스트레스를 좀 받았구나'라고 생각했어요. 어린이집과 스트레스의 관계에 대해 몰랐다면 다미를 어린이집에 보내는 방식이나 다미를 대하는 태도는 크게 달라졌을 거예요. 이렇듯 지식은 육아의 모든 측면에 영향을 미칩니다.

어떤 어린이집에 가느냐도 중요하다고 했지요? 다미가 14개월 때부터 두 돌까지 다녔던 첫 어린이집은 국공립어린이집으로 담임 선생님께서 상호작용을 잘 해주는 베테랑이셨어요. 지금 생각해보면 운이 좋았던 것 같아요. 아기가 특히 어릴 때는 좋은 담임 선생님을 만나는 게 중요한데 한국에서는 어린이집에 입소하기 전에 담임 선생님을 직접 만나 뵙고 판단을 내리기가 쉽지 않잖아요. 정보도 없고 좋다는 어린이집은 늘 대기가 길어서 현실적으로 어떤 담임 선생님이 되었든 입소만 가능하다면 아기를 보내야 하는 일이 많지요.

이사를 가게 되어 새로운 어린이집을 알아보는데 얻을 수 있는 정보가 정말 제한적이더라고요. 꽤 규모 있는 어린이집에 입소했는데 다미가 적응을 잘 못했어요. 2주 넘게 적응 기간을 가졌는데도 불구하고 등원을 심하게 거부했지요. 일단 다미가 2~3세 혼합반에 들어가서 교사 대 아동의 비율이 1:15로 너무 높았던 게 가장 큰 문제였고요(보조 담임 선생님이 계셨지만요). 적응 기간에 살펴보니 규모가 큰 어린이집이라 원생이 너무 많아 놀이터에 가거나 식사 후에 화장실에 갈 때 차례대로 움직이는 등 규칙을 지키게 지도해야만 했어요. 조금 큰 아기들에겐 규칙을 배우는 것도 중요하고 다른 장점도 많았지만 두 돌이었던 다미에게는 조금 힘든 환경이 아니었나 싶어요. 결국 한 달 정도 지나 조금 더 자유로운 소규모 영아 전담 어린이집으로 옮겼어요. 그 이후로는 잘 적응해주었답니다.

에필로그

책을 내면서 고민이 많았습니다. 육아하느라 바쁘고 정신없는 부모들에게 '지식의 중요성'을 내세우며 "공부해라" "성장해라"라는 메시지를 전달하는 책이 과연 얼마나 설득력이 있을까. 트렌드에 맞게 "적당히 해도 괜찮다" "너무 애쓸 필요 없다"는 위안의 메시지를 전달하고 마음을 편안하게 다독이는 메시지를 더 담아볼까, 내가 하고 싶은 말을 하는 유튜브 영상과는 다르게 더 대중적으로 다가가야 하는 것 아닐까 하는 생각이 머리를 스쳤지요.

하지만 공허한 위로의 말로는 누군가의 삶을 개선하고 사회를 바꿀 수 없다는 것 또한 마음 아프지만 사실이었습니다. 유튜브를 처음 시작했을 때 영상의 조회 수가 30명 정도 나오더라고요. 그 영상 하나 만드는 데 열 시간이나 걸렸는데 말이지요. 그래도 이런 생각이 들었어요. "100명만이라도 이 지식을 알게 되어 육아가 조금 편해졌다면, 잘 쓴 시간이다." 이 책을 쓸 때도 마찬가지였어요. '단 100명의 부모와 아기의 삶을 바꿀 수 있다면'이라는 마음으로 하고 싶은 이야기를 담았습니다.

누구나 어릴 때 위인전 한 권쯤은 읽었을 거예요. 위인전은 마음속 방 한편에 '어떤 태도로 살아야겠다'는 그림을 하나 걸어줍니다. 그 그림대로 내 삶은 흘러가지 않습니다. 위인처럼 완벽하고 훌륭하게 살 수는 없지요. 하지만 '난 위인이 되지 못해'라고 스트레스받을 필요는 없겠지요. 마음속 그림을 한 번씩 곁눈질하면서 스스로를 확인하고, 어제보다 조금 더 그림에 가까워진 모습을 발견하기도 하며 한 발짝이라도 성장해나가는 데 의미가 있을 거예요. 그 그림은 내 삶에 방향을 제시해주고, 기준점이 되는 것이지요.

"육아는 정말 어려워요." "육아는 정말 답이 없는 것 같아요." "빨리 복직하고 싶어요." "하루하루가 전투 같아요." "부족한 엄마인 것 같아 늘 자책감을 느껴요." 이런 글을 볼 때마다 진심으로 도와주고 싶었어요. 하지만 단순히 "좀 내려놓으세요." "어린이집에 맡기고 좀 쉬세요." "자책감 느낄 필요 없어요."라는 말로 공허한 위로를 하고 싶지는 않았어요. '진짜로 도울 수 있을까?' 고민하고 또 고민했고, 결코 쉽지 않겠지만 제가 그랬듯 올바른 지식으로 조금씩 성장할 수 있게 돕는 길밖에 없다는 결론을 내렸어요.

부모로서 자신을 개발하는 시간을 만드세요. 아이를 위해서만이 아니라, 자신을 위해서요. 그 시간 속에서 성장하고, 자신을 좀 더 사랑하고, 아이를 사랑하는 올바른 방식을 배우고, 아이와의 관계를 더욱 소중하게 만드세요. 당당하고 자신감 있는 프로 부모가 되기 위해 이 책을 읽고 있을 모든 초보 부모를 응원합니다.

PART I.

올바른 육아 방향으로 행복하게: 0~4세 차이를 만드는 육아 대원칙

1. Cunha, F., Heckman, J. J., Lochner, L., & Masterov, D. V. (2006). Interpreting the evidence on life cycle skill formation. Handbook of the Economics of Education, 1, 697-812.
   Kautz, T., Heckman, JJ., Diris, R., ter Weel, B., & Borghans, L. (2014). Fostering and Measuring Skills: Improving Cognitive and Non-Cognitive Skills to Promote Lifetime Success. NBER Working Paper Series.
2. 헤크먼 교수의 업적을 전파하는 기관인 '헤크먼 방정식(Heckman Equation)' 홈페이지 자료 https://heckmanequation.org/www/assets/2017/01/F_Heckman20WhiteHouseSpeech_121914.pdf
3. National Scientific Council on the Developing Child. (2004). Young children develop in an environment of relationships. Working Paper No. 1.
4. National Academies of Sciences, Engineering, and Medicine. (2016). Parenting Matters: Supporting Parents of Children Ages 0-8. Washington, DC: The National Academies Press.
5. Ulferts, H. (2020). Why parenting matters for children in the 21st century: An evidence-based framework for understanding parenting and its impact on child development. OECD Publishing.

6. 예를 들어, Eftichia Andreadakis, Mireille Joussemet & Geneviève A. Mageau (2019) How to Support Toddlers' Autonomy: Socialization Practices Reported by Parents, Early Education and Development, 30:3, 297-314.
7. Sirois, M. S., Bernier, A., Gagné, C. M., & Mageau, G. A. (2021). Early maternal autonomy support as a predictor of child internalizing and externalizing behavior trajectories across early childhood. Social Development, 1 – 17.
8. Bernier, A., Matte-Gagné, C., Bélanger, M.-È. and Whipple, N. (2014), Taking Stock of Two Decades of Attachment Transmission Gap: Broadening the Assessment of Maternal Behavior. Child Development, 85: 1852-1865.
9. Bernier, A., Carlson, S.M. and Whipple, N. (2010), From External Regulation to Self-Regulation: Early Parenting Precursors of Young Children's Executive Functioning. Child Development, 81: 326-339.
10. 미국의 심리학자 대니얼 골먼의 저서 《emotional intelligence(감성 지능)》에서 처음 소개되었으며, 감정을 성숙하게 이해하고 표현하고 다룰 줄 아는 능력을 뜻한다. 지적 능력을 재는 척도인 IQ에 대응되는 개념으로 EQ라는 척도를 제시하기도 하였다.
11. 대니얼 골먼, (2008), EQ 감성지능, 웅진지식하우스.
12. Alegre A. Parenting Styles and Children's Emotional Intelligence: What do We Know? The Family Journal. 2011;19(1):56-62.
13. Grusec, J. E., & Goodnow, J. J. (1994). Impact of parental discipline methods on the child's internalization of values: A reconceptualization of current points of view. Developmental Psychology, 30(1), 4 – 19.
14. Grusec, J. E., Danyliuk, T., Kil, H., & O'Neill, D. (2017). Perspectives on parent discipline and child outcomes. International Journal of Behavioral Development, 41(4), 465 – 471.
15. Grusec J. E. (2011). Socialization processes in the family: social and emotional development. Annual review of psychology, 62, 243 – 269.
16. Newman, R. S., Rowe, M. L., & Ratner, N. B. (2016). Input and uptake at 7 months predicts toddler vocabulary: The role of child-directed speech and infant processing skills in language development. Journal of child language, 43(5), 1158-1173.
17. Bergelson, E. (2020). The comprehension boost in early word learning: Older infants are better learners. Child development perspectives, 14(3), 142-149.
18. Newman, R. S., Rowe, M. L., & Ratner, N. B. (2016). Input and uptake at 7 months predicts toddler vocabulary: The role of child-directed speech and infant processing skills in language development. Journal of child language, 43(5), 1158-1173.

19. Council on Early Childhood, High, P. C., Klass, P., Donoghue, E., Glassy, D., DelConte, B., ... & Williams, P. G. (2014). Literacy promotion: an essential component of primary care pediatric practice. Pediatrics, 134(2), 404-409.
20. Bergelson, E., & Aslin, R. N. (2017). Nature and origins of the lexicon in 6-mo-olds. Proceedings of the National Academy of Sciences, 114(49), 12916-12921.
21. Hoff, E. (2006). How social contexts support and shape language development. Developmental review, 26(1), 55-88.
22. Ninio, A., & Bruner, J. (1978). The achievement and antecedents of labelling. Journal of child language, 5(1), 1-15.
23. Fletcher, K. L., & Reese, E. (2005). Picture book reading with young children: A conceptual framework. Developmental review, 25(1), 64-103.
24. Fletcher, K. L. 외. 상동.
25. Karrass, J., & Braungart-Rieker, J. M. (2005). Effects of shared parent-infant book reading on early language acquisition. Journal of Applied Developmental Psychology, 26(2), 133-148.
26. Kuhl, P. K. (2014, January). Early language learning and the social brain. In Cold Spring Harbor symposia on quantitative biology (Vol. 79, pp. 211-220). Cold Spring Harbor Laboratory Press.
27. Nyhout, A., & O'Neill, D. K. (2013). Mothers' complex talk when sharing books with their toddlers: Book genre matters. First Language, 33(2), 115-131.
28. Snow, C. E., & Goldfield, B. A. (1983). Turn the page please: Situation-specific language acquisition. Journal of Child language, 10(3), 551-569.
29. Clemens, L. F., & Kegel, C. A. (2021). Unique contribution of shared book reading on adult-child language interaction. Journal of child language, 48(2), 373-386.
30. Tompkins, V. (2015). Mothers' cognitive state talk during shared book reading and children's later false belief understanding. Cognitive Development, 36, 40-51.
31. Schapira, R., & Aram, D. (2020). Shared book reading at home and preschoolers' socio-emotional competence. Early Education and Development, 31(6), 819-837.
32. Barnes, E., & Puccioni, J. (2017). Shared book reading and preschool children's academic achievement: Evidence from the Early Childhood Longitudinal Study—Birth cohort. Infant and Child Development, 26(6), e2035.

PART 2.

근거 있는 지식으로 자신 있게: 베싸육아 실전편

Chapter 1. 건강한 아기로 키우는 초기 수유 지식

1. 유니세프 UK 홈페이지 아티클:: https://www.unicef.org.uk/babyfriendly/baby-friendly-resources/relationship-building-resources/responsive-feeding-infosheet/
2. Woolridge, M. W., & Baum, J. D. (1991). Infant appetite-control and the regulation of breast milk supply. Child Hosp Q, 3, 113-119.
3. Samuel, J., FOMON, FILER, THOMAS, L. N., ANDERSON, T. A., & NELSON, S. E. (1975). Influence of formula concentration on caloric intake and growth of normal infants. Acta Paediatrica, 64(2), 172-181.
4. Li, R., Fein, S. B., & Grummer-Strawn, L. M. (2010). Do infants fed from bottles lack self-regulation of milk intake compared with directly breastfed infants?. Pediatrics, 125(6), e1386-e1393.
5. Mihrshahi, S., Battistutta, D., Magarey, A., & Daniels, L. A. (2011). Determinants of rapid weight gain during infancy: baseline results from the NOURISH randomised controlled trial. BMC pediatrics, 11(1), 1-8
6. Innis, S. M. (2014). Impact of maternal diet on human milk composition and neurological development of infants. The American journal of clinical nutrition, 99(3), 734S-741S.
7. Daniel, A. I., Shama, S., Ismail, S., Bourdon, C., Kiss, A., Mwangome, M., ... & O'Connor, D. L. (2021). Maternal BMI is positively associated with human milk fat: a systematic review and meta-regression analysis. The American journal of clinical nutrition, 113(4), 1009-1022.
8. Argov-Argaman, N., Mandel, D., Lubetzky, R., Hausman Kedem, M., Cohen, B. C., Berkovitz, Z., & Reifen, R. (2017). Human milk fatty acids composition is affected by maternal age. The Journal of Maternal-Fetal & Neonatal Medicine, 30(1), 34-37.
9. Al-Tamer, Y. Y., & Mahmood, A. A. (2006). The influence of Iraqi mothers' socioeconomic status on their milk-lipid content. European journal of clinical nutrition, 60(12), 1400-1405.

10. Agostoni, C., Marangoni, F., Grandi, F., Lammardo, A. M., Giovannini, M., Riva, E., & Galli, C. (2003). Earlier smoking habits are associated with higher serum lipids and lower milk fat and polyunsaturated fatty acid content in the first 6 months of lactation. European journal of clinical nutrition, 57(11), 1466-1472.
11. Institute of Medicine (US) Committee on Nutritional Status During Pregnancy and Lactation. (1991). Nutrition During Lactation. National Academies Press (US).
12. Szabó, É., Boehm, G., Beermann, C., Weyermann, M., Brenner, H., Rothenbacher, D., & Decsi, T. (2010). Fatty acid profile comparisons in human milk sampled from the same mothers at the sixth week and the sixth month of lactation. Journal of pediatric gastroenterology and nutrition, 50(3), 316-320.
13. Iacovou, M., & Sevilla, A. (2013). Infant feeding: the effects of scheduled vs. on-demand feeding on mothers' wellbeing and children's cognitive development. The European Journal of Public Health, 23(1), 13-19.
14. 유니세프 UK 홈페이지 아티클: https://www.unicef.org.uk/babyfriendly/baby-friendly-resources/bottle-feeding-resources/infant-formula-responsive-bottle-feeding-guide-for-parents/
15. 캐나다 맥길대 부속 과학및사회연구실 홈페이지 아티클: https://www.mcgill.ca/oss/article/did-you-know/did-you-know-you-dont-need-burp-babies
16. Kaur, R., Bharti, B., & Saini, S. K. (2015). A randomized controlled trial of burping for the prevention of colic and regurgitation in healthy infants. Child: care, health and development, 41(1), 52-56.
17. 의료 정보 미디어 헬스라인 아티클: https://www.healthline.com/health/baby/when-do-you-stop-burping-a-baby#when-can-you-stop
18. 세계건강기구 홈페이지 아티클: https://www.who.int/news/item/22-02-2022-more-than-half-of-parents-and-pregnant-women-exposed-to-aggressive-formula-milk-marketing-who-unicef
19. 미 질병통제예방센터 홈페이지 아티클: https://www.cdc.gov/nutrition/infantandtoddlernutrition/breastfeeding/recommendations-benefits.html
20. 세계건강기구 홈페이지 아티클: https://www.who.int/health-topics/breastfeeding#tab=tab_1
21. 미국소아과협회 홈페이지 아티클: https://www.aap.org/en/patient-care/breastfeeding/breastfeeding-overview/
22. 상동
23. 미 질병통제예방센터 홈페이지 아티클: https://www.cdc.gov/nutrition/infantandtoddler

nutrition/breastfeeding/how-much-and-how-often.html

24. 완분 비율 출처 이하 3가지 자료 참고
 의학정보 미디어 메디컬월드뉴스 아티클: http://medicalworldnews.co.kr/m/view.php?idx=1510932787
 미 질병통제예방센터 홈페이지 아티클: https://www.cdc.gov/breastfeeding/data/nis_data/results.html
 Theurich, M. A., Davanzo, R., Busck-Rasmussen, M., Díaz-Gómez, N. M., Brennan, C., Kylberg, E., ... & Koletzko, B. (2019). Breastfeeding rates and programs in Europe: a survey of 11 national breastfeeding committees and representatives. Journal of Pediatric Gastroenterology and Nutrition, 68(3), 400-407.
25. Daly, S. E., Di Rosso, A. N. N. A. L. I. S. A., Owens, R. A., & Hartmann, P. E. (1993). Degree of breast emptying explains changes in the fat content, but not fatty acid composition, of human milk. Experimental Physiology: Translation and Integration, 78(6), 741-755.
26. Whittlestone, W. G. (1953). 507. Variations in the fat content of milk throughout the milking process. Journal of Dairy Research, 20(2), 146-153.
27. Atwood, C. S., & Hartmann, P. E. (1992). Collection of fore and hind milk from the sow and the changes in milk composition during suckling. The Journal of dairy research, 59(3), 287 - 298.
28. Mizuno, K., Nishida, Y., Taki, M., Murase, M., Mukai, Y., Itabashi, K., Debari, K., & Iiyama, A. (2009). Is increased fat content of hindmilk due to the size or the number of milk fat globules?. International breastfeeding journal, 4, 7.
29. 영국의 국제 공인 모유수유 전문가가 운영하는 모유수유 지원 홈페이지 아티클: https://breastfeeding.support/forget-about-foremilk-and-hindmilk/
30. 호주모유수유협회 홈페이지 아티클: https://www.breastfeeding.asn.au/bf-info/common-concerns%E2%80%93mum/too-much-milk
31. Bzikowska-Jura, A., Czerwonogrodzka-Senczyna, A., Olędzka, G., Szostak-Węgierek, D., Weker, H., & Wesołowska, A. (2018). Maternal Nutrition and Body Composition During Breastfeeding: Association with Human Milk Composition. Nutrients, 10(10), 1379.
32. 의료인을 위한 지식 라이브러리 업투데이트 https://www.uptodate.com/contents/health-and-nutrition-during-breastfeeding-beyond-the-basics
33. Institute of Medicine (US) Committee on Nutritional Status During Pregnancy and Lactation. (1991). Nutrition During Lactation. National Academies Press (US).
34. 의학 정보 미디어 헬스라인 아티클: https://www.healthline.com/nutrition/breastfeeding-diet-

101#nutrient-groups

35. Kathryn, G. D.(1998). Effects of Maternal Caloric Restriction and Exercise during Lactation. The Journal of Nutrition, 128(2), 386 - 389.
36. 호주모유수유협회 홈페이지 아티클: https://www.breastfeeding.asn.au/bf-info/common-concerns%E2%80%93mum/diet
37. 의료인을 위한 지식 라이브러리 업투데이트 아티클: https://www.uptodate.com/contents/health-and-nutrition-during-breastfeeding-beyond-the-basics
38. 미국 국립보건원 홈페이지 아티클: https://www.nichd.nih.gov/health/topics/breastfeeding/conditioninfo/calories
39. 존스홉킨스 의학전문대학원 홈페이지 아티클: https://www.hopkinsmedicine.org/health/wellness-and-prevention/5-breastfeeding-diet-myths
40. Anderson, A. K., McDougald, D. M., & Steiner-Asiedu, M. (2010). Dietary trans fatty acid intake and maternal and infant adiposity. European journal of clinical nutrition, 64(11), 1308 - 1315.
41. Goran, M. I., Martin, A. A., Alderete, T. L., Fujiwara, H., & Fields, D. A. (2017). Fructose in Breast Milk Is Positively Associated with Infant Body Composition at 6 Months of Age. Nutrients, 9(2), 146.
42. 의학 정보 미디어 메디컬 뉴스투데이 아티클: https://www.medicalnewstoday.com/articles/322631
43. 의학 정보 미디어 메디컬 뉴스투데이 아티클: https://www.medicalnewstoday.com/articles/322805
44. 의료인을 위한 지식 라이브러리 업투데이트: https://www.uptodate.com/contents/health-and-nutrition-during-breastfeeding-beyond-the-basics. 이하 철분, 비타민 D, 비타민 B, 요오드는 모두 해당 출처의 정보를 참고함.
45. 미국 국립보건원 홈페이지 팩트시트: https://ods.od.nih.gov/factsheets/VitaminB12-Consumer/
46. Keim, S. A., Daniels, J. L., Siega-Riz, A. M., Herring, A. H., Dole, N., & Scheidt, P. C. (2012). Breastfeeding and long-chain polyunsaturated fatty acid intake in the first 4 post-natal months and infant cognitive development: an observational study. Maternal & child nutrition, 8(4), 471 - 482.
47. Cheatham, C. L., & Sheppard, K. W. (2015). Synergistic Effects of Human Milk Nutrients in the Support of Infant Recognition Memory: An Observational Study. Nutrients, 7(11), 9079 - 9095.

48. Romero-Velarde, E., Delgado-Franco, D., García-Gutiérrez, M., Gurrola-Díaz, C., Larrosa-Haro, A., Montijo-Barrios, E., ... & Geurts, J. (2019). The importance of lactose in the human diet: Outcomes of a Mexican Consensus Meeting. Nutrients, 11(11), 2737.
49. Nickerson, K. P., Chanin, R., & McDonald, C. (2015). Deregulation of intestinal anti-microbial defense by the dietary additive, maltodextrin. Gut microbes, 6(1), 78-83.
50. Tan, S. F., Tong, H. J., Lin, X. Y., Mok, B., & Hong, C. H. (2016). The cariogenicity of commercial infant formulas: a systematic review. European Archives of Paediatric Dentistry, 17(3), 145-156.
51. Heubi, J., Karasov, R., Reisinger, K., Blatter, M., Rosenberg, L., Vanderhoof, J. O. N., ... & Euler, A. R. (2000). Randomized multicenter trial documenting the efficacy and safety of a lactose-free and a lactose-containing formula for term infants. Journal of the American Dietetic Association, 100(2), 212-217.
52. Clouard, C., Le Bourgot, C., Respondek, F., Bolhuis, J. E., & Gerrits, W. J. (2018). A milk formula containing maltodextrin, vs. lactose, as main carbohydrate source, improves cognitive performance of piglets in a spatial task. Scientific Reports, 8(1), 1-12.
53. Slavin, J. L., Savarino, V., Paredes-Diaz, ., & Fotopoulos, G. (2009). A review of the role of soluble fiber in health with specific reference to wheat dextrin. Journal of International Medical Research, 37(1), 1-17.
54. Nelson, S. E., Rogers, R. R., Frantz, J. A., & Ziegler, E. E. (1996). Palm olein in infant formula: absorption of fat and minerals by normal infants. The American journal of clinical nutrition, 64(3), 291-296.
55. Lasekan, J. B., Hustead, D. S., Masor, M., & Murray, R. (2017). Impact of palm olein in infant formulas on stool consistency and frequency: a meta-analysis of randomized clinical trials. Food & Nutrition Research, 61(1), 1330104.
56. 미국소아과학회 홈페이지 아티클: https://www.healthychildren.org/English/ages-stages/baby/formula-feeding/Pages/Choosing-an-Infant-Formula.aspx
57. Andres, A., Cleves, M. A., Bellando, J. B., Pivik, R. T., Casey, P. H., & Badger, T. M. (2012). Developmental status of 1-year-old infants fed breast milk, cow's milk formula, or soy formula. Pediatrics, 129(6), 1134-1140.
58. Strom, B. L., Schinnar, R., Ziegler, E. E., Barnhart, K. T., Sammel, M. D., Macones, G. A., ... & Hanson, S. A. (2001). Exposure to soy-based formula in infancy and endocrinological and reproductive outcomes in young adulthood. Jama, 286(7), 807-814.
59. Sinai, T., Ben-Avraham, S., Guelmann-Mizrahi, I., Goldberg, M. R., Naugolni, L., Askapa, G.,

... & Rachmiel, M. (2019). Consumption of soy-based infant formula is not associated with early onset of puberty. European journal of nutrition, 58(2), 681-687.

60. Vandenplas, Y., De Greef, E., Devreker, T., & Hauser, B. (2011). Soy infant formula: is it that bad?. Acta Paediatrica, 100(2), 162-166.

61. Leong, A., Liu, Z., Almshawit, H., Zisu, B., Pillidge, C., Rochfort, S., & Gill, H. (2019). Oligosaccharides in goats' milk-based infant formula and their prebiotic and anti-infection properties. British Journal of Nutrition, 122(4), 441-449.

62. Tannock, G. W., Lawley, B., Munro, K., Gowri Pathmanathan, S., Zhou, S. J., Makrides, M., ... & Hodgkinson, A. J. (2013). Comparison of the compositions of the stool microbiotas of infants fed goat milk formula, cow milk-based formula, or breast milk. Applied and environmental microbiology, 79(9), 3040-3048.

63. Zhou, S. J., Sullivan, T., Gibson, R. A., Lönnerdal, B., Prosser, C. G., Lowry, D. J., & Makrides, M. (2014). Nutritional adequacy of goat milk infant formulas for term infants: a double-blind randomised controlled trial. British journal of nutrition, 111(9), 1641-1651.

64. 로열 유나티이트 병원 제공 자료: https://www.ruh.nhs.uk/patients/services/clinical_depts/paediatrics/documents/patient_info/PAE003_Diet_and_eczema.pdf

65. 소아과 의사들과의 인터뷰를 기반으로 작성된 육아 웹사이트 parents의 아티클: https://www.parents.com/baby/feeding/formula/how-to-switch-baby-formula-brands/

66. Li, R., Fein, S. B., & Grummer-Strawn, L. M. (2010). Do infants fed from bottles lack self-regulation of milk intake compared with directly breastfed infants?. Pediatrics, 125(6), e1386-e1393.

67. Ventura A. K. (2017). Developmental Trajectories of Bottle-Feeding During Infancy and Their Association with Weight Gain. Journal of developmental and behavioral pediatrics : JDBP, 38(2), 109-119.

68. Ventura, A. K., & Hernandez, A. (2019). Effects of opaque, weighted bottles on maternal sensitivity and infant intake. Maternal & child nutrition, 15(2), e12737.

69. Li, R., Scanlon, K. S., May, A., Rose, C., & Birch, L. (2014). Bottle-feeding practices during early infancy and eating behaviors at 6 years of age. Pediatrics, 134(Supplement_1), S70-S77.

70. 미네소타주 홈페이지 제공 자료: https://www.health.state.mn.us/docs/people/wic/localagency/wedupdate/moyr/2017/topic/1115feeding.pdf

* 해당 챕터의 2~13번 참고 문헌은 그웬 드워Gwen Dewar 박사의 근거 기반 육아 블로그인 'Parentingscience.com'의 아티클에서 인용한 출처의 흐름을 참고하였음.

Chapter 2. 잘 먹는 아기로 키우는 이유식&유아식 로드맵

1. Section on Breastfeeding. (2012). Breastfeeding and the use of human milk. Pediatrics, 129(3), e827-e841.
   권예슬. (2022.9.21.). 모유 수유가 우리 아이를 '장군감'으로 만들었을까?. 더사이언스타임즈.
2. 메이요클리닉 홈페이지 아티클: https://www.mayoclinic.org/healthy-lifestyle/infant-and-toddler-health/in-depth/healthy-baby/art-20046200
3. Fleischer, D. M., Spergel, J. M., Assa'ad, A. H., & Pongracic, J. A. (2013). Primary prevention of allergic disease through nutritional interventions. The journal of allergy and clinical immunology. In practice, 1(1), 29 – 36.
4. Fewtrell, M., Bronsky, J., Campoy, C., Domellöf, M., Embleton, N., Fidler Mis, N., Hojsak, I., Hulst, J. M., Indrio, F., Lapillonne, A., & Molgaard, C. (2017). Complementary Feeding: A Position Paper by the European Society for Paediatric Gastroenterology, Hepatology, and Nutrition (ESPGHAN) Committee on Nutrition. Journal of pediatric gastroenterology and nutrition, 64(1), 119 – 132.
5. 박미현. (2021.6.29.). [Online Community Info]맘스홀릭베이비 外. 동아일보.
6. Clayton, H. B., Li, R., Perrine, C. G., & Scanlon, K. S. (2013). Prevalence and reasons for introducing infants early to solid foods: variations by milk feeding type. Pediatrics, 131(4), e1108 – e1114.
7. Borowitz S. M. (2021). First Bites-Why, When, and What Solid Foods to Feed Infants. Frontiers in pediatrics, 9, 654171.
8. 노소정, 나보미 and 김미정. (2008). 모유 수유아의 철 결핍과 조기 저용량 철분보충요법의 효과에 대한 연구. Pediatric Gastroenterology, Hepatology & Nutrition, 11(2), 169-178.
9. 김부영, 전용훈, 홍영진, 김순기, 최은혜 and 강성길. (2009). 철결핍빈혈 영 · 유아의 수유 형태 및 이유 지식 평가. Pediatric Gastroenterology, Hepatology & Nutrition, 12(2), 215-220.
10. Kim SK, M.d., (2013), Iron Deficiency Anemia in Infants and Young Children: Evaluation and Management. Clin Pediatr Hematol Oncol, 20:1-7.
11. 상동
12. Choi, E.H., Jung, S.H., Jun, Y.H., Lee, Y., Park, J., You, J.S., Chang, K.J., & Kim, S.K. (2010). Iron Deficiency Anemia and Vitamin D Deficiency in Breastfed Infants. Korean Journal of Pediatric Gastroenterology and Nutrition, 13, 164-171.
13. 김수연. (2019). 아기발달백과. 지식너머.

14. John L. Beard(2008), Why Iron Deficiency Is Important in Infant Development, The Journal of Nutrition, Volume 138, Issue 12, Pages 2534 – 2536
15. 김해정, 이선경, 채규영, 조희승 and 김문규. (2013). 36개월 미만의 철결핍빈혈 환자들에서 수면장애에 대한 연구. 대한소아신경학회지, 21(2), 59-67.
16. Kajosaari, M., & Saarinen, U. M. (1983). Prophylaxis of atopic disease by six months' total solid food elimination. Evaluation of 135 exclusively breast-fed infants of atopic families. Acta paediatrica Scandinavica, 72(3), 411 – 414.
17. 조양환, 김수영, 이대용, 윤신원, 채수안, 임인석, 이나미. (2019). 9~12개월 영아에서 철결핍빈혈의 조기 검진 필요성. Annals of Clinical Nutrition and Metabolism, 11(2), 52-57.
18. 노소정, 나보미 and 김미정. 상동.
19. 김영호, 이선근, 김신혜, 송윤주, 정주영, 박미정.(2011).한국 유아의 영양 섭취 현황: 2007~2009년 국민건강영양조사를 바탕으로. Pediatric Gastroenterology, Hepatology & Nutrition, 14(2), 161-170.
20. Fidler, M. C., Davidsson, L., Zeder, C., & Hurrell, R. F. (2004). Erythorbic acid is a potent enhancer of nonheme-iron absorption. The American journal of clinical nutrition, 79(1), 99 – 102.
21. Ventura, A. K., & Worobey, J. (2013). Early influences on the development of food preferences. Current biology : CB, 23(9), R401 – R408.
22. 헬씨베이비푸드 리포트: https://www.healthybabyfood.org/sites/healthybabyfoods.org/files/2019-10/BabyFoodReport_FULLREPORT_ENGLISH_R5b.pdf
23. 영국영양재단 리포트: https://www.nutrition.org.uk/nutritioninthenews/headlines/arsenicinrice.html
24. 김인수. (2014.10.11). '식약처, 쌀 무기비소 기준 0.2ppm 행정예고'에 직격탄. 데일리메디팜.
25. 공인영양사(Registered Dietitian, RD)와의 인터뷰를 기반으로 한 아티클: https://www.prevention.com/food-nutrition/healthy-eating/a20457136/why-does-quinoa-show-up-in-my-poop/
26. 의료인을 위한 지식 라이브러리 업투데이트 아티클: https://www.uptodate.com/contents/constipation-in-infants-and-children-beyond-the-basics/print
27. 조수현, 성필남, 강근호, 박범영, 정석근, 강선문, 김영춘, 김종인 and 김동훈. (2011). 한우고기와 호주산 냉장수입육의 육질 및 영양성분 비교. 한국축산식품학회지, 31(5), 772-781.
28. Hwang, Y. H., & Joo, S. T. (2017). Fatty acid profiles, meat quality, and sensory palatability of grain-fed and grass-fed beef from Hanwoo, American, and Australian crossbred cattle. Korean journal for food science of animal resources, 37(2), 153.

29. 의학 정보 미디어 헬스라인 아티클: https://www.healthline.com/nutrition/grass-fed-vs-grain-fed-beef#bottom-line
30. 미국소아과학회 홈페이지 아티클: https://www.healthychildren.org/English/healthy-living/nutrition/Pages/What-About-Fat-And-Cholesterol.aspx
31. Darbre P. D. (2017). Endocrine Disruptors and Obesity. Current obesity reports, 6(1), 18–27.
32. 의학 정보 미디어 webmd 아티클: https://www.webmd.com/digestive-disorders/features/bloated-bloating
33. Fleischer, D. M. (2013). Early introduction of allergenic foods may prevent food allergy in children. American Academy of Pediatrics News, 34, 2.
34. Iannotti, L. L., Lutter, C. K., Stewart, C. P., Gallegos Riofrío, C. A., Malo, C., Reinhart, G., Palacios, A., Karp, C., Chapnick, M., Cox, K., & Waters, W. F. (2017). Eggs in Early Complementary Feeding and Child Growth: A Randomized Controlled Trial. Pediatrics, 140(1), e20163459.
35. Iannotti, L. L., Lutter, C. K., Waters, W. F., Gallegos Riofrío, C. A., Malo, C., Reinhart, G., Palacios, A., Karp, C., Chapnick, M., Cox, K., Aguirre, S., Narvaez, L., López, F., Sidhu, R., Kell, P., Jiang, X., Fujiwara, H., Ory, D. S., Young, R., & Stewart, C. P. (2017). Eggs early in complementary feeding increase choline pathway biomarkers and DHA: a randomized controlled trial in Ecuador. The American journal of clinical nutrition, 106(6), 1482–1489.
36. Montgomery, P., Burton, J. R., Sewell, R. P., Spreckelsen, T. F., & Richardson, A. J. (2013). Low blood long chain omega-3 fatty acids in UK children are associated with poor cognitive performance and behavior: a cross-sectional analysis from the DOLAB study. PloS one, 8(6), e66697.
37. Nilsson, T. K., Hurtig-Wennlöf, A., Sjöström, M., Herrmann, W., Obeid, R., Owen, J. R., & Zeisel, S. (2016). Plasma 1-carbon metabolites and academic achievement in 15-yr-old adolescents. FASEB journal : official publication of the Federation of American Societies for Experimental Biology, 30(4), 1683–1688.
38. Mun, J. G., Legette, L. L., Ikonte, C. J., & Mitmesser, S. H. (2019). Choline and DHA in Maternal and Infant Nutrition: Synergistic Implications in Brain and Eye Health. Nutrients, 11(5), 1125.
39. 의학 정보 전문 미디어 헬스라인 아티클: https://www.healthline.com/nutrition/quail-eggs-benefits#comparison-with-chicken-eggs
40. Makrides, M., Hawkes, J. S., Neumann, M. A., & Gibson, R. A. (2002). Nutritional effect

of including egg yolk in the weaning diet of breast-fed and formula-fed infants: a randomized controlled trial. The American journal of clinical nutrition, 75(6), 1084 – 1092.

41. 의학 정보 전문 미디어 헬스라인 아티클: https://www.healthline.com/health/high-cholesterol/rda
42. 하버드대 의학전문대학원 홈페이지: https://www.health.harvard.edu/heart-health/are-eggs-risky-for-heart-health
43. Rong, Y., Chen, L., Zhu, T., Song, Y., Yu, M., Shan, Z., Sands, A., Hu, F. B., & Liu, L. (2013). Egg consumption and risk of coronary heart disease and stroke: dose-response meta-analysis of prospective cohort studies. BMJ (Clinical research ed.), 346, e8539.
44. 미국 식생활지침자문위원회 발간 식이 가이드라인 2020-2025: https://www.dietaryguidelines.gov/sites/default/files/2020-12/Dietary_Guidelines_for_Americans_2020-2025.pdf
    유럽연합 홈페이지 발간 이유식 현황 자료: https://ec.europa.eu/jrc/sites/default/files/processed_cereal_baby_food_online.pdf
45. 헬씨이팅리서치 리포트: https://healthyeatingresearch.org/wp-content/uploads/2017/02/her_feeding_guidelines_brief_021416.pdf
46. Gibson, E. L., Kreichauf, S., Wildgruber, A., Vögele, C., Summerbell, C. D., Nixon, C., Moore, H., Douthwaite, W., Manios, Y., & ToyBox-Study Group (2012). A narrative review of psychological and educational strategies applied to young children's eating behaviours aimed at reducing obesity risk. Obesity reviews : an official journal of the International Association for the Study of Obesity, 13 Suppl 1, 85 – 95.
47. Wright P. (1991). Development of food choice during infancy. The Proceedings of the Nutrition Society, 50(1), 107 – 113.
    Cashdan E. (1994). A sensitive period for learning about food. Human nature (Hawthorne, N.Y.), 5(3), 279 – 291.
    Olsen, A., Møller, P. & Hausner, H. (2013). Early Origins of Overeating: Early Habit Formation and Implications for Obesity in Later Life. Curr Obes Rep 2, 157 – 164.
48. 미 질병예방통제센터 홈페이지 아티클: https://www.cdc.gov/healthyyouth/health_and_academics/pdf/health-academic-achievement.pdf
49. 미국소아과학회 홈페이지 아티클: https://www.healthychildren.org/English/ages-stages/toddler/nutrition/Pages/Dietary-Supplements-for-Toddlers.aspx
50. 의학 정보 전문 미디어 아티클: https://www.medicalnewstoday.com/amp/articles/278803
51. USDA-FNS. (2019). Infant nutrition and feeding. A guide for use in the Special Supplemental Nutrition Program for Women, Infants, and Children (WIC).

52. 식품의약품안전평가원. (2013). 비타민 · 무기질(비타민 E, K, 마그네슘 및 아연) 함량 분석 조사 연구. 식품의약품안전평가원.
53. Science, M., Johnstone, J., Roth, D. E., Guyatt, G., & Loeb, M. (2012). Zinc for the treatment of the common cold: a systematic review and meta-analysis of randomized controlled trials. CMAJ : Canadian Medical Association journal, 184(10), E551 – E561.
54. 마이플레이트 미 연방정부 홈페이지: https://www.myplate.gov/eat-healthy/what-is-myplate
55. 미국소아과학회 홈페이지 아티클: https://www.healthychildren.org/English/ages-stages/toddler/nutrition/Pages/Selecting-Snacks-for-Toddlers.aspx
56. Heyman, M. B., Abrams, S. A., Heitlinger, L. A., Cabana, M. D., Gilger, M. A., Gugig, R., ... & Schwarzenberg, S. J. (2017). Fruit juice in infants, children, and adolescents: current recommendations. Pediatrics, 139(6).
57. 보건복지부, 질병관리본부. (2018). 국민건강통계-국민건강영양조사 제 7기 3차년도. 오송 : 질병관리본부.
58. 미 공인영양사와의 인터뷰를 인용한 육아 정보 미디어 Parents 아티클: https://www.parents.com/toddlers-preschoolers/feeding/healthy-eating/10-facts-you-must-know-about-feeding-your-kids/
59. Forestell, C. A., & Mennella, J. A. (2007). Early determinants of fruit and vegetable acceptance. Pediatrics, 120(6), 1247 – 1254.
60. Gwen Dewar 박사가 운영하는 근거 기반의 육아정보 블로그 아티클: https://parentingscience.com/baby-food/
61. Havermans, R. C., & Jansen, A. (2007). Increasing children's liking of vegetables through flavour-flavour learning. Appetite, 48(2), 259 – 262.
62. Mennella, J. A., Nicklaus, S., Jagolino, A. L., & Yourshaw, L. M. (2008). Variety is the spice of life: strategies for promoting fruit and vegetable acceptance during infancy. Physiology & behavior, 94(1), 29 – 38.
63. 이하 모두 전체 곡류 섭취량의 절반을 통곡물로 섭취할 것을 권장함
돌 아이의 경우, 사우스다코타주의 WIC 프로그램(여성, 영유아, 어린이를 위한 영양 보충 프로그램) 홈페이지 가이드라인 참고(https://sdwic.org/wic_library/children/feeding-guides/feeding-guide-1-3-years/)
전반적인 아동 통곡물 섭취 권고는 스탠포드아동건강병원 홈페이지 가이드라인 참고(https://www.stanfordchildrens.org/en/service/nutrition-services/whole-grain)
일반적인 통곡물 섭취 권고는 미국 연방 정부의 마이플레이트 캠페인 가이드라인 참고(https://www.myplate.gov/tip-sheet/make-half-your-grains-whole-grains)
64. Truswell A. S. (2002). Cereal grains and coronary heart disease. European journal of clinical

nutrition, 56(1), 1 – 14.

65. Klerks, M., Bernal, M. J., Roman, S., Bodenstab, S., Gil, A., & Sanchez-Siles, L. M. (2019). Infant Cereals: Current Status, Challenges, and Future Opportunities for Whole Grains. Nutrients, 11(2), 473.
66. 국민영양통계 홈페이지: https://www.khidi.or.kr/nutristat
67. 미국소아과학회 홈페이지: https://www.healthychildren.org/English/healthy-living/nutrition/Pages/Recommended-Drinks-for-Young-Children-Ages-0-5.aspx
68. 보건복지부, 질병관리본부. 상동.
69. Kim, E., Song, B., & Ju, S.-Y. (2018). Dietary status of young children in Korea based on the data of 2013 ~ 2015 Korea National Health and Nutrition Examination Survey. Journal of Nutrition and Health. The Korean Nutrition Society.
70. 미국소아과학회 홈페이지: https://www.healthychildren.org/English/healthy-living/nutrition/Pages/Recommended-Drinks-for-Young-Children-Ages-0-5.aspx
71. Jatinder J.S.B., Frank R.G. (2007). Clearing up confusion on role of dairy in children's diets. AAP News, 28(6), 15
72. 영국암연구소 홈페이지 아티클: https://www.cancerresearchuk.org/about-cancer/causes-of-cancer/cancer-myths/can-milk-and-dairy-products-cause-cancer
73. Kwok, M. K., Leung, G. M., Lam, T. H., & Schooling, C. M. (2012). Breastfeeding, childhood milk consumption, and onset of puberty. Pediatrics, 130(3), e631-e639.
74. 의학 전문 미디어 헬스라인 아티클: https://www.healthline.com/nutrition/is-dairy-good-for-your-bones
75. 김진구. (2018.10.23). 한국 영유아 10명 중 9명, DHA 섭취 부족. 헬스조선 뉴스.
76. Kuratko, C. N., Barrett, E. C., Nelson, E. B., & Salem, N., Jr (2013). The relationship of docosahexaenoic acid (DHA) with learning and behavior in healthy children: a review. Nutrients, 5(7), 2777 – 2810.

    González, F. E., & Báez, R. V. (2017). IN TIME: IMPORTANCE OF OMEGA 3 IN CHILDREN'S NUTRITION. IN TIME: IMPORTÂNCIA DOS ÔMEGA 3 NA NUTRIÇÃO INFANTIL. Revista paulista de pediatria : orgao oficial da Sociedade de Pediatria de Sao Paulo, 35(1), 3 – 4.
77. 서울대학교병원 블로그 아티클: https://post.naver.com/viewer/postView.nhn?volumeNo=17004723&memberNo=3600238
78. 삼성의료원 홈페이지 아티클: http://www.samsunghospital.com/home/healthInfo/content/contenView.do?CONT_SRC_ID=31128&CONT_SRC=HOMEPAGE&CONT_ID=3581&CONT_CLS_CD=001021002001

Juber, B. A., Jackson, K. H., Johnson, K. B., Harris, W. S., & Baack, M. L. (2017). Breast milk DHA levels may increase after informing women: a community-based cohort study from South Dakota USA. International breastfeeding journal, 12, 7.
Smuts, C.M., Borod, E., Peeples, J.M. et al. (2003). High-DHA eggs: Feasibility as a means to enhance circulating DHA in mother and infant. Lipids 38, 407 - 414.
79. 소아과파트너스(pediatric partners) 홈페이지 아티클: https://pediatricpartnerskc.com/Education/Nutrition/OMEGA-3-FATTY-ACIDS-FISH-AND-NUT-OILS
80. 미 질병통제예방센터 홈페이지 아티클: https://www.cdc.gov/breastfeeding/breastfeeding-special-circumstances/environmental-exposures/mercury.html
81. Heaton, A. E., Meldrum, S. J., Foster, J. K., Prescott, S. L., & Simmer, K. (2013). Does docosahexaenoic acid supplementation in term infants enhance neurocognitive functioning in infancy?. Frontiers in human neuroscience, 7, 774.
82. 의학 정보 미디어 헬스라인 아티클: https://www.healthline.com/nutrition/fruit-juice-vs-soda
83. Yuan, G. F., Sun, B., Yuan, J., & Wang, Q. M. (2009). Effects of different cooking methods on health-promoting compounds of broccoli. Journal of Zhejiang University. Science. B, 10(8), 580 - 588.
84. 미국소아과학회 운영 홈페이지 아티클: https://www.healthychildren.org/English/healthy-living/nutrition/Pages/We-Dont-Need-to-Add-Salt-to-Food.aspx
85. 미 국립과학공학의학한림원 자료: https://www.nap.edu/resource/25353/030519DRISodiumPotassium.pdf
86. Liem D. G. (2017). Infants' and Children's Salt Taste Perception and Liking: A Review. Nutrients, 9(9), 1011.
87. 의학 정보 미디어 webmd 아티클: https://www.webmd.com/parenting/features/what-and-how-much-to-feed-your-toddler#1
88. Alexandra S. (2018.07.23). The 10 best and worst oils for your health. TIME.
89. Guillaume, C., De Alzaa, F., & Ravetti, L. (2018). Evaluation of chemical and physical changes in different commercial oils during heating. Acta Scientific Nutritional Health, 2(6), 2-11.
90. 의학 정보 미디어 Healthline 아티클: https://www.healthline.com/nutrition/is-olive-oil-good-for-cooking#bottom-line
91. 미국소아과학회 홈페이지: https://www.healthychildren.org/English/healthy-living/nutrition/Pages/Recommended-Drinks-for-Young-Children-Ages-0-5.aspx
92. 김은경, 송병춘 and 주세영. (2018). 한국 영 · 유아의 식생활 현황 연구 : 2013 ~ 2015년도 국민건강영양조사를 이용하여. Journal of Nutrition and Health, 51(4), 330-339.

93. Günther, A. L., Remer, T., Kroke, A., & Buyken, A. E. (2007). Early protein intake and later obesity risk: which protein sources at which time points throughout infancy and childhood are important for body mass index and body fat percentage at 7 y of age?. The American journal of clinical nutrition, 86(6), 1765-1772.

94. European Childhood Obesity Trial Study Group. (2009). Lower protein in infant formula is associated with lower weight up to age 2 y: a randomized clinical trial, The American Journal of Clinical Nutrition, 89(6), 1836 – 1845.

95. Michaelsen, K. F. (2013). Effect of protein intake from 6 to 24 months on insulin-like growth factor 1 (IGF-1) levels, body composition, linear growth velocity, and linear growth acceleration: what are the implications for stunting and wasting?. Food and nutrition bulletin, 34(2), 268-271.

96. 한국의 경우 2018년 섭취 기준은 1~2세 15g, 3~5세 20g이었으나 2020년 한국인 영양소 섭취 기준에서 각각 20g, 25g으로 상향 조절되었음(보건복지부, 한국영양학회(2020). 한국인 영양소 섭취기준 2020 : 에너지와 다량영양소. 보건복지부). 상향 조절된 원인은 다음 논문에 잘 설명되어 있음.

김은정, 정상원, 황진택, 박윤정. (2022). 2020 단백질 섭취기준: 결핍과 만성질환 예방을 위한 한국인의 단백질 필요량 추정과 섭취 현황. Journal of Nutrition and Health. 55(1), 10-20.

미국의 경우 1~4세 대상 권장량이 14g 정도임.

Richter, M., Baerlocher, K., Bauer, J. M., Elmadfa, I., Heseker, H., Leschik-Bonnet, E., Stangl, G., Volkert, D., Stehle, P., & on behalf of the German Nutrition Society (DGE) (2019). Revised Reference Values for the Intake of Protein. Annals of nutrition & metabolism, 74(3), 242 – 250.

97. 보건복지부, 한국영양학회. (2020). 한국인 영양소 섭취기준 2020 : 에너지와 다량영양소. 보건복지부.

98. Hardwick, J. and Sidnell, A. (2014), Infant nutrition. Nutrition Bulletin, 39: 354-363.

99. 의학 정보 전문 미디어 webmd 아티클: https://www.webmd.com/parenting/features/what-and-how-much-to-feed-your-toddler#1

100. Barraquio, V. L. (2014). Which milk is fresh. International Journal of Dairy Science & Processing, 1(2), 1-6.

101. Alkanhal, AA Al-Othman, FM Hewedi, H. A. (2001). Changes in protein nutritional quality in fresh and recombined ultra high temperature treated milk during storage. International journal of food sciences and nutrition, 52(6), 509-514.

Ajmal, M., Nadeem, M., Imran, M., & Junaid, M. (2018). Lipid compositional changes and oxidation status of ultra-high temperature treated Milk. Lipids in health and disease, 17(1),

1-11.

102. Wada, Y., & Lönnerdal, B. (2014). Effects of different industrial heating processes of milk on site-specific protein modifications and their relationship to in vitro and in vivo digestibility. Journal of Agricultural and Food Chemistry, 62(18), 4175-4185.

103. Satter E. (1990). The feeding relationship: problems and interventions. The Journal of pediatrics, 117(2), S181 -S189.

104. Van der Horst, K. (2012). Overcoming picky eating. Eating enjoyment as a central aspect of children's eating behaviors. Appetite, 58(2), 567-574.

105. Emmett, P. M., Hays, N. P., & Taylor, C. M. (2018). Factors Associated with Maternal Worry about Her Young Child Exhibiting Choosy Feeding Behaviour. International journal of environmental research and public health, 15(6), 1236.

106. Jansen, P. W., de Barse, L. M., Jaddoe, V., Verhulst, F. C., Franco, O. H., & Tiemeier, H. (2017). Bi-directional associations between child fussy eating and parents' pressure to eat: Who influences whom?. Physiology & behavior, 176, 101 - 106.

107. Brown, C. L., Pesch, M. H., Perrin, E. M., Appugliese, D. P., Miller, A. L., Rosenblum, K., & Lumeng, J. C. (2016). Maternal Concern for Child Undereating. Academic pediatrics, 16(8), 777 - 782. Kutbi H. A. (2020). The Relationships between Maternal Feeding Practices and Food Neophobia and Picky Eating. International journal of environmental research and public health, 17(11), 3894.

108. Kutbi H. A. (2020). The Relationships between Maternal Feeding Practices and Food Neophobia and Picky Eating. International journal of environmental research and public health, 17(11), 3894.

109. Brown, C. L. 외. 상동.

110. Leung, A. K., Marchand, V., Sauve, R. S., Canadian Paediatric Society, & Nutrition and Gastroenterology Committee. (2012). The 'picky eater': The toddler or preschooler who does not eat. Paediatrics & child health, 17(8), 455-457.

111. Birch LL, Johnson SL, Andresen G, Peters JC, Schulte MC. (1991). The variability of young children's energy intake. N Engl J Med. 324(4), 232-5.

112. Leung, A. K. 외, 상동.

113. Satter E. (1995). Feeding dynamics: helping children to eat well. Journal of pediatric health care : official publication of National Association of Pediatric Nurse Associates & Practitioners, 9(4), 178 - 184.

114. Leung, A. K. 외, 상동.

Satter E. 상동.
115. Satter E. (1990). The feeding relationship: problems and interventions. The Journal of pediatrics, 117(2), S181 – S189.
116. Satter E. (1995). Feeding dynamics: helping children to eat well. Journal of pediatric health care : official publication of National Association of Pediatric Nurse Associates & Practitioners, 9(4), 178 – 184.
117. Leung, A. K. 외, 상동.
118. 호주 정부 운영 건강 정보 미디어 베터 헬스 홈페이지: https://www.betterhealth.vic.gov.au/health/healthyliving/toddlers-and-mealtime-manners#rpl-skip-link
119. Boulos, R., Vikre, E. K., Oppenheimer, S., Chang, H., & Kanarek, R. B. (2012). ObesiTV: how television is influencing the obesity epidemic. Physiology & behavior, 107(1), 146-153.
120. Cooke, L. J., Chambers, L. C., Añez, E. V., & Wardle, J. (2011). Facilitating or undermining? The effect of reward on food acceptance. A narrative review. Appetite, 57(2), 493-497.
121. Emmett, P. M., Hays, N. P., & Taylor, C. M. (2018). Antecedents of picky eating behaviour in young children. Appetite, 130, 163 – 173.

Chapter 3. 잘 자는 아기를 위한 올바른 수면 육아

1. 임상심리학자 로라 마크햄 박사가 운영하는 육아 전문 미디어 아티클: https://www.ahaparenting.com/read/teaching-your-baby-to-put-himself-to-sleep
2. Esposito, G., Yoshida, S., Ohnishi, R., Tsuneoka, Y., del Carmen Rostagno, M., Yokota, S., ... & Kuroda, K. O. (2013). Infant calming responses during maternal carrying in humans and mice. Current Biology, 23(9), 739-745.
3. Whittingham, K., & Douglas, P. (2014). Optimizing parent–infant sleep from birth to 6 months: a new paradigm. Infant mental health journal, 35(6), 614-623.
4. Gradisar, M., Jackson, K., Spurrier, N. J., Gibson, J., Whitham, J., Williams, A. S., ... & Kennaway, D. J. (2016). Behavioral interventions for infant sleep problems: a randomized controlled trial. Pediatrics, 137(6).
5. Price, A. M., Wake, M., Ukoumunne, O. C., & Hiscock, H. (2012). Five-year follow-up of harms and benefits of behavioral infant sleep intervention: randomized trial. Pediatrics,

130(4), 643 - 651.

6. Watson, L., Potter, A., Gallucci, R., & Lumley, J. (1998). Is baby too warm? The use of infant clothing, bedding and home heating in Victoria, Australia. Early human development, 51(2), 93-107.
7. Wailoo, M. P., Petersen, S. A., & Whitaker, H. (1990). Disturbed nights and 3-4 month old infants: the effects of feeding and thermal environment. Archives of Disease in Childhood, 65(5), 499-501.
8. 의학 정보 전문 미디어 헬스라인 아티클: https://www.healthline.com/health/sleep/best-temperature-to-sleep
9. McDonald, L., Wardle, J., Llewellyn, C. H., van Jaarsveld, C. H., & Fisher, A. (2014). Predictors of shorter sleep in early childhood. Sleep medicine, 15(5), 536-540.
10. 더로열아동병원 멜버른의 부모 교육 자료: https://www.rch.org.au/uploadedFiles/Main/Content/ccch/CPR-vol23-no4-family-info.pdf
11. 의학 정보 전문 미디어 헬스라인 아티클: https://www.healthline.com/health/baby/how-to-recognize-an-overtired-baby
12. Burnham, M. M., Goodlin-Jones, B. L., Gaylor, E. E., & Anders, T. F. (2002). Nighttime sleep-wake patterns and self-soothing from birth to one year of age: A longitudinal intervention study. Journal of Child Psychology and psychiatry, 43(6), 713-725.
13. Gerard, C. M., Harris, K. A., & Thach, B. T. (2002). Spontaneous arousals in supine infants while swaddled and unswaddled during rapid eye movement and quiet sleep. Pediatrics, 110(6), e70-e70.
14. Spencer, J. A., Moran, D. J., Lee, A., & Talbert, D. (1990). White noise and sleep induction. Archives of disease in childhood, 65(1), 135 - 137.
15. Gao, F., Zhang, J., Sun, X., & Chen, L. (2009). The effect of postnatal exposure to noise on sound level processing by auditory cortex neurons of rats in adulthood. Physiology & behavior, 97(3-4), 369-373.
    자세한 내용은 베싸TV '백색소음, 아기 청력 망가뜨릴 수 있다?' 참고.
16. Mindell, J. A., Telofski, L. S., Wiegand, B., & Kurtz, E. S. (2009). A nightly bedtime routine: impact on sleep in young children and maternal mood. Sleep, 32(5), 599-606.
17. Haghayegh, S., Khoshnevis, S., Smolensky, M. H., Diller, K. R., & Castriotta, R. J. (2019). Before-bedtime passive body heating by warm shower or bath to improve sleep: A systematic review and meta-analysis. Sleep medicine reviews, 46, 124-135.
18. Kusumastuti, N. A., Tamtomo, D., & Salimo, H. (2016). Effect of massage on sleep quality

and motor development in infant aged 3-6 months. Journal of maternal and child health, 1(3), 161-169.

19. Teti, D. M., Kim, B.-R., Mayer, G., & Countermine, M. (2010). Maternal emotional availability at bedtime predicts infant sleep quality. Journal of Family Psychology, 24(3), 307–315.
20. Biringen, Z. (2000). Emotional availability: Conceptualization and research findings. American Journal of Orthopsychiatry, 70(1), 104-114.
21. Cohen Engler, A., Hadash, A., Shehadeh, N., & Pillar, G. (2012). Breastfeeding may improve nocturnal sleep and reduce infantile colic: potential role of breast milk melatonin. European journal of pediatrics, 171(4), 729-732.
22. 성루이스아동병원이 운영하는 육아 관련 의학 지식 미디어: https://childrensmd.org/browse-by-age-group/newborn-infants/solving-babys-sleep-problems/
23. Tsai, S. Y., Thomas, K. A., Lentz, M. J., & Barnard, K. E. (2012). Light is beneficial for infant circadian entrainment: an actigraphic study. Journal of advanced nursing, 68(8), 1738-1747.
24. McGraw, K., Hoffmann, R., Harker, C., & Herman, J. H. (1999). The development of circadian rhythms in a human infant. Sleep, 22(3), 303–310.
25. 미국소아과학회 운영 홈페이지 https://www.healthychildren.org/English/safety-prevention/at-play/Pages/Sun-Safety-and-Protection-Tips.aspx
26. Mao, A., Burnham, M. M., Goodlin-Jones, B. L., Gaylor, E. E., & Anders, T. F. (2004). A comparison of the sleep-wake patterns of cosleeping and solitary-sleeping infants. Child psychiatry and human development, 35(2), 95–105.
27. Mosko, S., Richard, C., Drummond, S., & Mukai, D. (1997). Maternal proximity and infant CO2 environment during bedsharing and possible implications for SIDS research. American Journal of Physical Anthropology: The Official Publication of the American Association of Physical Anthropologists, 103(3), 315-328.
28. Xu, X., Lian, Z., Shen, J., Cao, T., Zhu, J., Lin, X., ... & Zhang, T. (2021). Experimental study on sleep quality affected by carbon dioxide concentration. Indoor air, 31(2), 440-453.
29. Grigg-Damberger, M., Gozal, D., Marcus, C. L., Quan, S. F., Rosen, C. L., Chervin, R. D., Wise, M., Picchietti, D. L., Sheldon, S. H., & Iber, C. (2007). The visual scoring of sleep and arousal in infants and children. Journal of clinical sleep medicine : JCSM : official publication of the American Academy of Sleep Medicine, 3(2), 201–240.
30. Urakawa, S., Takamoto, K., Ishikawa, A., Ono, T., & Nishijo, H. (2015). Selective Medial Prefrontal Cortex Responses During Live Mutual Gaze Interactions in Human Infants: An

fNIRS Study. Brain topography, 28(5), 691 – 701.

31. 컨슈머리포트 보고서 https://www.consumerreports.org/child-safety/more-infant-sleep-products-linked-to-deaths/
32. 미국소아과학회 운영 홈페이지 https://www.healthychildren.org/English/ages-stages/baby/sleep/Pages/A-Parents-Guide-to-Safe-Sleep.aspx
33. Balaban, R., Cruz Câmara, A., Barros Ribeiro Dias Filho, E., Andrade Pereira, M. D., & Menezes Aguiar, C. (2018). Infant sleep and the influence of a pacifier. International journal of paediatric dentistry, 28(5), 481-489.
34. Sexton, S. M., & Natale, R. (2009). Risks and benefits of pacifiers. American family physician, 79(8), 681-685.
35. Brunelle, J. A., Bhat, M., & Lipton, J. A. (1996). Prevalence and distribution of selected occlusal characteristics in the US population, 1988 – 1991. Journal of Dental Research, 75(2_suppl), 706-713.
36. Uhari, M., Mäntysaari, K., & Niemelä, M. (1996). Meta-analytic review of the risk factors for acute otitis media. Clinical Infectious Diseases, 22(6), 1079-1083.
37. 의료인에 의해 리뷰되는 아동 건강 관련 미디어 https://kidshealth.org/en/parents/cosleeping.html
38. Keller, M. A., & Goldberg, W. A. (2004). Co-sleeping: Help or hindrance for young children's independence?. Infant and Child Development: An International Journal of Research and Practice, 13(5), 369-388.
39. James, J. (2020). Safe Infant Sleep: Expert Answers to your cosleeping questions. Platypus Media.
40. Middlemiss, W., Granger, D. A., Goldberg, W. A., & Nathans, L. (2012). Asynchrony of mother – infant hypothalamic – pituitary – adrenal axis activity following extinction of infant crying responses induced during the transition to sleep. Early human development, 88(4), 227-232.
41. Gettler, L. T., McKenna, J. J., McDade, T. W., Agustin, S. S., & Kuzawa, C. W. (2012). Does cosleeping contribute to lower testosterone levels in fathers? Evidence from the Philippines. PloS one, 7(9), e41559.
42. Barajas, R. G., Martin, A., Brooks-Gunn, J., & Hale, L. (2011). Mother-child bed-sharing in toddlerhood and cognitive and behavioral outcomes. Pediatrics, 128(2), e339-e347.
43. Okami, P., Weisner, T., & Olmstead, R. (2002). Outcome correlates of parent-child bedsharing: an eighteen-year longitudinal study. Journal of Developmental & Behavioral

Pediatrics, 23(4), 244-253.

44. Conway, A., Miller, A. L., & Modrek, A. (2017). Testing reciprocal links between trouble getting to sleep and internalizing behavior problems, and bedtime resistance and externalizing behavior problems in toddlers. Child Psychiatry & Human Development, 48(4), 678-689.
45. Johnson, C. M. (1991). Infant and toddler sleep: A telephone survey of parents in one community. Journal of Developmental and Behavioral Pediatrics, 12(2), 108 – 114.
46. Fehr, K. K., Chambers, D. E., & Ramasami, J. (2021). The impact of anxiety on behavioral sleep difficulties and treatment in young children: A Review of the Literature. Journal of Clinical Psychology in Medical Settings, 28(1), 102-112.
47. Schlarb, A. A., Jaeger, S., Schneider, S., In-Albon, T., & Hautzinger, M. (2016). Sleep problems and separation anxiety in preschool-aged children: a path analysis. Journal of child and family studies, 25(3), 902-910.
48. Judith A owens. (2020). Behavioral Sleep Problems in Children, In: UpToDate, In Laurie Wilkie (Ed), UpToDate. Retrieved May 19, 2022, from https://www.uptodate.com/contents/behavioral-sleep-problems-in-children
49. Garrison, M. M., Liekweg, K., & Christakis, D. A. (2011). Media use and child sleep: the impact of content, timing, and environment. Pediatrics, 128(1), 29-35.
50. Ottaviano, S., Giannotti, F., Cortesi, F., Bruni, O., & Ottaviano, C. (1996). Sleep characteristics in healthy children from birth to 6 years of age in the urban area of Rome. Sleep, 19(1), 1 – 3.
51. Mindell, J. A., Sadeh, A., Kohyama, J., & How, T. H. (2010). Parental behaviors and sleep outcomes in infants and toddlers: a cross-cultural comparison. Sleep medicine, 11(4), 393-399.
52. Royal Children's Hospital (Melbourne) Centre for Community Child Health. Sleep. (2011). Community Paediatric review. 19(2).
53. Blunden, S. (2011). Behavioural treatments to encourage solo sleeping in pre-school children: An alternative to controlled crying. Journal of Child Health Care, 15(2), 107 – 117.
54. Kuhn, B. R., LaBrot, Z. C., Ford, R., & Roane, B. M. (2020). Promoting independent sleep onset in young children: Examination of the Excuse Me Drill. Behavioral Sleep Medicine, 18(6), 730-745.

1. Elardo, R., Bradley, R., & Caldwell, B. M. (1975). The relation of infants' home environments to mental test performance from six to thirty-six months: A longitudinal analysis. Child development, 71-76.
2. Levin, D. E., & Rosenquest, B. (2001). The increasing role of electronic toys in the lives of infants and toddlers: should we be concerned?. Contemporary Issues in Early Childhood, 2(2), 242-247.
3. Chase, R. A. (1992). Toys and infant development: Biological, psychological, and social factors. Children's Environments, 3-12.
4. Carlson, A. G., Rowe, E., & Curby, T. W. (2013). Disentangling fine motor skills' relations to academic achievement: the relative contributions of visual-spatial integration and visual-motor coordination. The Journal of genetic psychology, 174(5-6), 514 - 533.
5. Gwen Dewar박사가 운영하는 근거 기반의 육아정보 블로그 아티클: https://www.parentingscience.com/toy-blocks.html
6. Timmons, B. W., LeBlanc, A. G., Carson, V., Connor Gorber, S., Dillman, C., Janssen, I., ... & Tremblay, M. S. (2012). Systematic review of physical activity and health in the early years (aged 0 - 4 years). Applied Physiology, Nutrition, and Metabolism, 37(4), 773-792.
   Carson, V., Hunter, S., Kuzik, N., Wiebe, S. A., Spence, J. C., Friedman, A., ... & Hinkley, T. (2016). Systematic review of physical activity and cognitive development in early childhood. Journal of science and medicine in sport, 19(7), 573-578.
7. Jylänki, P., Mbay, T., Hakkarainen, A., Sääkslahti, A., & Aunio, P. (2022). The effects of motor skill and physical activity interventions on preschoolers' cognitive and academic skills: A systematic review. Preventive Medicine, 155, 106948.
8. Vella, S. A., Cliff, D. P., Magee, C. A., & Okely, A. D. (2015). Associations between sports participation and psychological difficulties during childhood: a two-year follow up Journal of science and medicine in sport, 18(3), 304-309.
9. Danish, S. J., Forneris, T., & Wallace, I. (2005). Sport-based life skills programming in the schools Journal of Applied School Psychology, 21(2), 41-62.
10. Zhen Rao & Jenny Gibson. (2019). The role of pretend play in supporting young children's emotional development. The SAGE handbook of developmental psychology and early childhood education, 63-79

11. 조은진. (2000). 유아들의 가상놀이 촉진을 위한 놀잇감 사용. 아동학회지, 21(4), 197-210.
12. Zhen Rao & Jenny Gibson. (2019). 상동.
13. Barnett, L. A., & Storm, B. (1981). Play, pleasure, and pain: The reduction of anxiety through play. Leisure Sciences, 4(2), 161-175.
14. Barnett, L. A. (1984). Research note: Young children's resolution of distress through play. Journal of Child Psychology and Psychiatry, 25(3), 477-483.
15. 에릭 에릭슨, 송제훈 역. (2014). 유년기와 사회. 연암서가.
16. Bretherton, I. (1989). Pretense: The form and function of make-believe play. Developmental Review, 9(4), 383-401.
17. Fein, G. G. (1989). Mind, meaning, and affect: Proposals for a theory of pretense. Developmental Review, 9(4), 345-363.
18. Levin, D. E., & Rosenquest, B. (2001). 상동.
19. Elardo, R., Bradley, R., & Caldwell, B. M. (1975). 상동.
20. Healey, A., Mendelsohn, A., Sells, J. M., Donoghue, E., Earls, M., Hashikawa, A., ... & Williams, P. G. (2019). Selecting appropriate toys for young children in the digital era. Pediatrics, 143(1).
21. Sosa, A. V. (2016). Association of the type of toy used during play with the quantity and quality of parent-infant communication. JAMA pediatrics, 170(2), 132-137.
22. Yogman, M., Garner, A., Hutchinson, J., Hirsh-Pasek, K., Golinkoff, R. M., Baum, R., ... & COMMITTEE ON PSYCHOSOCIAL ASPECTS OF CHILD AND FAMILY HEALTH. (2018). The power of play: A pediatric role in enhancing development in young children. Pediatrics, 142(3).
23. World Bank Group. (2017). World development report 2018 : Learning to realize education's promise. World Bank Publications.
24. Resolution on Early Years Learning in the Europian Union, adopted by the European Parliament, May 12, 2011.
25. Ginsburg, K. R., Committee on Communications, & Committee on Psychosocial Aspects of Child and Family Health. (2007). The importance of play in promoting healthy child development and maintaining strong parent-child bonds. Pediatrics, 119(1), 182-191.
26. Bodrij, F. F., Andeweg, S. M., Prevoo, M. J., Rippe, R. C., & Alink, L. R. (2021). The causal effect of household chaos on stress and caregiving: An experimental study. Comprehensive Psychoneuroendocrinology, 8, 100090.
27. Andrews, K., Dunn, J. R., Prime, H., Duku, E., Atkinson, L., Tiwari, A., & Gonzalez, A. (2021). Effects of household chaos and parental responsiveness on child executive functions: a

novel, multi-method approach.BMC psychology,9(1), 1-14.

28. Dauch, C., Imwalle, M., Ocasio, B., & Metz, A. E. (2018). The influence of the number of toys in the environment on toddlers' play.Infant Behavior and Development,50, 78-87.
29. Fletcher, K. L., & Reese, E. (2005). Picture book reading with young children: A conceptual framework. Developmental review, 25(1), 64-103.
30. Flack, Z. M., & Horst, J. S. (2018). Two sides to every story: Children learn words better from one storybook page at a time. Infant and Child Development, 27(1), e2047.
31. 이혜련&이귀옥. (2005). 아동의 초기 언어발달과 어머니의 언어적 입력간의 관계: 동사와 명사를 중심으로.아동학회지, 26(5), 205-216.
32. Waxman, S., Fu, X., Arunachalam, S., Leddon, E., Geraghty, K., & Song, H. J. (2013). Are Nouns Learned Before Verbs? Infants Provide Insight into a Longstanding Debate. Child development perspectives, 7(3), 155-159.
33. Pickron, C. B., Iyer, A., Fava, E., & Scott, L. S. (2018). Learning to individuate: The specificity of labels differentially impacts infant visual attention. Child development, 89(3), 698-710.
34. Hasson, E. A. (1991). "Reading" with infants and toddlers. Day Care and Early Education, 19(1), 35-37.
35. Pierroutsakos, S. L., & DeLoache, J. S. (2003). Infants' manual exploration of pictorial objects varying in realism. Infancy, 4(1), 141-156.
36. Ganea, P. A., Pickard, M. B., & DeLoache, J. S. (2008). Transfer between picture books and the real world by very young children. Journal of cognition and development, 9(1), 46-66.
37. Simcock, G., & DeLoache, J. (2006). Get the picture? The effects of iconicity on toddlers' reenactment from picture books. Developmental psychology, 42(6), 1352.
38. Strouse, G. A., Nyhout, A., & Ganea, P. A. (2018). The role of book features in young children's transfer of information from picture books to real-world contexts. Frontiers in psychology, 9, 50.
39. Kotaman, H., & Balcý, A. (2017). Impact of storybook type on kindergarteners' storybook comprehension. Early Child Development and Care, 187(11), 1771-1781.
40. Larsen, N. E., Lee, K., & Ganea, P. A. (2018). Do storybooks with anthropomorphized animal characters promote prosocial behaviors in young children?. Developmental Science, 21(3), e12590.
41. 이문정, 최윤정, 곽아정.(2013).유아들이 선호하는 그림책의 특성.어린이문학교육연구,14(2),63-79. 강은진&현은자. (1998). 환상동화와 사실동화에 대한 유아의 반응 비교연구: 소집단 그림책 읽기 활동을 중심으로. 아동학회지, 19(1), 169-182.

42. Nyhout, A., & O'Neill, D. K. (2013). Mothers' complex talk when sharing books with their toddlers: Book genre matters. First Language, 33(2), 115-131.
43. Tare, M., Chiong, C., Ganea, P., & DeLoache, J. (2010). Less is more: How manipulative features affect children's learning from picture booksJournal of applied developmental psychology, 31(5), 395-400.
44. Chiong, C., & DeLoache, J. S. (2013). Learning the ABCs: What kinds of picture books facilitate young children's learning? Journal of Early Childhood Literacy, 13(2), 225-241.
45. Shinskey, J. L. (2021). Lift-the-flap features in "first words" picture books impede word learning in 2-year-olds Journal of Educational Psychology, 113(4), 641 -655.
46. Zeece, P. D. (2000). Books about feelings and feelings about books: Literature choices that support emotional development. Early Childhood Education Journal, 28(2), 111-115.
47. Brownell, C. A., Svetlova, M., Anderson, R., Nichols, S. R., & Drummond, J. (2013). Socialization of early prosocial behavior: Parents' talk about emotions is associated with sharing and helping in toddlers. Infancy, 18(1), 91-119.
48. Gallingane, C., & Han, H. S. (2015). Words can help manage emotions: Using research-based strategies for vocabulary instruction to teach emotion words to young children. Childhood Education, 91(5), 351-362.
49. Van Kleek, A., Stahl, S. A., & Bauer, E.B.(eds). (2003). On reading books to children : Parents and teachers. New York : Routeledge.
50. Trivette, C. M., Dunst, C. J., & Gorman, E. (2010). Effects of parent-mediated joint book reading on the early language development of toddlers and preschoolers.Center for Early Literacy Learning, 3(2), 1-15.
51. Barr, R., McClure, E., & Parlakian, R. (2018). What the research says about the impact of media on children aged 0 -3 years old. ZERO TO THREE.
아동전문기관 제로투스리 홈페이지 아티클: https://www.zerotothree.org/resources/2536-screen-sense-what-the-research-says-about-the-impact-of-media-on-children-aged-0-3-years-old
52. Goodrich, S. A., Pempek, T. A., & Calvert, S. L. (2009). Formal production features of infant and toddler DVDs. Archives of Pediatrics & adolescent medicine, 163(12), 1151-1156.
53. Linebarger, D. L., & Vaala, S. E. (2010). Screen media and language development in infants and toddlers: An ecological perspective. Developmental Review, 30(2), 176-202.
54. Kirkorian, H. L., Pempek, T. A., Murphy, L. A., Schmidt, M. E., & Anderson, D. R. (2009). The impact of background television on parent-child interaction. Child development, 80(5),

1350-1359.
55. Setliff, A. E., & Courage, M. L. (2011). Background television and infants' allocation of their attention during toy play. Infancy, 16(6), 611-639.
56. Barr, R., Lauricella, A., Zack, E., & Calvert, S. L.(2010). Infant and early childhood exposure to adult-directed and child-directed television programming: Relations with cognitive skills at age four. Merrill-Palmer Quarterly (1982-), 21-48.
57. Thompson, D. A., & Christakis, D. A. (2005). The association between television viewing and irregular sleep schedules among children less than 3 years of age. Pediatrics, 116(4), 851-856.
58. Goodrich, S. A., Pempek, T. A., & Calvert, S. L. (2009). 상동.
59. Zimmerman, F. J., Christakis, D. A., & Meltzoff, A. N. (2007). Associations between media viewing and language development in children under age 2 years. The Journal of pediatrics, 151(4), 364-368.
60. Barr, R., Lauricella, A., Zack, E., & Calvert, S. L. (2010). 상동.
61. Lillard, A. S., & Peterson, J. (2011). The immediate impact of different types of television on young children's executive function. Pediatrics, 128(4), 644-649.
62. Barr, R. (2013). Memory constraints on infant learning from picture books, television, and touchscreens. Child Development Perspectives, 7(4), 205-210.
Brito N., Barr R., McIntyre P., Simcock G. (2012).Long-term transfer of learning from books and video during toddlerhood.J. Exp. Child Psychol.111, 108–119.
63. Linebarger, D. L., & Vaala, S. E. (2010). 상동.
64. 상동
65. Howard Gola, A. A., Richards, M. N., Lauricella,A. R., & Calvert, S. L. (2013). Building meaningful parasocial relationships between toddlers and media characters to teach early mathematical skills. Media Psychology, 16(4), 390-411.
66. Linebarger, D. L., & Walker, D. (2005). Infants' and toddlers' television viewing and language outcomes. American behavioral scientist, 48(5), 624-645.
67. Barr, R., Shuck, L., Salerno, K., Atkinson, E., & Linebarger, D. L. (2010). Music interferes with learning from television during infancy. Infant and Child Development: An International Journal of Research and Practice, 19(3), 313-331.
68. Goodrich, S. A., Pempek, T. A., & Calvert, S. L. (2009). 상동.
69. Barr, R., McClure, E., & Parlakian, R. (2018). 상동.

1. 미국소아과학회 홈페이지 아티클: https://www.healthychildren.org/English/ages-stages/toddler/Pages/Language-Delay.aspx
2. Paul, R. (1996). Clinical implications of the natural history of slow expressive language development. American Journal of Speech-Language Pathology, 5(2), 5-21.
3. 유타대학교 병원 홈페이지 아티클: https://healthcare.utah.edu/the-scope/shows.php?shows=0_6ea126lf
4. Gros-Louis, J., West, M. J., & King, A. P. (2014). Maternal responsiveness and the development of directed vocalizing in social interactions. Infancy, 19(4), 385-408.
5. Kaiser, A. P., & Roberts, M. Y. (2013). Parents as communication partners: An evidence-based strategy for improving parent support for language and communication in everyday settings. Perspectives on Language Learning and Education, 20(3), 96-111.
6. 아동전문기관 제로투스리 홈페이지 아티클:
https://www.zerotothree.org/resources/16-aggressive-behavior-in-toddlers
7. Owen, D. J., Slep, A. M., & Heyman, R. E. (2012). The effect of praise, positive nonverbal response, reprimand, and negative nonverbal response on child compliance: a systematic review. Clinical child and family psychology review, 15(4), 364 - 385.
8. Gaertner, B. M., Spinrad, T. L., & Eisenberg, N. (2008). Focused attention in toddlers: Measurement, stability, and relations to negative emotion and parenting. Infant and Child Development: An International Journal of Research and Practice, 17(4), 339-363.
9. Acar, I. H., Frohn, S., Prokasky, A., Molfese, V. J., & Bates, J. E. (2019). Examining the associations between performance based and ratings of focused attention in toddlers: Are we measuring the same constructs?. Infant and Child Development, 28(1), e2116.
10. Gurevitz, M., Geva, R., Varon, M., & Leitner, Y. (2014). Early markers in infants and toddlers for development of ADHD. Journal of Attention Disorders, 18(1), 14-22.
11. 의료 정보 미디어 메디컬뉴스투데이 아티클: https://www.medicalnewstoday.com/articles/315518#symptoms
12. 박준성. (2018.05.14). ADHD는 얼마나 흔한가요?. 정신의학신문.
13. Joseph, H. M., McKone, K. M., Molina, B. S., & Shaw, D. S. (2021). Maternal parenting and toddler temperament: predictors of early school age attention-deficit/hyperactivity disorder-related behaviors. Research on Child and Adolescent Psychopathology, 49(6),

763-773.

14. Murray, D.W., Lawrence, J.R., & LaForett, D.R. (2017). The Incredible Years programs for ADHD in young children: A critical review of the evidence. Journal of Emotional and Behavioral Disorders. Advance online publication. doi:10.1177/1063426617717740
15. Webster-Stratton, C., & Reid, J. (2014). Tailoring the Incredible YearsTM: Parent, teacher, and child interventions for young children with ADHD.
16. Brownell, C. A. (2013). Early development of prosocial behavior: Current perspectives. Infancy, 18(1), 1-9.
17. Ferrer, M. & McCrea, S. (2000). Let's talk about temper tantrums. FCS2153. Gainesville: University of Florida Institute of Food and Agricultural Sciences.
18. Potegal, M. Kosorok, M. & Davidson, R. (2003). Temper Tantrums in Young Children: 2. Tantrum Duration and Temporal Organization. Journal of Developmental & Behavioral Pediatrics. 24(3). 148-154.
19. Peterson, E. R., Dando, E., D'Souza, S., Waldie, K. E., Carr, A. E., Mohal, J., & Morton, S. M. (2018). Can infant temperament be used to predict which toddlers are likely to have increased emotional and behavioral problems? Early Education and Development, 29(4), 435-449.
20. Manning, B. L., Roberts, M. Y., Estabrook, R., Petitclerc, A., Burns, J. L., Briggs-Gowan, M., ... & Norton, E. S. (2019). Relations between toddler expressive language and temper tantrums in a community sample. Journal of Applied Developmental Psychology, 65, 101070.
21. Stoolmiller, M. (2001). Synergistic interaction of child manageability problems and parent-discipline tactics in predicting future growth in externalizing behavior for boys. Developmental Psychology, 37(6), 814 – 825.
22. Morawska, A., & Sanders, M. R. (2007). Concurrent predictors of dysfunctional parenting and maternal confidence: implications for parenting interventions. Child: care, health and development, 33(6), 757-767.
23. Abraham, E., Raz, G., Zagoory-Sharon, O., & Feldman, R. (2018). Empathy networks in the parental brain and their long-term effects on children's stress reactivity and behavior adaptation. Neuropsychologia, 116, 75-85.
24. Daniels, E., Mandleco, B., & Luthy, K. E. (2012). Assessment, management, and prevention of childhood temper tantrums. Journal of the American Academy of Nurse Practitioners, 24(10), 569-573.
25. Daniels, E., Mandleco, B., & Luthy, K. E. (2012). 상동.
26. 자폐인식개선센터 홈페이지: https://autismawarenesscentre.com/what-is-the-difference-

between-a-tantrum-and-an-autistic-meltdown/

27. Deichmann, F., & Ahnert, L. (2021). The terrible twos: How children cope with frustration and tantrums and the effect of maternal and paternal behaviors. Infancy, 26(3), 469-493.
28. Potegal, M. Kosorok, M. & Davidson, R. (2003). 상동.
29. Daniels, E., Mandleco, B., & Luthy, K. E. (2012). 상동.
30. Ferrer, M. & McCrea, S. (2000). 상동.
31. Harrington, R. G. (2004). Temper tantrums: guidelines for parents. NASP Resources.
32. Stoolmiller, M. (2001). 상동.
33. Ferrer, M. & McCrea, S. (2000). 상동.
34. Daniels, E., Mandleco, B., & Luthy, K. E. (2012). 상동.
35. Harrington, R. G. (2004). 상동.
36. 리틀오터스 홈페이지 아티클: https://www.littleotterhealth.com/blog/should-you-ignore-a-toddler-temper-tantrum
37. 하버드대 의학전문대학원 운영 홈페이지 아티클: https://www.health.harvard.edu/blog/how-to-respond-to-tantrums-2020051919845
38. Coyne, S. M., Shawcroft, J., Gale, M., Gentile, D. A., Etherington, J. T., Holmgren, H., & Stockdale, L. (2021). Tantrums, toddlers and technology: Temperament, media emotion regulation, and problematic media use in early childhood. Computers in Human Behavior, 120, 106762.
39. Lucca, K., Horton, R., & Sommerville, J. A. (2020). Infants rationally decide when and how to deploy effort. Nature human behaviour, 4(4), 372-379.

Chapter 6. 불확실한 육아 정보를 선별하는 베싸의 팩트 체크

1. 하버드대 의학전문대학원 운영 홈페이지 아티클: https://www.health.harvard.edu/blog/giving-babies-and-toddlers-antibiotics-can-increase-the-risk-of-obesity-2018113015477
2. Stark, C. M., Susi, A., Emerick, J., & Nylund, C. M. (2019). Antibiotic and acid-suppression medications during early childhood are associated with obesity. Gut, 68(1), 62-69.
3. Park, Y. J., Chang, J., Lee, G., Son, J. S., & Park, S. M. (2020). Association of class number, cumulative exposure, and earlier initiation of antibiotics during the first two-years of life

with subsequent childhood obesity. Metabolism, 112, 154348.
4. 의학 정보 전문 미디어 메디컬옵저버 아티클: http://www.monews.co.kr/news/articleView.html?idxno=214297
5. 한국질병관리본부 홈페이지: http://www.cdc.go.kr/contents.es?mid=a20303020400
6. 미국질병통제예방센터 발간 자료: https://www.cdc.gov/antibiotic-use/community/pdfs/aaw/AU_Arent_Always_The_Answer_fs_508.pdf
7. 미국소아과학회 홈페이지 아티클: https://healthychildren.org/English/news/Pages/AAP-Announces-New-Recommendations-for-Childrens-Media-Use.aspx
8. Courage, M. L., & Howe, M. L. (2010). To watch or not to watch: Infants and toddlers in a brave new electronic world. Developmental review, 30(2), 101-115.
9. RCPCH(Royal College of Paediatrics and ChildHealth). (2019). The Health Impacts of Screen Time: A Guide for Clinicians and Parents, London:RCPCH.
10. COMMUNICATIONS, C. O. (2016). Media and Young Minds.Pediatrics,138(5), e20162591.
11. 아동전문기관 제로투스리 홈페이지 아티클: https://www.zerotothree.org/resources/2536-screen-sense-what-the-research-says-about-the-impact-of-media-on-children-aged-0-3-years-old
12. Troseth, G. L., Saylor, M. M., & Archer, A. H. (2006). Young children's use of video as a source of socially relevant information. Child development, 77(3), 786-799.
13. Reid Chassiakos, Y. L., Radesky, J., Christakis, D., Moreno, M. A., Cross, C., Hill, D., ... & Swanson, W. S. (2016). Children and adolescents and digital media. Pediatrics,138(5).
14. Carlson, S. M. (2003). The development of executive function in early childhood: executive function in context: development, measurement, theory and experience. Monographs of the society for Research in Child Development, 68(3), 138-151.
15. Choenni, V., Lambregtse-van den Berg, M. P., Verhulst, F. C., Tiemeier, H., & Kok, R. (2019). The longitudinal relation between observed maternal parenting in the preschool period and the occurrence of child ADHD symptoms in middle childhood Journal of Abnormal Child Psychology, 47(5), 755-764.
16. Beyens, I., Valkenburg, P. M., & Piotrowski, J. T. (2018). Screen media use and ADHD-related behaviors: Four decades of research. Proceedings of the National Academy of Sciences, 115(40), 9875-9881.
17. Foster, E. M., & Watkins, S. (2010). The value of reanalysis: TV viewing and attention problems. Child development, 81(1), 368-375.
18. Laube, C., & Fuhrmann, D. (2020). Is early good or bad? Early puberty onset and its

consequences for learning. Current Opinion in Behavioral Sciences, 36, 150-156.
최규희&박승찬. (2016). 통계자료를 통한 국내 성조숙증 진료현황 분석. 대한한방소아과학회지 제, 30(4).

19. Wiley, A. S. (2011). Milk intake and total dairy consumption: associations with early menarche in NHANES 1999-2004. PloS one, 6(2), e14685.
20. Kwok, M. K., Leung, G. M., Lam, T. H., & Schooling, C. M. (2012). Breastfeeding, childhood milk consumption, and onset of puberty. Pediatrics, 130(3), e631-e639.
21. Tang, M. (2018). Protein intake during the first two years of life and its association with growth and risk of overweight. International Journal of Environmental Research and Public Health, 15(8), 1742.
22. Cheng, G., Buyken, A. E., Shi, L., Karaolis-Danckert, N., Kroke, A., Wudy, S. A., ... & Remer, T. (2012). Beyond overweight: nutrition as an important lifestyle factor influencing timing of puberty. Nutrition reviews, 70(3), 133-152.
23. Jansen, E. C., Marín, C., Mora-Plazas, M., & Villamor, E. (2015). Higher childhood red meat intake frequency is associated with earlier age at menarche. The Journal of nutrition, 146(4), 792-798.
24. Gunther, A. L., Karaolis-Danckert, N., Kroke, A., Remer, T., & Buyken, A. E. (2010). Dietary protein intake throughout childhood is associated with the timing of puberty. The Journal of nutrition, 140(3), 565-571.
25. Oliveira, F. R. K., Gustavo, A. F. S. E., Gonçalves, R. B., Bolfi, F., Mendes, A. L., & Nunes-Nogueira, V. D. S. (2021). Association between a soy-based infant diet and the onset of puberty: A systematic review and meta-analysis. PloS one, 16(5), e0251241.
26. Sinai, T., Ben-Avraham, S., Guelmann-Mizrahi, I., Goldberg, M. R., Naugolni, L., Askapa, G., ... & Rachmiel, M. (2019). Consumption of soy-based infant formula is not associated with early onset of puberty. European journal of nutrition, 58(2), 681-687.
27. Palacios, O. M., Cortes, H. N., Jenks, B. H., & Maki, K. C. (2020). Naturally occurring hormones in foods and potential health effects. Toxicology Research and Application, 4, 2397847320936281.
28. 노소영&김계하. (2012). 초등학교 저학년 여학생의 성 성숙과 신체상 및 자아존중감에관한 연구.지역사회간호학회지, 23(4), 405-414.

권미경, 서은민, & 박경. (2015). 초등학교 여학생의 초경시기와 관련된 결정요인 분석. Journal of Nutrition and Health, 48(4), 344-351.

29. Kim, J. H., & Lim, J. S. (2021). Early menarche and its consequence in Korean female:

reducing fructose intake could be one solution. Clinical and Experimental Pediatrics, 64(1), 12.

30. Prata, J. C., da Costa, J. P., Lopes, I., Duarte, A. C., & Rocha-Santos, T. (2020). Environmental exposure to microplastics: An overview on possible human health effects. Science of the total environment, 702, 134455.
31. Li, D., Shi, Y., Yang, L.et al.(2020). Microplastic release from the degradation of polypropylene feeding bottles during infant formula preparation. Nature Food, 1(11), 746 – 754
32. Daftary, A. S., & Deterding, R. R. (2011). Inhalational lung injury associated with humidifier "white dust".Pediatrics, 127(2), e509-e512.
33. Yao, W., Dal Porto, R., Gallagher, D. L., & Dietrich, A. M. (2020). Human exposure to particles at the air-water interface: influence of water quality on indoor air quality fromuse of ultrasonic humidifiers. Environment International, 143, 105902.
콜로라도소아병원 홈페이지 아티클: https://www.childrenscolorado.org/conditions-and-advice/parenting/parenting-articles/danger-of-humidifiers/
34. 임주현. (2020.09.30). [팩트체크K] 가습기 물 '수돗물vs정수기 물' 뭐가 더 안전할까?. KBS뉴스.
35. 의학 정보 전문 미디어 webmd 아티클: https://www.webmd.com/lung/humidifier-use-clean#2
36. 미국소아과학회 홈페이지 https://www.healthychildren.org/English/family-life/family-dynamics/communication-discipline/Pages/Disciplining-Your-Child.aspx
37. Prior, V. and Glaser, D. (2006) Understanding attachment and attachment disorders: theory, evidence and practice. London: Jessica Kingsley.
38. 이하원, 이신혜 & 이지연. (2020). 영유아 문제행동 지도. 창지사
39. Woodhouse, S. S., Scott, J. R., Hepworth, A. D., & Cassidy, J. (2020). Secure base provision: A new approach to examining links between maternal caregiving and infant attachment. Child Development, 91(1), e249-e265.
40. Waters, E., Hamilton, C. E., & Weinfield, N. S. (2000). The stability of attachment security from infancy to adolescence and early adulthood: General introduction. Child development, 71(3), 678-683.
41. Lee, J., Yim, D., Lee, J., & Yim, D. (2017). A comparative study between the direct and overheard speech of primary caregiver of late talkers and typically developing infants. Communication Sciences & Disorders, 22(2), 205-217.
42. Zimmerman, F. J., Gilkerson, J., Richards, J. A., Christakis, D. A., Xu, D., Gray, S., & Yapanel,

U. (2009). Teaching by listening: The importance of adult-child conversations to language development. Pediatrics, 124(1), 342-349.

43. Golinkoff, R. M., Hoff, E., Rowe, M. L., Tamis-LeMonda, C. S., & Hirsh-Pasek, K. (2019). Language matters: Denying the existence of the 30-million-word gap has serious consequences. Child development, 90(3), 985-992.
44. Lowe, L. A., Woodcock, A., Murray, C. S., Morris, J., Simpson, A., & Custovic, A. (2004). Lung function at age 3 years: effect of pet ownership and exposure to indoor allergens. Archives of pediatrics & adolescent medicine, 158(10), 996-1001.
45. 오하이오대 수의학과 홈페이지 아티클: https://vet.osu.edu/sites/vet.osu.edu/files/legacy/documents/pdf/education/mph-vph/allergic to your dog.pdf
46. 의학 정보 미디어 헬스라인: https://www.healthline.com/health/baby/cats-and-babies#babys-arrival
47. Tun, H. M., Konya, T., Takaro, T. K., Brook, J. R., Chari, R., Field, C. J., ... & Kozyrskyj, A. L. (2017). Exposure to household furry pets influences the gut microbiota of infants at 3-4 months following various birth scenarios. Microbiome, 5(1), 1-14.
48. Vermeer, H. J., & van IJzendoorn, M. H. (2006). Children's elevated cortisol levels at daycare: A review and meta-analysis. Early Childhood Research Quarterly, 21(3), 390-401.
49. NICHD Early Child Care Research Network (Ed.). (2005). Child care and child development: Results from the NICHD study of early child care and youth development. Guilford Press.
50. Kottelenberg, M. J., & Lehrer, S. F. (2014). Do the perils of universal childcare depend on the child's age? CESifo Economic Studies, 60(2), 338-365.
51. Baker, M., Gruber, J., & Milligan, K. (2015).Non-cognitive deficits and young adult outcomes: The long-run impacts of a universal child care program(No. w21571). National Bureau of Economic Research.
52. Baker, M., Gruber, J., & Milligan, K. (2008). Universal child care, maternal labor supply, and family well-being Journal of political Economy, 116(4), 709-745.
53. 김정화&이재연. (2011). 어린이집의 재원 시간과 영유아들이 경험하는 일상적 스트레스의 관계. Family and Environment Research, 49(9), 121-130.
54. 2005년 기준, 미국 연구 진행 시점 교사: 아동 비율 평균은 9개월까지 1:4, 18개월까지 1:6, 27개월까지 1:10이었음(National Association for Regulatory Administration; Department of Health and Human Services (US), Administration for Children and Families, Office of Child Care, National Child Care Information and Technical Assistance Center . The 2005 child care licensing study: Final report). 2001년 기준, 캐나다 퀘백 주 프로그램 진행 시점 교사: 아동 비율 규제는 18개월까지 1:5, 36개월까지

1:8이었음(Friendly, M., Beach, J., & Turiano, M. (2002).Early childhood education and care in Canada, 2001. Childcare Resource and Research Unit, Centre for Urban and Community Studies, University of Toronto, 455 Spadina Avenue, Ste. 305, Toronto, Ontario M5S 2G8, Canada.).

한국 서울시 기준 교사: 아동 비율 규제는 22년 11월 현재 기준 0세반 1:3, 1세반 1:5, 2세반 1:7, 3세반 1:15이며 0세반 1:2, 3세반 1:10으로 규제 개선 시범사업이 진행 중임.

55. Bassok, D., Fitzpatrick, M., Greenberg, E., & Loeb, S. (2016). Within-and between-sector quality differences in early childhood education and care. Child development, 87(5), 1627-1645.

56. 김은설, 이재희, 박은영, & 김정숙. (2016). 영유아 교육·보육 효과성 제고를 위한 환경 조성 방안-[교사 대 영유아 비율]의 적정 기준 마련 연구.

0~4세 알기만 해도 차이를 만드는 육아 대원칙 6

베싸육아

1판 1쇄 발행 2023년 1월 18일
1판 10쇄 발행 2024년 5월 31일

지은이 박정은
펴낸이 이새봄
펴낸곳 래디시

교정교열 김민영
디자인 섬세한 곰 김미성

출판등록 제2022-000313호
주소 서울시 마포구 월드컵북로 400, 5층 21호
연락처 010-5359-7929 **이메일** radish@radishbooks.co.kr
인스타그램 instagram.com/radish_books

ISBN 979-11-981291-0-9 13590